U0287106

中国碳交易政策影响评估：理论与实证

张跃军　刘景月　石　威　程浩森　著

科学出版社

北　京

内 容 简 介

在全球气候变化日益严峻的形势下，碳交易作为一种低成本、高效率的市场型减排政策和环境规制工具，在全球范围内备受关注。本书面向我国碳达峰碳中和目标，对中国碳交易政策的历史与现状、理论与实践、宏观动向与微观结构进行了系统梳理和阐释；通过构建计量经济、数学规划等跨学科理论模型，聚焦中国碳交易政策对能源转型、减污降碳、公正转型和企业行为的影响机制等关键科学问题，开展了理论建模与实证研究，系统揭示了中国碳交易政策顶层对能源-环境-社会-经济的复杂影响，为完善中国碳交易政策顶层设计提供了科学依据与决策支持，对推动我国实现能源协同发展、环境减污降碳和社会公正转型具有重要理论价值和现实意义。

本书面向能源经济、环境管理、气候政策、管理科学等领域的专业人员，适合高等学校相关专业的高年级本科生、研究生和教师阅读，同时也可供从事经济管理工作的政府部门和企业管理人员参考。

图书在版编目(CIP)数据

中国碳交易政策影响评估 ：理论与实证 / 张跃军等著. -- 北京 ：科学出版社，2025. 3. -- ISBN 978-7-03-081394-7

Ⅰ. X511

中国国家版本馆 CIP 数据核字第 2025XB6132 号

责任编辑：陈会迎/责任校对：王晓茜
责任印制：张　伟/封面设计：有道设计

科学出版社 出版
北京东黄城根北街 16 号
邮政编码：100717
http://www.sciencep.com

北京中科印刷有限公司印刷

科学出版社发行　各地新华书店经销

*

2025 年 3 月第　一　版　开本：720×1000　1/16
2025 年 3 月第一次印刷　印张：19
字数：376 000

定价：226.00 元

（如有印装质量问题，我社负责调换）

主要作者简介

张跃军，男，1980 年生，湖南大学二级教授、博士生导师，教育部首批哲学社会科学创新团队“碳定价机制与智能决策创新团队”首席专家，主要从事碳交易与碳减排机制、能源环境经济复杂系统建模领域的研究工作。主持国家社会科学基金重大项目、重点项目，国家自然科学基金委员会优秀青年科学基金项目、重点专项等重要科研任务。截至 2024 年末，以第一作者或通讯作者身份在国内外学术期刊发表论文 180 余篇，其中国际权威 SCI/SSCI 期刊论文 140 余篇。论文累计被引 10 000 余次，30 篇论文入选 ESI（essential science indicators，基本科学指标）热点论文或高被引论文。连续多年入选科睿唯安“全球高被引科学家”、爱思唯尔“中国高被引学者”、美国斯坦福大学“全球前 2%顶尖科学家”。在科学出版社出版著作 5 部，牵头撰写 20 余份资政报告被国家有关部门采用，其中多份报告得到党和国家领导人重要批示。张跃军教授作为第一完成人的研究成果获得湖南省社会科学优秀成果奖一等奖、教育部高等学校科学研究优秀成果奖（科学技术）自然科学奖二等奖（2 项）、教育部高等学校科学研究优秀成果奖（人文社会科学）二等奖等。兼任 SCI/SSCI 一区期刊 *Energy Economics*（《能源经济学》）副主编、*Sustainable Production and Consumption*（《可持续生产和消费》）领域主编以及《中国人口·资源与环境》学术编辑。张跃军教授 2013 年获得国家自然科学基金委员会优秀青年科学基金，2014 年入选国家“万人计划”青年拔尖人才，2016 年入选教育部“长江学者奖励计划”青年学者，2020 年入选教育部“长江学者奖励计划”特聘教授。

刘景月，女，1992 年生，湖南大学副教授、硕士生导师，主要从事中国碳减排与碳交易政策管理领域的研究工作。主持国家自然科学基金青年项目、湖南省自然科学基金面上项目，并参与国家社会科学基金重大项目、重点项目等多项国家级项目，已在 *Environmental Science & Technology*（《环境科学与技术》）、*Energy Economics*（《能源经济学》）等权威期刊发表论文 10 余篇，博士学位论文《中国碳交易政策的绿色发展效应研究》获评湖南省优秀博士学位论文，以主要研究人员参与撰写的碳交易相关资政报告得到中央领导重要批示。2024 年入选湖南省“湖湘青年英才”支持计划。

前　言

温室气体过度排放导致的全球变暖已成为不争的事实。世界气象组织发布的《2024年气候状况报告》显示，2024年1月至9月，全球平均地表气温较工业化前平均值高出1.54°C（不确定性为±0.13°C），2015~2024年成为1850年有记录以来最暖的10年。特别是，2023年打破了多项气候纪录（温室气体、全球温度、海面温度、海洋热含量、海平面上升、冰冻圈），全球正在以前所未有的速度升温。这种变化对全球生态系统和人类经济社会造成了深远影响，积极采取措施应对气候变化、减少二氧化碳排放，已经成为全球共识和亟须解决的重大课题。从1992年的《联合国气候变化框架公约》到1997年的《京都议定书》，再到2015年的《巴黎协定》，我们见证了国际社会30年来携手应对气候变化的不懈努力。

根据国际能源署（International Energy Agency，IEA）数据，2023年中国二氧化碳排放量约为126亿吨，占当年全球二氧化碳排放总量的33%。面对全球气候变化和国际社会压力，中国政府积极履行《巴黎协定》，在中华大地掀起了一场广泛而深刻的经济社会系统性变革。

在实施碳减排战略初期，中国政府主要采取以考核、规定及目标管理等为主的“命令-控制”型碳减排措施与手段。客观来说，行政命令在特定阶段是有效的，但存在碳减排成本较高、减排效率低等缺陷，不具备可持续性。中国共产党十八届三中全会提出“使市场在资源配置中起决定性作用”，同时积极探索如何利用市场机制有效配置碳排放资源。碳排放权交易（以下简称碳交易）是利用市场机制控制温室气体排放的一项重大制度创新，可以低成本、高效率地实现碳减排。其运作遵循“总量管制与交易”原则，即政府对一个地区的碳排放实行总量管制，碳市场内的企业可以从政府获得或购买许可证，并与其他企业进行碳交易。

在《京都议定书》中，碳交易被明确为解决温室气体减排问题的新路径，此后在欧盟、新西兰、美国、日本等多个发达国家或地区相继启动。截至2024年1月，全球共有36个碳市场正在运行，另有14个碳市场正在建设。这些正在运行的碳市场覆盖了超过全球18%的温室气体排放，碳市场覆盖地区的生产总值之和约占全球的58%，覆盖行业涉及电力、工业、建筑、交通、民航等。当前全球相对成熟的碳市场包括欧盟排放交易体系（European Union emissions trading system，EU ETS）、瑞士碳市场、韩国碳市场、美国区域温室气体倡议、美国加利福尼亚州碳市场、加拿大魁北克省碳市场。其中，EU ETS是世界上历史最悠久的碳市场，世界各国或地区在建设碳市场过程中，都从EU ETS汲取和借鉴了丰富的建设与运行经验。

相较于美国和欧洲等发达国家和地区，中国碳市场建设起步较晚。2011 年 10 月，国家发展改革委印发《关于开展碳排放权交易试点工作的通知》，率先在北京市、天津市、上海市、重庆市、湖北省、广东省及深圳市开展碳交易试点工作，为全国碳市场建设积累经验。经过多年试点实践，2021 年 7 月，全国碳市场正式上线交易，发电行业成为首个纳入全国碳市场的行业。2024 年 9 月，生态环境部发布《全国碳排放权交易市场覆盖水泥、钢铁、电解铝行业工作方案（征求意见稿）》，积极稳妥推进水泥、钢铁、电解铝行业纳入全国碳市场管理。

当前，碳交易已成为中国控制温室气体排放、参与全球气候治理的国家战略和重要政策工具。2020 年 12 月 31 日，生态环境部公布《碳排放权交易管理办法（试行）》，进一步规范完善碳排放交易制度。2021 年 9 月，中共中央、国务院发布《关于完整准确全面贯彻新发展理念做好碳达峰碳中和工作的意见》，提出要推进市场化机制建设，加快建设完善全国碳市场。2022 年 10 月，党的二十大报告明确提出 “健全碳排放权市场交易制度”。2024 年 2 月，国务院发布《碳排放权交易管理暂行条例》，自 5 月 1 日起施行。这是我国应对气候变化领域的首部专项法规，标志着我国碳交易进入法治化、规范化发展新阶段。2025 年国务院政府工作报告明确将“扩大全国排放权交易市场行业覆盖范围”作为年度工作任务。碳交易将在我国实现碳达峰碳中和目标进程中发挥关键作用，承担重要使命。

实际上，碳市场的建设运行是一个逐步完善的过程，需要不断评估、反馈和调整。根据生态环境部《全国碳市场发展报告（2024）》，经过三年的建设运行，全国碳交易市场制度框架体系基本形成，法规保障得到加强，配套技术规范不断完善，为市场平稳有序运行夯实了基础。然而，与国际上成熟的金融市场和石油市场相比，碳市场除了金融属性，还具有鲜明的减排属性，它通过市场交易行为形成“奖惩机制”，使得“排碳有成本、减碳有收益”，能够有效调节相关企业的碳排放行为。我国实现碳达峰碳中和是一场广泛而深刻的经济社会系统性变革，涉及能源、生态环境、社会、经济等多个方面，可谓牵一发而动全身。在此背景下，及时总结我国碳交易试点经验，科学评估碳交易政策对能源-环境-社会-经济复杂系统的影响，对不断完善碳交易制度顶层设计、助力我国实现碳达峰碳中和具有重要意义。

本书系统梳理中国碳交易政策的历史与现状、理论与实践、宏观动向与微观结构，在此基础上，构建计量经济、数学规划、微观博弈等跨学科定量模型，聚焦中国碳交易政策对能源转型（2~3 章）、减污降碳（4~6 章）、公正转型（7~9 章）和企业行为（10~12 章）的影响机制等关键议题，深刻揭示中国碳交易政策对能源-环境-社会-经济的复杂影响，为我国全国碳市场的优化设计提供有力决策支持，致力于推动我国实现能源协同发展、环境减污降碳和社会公正转型。相关研

究成果已发表于 *Energy Economics*（《能源经济学》）、*Environmental Science & Technology*（《环境科学与技术》）、*Computers & Industrial Engineering*（《计算机与工业工程》）、*Australian Journal of Agricultural and Resource Economics*（《澳大利亚农业与资源经济学杂志》）、*Technological Forecasting & Social Change*（《技术预测与社会变革》）、《系统工程理论与实践》等国内外权威期刊，多篇论文入选 ESI 高被引论文或热点论文。

全书研究工作注重需求导向和问题导向、注重学术前沿和政策急需、注重科研探索与政策建议、注重国际比较与中国特色、注重国家整体与部门差异，旨在以创新性学术研究服务国家碳交易政策设计相关决策，为国家利用市场手段推进碳达峰碳中和及经济社会系统性变革提供有力的智力支持。

本书的研究工作得到了国家社会科学基金重点项目"'双碳'目标下能源结构转型路径与协同机制研究"（22AZD128）、国家社会科学基金重大项目"完善我国碳排放交易制度研究"（18ZDA106）、国家自然科学基金专项项目"碳定价机制的复杂机理与动态优化研究"（72243003）、国家自然科学基金青年项目"可再生能源发展的政策驱动与经济环境绩效研究"（72204081）以及湖南省"湖湘青年英才"支持计划项目（2024RC3096）等重要科研项目资助。

本书是集体智慧的结晶，能够顺利出版，非常感谢湖南大学资源与环境管理研究中心各位年轻教师、博士生和硕士生大力协助，也特别感谢科学出版社编辑对书稿的细致审核与修改。

张跃军

湖南省长沙市岳麓山

2025 年 3 月

目　录

第 1 章　国内外碳交易的政策背景与发展历程

1.1　碳交易的政策背景

1.1.1　气候变化及其危害

气候变化是指气候平均状态和离差（距平）两者中的一个或两者一起出现了统计意义上的显著变化。当前，以变暖为主要特征的气候变化已成为不争的事实。2021 年，联合国政府间气候变化专门委员会（Intergovernmental Panel on Climate Change，IPCC）第六次评估报告第一工作组在《气候变化 2021：自然科学基础》报告中强调，毋庸置疑，人为影响已造成大气、海洋和陆地变暖。人为因素使气候变暖的速度至少在过去 2000 年是前所未有的。1850 年以来，每一个十年相比之前的任何一个十年都更加暖和。《中国气候变化蓝皮书（2024）》认为，全球变暖趋势仍在持续，2023 年全球平均温度较工业化前水平（1850~1900 年平均值）高出 1.42℃，为自 1850 年有气象观测记录以来的最暖年。亚洲陆地表面平均气温较常年值偏高 0.92℃，是 1901 年以来的第二高值。

根据 IPCC 第六次评估报告第二工作组报告《气候变化 2022：影响、适应和脆弱性》，气候、人类社会和生态系统是相互依存的系统。因此，气候变化会对人类社会和生态系统产生广泛的不利影响，造成损失和损害。

一方面，气候变化会破坏生态系统的质量和稳定性，具体体现在海洋、冰冻圈、土地和极端事件等多方面的变化。首先，气候变化导致冰冻圈普遍萎缩，全球海洋变暖以及海平面上升。2019 年 9 月，IPCC 发布的《气候变化中的海洋和冰冻圈特别报告》提到，当前全球海平面上升的速度达到每年约 3.6 毫米，且在不断加速。这些变化对海洋带和极地生态系统的服务与功能造成了不利影响。其次，气候变化与土地之间存在相互作用，气候变化加剧土地退化和荒漠化，而退化或荒漠化的土地碳储藏能力差，反过来会加剧气候变化。根据 2019 年 8 月 IPCC 发布的《气候变化与土地特别报告》，地表平均气温增幅已接近全球平均温度的两倍，加重了土地压力，严重影响全球粮食安全和陆地生态系统。最后，气候变化导致了全球范围内更加频繁和严重的极端天气事件，包括热浪、洪水、干旱等。根据世界气象组织发布的数据，2024 年是有记录以来人类历史上最热的一年，极端高温影响了世界许多区域。

另一方面，气候变化威胁人类社会和谐发展，具体体现在人类健康、人类生活方式和政治经济三个方面。首先，气候变化可以直接或间接影响人类健康。气候变化引发的极端天气会增加人体呼吸、循环等系统的负荷，诱发相关疾病，导致死亡。根据《2024年柳叶刀人群健康与气候变化倒计时中国报告》，2023年中国人均热浪暴露天数增至16天。与1986年至2005年相比，2019年至2023年热浪死亡人数增加1.9倍。同时，气候变化改变蚊虫等传播媒介和病原体的地理分布，增加了登革热等传染性疾病的传播风险。其次，气候恶化地区的居民不得不改变原有的生活方式，甚至出现了气候难民。联合国《2020年世界社会报告》重申，气候变化是加剧不平等的重要因素，生活在贫困中的人和其他弱势群体面临更多气候变化风险。据估计，全球约有33亿~36亿人生活在气候变化高脆弱环境中，气候变化正给他们的生活造成损害。最后，气候变化给全球的政治和经济带来了巨大挑战。气候变化会造成经济损失，且会加剧不平等。根据麦肯锡的报告《气候风险及应对：自然灾害和社会经济影响》，气候变化通过宜居宜业、粮食系统、实物资产、基础设施服务、自然资本等方面影响经济发展，人均GDP较低的国家通常面临的风险更大。为了应对气候变化，必须限制全球温室气体的排放。以温室气体减排为主要内容的全球气候治理关乎未来各国的经济利益与发展空间，关乎各国在全球的竞争地位。

1.1.2 全球气候治理

气候变化产生的危害是全球性的，所造成的影响是全方位的，涉及整个人类社会的政治、经济、环境、文化等多个方面，没有国家能够在气候变化的挑战中独善其身。因此，全球气候治理需要世界各国的通力合作。全球气候治理的发展历程主要包括以下三个节点。

1.《联合国气候变化框架公约》

1992年，《联合国气候变化框架公约》通过。《联合国气候变化框架公约》以温室气体浓度为标准，设定全球气候治理目标为“将大气中温室气体的浓度稳定在防止气候系统受到危险的人为干扰的水平上”。《联合国气候变化框架公约》确立了公平、预防、可持续发展、特殊性以及国际合作五项原则，强调“共同但有区别的责任”，即应对气候变化是世界各国共同的责任，但各个国家的实际情况不同、所需承担的减排责任也不同，发达国家应率先采取措施应对气候变化。《联合国气候变化框架公约》将世界各国分为了附件I国家（发达国家和经济转型国家）和非附件I国家（发展中国家），要求附件I国家率先减少温室气体排放。其中，发达国家还需要向发展中国家提供资金和技术，助力发展中国家应对气候变化。《联合国气候变化框架公约》是全球第一个为应对气候变化的具备法律约束力的国际公约，也是全球气候治理的基石。

2.《京都议定书》

1997年，《联合国气候变化框架公约》第3次缔约方大会通过《京都议定书》。《京都议定书》确立了“自上而下”的减排机制，即对各国分配碳排放量限制。《京都议定书》以减排百分比为标准，设定全球气候治理目标为在2008~2012年的第一承诺期内，所有发达国家温室气体排放量要比1990年减少5.2%，而发展中国家没有强制设置减排目标。《京都议定书》为履行减排义务提供了三种机制：①基于配额的国际排放贸易（emission trading，ET）机制。超额完成减排义务指标的发达国家可以通过贸易将分配数量单位（assigned amount units，AAUs）直接转让给另外一个未能完成减排义务的发达国家。②基于项目的清洁发展机制（clean development mechanism，CDM）。发达国家提供资金和技术，与发展中国家开展项目合作，获得核证减排量并用于履约。③联合履约（joint implementation）机制。发达国家之间通过项目合作，转让实现的减排单位（emission reduction unit，ERU）。《京都议定书》是全球气候治理的里程碑，它所提出的三种机制也成为碳交易实践的开始。

3.《巴黎协定》

2015年，《联合国气候变化框架公约》第21次缔约方大会通过《巴黎协定》。与《京都议定书》不同，《巴黎协定》是“自下而上”的减排机制，即各国依据自身减排能力设定减排承诺。《巴黎协定》以温升控制为标准，设定全球气候治理目标为“与工业化前水平相比，全球平均气温升高程度应控制在2℃之内，并努力控制在1.5℃之内，同时在21世纪下半叶实现温室气体净零排放”。《巴黎协定》采取了“自主贡献+全球盘点”的方式推动各国实现减排目标，要求各国自主制定国家自主贡献，并每五年进行定期盘点，推动各方不断提高应对气候变化的行动力度。此外，《巴黎协定》第六条还提出了建立全球碳交易体系的理念，特别是第四款约定的可持续发展机制（sustainable development mechanism，SDM），更是对《京都议定书》CDM的继承与发展。可以说，《巴黎协定》标志着全球气候治理进入了一个新的阶段，也奠定了各国在此背景下基于碳交易推动全球气候治理的基础。

1.2 碳交易的基本理论

碳排放权是指分配给排放实体的规定时期内的碳排放额度。碳交易则是一种对碳排放权开展交易以及相关金融活动的市场化机制，其相关市场即碳市场。根据国际碳行动伙伴组织（International Carbon Action Partnership，ICAP）发布的《2024年全球碳市场进展报告》，截至2024年1月，全球共有36个碳市场正在运行，另外有14个碳市场正在建设中。正在运行的碳市场覆盖了全球超过18%的温室气体排放，近1/3的人口生活在有碳市场的地区。显然，碳交易已成为推动转型的首选政策工具之一。

1.2.1　碳交易的经济学原理

碳交易的经济学原理主要是科斯定理。科斯认为环境外部性问题源于产权不明晰和市场失灵。科斯定理具体包括三个层面：一是如果市场不存在交易成本且产权明晰，市场机制即可实现资源配置效率最优，与产权初始分配无关。二是如果市场存在交易成本，不同的产权初始分配会带来不同效率的资源配置。三是制度本身具有成本，不同的产权制度也会带来不同效率的资源配置。碳排放可视为政府赋予企业的一种产权。因此，政府对这种产权进行定价、分配并允许交易，即可形成碳市场。

在碳市场中，各个企业的边际减排成本不同，这也意味着如果交易带来的收益高于交易成本，企业就愿意参与交易，直至边际减排成本相同，此时社会总减排成本也将达到最低。以生产相同产品的企业1和企业2为例，企业1和企业2的边际减排成本曲线分别是MC_1和MC_2，如图1.1所示。假设政府将两家企业的总排放量限制在100个单位，且给予企业1和企业2相同的限制水平，即企业1和企业2各有50个单位碳配额。这种情况下，企业1的减排成本低，仅为a；而企业2的减排成本高，为$b+c+d+e$。此时，社会总减排成本为$a+b+c+d+e$。但是，

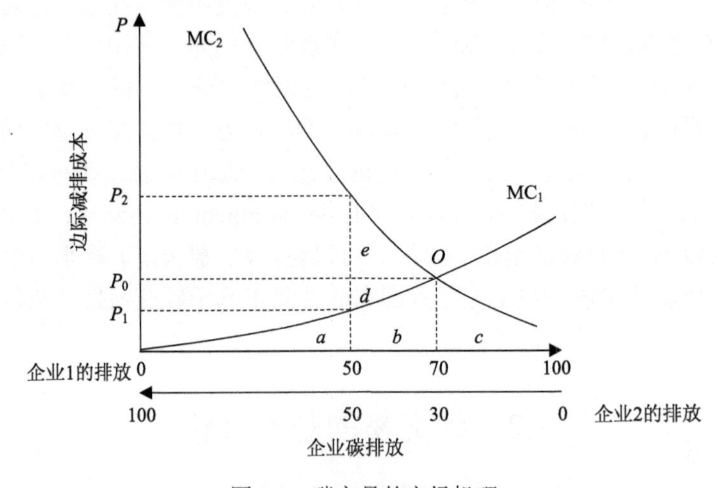

图1.1　碳交易的市场机理

由于碳市场允许企业之间相互交易，企业 2 愿意购买配额，而企业 1 也愿意减少排放量并出售剩余配额，直至达到边际成本相同的 O 点（对应的边际减排成本为 P_0）。此时，企业 1 的减排成本为 $a+b$，出售配额获得收益为 $b+d$，相较未交易时成本减少了 d。企业 2 的减排成本为 c，购买配额成本为 $b+d$，相较未交易时成本减少了 e。社会总成本减少了 $d+e$。由此可见，碳交易使两个企业达到了双赢的结果，并且实现了社会总减排成本的最小化。

1.2.2　碳交易的基本框架

在实践中，碳交易的具体做法是对一个或多个行业的排放总量设定上限，并发放不超过排放总量水平的可用于交易的配额。每个配额通常对应于一吨的排放量。覆盖的排放实体可以进行配额交易，进而形成配额的市场价格。碳交易的基本框架如图 1.2 所示。

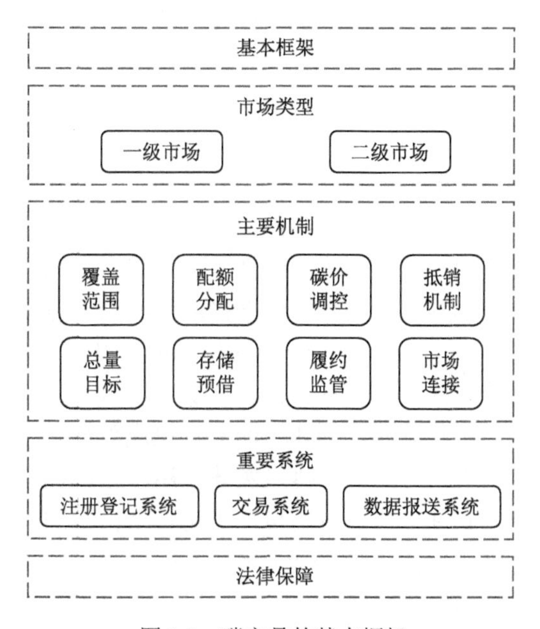

图 1.2　碳交易的基本框架

碳市场可以分为一级市场和二级市场。一级市场是对碳排放权进行初始分配的市场体系。二级市场是碳排放权持有者进行配额交易的市场体系。参考《碳排放权交易实践手册：设计与实施》（第二版），碳市场的主要机制包括以下几个方面。

①覆盖范围。设定内容主要包括覆盖的行业和温室气体种类、准入门槛、监管点和报告义务实体。

②总量目标。设定方式主要包括两种形式：基于总量的设定方式和基于强度的设定方式。前者的依据是绝对减排量，一般设定某一周期内覆盖行业排放量较基期排放量的下降目标，从而确定配额总量。这种方式能够保障减排效果，但灵活性较差。后者的依据是相对减排量，一般先设定某一周期内覆盖行业的碳强度基准，再根据产出确定配额总量。这种方式在于总量与需求更加契合，但数据要求高。

③配额分配。主要包括免费配额和拍卖配额两类，其中免费配额又包括祖父法和基准法。祖父法的依据是企业的历史排放量，而基准法的依据是具体产品的单位历史或实际产量，可具体细分为基于历史产量的基准法和基于实际产量的基准法。祖父法相对简单，易于接受，但会造成历史排放量越高获取碳配额越多的问题，变相惩罚了提前采取减排措施的企业；基准法更能激励企业提高减排效率，但数据需求量大，技术要求高；拍卖法透明度好、效率高，但企业的成本更高。

④存储预借。配额存储允许受管控实体将未使用的配额存起来以便在未来的履约期使用。配额预借允许受管控实体在当前履约期内使用其在未来履约期内获得的配额。配额跨期的存储与借贷使企业配额调整更为灵活，有助于企业制订更加长远的减排规划。

⑤碳价调控。碳市场可能面临价格波动过大的风险，碳交易通常采用配额供应调整措施控制碳价，即碳价过低减少供应，碳价过高增加供应。常见的配额供应调整措施包括额外费用、拍卖底价、硬性价格下限以及成本控制储备等。

⑥履约监管。碳市场的有效运转需要严格的履约监管体系。其中，监测、报告和核查机制（monitoring, reporting and verification，MRV）可以确保温室气体排放数据质量，在协助企业开展碳管理工作、增加市场可信度、支持政策制定等方面具有十分重要的作用，是履约监管体系的关键组成部分。

⑦抵销机制。抵销机制是指允许排放实体使用一定比例经相关机构审定的减排量（或清除量）抵销其部分排放量的市场机制。抵销机制既有助于降低规制企业的成本，也有助于将碳价信号扩大到未被覆盖的行业，进一步激发市场活力。

⑧市场连接。当一个碳市场允许排放实体使用其他碳市场的配额完成履约时，就会发生市场连接。市场连接可以分为完全或者不受限制的连接和受限制的连接。二者的区别在于碳市场之间是否相互承认，是否设置定性或定量的条件限制来自连接方的配额。碳市场之间的连接有助于增加市场流动性，减少碳泄漏风险，促进更广泛的全球气候行动，但是也存在资源和减排协同效益转移等问题。

此外，碳市场的运行需要注册登记系统、交易系统和数据报送系统的协调配合，更需要法律提供保障。

1.3　国外碳交易的发展历程

目前，国外已进行了大量的碳交易实践，形成了诸多有影响力的碳交易体系，典型案例包括：EU ETS、区域温室气体减排行动（Regional Greenhouse Gas Initiative，RGGI）、新西兰碳交易体系（New Zealand emissions trading scheme，NZ ETS）以及韩国碳交易体系（Korean emissions trading scheme，K-ETS）。上述碳交易体系的比较如表 1.1 所示。

表 1.1　典型国外碳交易体系的比较

项目	EU ETS	RGGI	NZ ETS	K-ETS
启动时间	2005 年	2009 年	2008 年	2015 年
运行阶段	第四阶段（2021~2030 年）	第五阶段（2021~2023 年）	无	第三阶段（2021~2025 年）
减排目标	2030 年与 1990 年水平相比至少净减排 55%	2030 年电力部门排放比 2020 年的排放上限减少 30%	2030 年比 2005 年水平减少 50%	2030 年比 2018 年水平减少至少 35%
覆盖行业	电力、工业、航空	电力	电力、工业、国内航空、交通、建筑、林业、废弃物	电力、工业、交通、建筑、国内航空、废弃物
覆盖温室气体	CO_2、N_2O、PFCs	CO_2	CO_2、CH_4、N_2O、SF_6、HFCs、PFCs	CO_2、CH_4、N_2O、SF_6、HFCs、PFCs
配额分配	拍卖+基准法	拍卖	拍卖+基准法	拍卖+祖父法+基准法
配额调配	允许配额存储	允许配额存储	允许配额存储	允许配额存储与借贷
碳价调控	市场稳定储备机制	拍卖底价、成本控制储备	成本控制储备	配额委员会专职负责
抵销机制	不允许抵销	仅允许使用 RGGI 参与州的抵销信用	不允许抵销	允许使用抵销信用
市场连接	与瑞士碳市场连接	各 RGGI 参与州碳市场相互连接	无	无

注：PFCs 即氟碳化合物（perfluorocarbons），HFCs 即氢氟碳化物（hydrofluorocarbons），CO_2 即二氧化碳，CH_4 即甲烷，N_2O 即氧化亚氮，SF_6 即六氟化硫

1.3.1　EU ETS

EU ETS 是全球运行时间最久的碳市场。EU ETS 是欧盟应对气候变化、低成本实现减排的基石。EU ETS 于 2005 年建立，现已发展至第四阶段（2021~2030 年）。覆盖范围方面，在地理上 EU ETS 覆盖了所有欧盟成员国、冰岛、列支敦士登和挪威。在行业上，EU ETS 覆盖了电力、工业和航空业，具体对象包括电力

和工业部门大约 10 000 个固定排放设施以及在欧盟运营的航空公司。在温室气体排放量上，覆盖的排放量约占欧盟排放总量的 38%。总量目标方面，2021 年，欧盟委员会根据《欧洲绿色协议》对 EU ETS 进行了改革，使其与更新后的 2030 年气候目标保持一致，即 2030 年与 1990 年水平相比至少净减排 55%。同时，2021 年 EU ETS 设定固定排放设施的排放总量为 15.72 亿吨二氧化碳当量，碳减排率调整至 2.2%，相当于每年减少约 4300 万个配额。配额调配方面，EU ETS 允许配额存储，但不允许借贷。配额分配方面，EU ETS 采用了基准法和拍卖机制。碳价调控方面，为了解决 EU ETS 配额过剩问题和提高 EU ETS 面对未来冲击的抵御能力，EU ETS 从 2015 年起设定了市场稳定储备机制。这一机制的原理是，当市场流通的配额总量高于或低于预先确定的阈值时，调整要拍卖的配额供应量。抵销机制方面，在第四阶段，EU ETS 不允许使用抵销信用。市场连接方面，EU ETS 与瑞士碳市场于 2020 年正式实现连接。连接前后，瑞士碳市场的碳价朝着接近 EU ETS 碳价的水平上涨。

1.3.2 RGGI

RGGI 于 2009 年启动，是美国东部和加拿大东部地区以州为基础的区域性交易体系，也是美国第一个强制性的碳市场，目前已运行至第五阶段（2021~2023 年）。覆盖范围方面，在地理上，RGGI 覆盖了康涅狄格州、特拉华州、缅因州、马里兰州、马萨诸塞州、新罕布什尔州、新泽西州、纽约州、罗得岛州和佛蒙特州。在行业上，RGGI 仅覆盖电力行业。在温室气体排放量上，覆盖的排放量约占 RGGI 参与州排放总量的 14%左右。总量目标方面，RGGI 设定 2030 年电力部门排放比 2020 年的排放上限减少 30%，第五阶段排放总量为 2.64 亿吨 CO_2。配额分配方面，RGGI 的配额通过季度拍卖进行分配。配额调配方面，RGGI 允许配额存储，但不允许配额预借。碳价调控方面，RGGI 设定了拍卖底价和成本控制储备。2023 年，拍卖底价为 2.50 美元/短吨，以每年 2.5%的速度递增，成本储备机制的触发价格为 14.88 美元，每年增长 7%。抵销机制方面，RGGI 只允许使用 RGGI 参与州的抵销信用，且最大抵销比例为 3.3%。市场连接方面，由于各州都是根据 RGGI 规则制订各自的“CO_2 预算交易计划”，所以 RGGI 的市场连接主要以各 RGGI 参与州碳市场的连接为主。

1.3.3 NZ ETS

NZ ETS 于 2008 年启动，是新西兰应对气候变化的核心政策。覆盖范围方面，NZ ETS 具有广泛的行业覆盖范围。由于新西兰森林规模大，林业参与碳交易是 NZ ETS 一个特色。2020 年，NZ ETS 覆盖排放量约占新西兰温室气体排放总量的 49%。总量目标方面，新西兰政府每年更新未来 5 年的总量目标，2023 年为 3220

万吨二氧化碳当量，2030 年比 2005 年水平减少 50%。配额分配方面，NZ ETS 采用了拍卖和基准法，其中基准法仅针对排放密集型和贸易开发型活动。配额调配方面，NZ ETS 允许配额存储，但不允许配额预借。碳价调控方面，NZ ETS 设置了成本控制储备，2023 年的触发价格为 51.13 美元。抵销机制方面，NZ ETS 不允许使用抵销信用。

1.3.4 K-ETS

K-ETS 是东亚地区首个全国性、强制性的排放交易体系，于 2015 年启动，目前已发展至第三阶段（2021~2025 年）。覆盖范围方面，K-ETS 覆盖了 684 个在电力、工业、交通、建筑、国内航空、废弃物行业的排放企业或设备。K-ETS 覆盖了《京都议定书》中的 6 种温室气体，包括直接排放的以及间接排放的。总量目标方面，K-ETS 第三阶段的总量目标是 30.48 亿吨二氧化碳当量。配额分配方面，K-ETS 采用了拍卖、祖父法和基准法，其中拍卖比例至少 10%。配额调配方面，K-ETS 允许配额存储与借贷。碳价调控方面，K-ETS 成立了配额委员会维持市场稳定。抵销机制方面，K-ETS 允许使用韩国企业开发的国际 CDM 项目产生的抵销信用（最高 5%）。

1.4 中国实施碳交易的重要性与发展历程

1.4.1 中国实施碳交易的重要性

中国是全球气候变化的敏感区和影响显著区。气候变化对中国的影响主要体现在国土资源、经济民生、重大工程和国际压力几个方面。

第一，气候变化威胁中国领土面积和国土质量。一方面，气候变化导致中国沿海地区海平面上升。根据《中国气候变化蓝皮书（2024）》，中国沿海海平面总体呈加速上升趋势。1993~2023 年，中国沿海海平面上升速率为 4.0 毫米/年。这种趋势会影响甚至淹没中国部分沿海经济发达地区，逐渐减少中国领土面积。另一方面，气候变化是影响荒漠化的重要因素之一。中国荒漠化防治取得显著成绩，但仍然是世界上荒漠化面积最大、受影响人口最多的国家之一。

第二，气候变化对中国的经济民生造成了重大影响。气候变化将使农业生产结构与布局发生调整，对中国长期的粮食安全带来严重影响。同时，气候变化带来的极端天气对水资源分布造成影响。根据《中国气候公报（2022）》，2022 年中国夏季（6 月~8 月）全国平均气温为 22.3℃，较常年偏高 1.1℃，达到了 1961 年以来历史同期最高水平。长江、鄱阳湖、洞庭湖等河流湖泊水位持续走低，水体面积明显减少，给长江流域地区造成了严重的经济损失。据国家气候中心数据，

2022 年高温事件影响人口超过 9 亿人。2024 年，全国平均气温为 10.9℃，较常年（9.89℃）偏高 1.01℃，为 1961 年以来最高，打破了 2023 年 10.7℃的纪录。

第三，气候变化还会改变重大工程所依托的环境，影响工程安全性。根据《中国气候变化蓝皮书（2024）》，青藏公路沿线多年冻土退化趋势明显，2023 年多年冻土区平均活动层厚度达到有连续观测记录以来的最高值，直接影响了青藏公路的运行安全。

第四，作为温室气体排放的第一大国，中国面临着国际社会施加的巨大减排压力。全球气候治理对中国未来发展空间和潜力的约束日益明显，以高能源和高资源消费为支撑的现代化道路对中国已经不具备可行性，中国必须探索绿色低碳转型的新型现代化道路，构建中国气候治理话语权。这不仅是中国实现可持续发展的内在要求，也是推动构建人类命运共同体的责任担当，但这在世界大国的发展史上尚无先例。

实现碳达峰和碳中和意味着一场广泛而深刻的经济社会系统性变革，需要处理好发展和减排、整体和局部、短期和中长期的关系。中国将积极稳妥推进碳达峰碳中和，建设人与自然和谐共生的中国式现代化。国外实践表明，碳交易是减少温室气体排放的有效政策工具。中国实施碳交易政策的重要意义主要体现在三个方面：第一，碳交易可以有效发挥市场机制在资源配置中的决定性作用，将外部成本内部化，倒逼高排放行业实现绿色低碳转型；第二，碳交易拓宽了绿色投融资渠道，所释放的价格信号可以将资金引导至减排潜力大的行业企业，激发绿色低碳技术创新活力；第三，碳交易的抵销机制有助于林业碳汇和可再生能源的发展，助力乡村振兴和区域协调发展，促进形成绿色低碳的生产和生活方式，推动社会绿色低碳、公平公正转型。

1.4.2　中国碳交易的发展历程

中国碳交易发展经历了三个阶段：CDM 项目阶段、区域试点阶段和全国碳市场阶段。

1. CDM 项目阶段

2004 年，国家发展改革委、科技部、外交部联合发布《清洁发展机制项目运行管理暂行办法》，为 CDM 项目在中国的有序开展奠定了基础。在这一阶段，中国作为卖方，通过开发自愿减排量项目的方式参与国际碳市场。在此基础上，中国成立了中国清洁发展机制基金，对未来碳市场发展起到了支持作用。

2. 区域试点阶段

2011 年，国家发展改革委批准北京、天津、上海、重庆、湖北、广东和深圳

7 个省市开展碳交易试点，标志着中国碳交易进入区域试点阶段，如表 1.2 所示。

表 1.2　全国 7 个碳交易试点的机制设计比较

项目	北京	天津	上海	重庆	湖北	广东	深圳
启动时间	2013 年	2013 年	2013 年	2014 年	2014 年	2013 年	2013 年
覆盖行业	电力、热力、水泥、石化、工业、服务业、交通行业	电力、热力、钢铁、化工、石化和油气开采行业	电力、钢铁、化工、航空、水运、建材等 28 个行业	电力、冶金、化工和建材行业	电力、钢铁、水泥、化工等 16 个行业	水泥、钢铁、石化、造纸、航空、建材、交通（港口）和数据中心行业	计算机、通信及电子设备、机械制造业、橡胶和塑料制品业、水务、燃气、公交等 33 个行业
覆盖温室气体	CO_2	CO_2	CO_2	CO_2、CH_4、N_2O、HFCs、PFCs、SF_6	CO_2	CO_2	CO_2
总量目标设定	自下而上	自下而上	自下而上	自下而上	自下而上	自下而上	自下而上
配额分配	祖父法+基准法+拍卖	祖父法+基准法+拍卖	祖父法+基准法+拍卖	祖父法+拍卖	祖父法+基准法+拍卖	祖父法+基准法+拍卖	祖父法+基准法+拍卖
配额调配	允许配额存储	允许配额存储	允许配额存储	允许配额存储	允许配额存储	允许配额存储	允许配额存储
碳价调控	交易所限制、预留配额	生态环境局干预	交易所限制、预留配额	预留配额	生态环境厅干预、交易所限制、预留配额	预留配额	生态环境局干预、预留已修改配额
监管履约	MRV 机制	MRV 机制	MRV 机制	MRV 机制	MRV 机制	MRV 机制	MRV 机制
抵销机制	CCER、FCER、PCER、节能项目核证自愿减排量	CCER、天津林业碳汇	CCER	CCER、CQCER	CCER	CCER、PHCER	CCER、深圳碳普惠
市场连接	无	无	无	无	无	无	无

注：CCER 即国家核证自愿减排量（Chinese certified emission reduction），PHCER 即碳普惠核证自愿减排量（puhui certified emission reduction），FCER 即森林核证自愿减排量（forest certified emission reduction），PCER 即绿色交通核证自愿减排量（green transport certified emission reduction），CQCER 即重庆核证自愿减排量（Chongqing certified emission reduction）

覆盖行业方面，7 个试点建立了既符合中国国情又具有当地特色的碳市场。在第二产业比重较大的省市，如湖北和重庆，覆盖行业以工业为主。在第三产业比重较大的省市，如北京和上海，覆盖行业既包括工业行业，也包括服务业。同时，覆盖行业范围逐渐扩大。例如，2016 年，北京市新纳入了交通行业，上海新纳入水运行业。2023 年，广东新纳入建材、交通（港口）和数据中心行业。

总量目标设定方面，7 个试点体现了中国碳市场的重要特征，即中国碳市场采用自下而上的方式设定总量目标，是一个基于强度的碳市场，总量目标是一个多行业的可交易的碳排放绩效基准。

配额分配方面，7 个试点逐渐从免费配额到免费与拍卖混合配额分配过渡。2022 年，北京试点首次举行了配额拍卖。

配额调配方面，7 个试点均允许配额存储，但不允许配额预借。其中，上海试点允许配额跨期存储，但有一定限制。2016~2018 年，规制企业每年只能使用第一交易期（2013~2015 年）存储配额的 1/3。

碳价调控方面，7 个试点均设置了一些维持市场稳定的机制，主要包括以下三个方面。第一，生态环境局干预。在市场波动的情况下，天津市生态环境局可以买卖配额，稳定价格。第二，交易所限制。北京绿色交易所实行涨跌幅限制，涨跌限制为基准价（前一个交易日所有交易的加权平均价）的±20%，防止价格大幅波动。第三，预留配额。湖北试点设定碳排放配额总量的 8%作为政府预留配额。

监管履约方面，7 个试点均设置了 MRV 机制。以湖北试点为例，湖北试点发布了《湖北省工业企业温室气体排放监测、量化和报告指南》，用于指导企业监测、量化和报告温室气体排放，以及管理相关数据和活动。

抵销机制方面，7 个试点均允许使用 CCER。CCER 是中国实施建设的碳减排项目（例如风电、光电、沼气项目等）所产生的减排量，经第三方部门核准并且通过国家发展改革委签发后，参与碳市场交易。此外，部分试点还形成了独具特色的抵销机制。例如，为了推动形成绿色低碳的生产方式和生活方式，广东试点推出了碳普惠制。碳普惠制所产生的 PHCER 也可以进入广东碳市场交易。

在市场连接上，7 个试点运行相对独立，暂未与其他市场连接。

总之，区域试点工作在碳市场能力建设、配额分配、抵销机制等方面积累了丰富的理论与实践经验，为建设全国碳市场奠定了坚实基础。

3. 全国碳市场阶段

2017 年，发电行业率先启动了全国碳市场，标志着中国碳交易进入全国碳市场阶段。2021 年 7 月 16 日，全国碳市场正式启动交易。2024 年，全国市场碳排放配额年度成交量 1.89 亿吨，年度成交额 181.14 亿元，日均成交量 87.58 万吨。

截至 2024 年 12 月 31 日，全国碳市场碳排放配额累计成交量 6.30 亿吨，累计成交额 430.33 亿元。

2024 年 1 月 5 日，《碳排放权交易管理暂行条例》在国务院第 23 次常务会议通过，自 2024 年 5 月 1 日起施行。《碳排放权交易管理暂行条例》将碳交易的管理提升到国家行政法规层级，成为全国碳市场建设、运行、监管和维护等全过程的总体制度保障。同时，生态环境部制定了一系列相关制度，主要包括《企业温室气体排放核算与报告指南 发电设施》《企业温室气体排放报告核查指南(试行)》《2021、2022 年度全国碳排放权交易配额总量设定与分配实施方案（发电行业)》《温室气体自愿减排交易管理办法（试行)》《碳排放权登记管理规则（试行)》《碳排放权交易管理规则（试行)》《碳排放权结算管理规则（试行)》等，如图 1.3 所示。

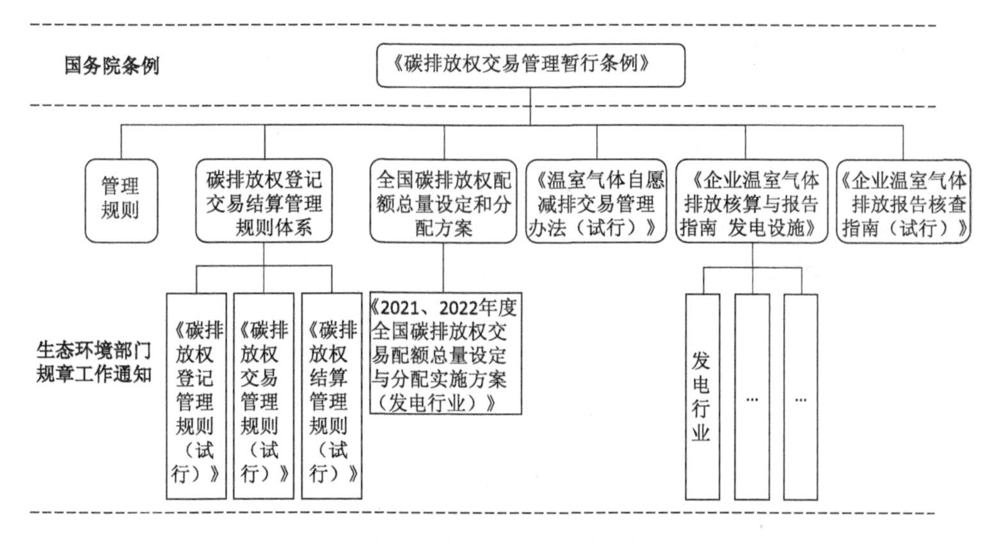

图 1.3　全国碳市场制度框架

覆盖范围方面，全国碳市场坚持“抓大放小、先易后难、循序渐进”的建设原则，即先纳入碳排放量大、核算分配体系较为成熟的行业。同时，不断加强未纳入行业企业的数据基础建设，分阶段逐步扩大碳市场覆盖范围。由于电力行业数据质量高、核算分配体系成熟、具有较为丰富参与碳交易经验，全国碳市场目前仅覆盖了电力行业的碳排放，覆盖温室气体排放量约占全国温室气体排放量的 44%。“十四五”期间，石化、化工、建材、钢铁、有色、造纸、民航等高能耗行业也将被纳入全国碳市场。

总量目标方面，全国碳市场与区域试点一致，同样采取了基于强度的总量设定方法。根据《2021、2022 年度全国碳排放权交易配额总量设定与分配实施方案

（发电行业）》，全国碳市场总量设定遵循“机组配额量→企业配额量→各省级行政地区配额总量→全国配额总量”的自下而上的设定方式。

配额分配方面，全国碳市场采用基准法分配碳配额。企业配额发放量与实际产出量挂钩，不限制发电行业电量增长。

配额调配方面，考虑到新冠疫情、能源保供等多种因素的影响，《2021、2022年度全国碳排放权交易配额总量设定与分配实施方案（发电行业）》相比之前的方案增加了预支2023年度配额的灵活机制，以缓解配额履约给企业造成的压力。

监管履约方面，为了保障全国碳市场数据质量，国家发展改革委发布了重点行业温室气体排放监测、核算、报告、核查的管理细则与技术指南。对于未履约的企业，《碳排放权交易管理暂行条例》规定，处未清缴的碳排放配额清缴时限前1个月市场交易平均成交价格5倍以上10倍以下的罚款；拒不改正的，按照未清缴的碳排放配额等量核减其下一年度碳排放配额，可以责令停产整治。

抵销机制方面，全国碳市场允许使用CCER抵销碳配额的清缴，但每年可抵销的比例上限为5%。

综上所述，碳交易是中国应对气候变化政策的关键部分。目前，中国碳交易仍然不够完善，对碳交易的影响缺乏科学及时的评估，不利于全面发挥碳交易优势以推动碳公平、碳中和与社会公正转型。因此，系统深入地分析中国碳交易对能源-经济-环境-社会等方面的实际影响效果与影响机制是十分必要的。

第2章　中国碳交易对电力行业能源转型和碳减排的影响研究

2.1　碳交易政策对电力行业能源转型和碳减排的影响机制

由于工业化和城市化的快速发展，中国能源（特别是化石燃料）需求不断增加。根据IEA统计数据，2023年中国CO_2排放量达126亿吨，占全球总排放量的34%。作为世界上最大的发展中国家，中国经济腾飞的同时，其电力行业也实现了突飞猛进的发展。根据《中国统计年鉴（2024）》和《中国电力行业年度发展报告2024》，中国电力行业发电装机容量和发电量在2000~2023年分别增长了8.15倍和5.98倍。电力行业已成为中国最大的能源消费和CO_2排放部门，其CO_2排放量约占中国能源相关CO_2排放总量的50%、全球能源相关CO_2排放总量的14%。因此，中国电力行业脱碳对中国乃至全球的能源系统脱碳都至关重要。由于电力在中国能源使用中的作用日益增加，电力行业脱碳对于减少交通、工业和建筑等其他经济部门的CO_2排放也相当重要（He et al.，2020）。

应对中国以及全球气候变化的一项重要战略是在能源系统实现低碳发展与能源转型（Cui et al., 2021）。中国电力行业非常依赖火力发电，目前拥有全球规模最大，亦是最年轻的火力发电机组（Peng et al.，2018）。根据《中国电力行业年度发展报告2024》，2023年中国超过66%的发电量来自火力发电。火力发电机组产生的CO_2排放在2018年就达到了46亿吨，占中国电力行业CO_2排放量的90%。2021年4月，习近平在“领导人气候峰会”上提到，中国将严控煤电项目，“十四五”时期严控煤炭消费增长、“十五五”时期逐步减少[①]。因此管理现有火力发电机组，遏制未来新增火力发电机组，促进电力行业能源转型和CO_2排放减少是中国面临的重要挑战。

为了经济有效地实现碳减排，弥补行政强制性节能减排措施的不足（Zhu et al.，2019），2011年，中国国家发展改革委建立试点碳市场，并于2013年实现碳配额上线交易[②]。2017年，建立中国全国碳市场，2021年启动首个履约周

① 共同构建人与自然生命共同体，http://cpc.people.com.cn/n1/2021/0423/c64094-32085681.html[2024-01-01]。

② 国家发展改革委办公厅关于开展碳排放权交易试点工作的通知，https://www.ndrc.gov.cn/xxgk/zcfb/tz/201201/t20120113_964370.html[2024-01-01]。

期[①]。无论是试点碳市场还是全国碳市场，电力行业都是第一个被考虑纳入的行业。中国政府期望通过市场机制控制和减少电力行业温室气体排放，促进电力行业能源转型（Hu et al.，2020）。随着碳交易在电力行业开始运作，中国全国碳市场已成为全球最大碳市场，温室气体覆盖规模是欧盟碳市场的两倍多。运用碳交易机制将电力行业减排成本降至最低的想法在理论上很有吸引力，但碳市场覆盖范围、配额分配机制、碳配额价格等都会影响碳市场运行效果（Naegele and Zaklan，2019；Bayer and Aklin，2020），碳交易制度对电力行业能源转型和 CO_2 减排影响如何我们还不知道，对电力企业能源转型和 CO_2 减排渠道影响如何还不清楚，因此需要对碳交易制度的实际运行效果进行科学评估，这对电力行业和企业应对气候变化工具的选择，以及碳交易机制的完善具有重要意义。

鉴于此，本章基于中国碳交易试点实践，评估碳交易制度对电力行业能源转型和碳排放的影响。在此基础上，检验碳交易制度促使电力企业能源转型和 CO_2 减排的三种潜在渠道。最后，基于企业内外部特征进行异质性分析，探究碳交易制度对电力企业能源转型和 CO_2 减排潜在渠道的异质性影响。

本章的研究贡献主要包括以下三个方面。第一，以往关于碳交易制度的研究多关注发达国家且集中于宏观层面（如国家层面和省级层面），往往忽略了发展中国家在碳交易机制方面的尝试，且忽略了其对行业和企业层面的影响，尤其是对电力行业和电力企业的影响。中国是世界上最大的发展中国家，发电严重依赖火力发电，而电力行业目前正面临严重的环境问题。本章构建中国电力行业和企业的综合数据，评估碳交易制度对电力行业与企业能源转型和 CO_2 排放的影响及作用渠道，研究结果可为中国碳交易制度的运行效果评估提供行业和企业层面的证据支持，为发展中国家环境政策制定提供参考。

第二，以往关于碳交易制度运行效果的研究，多注重评估碳交易的直接影响，而忽略了对影响渠道的分析。本章在评估碳交易制度对电力行业能源转型和碳排放影响的基础上，从新建高效率火电机组、节能减排改造、可再生能源发电三个方面对碳交易制度的影响传导路径进行检验与分析，补充碳交易制度对电力行业与企业能源转型和碳减排的影响机理，这有助于更好地理解碳交易的运行机制，进一步提高气候减缓决策的有效性和效率。

第三，以往研究大多关注碳交易制度对覆盖企业作用机制的平均影响，忽略了其异质性影响。在讨论碳交易制度对企业的影响时，有必要考虑因企业内外部特征不同，而导致碳交易制度对覆盖企业作用机制不同。本章基于企业内外部特征进行异质性分析，探究碳交易制度对电力企业能源转型和碳减排潜在渠道的异

---

① 视频丨全国碳市场首个履约周期正式启动，http://www.mee.gov.cn/ywdt/spxw/202101/t20210106_816154.shtml[2024-01-10]。

质性影响，为更好地理解碳交易运行机制和作用路径提供新视角。

2.2　国内外研究现状

2.2.1　碳交易运行效果评估相关研究

碳交易作为一种运用市场手段解决环境问题的政策工具，受到越来越多国家和地区的采纳和运用（ICAP，2020）。诸多学者也开始关注和评估碳交易机制的运行效果，且对碳交易的运行效果评价不一，可以归纳为以下三类，即积极、消极和不确定。

首先，部分学者认为碳交易对经济社会发展产生了积极作用。Naegele 和 Zaklan（2019）对 EU ETS 的实施是否造成欧洲制造业碳泄漏问题进行了检验，研究发现 EU ETS 并未导致欧洲制造业部门碳泄漏，认为 EU ETS 是一个效果较为理想的碳规制措施。Moore 等（2019）利用双重差分（difference-in-differences，DID）模型探究了 EU ETS 对企业固定资产持有量的影响，研究发现 EU ETS 对被纳入 EU ETS 企业的有形固定资产产生了显著的积极影响，使相关企业的资产基数平均增加了 12.1%。Bayer 和 Aklin（2020）利用广义 SCM（synthetic control method，合成控制法）和部门碳排放数据研究了 EU ETS 对欧盟碳排放的影响，研究发现尽管欧盟碳配额价格低廉，但 EU ETS 仍有助于减少碳排放，在 2008 年至 2016 年，它减少了超过 10 亿吨的 CO_2 排放。Guo 等（2020）根据 EU ETS 第一阶段和第二阶段的完整公司级交易记录，分析了公司碳配额交易利润与其减排量之间的关系，研究发现公司碳配额交易利润与其减排量显著正相关，且第二阶段的相关性强于第一阶段，这表明 EU ETS 对企业实施碳减排具有激励作用。Yang 等（2021）基于 DID 模型和非径向方向距离函数（non-radial directional distance function，NDDF）模型评估了碳交易对试点地区绿色生产绩效的影响，研究发现碳交易使试点地区的绿色生产绩效提高了约 10%。

其次，部分学者研究表明，碳交易制度可能会对经济社会发展产生负面的影响。Zhu 等（2017）在两国三产品局部均衡模型的基础上模拟了碳交易体系的配额分配方式对中国钢铁行业消除落后产能的影响，结果表明免费分配的配额方式可能导致国内正常和落后产能之间的竞争性扭曲。Chen 等（2021）基于三重差分（difference-in-difference-in-differences，DDD）模型检验了中国碳交易试点制度对企业绿色创新的影响，研究发现在中国碳市场中，“弱”波特假说尚未实现，碳交易试点制度使企业绿色专利的比例下降了 9.3%。

最后，部分学者发现碳交易政策对经济社会发展产生的影响不确定。Tang 等（2015）利用多主体模型分析了统一碳交易机制对中国经济与碳排放的真实影响，结果表明统一的碳交易机制使中国碳排放降低了 15%~20%，却使中国的 GDP 损失了 3.5%~4%。Lin 和 Jia（2020）采用多部门动态递推的可计算一般均衡（computable general equilibrium，CGE）模型分析了碳交易机制对可再生能源的影响，结果表明如果不向可再生能源提供补贴，碳排放交易体系会提高可再生能源的成本并减少可再生能源的发电量。然而，如果将碳排放交易体系的收入全部用于发展可再生能源，那么可再生能源可以得到快速发展。

归结起来，目前针对碳交易机制运行效果的评价研究并不一致，且这些研究主要集中在欧美等发达国家和地区，较少有研究关注发展中国家碳交易机制的实践状况，尤其是中国的碳交易实践。许多经济发展迅速、环境恶化严重的发展中国家正面临环境和经济的双重压力，开展对中国碳交易机制的研究，能够为这些面临严峻环境挑战和缺乏经验的发展中国家提供解决碳排放问题的思路。此外，虽然一些学者讨论了中国碳交易的实际运行效果，但还较为宏观（如国家和省级层面），对于碳交易制度的直接参与者考察依然不足，且大多基于 CGE 模型或设置情景进行模拟分析（Tan et al.，2019a；Xian et al.，2019；Lin and Jia，2019a），受前提场景和参数设置影响较大。由于中国能源和环境系统的复杂性，模拟分析难以充分反映中国碳交易制度的真实影响。因此，有必要利用实际数据为碳交易制度评估提供客观准确的定量分析。最后，中国碳交易制度对企业的影响可能因企业内外部特征不同而产生差异，现有关于中国碳交易影响机制的研究很少考虑企业内外部特征差异（如电力企业所有权、电力企业所处地区市场化水平、碳市场惩罚强度、碳配额价格、碳配额分配方式），这很难对中国碳交易制度的作用机制进行深入探究，不利于碳交易制度的改进。因此，有必要基于企业内外部特征，深入分析碳交易对企业作用机制的差异。

2.2.2　环境政策对节能减排影响相关研究

环境政策能否促进节能减排，一直是学术界争论的话题。按照环境政策作用方式的不同，环境政策可分为命令–控制型环境政策、市场型环境政策与自愿型环境政策（Segerson，2020；Peñasco et al.，2021）。不同环境政策对节能减排的影响也不同。目前，诸多学者已开始关注和评估不同类型环境政策对节能减排的影响。

首先，命令–控制型环境政策是国家行政机构通过制定法律法规、环境标准或利用行政权力，对各类环境行为进行强制性干预，以达到环境治理目标的政策（Zhao et al.，2015a；Tan et al.，2020）。目前，部分学者已对命令–控制型环境政策的节能减排效果展开研究。例如，Coria 等（2021）研究了瑞典氮氧化物（NO_x）排放法规严格程度对氮氧化物排放的影响，研究发现，氮氧化物排放法规越严格，越能促进企业氮氧化物减排。Zhu 和 Wang（2021）从管制实施、风型和污染物停留时间三个方面评价了中国 4 个港口燃油含量管制的实际效果。研究发现燃油含量管制对上海港立即产生了缓解影响，减少了其区域空气污染，但对其他没有受到处罚或受到更早、更严格规定的港口没有影响。Li 等（2020a）评估了中国燃料标准与空气污染之间的因果关系。研究发现高质量汽油标准的实施显著改善了空气质量，所有污染物的平均污染减少了 12.9%，尤其是在细颗粒物和臭氧方面。Xu 等（2021）采用“温室气体和空气污染的相互作用与协同作用亚洲模型”，定量评估了京津冀地区实施蓝天保卫战时的 CO_2 减排量。研究发现，到 2030 年，实施蓝天保卫战，预计可使北京、天津和河北的 CO_2 排放量分别降低 3780 万吨（26.6%）、485 万吨（2.5%）和 6990 万吨（8.6%）。Lin 和 Zhu（2020）基于 278 个中国地级及以上城市的样本数据，构建了反映节能减排效率的绿色发展指标，然后采用 DID 模型识别了清洁空气行动对绿色发展的影响。研究发现，清洁空气行动有利于中国城市的绿色发展，且正向推动作用随时间变化呈增强趋势。Wang 等（2018a）评估了“三河三湖”水污染防治政策对“三河三湖”流域企业化学需氧量（chemical oxygen demand，COD）排放和生产效率的影响，发现尽管水污染防治政策迫使许多污染严重的小型企业关闭，但它们对幸存企业的生产率没有统计上的显著影响，且它们在减少 COD 排放方面没有效果。

其次，市场型环境政策是充分发挥市场的激励调节作用，直接将企业成本、效益与环境治理行为挂钩，给予企业自主选择的权利，利用最小的代价达到应有的环境效果，以实现社会资源的最佳配置的政策（Baldursson and von der Fehr，2004；Williams，2012）。一些学者对市场型环境政策的节能减排效果展开了研究。Lange 和 Maniloff（2021）使用美国氮氧化物预算计划作为案例进行了研究，检验选择更新分配州的发电厂是否比选择固定分配州的发电厂发电量更多，结果发现，更新分配导致天然气联合循环发电机的发电量增加，而不是煤炭发电机。这种影响集中在夜间需求较低的时段，并因当地煤和天然气混合发电的比例不同而不同。Safi 等（2021）评估了 1990 年 G7（Group of Seven，七国集团）国家环境税对基于消费的碳排放的影响，结果发现，从短期和长期来看，环境税显著减少了基于消费的碳排放。Li 等（2021a）评估了环境税政策对中国 30 个地区的化石燃料发电厂污染物减排的影响，结果表明，环境税政策对污染物减排有积极的影响，环境税政策实施后，化石燃料发电厂排放的二氧化硫（SO_2）、氮氧化物和粉尘分别减少 2.186 吨（7.7%）、1.550 吨（6.84%）和 1.064 吨（16.1%）。Li 等（2021b）调查了 SO_2 排放交易制度对企业能源效率的影响，结果表明，SO_2 排放交易制度的实施确实提高了企业的能源效率，企业通过减少一次能源的使用来改变能源结构，从而提高能源效率。Heimvik 和 Amundsen（2021）探讨了可交易绿色证书方案对电力行业温室气体减排的影响，研究发现，可交易绿色证书方案的使用可以实现特定的动态温室气体减排目标，但同时也会导致绿色发电的过度投资。Afridi 等（2021）探究了印度液化石油气（liquefied petroleum gas，LPG）补贴计划对居民使用清洁燃料的影响，研究发现，LPG 补贴计划并没有显著提高居民对清洁燃料的使用，但是降低了居民能源强度。

最后，自愿型环境政策是指企业和公众基于自身环保意识或政府引导，自发进行环境保护，从而实现环境治理目的的政策（Christmann and Taylor，2006；Arimura et al.，2008）。部分学者对自愿型环境政策的节能减排效果展开了研究。例如，Arocena 等（2021）分析了采用 ISO（International Organization for Standardization，国际标准化组织）14001 标准对企业环境和经济绩效的影响，结果表明，采用 ISO 14001 标准有助于降低企业碳排放强度并提高企业盈利能力。Isaksen（2020）研究了《远距离越境空气污染公约》（Convention on Long-Range Transboundary Air Pollution）和随后的《1985 年赫尔辛基协议》（1985 Helsinki Protocol）、《1988 年索非亚议定书》（1988 Sofia Protocol）和《1991 年日内瓦议定书》（1991 Geneva Protocol）对 SO_2、NO_x 和 VOC（volatile organic compound，挥发性有机化合物）排放的影响，发现以上三个大规模国际污染协议使 SO_2、NO_x 和 VOC 排放量分别降低了 22%、18%和 21%。Zhou 和 Huang（2021）探究了 RGGI 对减少 CO_2 排放的影响，研究发现，2009~2017 年 RGGI 项目使 RGGI 地区的 CO_2 排放量减少了 13.43%。Kube 等（2019）评估了欧盟生态管理和审计计划对德国制造业企业污染物排放的影响，研究发现，对于早期获得认证的公司，该计划减少了企业的 CO_2 排放，且碳排放强度提高了 9%。对于后期获得认证的公司，没有发现显著的减排证据。Huang 和 Chen（2015）分析了中国环境信息披露是否减少了三类工业废物（废气、废水和固体废物）和主要污染物排放，结果表明，在“十一五”期间环境信息披露对废物和主要污染物排放的影响很小，减排效果有限。Tu 等（2019）评估了公众参与对污染减排和环境技术效率的影响，发现公众参与对污染减排有积极影响，但并没有提高大部分城市的环境效率。

总结而言，现有相关文献已关注和评估环境政策对节能减排的影响，且分别探究了命令–控制型环境政策、市场型环境政策与自愿型环境政策对节能减排的实际影响机制，但仍然存在以下两方面局限性。一方面，虽然现有文献已对环境政策的节能减排效果展开研究，但很少有文献探究环境政策对实现能源转型和 CO_2 减排效果的作用机制，尤其是基于市场的环境政策。碳交易政策作为一种重要的市场激励型环境监管制度，探究其实现能源转型和 CO_2 减排的路径，有利于丰富对碳交易政策的理解。因此，在评估碳交易制度对电力行业能源转型和 CO_2 减排影响的基础上，进一步从新建高效率火电机组、节能减排改造和可再生能源发电三个角度对碳交易的影响机制进行分析与检验。另一方面，相比于命令–控制型环境政策和自愿型环境政策，市场型环境政策逐渐成为解决全球环境问题的热门方式。通过“命令–控制”等行政手段实现碳减排目标的措施往往效率低、成本高。碳交易机制作为一项基于市场的新兴环境政策，它利用市场机制，以成本有效的

方式控制和减少 CO_2 排放，促进能源转型。但鲜有文献研究碳交易制度对电力行业能源转型和 CO_2 减排的驱动及影响机制，尤其是中国的电力部门。因此，探究中国碳交易制度对中国电力部门的影响，能够为进一步理解碳交易制度在行业和企业层面的运行机制与影响路径提供新的研究视角，为市场型环境政策体系完善提供新的经验证据。

2.3　数据说明与研究方法

2.3.1　数据说明

本章以 2006~2017 年电力行业及上市电力企业为基础构建研究样本。考虑到样本的有效性，本章根据以下标准处理样本：①删除数据缺失的样本；②删除债务总额大于资产总额的企业。本章的最终样本包括 30 个省区市（不包括香港、澳门、台湾、西藏）电力行业的 362 个年度观察值和 69 个上市电力企业的 752 个年度观察值。由于碳交易制度只纳入了试点地区的电力行业和电力企业，因此本章将试点地区的电力行业和上市电力企业作为处理组，其余地区的电力行业和上市电力企业作为对照组。本章的研究使用了多组统计数据，最终构建了一个包含企业数据、行业数据和地区数据的综合数据集。本章的数据来自以下三个方面：①电力行业能源消耗和 CO_2 数据从 CEADs（Carbon Emission Accounts and Datasets，中国碳核算数据库）获得；②企业实现能源转型和 CO_2 减排的投资数据从相关上市企业历年年度财务报告中收集；③其他变量数据均从中国经济金融研究（China Stock Market & Accounting Research，CSMAR）数据库、中国研究数据服务平台（Chinese Research Data Services Platform，CNRDS）、《中国统计年鉴》、《中国电力统计年鉴》和《中国环境统计年鉴》获得。

1. 被解释变量

本章使用 Shan 等（2016）估算的中国各地区电力行业能源消耗和 CO_2 排放数据进行分析。选择这些数据的原因如下。①这些数据包含电力行业使用的 20 种能源消耗，排放数据更加全面和准确。②现有研究几乎都采用了 IPCC 推荐的默认排放因子，有学者表明该默认排放因子高于中国的调查值（Liu et al., 2015）。③该数据集包含了中国 30 个地区电力行业 2006~2017 年的能源消耗和 CO_2 排放数据，为本章分析中国环境问题提供了数据支持。中国各地区电力行业能源消耗和 CO_2 排放数据可从 CEADs 免费下载，这些数据已被用于多项研究（Li et al., 2019a；Zheng et al., 2019）。其中，本章以国家标准转换系数为基础，将能源消耗转换为标准煤。

此外，对于电力企业能源转型和 CO_2 减排投资数据的获取，根据相关研究（Patten，2005；Zhang et al.，2019a），我们手动收集了上市企业年度财务报告“正在建设中”项目下的企业级投资数据。从该项目下的详细项目中确定与新建高效率火电机组、节能减排改造和可再生能源发电相关的投资项目。然后，将所有相关投资汇总为电力企业实现能源转型和 CO_2 减排的投资。上市企业年度财务报告“正在建设中”项目来自 CSMAR 数据库。

2. 解释变量

本章设定的自变量为ETS和Time，它们都是虚拟变量。ETS为 1 表示电力行业和企业位于碳交易试点地区，否则为 0，根据碳交易试点制度，碳交易试点地区包括北京、天津、上海、重庆、湖北、广东[①]，其余省级行政区域则是非碳交易试点地区。Time 为 1 表示已经实施碳交易制度，否则为 0。参照 Zhang 等（2020a），2012 年之前中国未实施碳交易制度，2012 年及以后实施碳交易制度。

3. 控制变量

为确保结果不受行业异质性、企业异质性和地区异质性的干扰，根据以往相关研究（Zhang et al.，2019b；Hu et al.，2020；Liu et al.，2021a），本章选择各省级行政地区电力行业的员工人数、行业收入、外商直接投资和是否具有出口业务作为行业级控制变量，选择上市电力企业的资产回报率、上市年限、托宾 Q（Tobin's Q）、营业总收入、营业利润、利润总额、资产负债率和资产总额作为企业级控制变量，选择各省级行政地区的人均生产总值、工业结构、专利和环境治理作为省级地区级控制变量。

表 2.1 展示了所有变量的含义与计算方法，表 2.2 报告了所有变量的描述性统计结果。由表 2.2 可知，对于电力行业的化石能源消耗和 CO_2 排放，平均而言，试点地区电力行业化石能源消耗和 CO_2 排放低于非试点地区；对于上市电力企业

表 2.1　所有变量的含义与计算方法

变量	定义	计算方法	数据级
Energy	能源消耗	每年各省级行政地区电力行业的化石能源消耗量，取对数	行业级数据
CO_2	CO_2 排放	每年各省级行政地区电力行业 CO_2 排放量，取对数	
ETS	碳交易试点	虚拟变量，若为碳交易试点，ETS 为 1，否则为 0	
Time	时间	虚拟变量，2011 年后，Time 为 1，否则为 0	

① 因电力行业以省级行政区域来分组，为便于分析，本章将深圳碳交易试点与广东碳交易试点合并，统一为广东碳交易试点。

续表

变量	定义	计算方法	数据级
Worker	员工人数	每年各省级行政地区电力行业员工人数，取对数	行业级数据
Revenue	行业收入	每年各省级行政地区电力行业的营业总收入，取对数	
FDI	外商直接投资	每年各省级行政地区电力行业外国直接投资，取对数	
Export	出口	虚拟变量，若当年该省级行政地区电力行业有出口业务，Export 为 1，否则为 0	
PerGDP	人均生产总值	每年各省级行政地区人均生产总值，取对数	省级地区级数据
Proportion	工业结构	第二产业占比	
Patent	专利	每年各省级行政地区的专利申请量，取对数	
Fee	环境治理	每年各省级行政地区环境治理投入费，取对数	
TPG	新建高效率火电机组	每年企业新建高效率火电机组的投资数，取对数	企业级数据
TT	节能减排改造	每年企业节能减排改造的投资数，取对数	
RE	可再生能源发电	每年企业可再生能源发电的投资数，取对数	
ROA	资产回报率	每年企业营业收入与资产总额的比值	
Age	上市年限	自企业上市以来的年数，取对数	
Tobinq	托宾 Q	每年企业市场价值与资产重置成本的比值	
TOR	营业总收入	每年企业营业总收入，取对数	
OP	营业利润	每年企业营业利润，取对数	
TP	利润总额	每年企业利润总额，取对数	
Lev	资产负债率	每年企业负债总额与资产总额的比值	
Assets	资产总额	每年企业资产总额，取对数	

能源转型和 CO_2 减排投资，试点地区上市电力企业新建高效率火电机组、节能减排改造和可再生能源发电相关投资均高于非试点地区。

2.3.2　研究方法

本章将碳交易政策的实施作为一项准自然实验，采用 DID 模型评估碳交易制度对电力行业能源转型和 CO_2 减排的影响；在此基础上，检验碳交易制度促使电力企业能源转型和减少 CO_2 排放的三种潜在渠道。本章将参与碳交易的电力行业和企业设为“处理组”，反之则设为“对照组”，从而有效比较不同分组行业和企业在不同时期受碳交易制度影响的“净效应”。因此，DID 方法比较了政策实施前后，试点地区与非试点地区电力行业企业的能源转型和 CO_2 减排及其潜在渠道的差异。关于碳交易制度对电力行业化石能源消耗的影响评估，其模型设置如方程（2.1）所示。关于碳交易政策对电力行业 CO_2 排放的影响检验，其模型设置如方程（2.2）所示。

表 2.2　描述性统计

变量	全样本（390）							非试点区域（312）		试点区域（78）	
	均值	标准差	第 1 百分位数	第 50 百分位数	第 99 百分位数	最大值	最小值	均值	标准差	均值	标准差
LnEnergy	6.35	1.33	2.22	6.69	7.92	7.97	1.62	6.54	1.10	5.58	1.82
LnCO_2	4.62	0.84	2.38	4.62	6.12	6.17	2.22	4.69	0.86	4.31	0.67
LnWorker	1.98	0.82	0.00	2.20	3.11	3.23	0.00	2.04	0.81	1.74	0.81
LnRevenue	6.81	1.44	0.00	7.07	8.75	8.89	0.00	6.71	1.54	7.21	0.87
LnFDI	2.09	1.23	0.00	2.31	4.56	4.90	0.00	2.05	1.26	2.23	1.12
Export	0.33	0.47	0.00	0.00	1.00	1.00	0.00	0.32	0.47	0.38	0.49
LnPerGDP	1.52	0.45	0.63	1.52	2.55	2.63	0.46	1.42	0.39	1.90	0.46
Proportion	3.85	0.21	3.11	3.90	4.09	4.14	3.00	3.87	0.17	3.74	0.29
LnPatent	3.16	1.41	0.41	3.17	6.23	6.44	0.29	2.91	1.41	4.14	0.92
LnFee	5.02	0.95	2.59	5.11	6.78	7.26	1.96	4.96	1.00	5.22	0.66
LnTPG	0.88	1.36	0.00	0.00	4.77	5.22	0.00	0.70	1.20	0.88	1.36
LnTT	0.24	0.47	0.00	0.00	1.98	3.18	0.00	0.19	0.42	0.24	0.47
LnRE	0.76	1.22	0.00	0.01	4.74	5.77	−0.03	0.57	1.01	0.76	1.22
ROA	0.02	0.13	−0.25	0.02	0.13	0.30	−2.56	0.01	0.15	0.02	0.13
LnAge	2.47	0.58	0.00	2.64	3.18	3.22	0.00	2.44	0.56	2.47	0.58
Tobinq	1.42	0.72	0.92	1.21	4.07	11.46	0.75	1.46	0.81	1.42	0.72
LnTOR	3.45	1.35	1.17	3.17	6.95	7.33	0.88	3.12	1.20	3.45	1.35
LnOP	1.12	1.66	−2.86	0.89	4.92	5.60	−3.85	0.75	1.45	1.12	1.66
LnTP	1.51	1.37	−1.41	1.08	5.01	5.59	−4.30	1.16	1.13	1.51	1.37
Lev	0.61	0.22	0.07	0.62	0.91	3.26	0.01	0.62	0.24	0.61	0.22
LnAssets	4.50	1.47	1.92	4.38	8.00	8.24	1.41	4.17	1.31	4.50	1.47

$$\text{LnEnergy}_{it} = \alpha_0 + \alpha_1 \times \text{ETS}_i \times \text{Time}_t + \alpha_3 \times X_{it} + \delta_i + \sigma_t + \varepsilon_{it} \tag{2.1}$$

$$\text{LnCO}_{2it} = \alpha_0 + \alpha_1 \times \text{ETS}_i \times \text{Time}_t + \alpha_3 \times X_{it} + \delta_i + \sigma_t + \varepsilon_{it} \tag{2.2}$$

其中，i 表示地区；t 表示年份；ETS_i 和 Time_t 表示虚拟变量，ETS_i=0 和 ETS_i=1 分别代表非碳交易政策试点地区和碳交易政策试点地区，Time_t=0 和 Time_t=1 分别代表碳交易制度实施之前和实施之后；X_{it} 表示控制变量，不仅包含电力行业的行业级控制变量，还包括省级地区级控制变量，这些变量在表 2.1 中进行了描述；ε_{it} 表示误差项；α_0 表示截距项；系数 α_1 表示分离出的中国碳交易制度对电力行业能源转型和 CO_2 减排的净影响。此外，在回归模型中，我们控制了一系列的固定效应，δ_i 和 σ_t 分别表示地区固定效应和年份固定效应。

碳交易制度促使电力企业能源转型和减少 CO_2 排放的三种潜在渠道检验的 DID 模型设置如方程（2.3）、方程（2.4）和方程（2.5）所示。其中方程（2.3）评估了碳交易制度促使电力企业新建高效率火电机组的作用，方程（2.4）探究了碳交易制度促使电力企业实施节能减排改造的作用，方程（2.5）探究了碳交易制度促使电力企业进行可再生能源发电的作用。

$$\text{LnTPG}_{qt} = \alpha_0 + \beta_2 \times \text{ETS}_q \times \text{Time}_t + \beta_3 \times X_{qt} + \delta_q + \sigma_t + \varepsilon_{qt} \tag{2.3}$$

$$\text{LnTT}_{qt} = \alpha_0 + \beta_2 \times \text{ETS}_q \times \text{Time}_t + \beta_3 \times X_{qt} + \delta_q + \sigma_t + \varepsilon_{qt} \tag{2.4}$$

$$\text{LnRE}_{qt} = \alpha_0 + \beta_2 \times \text{ETS}_q \times \text{Time}_t + \beta_3 \times X_{qt} + \delta_q + \sigma_t + \varepsilon_{qt} \tag{2.5}$$

其中，q 表示企业；ETS_q 表示虚拟变量，ETS_q=0 和 ETS_q=1 分别代表电力企业位于非碳交易试点和碳交易试点；X_{qt} 表示一组控制变量，包含电力企业的企业级控制变量，这些变量在表 2.1 中进行了描述；ε_{qt} 表示误差项；系数 β_2 表示碳交易制度促使电力企业能源转型和减少 CO_2 排放的三种潜在渠道的净效应。在回归中，同样控制了一系列固定效应，δ_q 表示企业固定效应，其余变量定义与方程（2.1）相同。

2.4　结果讨论与分析

2.4.1　碳交易制度对电力行业能源转型和碳排放的影响

根据方程（2.1）和方程（2.2），计算得到的碳交易制度对电力行业能源转型和碳排放的影响如表 2.3 所示，其中模型 1 与模型 3 测算了碳交易制度对电力行业化石能源消耗和碳排放的相对影响，模型 2 和模型 4 测算了碳交易制度对电力行业化石能源消耗和碳排放的绝对影响。从表 2.3 的估计结果，我们可以得到以下两方面重要发现。

表 2.3　碳交易制度对电力行业能源转型和碳排放的影响

变量	模型 1	模型 2	模型 3	模型 4
	LnEnergy	Energy	$LnCO_2$	CO_2
ETS×Time	−0.212**	−108.025*	−0.180***	−24.571***
	(−1.98)	(−1.53)	(−4.50)	(−5.28)
LnWorker	−0.053	−109.066*	0.063	6.253
	(−0.47)	(−1.83)	(1.15)	(0.93)
LnRevenue	0.062	46.396**	−0.202***	−8.446***
	(1.50)	(2.33)	(−7.25)	(−3.31)
LnFDI	−0.002	−0.478	0.003	1.348
	(−0.04)	(−0.02)	(0.17)	(0.40)
Export	0.024	35.206	0.060**	4.074
	(0.69)	(1.09)	(1.99)	(1.28)
LnPerGDP	−0.359	−143.155	0.730**	70.523**
	(−0.88)	(−0.72)	(2.46)	(2.03)
Proportion	−0.023***	−7.696	−0.015***	−2.262***
	(−2.68)	(−1.57)	(−2.80)	(−4.12)
LnPatent	0.027	72.116*	−0.073	−4.040
	(0.23)	(1.67)	(−1.21)	(−0.61)
LnFee	0.101	103.414***	0.150***	13.450**
	(1.42)	(2.93)	(2.63)	(2.43)
年份固定效应	控制	控制	控制	控制
地区固定效应	控制	控制	控制	控制
常数项	6.656***	407.498	4.974***	123.771***
	(9.02)	(1.53)	(18.16)	(2.24)
观测值	360	360	360	360
R^2 值	0.907	0.915	0.938	0.953

注：括号内为 t 统计量

*、**和***分别表示在 10%、5%和 1%的水平下显著

一方面，中国碳交易制度显著降低了电力行业化石能源消耗量。从表 2.3 中的模型 1 与模型 2 可以看到，核心解释变量 ETS×Time 的系数均为负，且分别在 5%和 10%水平下显著。这表明，在样本区间内，碳交易制度促进了试点地区电力行业的能源转型，使试点地区电力行业化石能源消耗量下降了 21.2%，降幅达到 108.025 万吨标准煤。由于中国煤炭资源较为丰富，中国电力行业仍以火力发电为主（Peng et al.，2018）。截至 2019 年，中国电力行业火电发电量占比高达 72.32%，这导致电力行业碳排放量一直居高不下。2018 年，中国火力发电的 CO_2 排放量达

到 46 亿吨，约占中国化石燃料燃烧产生的 CO_2 排放量的一半，电力行业碳减排形势较为严峻。电力行业不仅是碳排放大户，更是碳交易制度的重要参与者。中国碳交易试点制度实施以后，政府通过基准法、拍卖法等方式给控排电力企业分配碳配额，期望运用市场机制控制 CO_2 排放。在这个过程中，电力行业成为碳市场的主力军，感受到较大能源转型和 CO_2 减排压力，迫使电力企业调整能源结构，降低化石能源发电量。截至 2017 年，试点地区火力发电占比相较 2011 年降低了 12.49%，这在一定程度上印证了本章的发现。

另一方面，中国碳交易制度显著降低了电力行业碳排放量。从表 2.3 的模型 3 与模型 4 可以看到，核心解释变量 ETS×Time 的系数均在 1%水平下显著为负。这表明，在样本区间内，碳交易制度使试点地区碳排放量下降了 18.0%，碳减排量达 0.245 71 亿吨。这一发现与试点地区的统计数据基本一致，2011~2017 年，碳交易试点电力行业碳排放量下降明显，如北京电力行业碳排放量下降 21.67%，上海电力行业碳排放量下降 18.34%，湖北电力行业碳排放量下降 17.71%。目前，欧盟、美国等世界其他国家和地区的碳排放交易机制，只在履约期初发放一次配额，且有明确的绝对总量上限；而中国的配额分配模式，由预分配和事后调整两个步骤组成，政府在履约期开始时先以企业上一年产量为基准，给企业发放一定比例的预配额，在履约期结束后，政府会根据企业当年的实际产量二次发放配额，多退少补，以完成上一周期的配额发放工作（Zhang，2015）。这种“自下而上”的上限构建方式可以将减排压力更直接地传递给电力行业微观层面的政策接受者（Hu et al.，2020）。同时，由于电力行业数据基础比较好，产品相对比较单一，容易进行核查核实，配额分配简便易行，碳交易带给电力企业的能源转型和 CO_2 减排压力更加明显。与非试点地区相比，电力行业在试点地区面临更大的减排压力。因此，电力企业通过技术创新、购买配额和调整投入产出水平，在碳减排任务方面获得了灵活性，并能够实现不同要素和资源的优化配置（Yang et al.，2017）。从长远来看，碳交易将加速严重污染发电设备和企业的退出，促进资本流向高排放效率的企业，从而实现能源转型和 CO_2 减排。

总结而言，中国碳交易制度显著降低了电力行业化石能源消耗量和 CO_2 排放量。以往关于中国碳市场的影响研究主要通过 CGE 模型进行模拟，严重依赖前提场景和参数设置，关于中国碳市场有效性的实证研究少之又少。Zhu 等（2019）、Zhang 等（2020a）、Zhang 和 Wang（2021）注意到了这一问题，但他们考察的是对专利和投资的影响，而不是能源转型和减排的实际作用。本章的实证研究弥补了这一不足，为中国碳市场在能源转型和减排方面的有效性提供了实证证据。此外，各国政府正在探索以市场为基础的环境政策，以弥补传统的命令–控制型环境政策的局限（Zhang and Liu，2019）。中国的 CO_2 减排政策的有效性可能是决定全球应对气候变化努力成功与否的主要因素（Zhang et al.，2020a）。碳交易政策作为中国主要的市场型环境政策，其有效性仍是一个激烈争论的问题。政策制定者期望促进能源系统向清洁能源的过渡，但是政策和未来碳价格的不确定性阻碍了能源系统的转型（Cao et al.，2021），本章的发现与之相反，碳交易作为中国一项重要的市场型环境政策，其确实可以减少能源系统对化石能源的依赖，并通过诱导清洁技术投资，促进能源系统向清洁化转型。

2.4.2 平行趋势检验与动态效应

DID 模型的关键识别假设是非试点地区的电力行业为试点地区电力行业的能源转型和 CO_2 减排活动提供有效的反事实变化（Luong et al.，2017）。也就是说，如果不实施碳交易政策，试点区域与非试点区域电力行业的化石能源消耗和 CO_2 排放趋势是平行的。本章将进行平行趋势检验以验证这个假设没有被违反。此外，虽然 2011 年国家发展改革委印发了《关于开展碳排放权交易试点工作的通知》[①]，但可能存在预期效应，即电力行业可能会提前实施能源转型和 CO_2 减排；同时，试点地区碳交易政策的实施需要一定的准备时间，也可能产生滞后效应，导致电力行业实施能源转型和 CO_2 减排活动滞后。因此，本章进一步研究了碳交易制度对电力行业化石能源消耗和 CO_2 排放的动态影响，并探究其影响是否存在预期效应和滞后效应。参考 Beck 等（2010）、Greenstone 和 Hanna（2014）、Drysdale 和 Hendricks（2018）的研究，本章采用事件研究方法实证检验碳交易政策对电力行业能源转型和 CO_2 减排的动态影响，并评估碳交易实施之前平行趋势条件是否满足。本章的事件研究模型如方程（2.6）和方程（2.7）所示：

$$\mathrm{LnEnergy}_{it} = \alpha_0 + \sum_{j=-6}^{5} \lambda_t \times \mathrm{ETS}_i \times \mathrm{Time}_{2012+j} + \alpha_3 X_{it} + \delta_i + \sigma_t + \varepsilon_{it} \tag{2.6}$$

$$\mathrm{LnCO}_{2it} = \alpha_0 + \sum_{j=-6}^{5} \lambda_t \times \mathrm{ETS}_i \times \mathrm{Time}_{2012+j} + \alpha_3 X_{it} + \delta_i + \sigma_t + \varepsilon_{it} \tag{2.7}$$

其中，λ_t 表示 2006~2017 年的年度政策效应，表示处理组和控制组化石能源消耗及 CO_2 排放在 t 年的差异，碳交易政策于 2011 年 10 月（即 2011 年底）启动，本章认为 2011 年是基准年。其他变量的定义与方程（2.1）相同。

根据方程（2.6）和方程（2.7），本章评估了碳交易制度对电力行业化石能源消耗和 CO_2 排放的动态影响，获得了试点地区与非试点地区电力行业化石能源消耗和 CO_2 排放的百分比差异，结果如图 2.1 和图 2.2 所示。

从图 2.1 和图 2.2 中我们可以得到以下三方面发现。

① 国家发展改革委办公厅关于开展碳排放权交易试点工作的通知，https://zfxxgk.ndrc.gov.cn/web/iteminfo.jsp?id=1349[2023-10-22]。

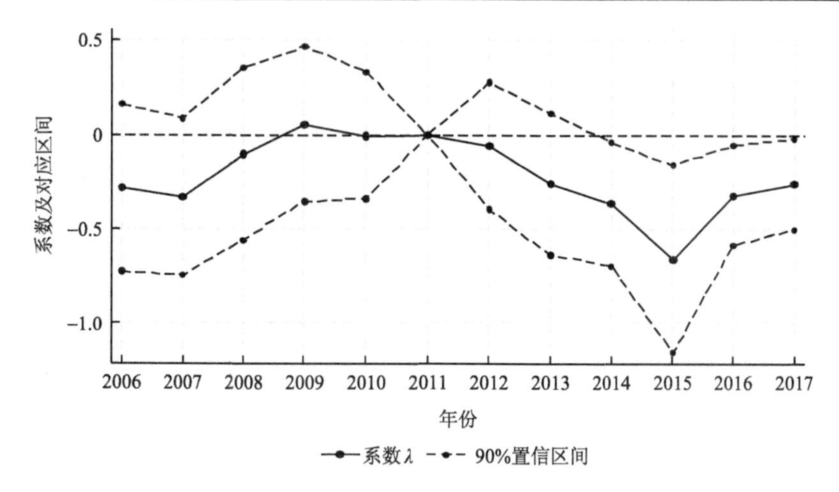

图 2.1　化石能源消耗（LnEnergy）的百分比差异

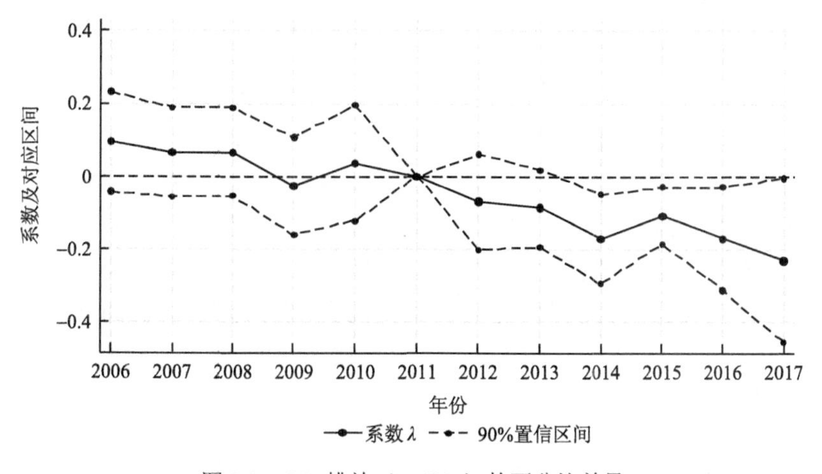

图 2.2　CO_2 排放（LnCO_2）的百分比差异

第一，试点区域和非试点区域电力行业的化石能源消耗和 CO_2 排放趋势是平行的，满足平行趋势假设。在碳交易政策实施之前（2011 年之前），λ 值与零值无显著差异，这表明，在碳交易政策实施之前，试点区域和非试点区域电力行业的化石能源消耗和 CO_2 排放趋势相似，为平行趋势假说提供了支持，为 DID 方法的使用提供了依据。

第二，在碳交易政策实施之前，碳交易制度并未导致预期效应。从图 2.1 和图 2.2 可以看到，在 2011 年之前，化石能源消耗系数和 CO_2 排放系数没有表现出明显的趋势，这表明电力行业并未因碳交易制度的实施，提前调整生产运营，以应对即将到来的碳市场。在碳交易制度实施之前，碳交易机制覆盖的行业企业范围、碳配额的分配及交易方式等内容还不明确，电力企业都在观望、犹豫和质疑。

缺乏对电力企业生产运营进行明确指导的制度，电力企业无法确定努力的方向。此外，面对即将到来的碳市场，电力企业不了解碳交易机制将会对企业生产运营产生怎样的影响，未领会到碳交易制度的重要性（Yang et al.，2016a），外加企业绿色低碳发展意愿不足，并未提前调整企业各种资源（Yu et al.，2020a），以适应未来碳市场的约束和影响。以上是未产生预期效应的主要原因。

第三，碳交易政策实施之后，碳交易制度对电力行业的影响具有滞后效应。从图 2.1 和图 2.2 可以看到，2011 年之后，化石能源消耗系数和 CO_2 排放系数具有明显的下降趋势，且在碳交易政策实施两年后，化石能源消耗系数在统计上变得显著，CO_2 排放系数也立即在统计上变得显著，这表明，碳交易制度对电力行业化石能源消耗和 CO_2 排放的影响存在一定滞后效应。首先，中国碳交易制度从无到有，随着碳交易试点制度的逐步推进，碳交易制度覆盖的行业及企业范围、碳交易规模逐渐扩大，碳配额分配拍卖比重也逐年增加，碳交易对企业碳约束逐渐加强，如果企业超排了、多排了，就会付出相应的成本，因此，企业在进行经营决策时就会审慎考虑能源转型和 CO_2 减排，以应对碳交易可能带来的额外生产成本（Zhang et al.，2019b）；其次，中国电力企业将参与碳交易，将节能减排工作纳入日常生产经营管理的意识也会逐渐加强（Wang et al.，2019a），企业管理者意识到绿色低碳是能源发展的大趋势，会及时调整企业生产运营，加强企业节能减排，以在未来市场竞争中获得先发优势（Li et al.，2018a）；最后，碳交易制度实施之后的前两年是基础建设期和模拟运行期，电力企业需要时间调整人力、物力、财力以适应碳市场的建设与运行，当基础建设期和模拟运行期过后，碳配额实现上市交易，企业会立即调整生产运营与化石能源使用，减少碳排放，减轻碳配额负担。

2.4.3 稳健性检验

1. PSM-DID 估计结果

本章的估计结果可能受到两方面自选择偏差的影响。一方面，试点地区和非试点地区在碳交易制度实施前可能存在系统性差异，影响了电力行业的发展趋势。另一方面，试点地区可能不是一个具有代表性的样本，它们的经济发展和工业产出影响电力行业在碳交易制度下的化石能源消耗与 CO_2 排放。为了克服试点地区电力行业与非试点地区电力行业在化石能源消耗与 CO_2 排放方面的系统差异，并减少 DID 模型估计的自选择偏差问题，遵循 Du 和 Takeuchi（2019）的方法，本章结合倾向评分匹配（propensity score matching，PSM），利用 PSM-DID 方法进行稳健性检验。本章将具有相似观测特征的试点地区和非试点地区电力行业进行匹配，将处理组和对照组系统性差异导致的电力行业化石能源消耗与 CO_2 排放水平差异最小化，然后降低 DID 估算的潜在偏差。首先，本章通过员工人数、行业收入、外商直接投资、是否具有出口业务、人均生产总值、工业结构、专利、环境治理八个协变量，对原始数据实施 1-3 近邻匹配（Heckman et al.，1997，1998），为纳入碳交易的电力行业筛选出个体观察特征相似的、未被纳入碳交易的电力行业，然后在此基础上利用 DID 模型估计碳交易政策对电力行业能源转型和 CO_2 减排的影响。PSM-DID 估计结果如表 2.4 所示，碳交易制度对电力行业能源转型和 CO_2 减排影响依然显著。

表 2.4　PSM-DID 估计结果

变量	模型 1	模型 2	模型 3	模型 4
	LnEnergy	Energy	$LnCO_2$	CO_2
ETS×Time	−0.221*	−125.594*	−0.091**	−27.944***
	(−1.93)	(−1.47)	(−2.03)	(−4.42)
LnWorker	−0.063	−112.343*	0.008	1.894
	(−0.49)	(−1.56)	(0.10)	(0.25)
LnRevenue	−0.294	188.179*	−0.157	25.382*
	(−1.33)	(1.87)	(−0.91)	(1.68)
LnFDI	−0.030	21.441	0.029	2.273
	(−0.35)	(0.65)	(1.12)	(0.54)
Export	−0.013	26.218	0.036**	6.601*
	(−0.29)	(0.62)	(1.07)	(1.76)
LnPerGDP	−0.302	−162.130	0.779**	104.833**
	(−0.74)	(−0.61)	(2.34)	(2.59)
Proportion	−0.020*	−8.334	−0.020**	−1.619*
	(−1.82)	(−1.06)	(−2.26)	(−1.71)
LnPatent	−0.151	−19.048	−0.042	−23.721
	(0.23)	(−0.22)	(−0.60)	(−2.06)
LnFee	0.101	67.422	0.059	1.000
	(−1.19)	(1.36)	(1.21)	(0.21)
年份固定效应	控制	控制	控制	控制
地区固定效应	控制	控制	控制	控制
常数项	9.090***	−56.143	5.948***	−16.399***
	(5.88)	(−0.09)	(5.63)	(−0.15)
观测值	265	265	265	265
R^2 值	0.939	0.912	0.939	0.962

注：括号内为 t 统计量

*、**和***分别表示在 10%、5%和 1%的水平下显著

具体而言，从化石能源消耗来看，核心解释变量ETS×Time的系数显著为负，中国碳交易制度确实促进了试点地区电力行业的能源转型，使试点地区电力行业化石能源消耗量下降了 22.1%，降幅达到 125.594 万吨标准煤，这些值略高于表 2.3 中的估计效果。从 CO_2 排放来看，核心解释变量ETS×Time的系数显著为负，碳交易制度使试点地区电力行业碳排放量下降了9.1%，碳减排量达0.279 44亿吨，与表 2.3 的估计结果基本一致。以上均支持本章的实证结果，所以本章实证结果具有一定可靠性。

2. 剔除金融危机和二氧化硫排放权交易政策影响的估计结果

一些不可观察的混杂因素可能会影响电力行业的能源转型和 CO_2 减排，这些混杂因素包括全球金融危机爆发和其他环保政策（比如，二氧化硫排放权交易政策）。根据 Zhao 等（2021）、Liu 和 Song（2020）的研究，2008 年爆发的经济危机对全球碳排放产生了重要影响。为了排除全球金融危机的影响，我们剔除了 2008 年的样本观测值，利用 DID 模型重新估算了碳交易政策对电力行业能源转型和碳减排的影响。根据 Li 等（2021a）、Wu 和 Cao（2021）的研究，其他环保政策会对化石能源使用和碳排放产生影响，比如 2007 年实施的二氧化硫排放权交易政策和电力行业超低排放改造政策。为了控制二氧化硫排放权交易政策与超低排放改造政策对电力行业能源转型和碳减排的影响，本章将虚拟变量SE和LER添加到方程（2.1）的右侧[①]，然后重新评估碳交易政策对电力行业能源转型和碳减排的影响。

评估结果如表 2.5 所示。模型 1 到模型 4 显示的是剔除 2008 年样本的评估结果，模型 5 到模型 8 显示的是控制二氧化硫排放权交易政策和超低排放改造政策的评估结果，可知在剔除金融危机和其他环保政策的影响后，评估结果与本章实证结果基本一致。具体而言，在控制金融危机影响后，核心解释变量ETS×Time的系数显著为负，中国碳交易政策确实促进了试点地区电力行业能源转型和碳减排，使试点地区电力行业化石能源消耗量下降了 19.4%，碳排放量下降了 17.5%；在控制二氧化硫排放权交易政策和超低排放改造政策的影响后，核心解释变量ETS×Time的系数依然显著为负，中国碳交易政策使试点地区电力行业化石能源消耗量下降了 21.0%，CO_2 排放量下降了 17.9%。这些估算结果与本章实证结果基本一致，因此中国碳交易制度促进了电力行业能源转型和碳减排的结论具有相当的稳健性。

① SE 和 LER 这两个虚拟变量在政策生效的年份和地区等于 1，否则等于 0。

表 2.5　剔除金融危机和其余环保政策的影响

变量	剔除 2008 年数据				控制其余环保政策			
	模型 1	模型 2	模型 3	模型 4	模型 5	模型 6	模型 7	模型 8
	LnEnergy	Energy	$LnCO_2$	CO_2	LnEnergy	Energy	$LnCO_2$	CO_2
ETS×Time	-0.194*	-113.531*	-0.175***	-24.530***	-0.210*	-107.208*	-0.179***	-25.249***
	(-1.76)	(-1.55)	(-4.15)	(-4.85)	(-1.96)	(-1.51)	(-4.50)	(-5.26)
SE					-0.056	-25.751	-0.029	21.388
					(-0.40)	(-0.28)	(-0.42)	(1.60)
LER					0.006	-203.996	-0.126	-14.741
					(0.01)	(-0.83)	(-0.51)	(-0.48)
LnWorker	-0.066	-114.773*	0.060	6.907	-0.054	-109.308*	0.063	6.455
	(-0.55)	(-1.87)	(1.03)	(1.03)	(-0.48)	(-1.83)	(1.14)	(0.97)
LnRevenue	0.064	47.771**	-0.205***	-8.258***	-0.062	46.327**	-0.202***	-8.389***
	(1.56)	(2.34)	(-7.56)	(-3.13)	(1.49)	(2.33)	(-7.26)	(-3.20)
LnFDI	0.009	6.022	-0.001	1.524	-0.001	0.101	0.004	0.867
	(0.14)	(0.24)	(-0.05)	(0.38)	(-0.02)	(0.00)	(0.20)	(0.27)
Export	0.031	43.216	0.065*	4.176	0.024	34.923	0.060**	4.308
	(0.84)	(1.28)	(2.03)	(1.24)	(0.68)	(1.08)	(1.98)	(1.35)
LnPerGDP	-0.337	-178.459	0.709**	70.010*	-0.334	-132.103	0.742**	61.344*
	(-0.78)	(-0.83)	(2.21)	(1.80)	(-0.81)	(-0.65)	(2.47)	(1.88)
Proportion	-0.027***	-8.602	-0.015**	-2.262***	-0.024***	-7.821	-0.015***	-2.158***
	(-2.92)	(-1.63)	(-2.43)	(-3.52)	(-2.70)	(-1.58)	(-2.79)	(-3.92)
LnPatent	0.073	72.834	-0.074	-4.544	0.031	73.840*	-0.071	-5.471
	(0.62)	(1.60)	(-1.17)	(-0.61)	(0.26)	(1.68)	(-1.17)	(-0.80)
LnFee	0.140*	99.400**	0.153**	13.283**	0.099	102.841***	0.150***	13.926**
	(1.86)	(2.51)	(2.40)	(2.20)	(1.40)	(2.90)	(2.63)	(2.53)
年份固定效应	控制	控制	控制	控制	控制	控制	控制	控制
地区固定效应	控制	控制	控制	控制	控制	控制	控制	控制
常数项	6.590***	485.034*	5.057***	126.472***	6.632***	396.848*	4.962***	132.617***
	(8.34)	(1.72)	(16.71)	(2.99)	(8.94)	(1.49)	(17.81)	(2.64)
观测值	330	330	330	330	360	360	360	360
R^2 值	0.905	0.912	0.935	0.953	0.907	0.915	0.938	0.954

注：括号内为 t 统计量

*、**和***分别表示在 10%、5%和 1%的水平下显著

3. 安慰剂检验结果

本章的估计结果可能是由地区、行业、年份等层面不可观察因素驱动的虚假相关性结果。为了打消这种顾虑，参照 Cai 等（2016）的方法，本章采用随机分

配试点地区的方法进行安慰剂检验。首先，本章从 30 个地区中随机选取 6 个地区作为处理组，假设这 6 个地区实施了碳交易制度，其他地区为对照组且没有实施碳交易制度，以此构造一个虚假的碳交易样本并进行估计，得到一个虚假的碳交易政策效应 $ETS \times Time_{random}$。如果许多 $ETS \times Time_{random}$ 的系数都是不显著的，这将表明本章实证结果是稳健且真实的。本节进行了 500 次随机抽样，并按方程（2.1）和方程（2.2）进行基准回归。

图 2.3 绘制了 $ETS \times Time_{random}$ 的估计系数的核密度分布及其相关的 P 值，分布都集中在零点附近，本质上是正态分布，大多数估计值的 P 值大于 0.1。同时，本章的真实估计在安慰剂测试中是明显的异常值。具体而言，从化石能源消耗来看，表 2.3 中的模型 1 和模型 2 对碳交易政策效应的真实估计分别是−0.212 和−108.025，由图 2.3（a）和图 2.3（b）可知，政策效应真实估计在安慰剂检验

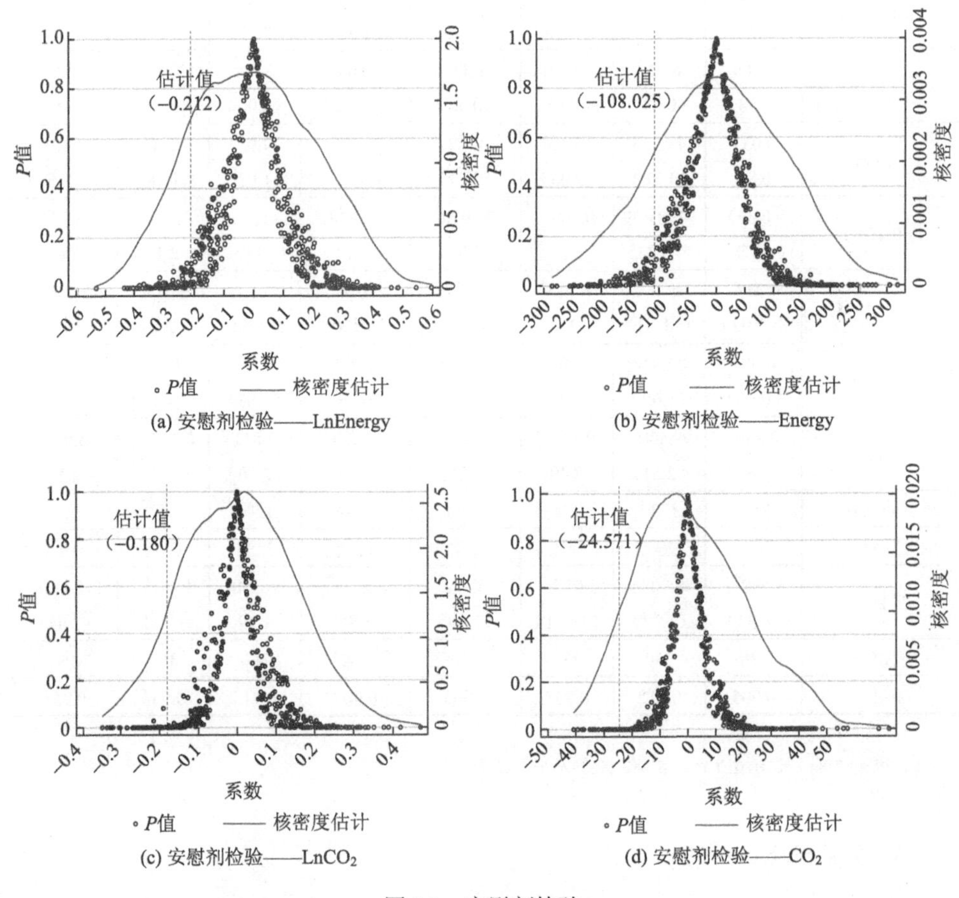

图 2.3　安慰剂检验

横轴表示来自 500 个随机分配的 $ETS \times Time_{random}$ 的估计系数，垂直虚线是表 2.3 中真实的政策效应估计值

中是明显的异常值。从碳排放来看，表 2.3 中的模型 3 和模型 4 对碳交易政策效应的真实估计分别是−0.180 和−24.571，由图 2.3（c）和图 2.3（d）可知，政策效应真实估计落在安慰剂检验结果的最末端，是明显的异常值。这些结果表明，中国碳交易政策确实可以促进电力行业能源转型和碳减排，本章的实证结果不太可能由地区、行业、年份等层面不可观测的因素驱动，因而本章的碳交易政策效应估计具有一定的稳健性。

4. 缩短时间窗宽测试结果

根据 Li 等（2019b）和 Yan 等（2020）的研究，改变时间窗口宽度可以在一定程度上排除其他政策的干扰，成为证明评估结果稳健性的有力方法。为了进一步证明本章实证结果的稳健性，本节将样本时间窗口的两端分别缩短 1 年和 3 年。将样本调整为 2007~2016 年和 2009~2014 年，并进行 DID 估计，重新计算中国碳交易政策对电力行业能源转型和碳减排的影响。估算结果如表 2.6 所示，可以发现中国碳交易政策依然显著促进了电力行业能源转型和 CO_2 减排。具体而言，从化石能源消耗来看，核心解释变量 ETS×Time 的系数均在 5%或 10%的水平下显著为负，中国碳交易政策确实促进了试点地区电力行业的能源转型，促使试点地区电力行业减少化石能源消耗量，这些结果与表 2.3 实证结果基本一致。从碳排放来看，核心解释变量 ETS×Time 的系数均在 1%水平下显著为负，碳交易制度促使试点地区电力行业实施碳减排，减少碳排放，与表 2.3 的估计结果相同。以上均支持本章的实证结果，所以本章实证结果具有相当的可靠性。

表 2.6　缩短时间窗宽测试结果

变量	2007~2016 年时间窗口样本				2009~2014 年时间窗口样本			
	模型 1	模型 2	模型 3	模型 4	模型 5	模型 6	模型 7	模型 8
	LnEnergy	Energy	$LnCO_2$	CO_2	LnEnergy	Energy	$LnCO_2$	CO_2
ETS×Time	−0.271**	−154.371*	−0.155***	−19.520***	−0.246**	−152.621*	−0.102***	−12.633***
	(−2.52)	(−1.92)	(−4.36)	(−4.56)	(−2.26)	(−1.68)	(−2.69)	(−2.65)
LnWorker	−0.003	−80.949*	0.073*	1.036	−0.021	−78.340*	0.023	−5.786
	(−0.02)	(−1.34)	(1.69)	(0.20)	(−0.17)	(−1.69)	(0.86)	(−1.61)
LnRevenue	0.015	22.865**	−0.199***	−7.321***	0.078	232.953*	0.178	30.618
	(0.32)	(1.08)	(−4.35)	(−1.80)	(0.14)	(1.77)	(1.12)	(1.83)
LnFDI	−0.058	−16.629	0.015	0.203	−0.150	−50.677	−0.027	−5.424**
	(−0.81)	(−0.66)	(0.89)	(0.07)	(−1.20)	(−1.53)	(−1.39)	(−2.45)
Export	0.008	21.971	0.029**	3.229	0.001	15.747	0.018	3.625
	(0.23)	(0.63)	(1.11)	(1.00)	(0.01)	(0.36)	(0.71)	(1.05)

续表

变量	2007~2016年时间窗口样本				2009~2014年时间窗口样本			
	模型1	模型2	模型3	模型4	模型5	模型6	模型7	模型8
	LnEnergy	Energy	$LnCO_2$	CO_2	LnEnergy	Energy	$LnCO_2$	CO_2
LnPerGDP	–0.450	–262.302	0.786***	75.716**	–0.935	–1229.180**	0.392	31.160**
	(–0.83)	(–1.14)	(2.63)	(2.26)	(–1.02)	(–2.38)	(1.23)	(0.78)
Proportion	–0.016	–2.616	–0.015***	–2.178***	–0.008	5.219	–0.007	–2.067**
	(–1.65)	(–0.50)	(–2.93)	(–4.00)	(–0.43)	(0.56)	(–1.04)	(–2.10)
LnPatent	–0.063	42.324	–0.015	–1.312	–0.090	11.193	–0.057	–6.756
	(–0.43)	(0.84)	(–0.29)	(–0.20)	(–0.35)	(0.13)	(–0.85)	(–0.72)
LnFee	0.128	111.942***	0.102*	11.999**	0.211	67.004	0.034	7.468
	(1.60)	(2.70)	(1.77)	(2.28)	(1.58)	(1.29)	(0.86)	(1.35)
年份固定效应	控制	控制	控制	控制	控制	控制	控制	控制
地区固定效应	控制	控制	控制	控制	控制	控制	控制	控制
常数项	6.562***	366.151	5.084***	120.417***	5.922	188.188	3.243***	–36.827***
	(7.15)	(1.24)	(15.35)	(2.83)	(1.39)	(0.13)	(3.93)	(–0.38)
观测值	300	300	300	300	180	180	180	180
R^2值	0.910	0.923	0.955	0.965	0.907	0.956	0.985	0.982

注：括号内为 t 统计量

*、**和***分别表示在10%、5%和1%的水平下显著

2.4.4 电力企业实现能源转型和碳减排的潜在渠道

如前文所述，碳交易制度可能促使企业通过新建高效率火电机组、节能减排改造及可再生能源发电实现能源转型和 CO_2 减排。我们将分别研究在碳交易背景下电力企业如何采用这些潜在的能源转型和 CO_2 减排途径。根据方程（2.3）、方程（2.4）和方程（2.5）计算得到的碳交易制度对电力企业新建高效率火电机组、节能减排改造和可再生能源发电的影响如表2.7所示，其中模型1至模型3测算了碳交易制度对电力企业新建高效率火电机组、节能减排改造和可再生能源发电的相对影响，模型4至模型6测算了碳交易制度对电力企业新建高效率火电机组、节能减排改造和可再生能源发电的绝对影响。

表 2.7　影响机制分析

变量	模型 1	模型 2	模型 3	模型 4	模型 5	模型 6
	LnTPG	LnTT	LnRE	TPG	TT	RE
ETS×Time	−0.227*	−0.137**	0.569***	−8.486***	−0.193	4.954**
	(−1.66)	(−2.22)	(4.79)	(−3.17)	(−0.76)	(2.46)
ROA	−3.472*	0.297	−2.288	−4.490	1.321	−51.645**
	(−1.86)	(0.42)	(−1.38)	(−0.14)	(0.64)	(−1.99)
LnAge	−0.141	−0.045	−0.136	−15.431**	−0.345	−7.635**
	(−0.55)	(−0.34)	(−0.74)	(−1.98)	(−0.55)	(−2.24)
Tobinq	0.081	0.028	0.086**	2.494**	0.157	1.405*
	(1.63)	(1.10)	(1.99)	(2.45)	(1.59)	(1.84)
LnTOR	−0.403***	0.111**	−0.384***	−2.655*	0.375**	−2.680*
	(−3.11)	(2.06)	(−3.27)	(−1.75)	(2.03)	(−1.75)
LnOP	0.038	−0.052	−0.094	−0.989	0.171	−0.295
	(0.33)	(1.35)	(−1.00)	(−0.58)	(1.27)	(−0.29)
LnTP	0.091	−0.049	0.224**	0.770	−0.246	2.453*
	(0.83)	(−1.02)	(2.10)	(0.48)	(−1.56)	(1.69)
Lev	0.565	−0.082	0.705**	5.398	−0.188	5.024
	(1.60)	(−0.58)	(2.01)	(1.18)	(−0.39)	(1.28)
LnAssets	0.603***	−0.012	0.681***	7.227***	0.091	6.958***
	(4.99)	(−0.29)	(6.89)	(4.39)	(0.51)	(3.87)
年份固定效应	控制	控制	控制	控制	控制	控制
企业固定效应	控制	控制	控制	控制	控制	控制
常数项	0.747***	−0.183	−1.233***	4.759	−0.489	−4.559
	(−1.52)	(−0.95)	(−3.14)	(0.41)	(−0.68)	(−0.81)
观测值	672	672	672	672	672	672
R^2 值	0.722	0.502	0.751	0.682	0.316	0.834

注：括号内为 t 统计量

*、**和***分别表示在 10%、5%和 1%的水平下显著

从表 2.7 的估计结果，我们可以得到以下重要发现。

第一，中国碳交易制度显著减少了电力企业高效率火电机组的建设。从表 2.7 中的模型 1 和模型 4 可以看到，核心解释变量 ETS×Time 的系数均为负，且分别在 10%和 1%的水平下显著。这表明，在样本区间内，碳交易制度减少了试点地区电力企业高效率火电机组的建设投资，使试点地区电力企业高效率火电机组建设投资下降了 22.7%，降幅达到 8.486 亿元。目前，中国火电企业普遍存在产能过剩问题，而火电机组利用率和负荷率又在逐年下降，这导致火电企业盈利能力

降低，经营形势严峻。随着碳交易制度的实施，电力企业在生产运行中不得不考虑额外增加的碳交易成本。电力企业在进行投资决策时，会适当减少具有高碳排放特征火电机组的投资。此外，电力企业是全国碳市场的主力军，发电行业碳排放总量超过 30 亿吨，占全国碳排放总量的 1/3。电力行业成为中国碳排放监管的重点行业，尤其是火力发电企业。虽然高效率火电机组具有较高的利用效率与更低的碳排放，但随着中国碳排放监管的日渐严格以及全国碳市场的运行，火力发电企业能源转型和碳减排压力将进一步增加，其盈利能力将进一步降低。若未来碳配额价格持续上涨，火力发电企业所面临的碳风险将对生产运营带来巨大挑战。在这种情形下，火力发电企业难以获得足够融资，这在一定程度上导致了高效率火电机组投资的减少。

第二，中国碳交易制度显著减少了电力企业节能减排技术的改造。从表 2.7 中的模型 2 和模型 5 可以看到，核心解释变量 ETS × Time 的系数均为负，且模型 2 在 5%的水平下显著。这表明，在样本区间内，碳交易制度减少了试点地区电力企业节能减排的改造投资，使试点地区电力企业节能减排改造投资下降了 13.7%，降幅达到 0.193 亿元。电力企业实现能源转型和碳减排的重要方式之一是对现有发电机组进行节能减排升级与改造。但中国的火力发电机组是全球规模最大，亦是最年轻的燃煤机组之一。中国在过去 15 年中建设了大量高效的超临界和超超临界火力发电机组，导致中国拥有世界上最高效的火力发电机群之一，其发电平均运行效率比世界高出 2 个百分点。在这种情形下，节能减排升级与改造对电力企业能效的提升潜力有限。此外，参考 EU ETS 等成熟碳市场运行状况，可以推测，随着中国全国碳市场的建成，碳配额指标不断缩紧，拍卖分配比例不断提高，行业企业覆盖面不断扩大和碳价逐渐提高到真实减排成本附近，中国碳交易制度对电力企业碳排放的影响将日益明显，要求愈加严格。短期来看，碳交易制度可以促使高排放电力企业通过提高能效和燃煤质量等节能减排升级与改造方式改善其碳排放因子，优先选择能效更高的机组进行发电等方式来应对碳交易制度对电力企业碳排放的要求。但长远来看，电力企业进行节能减排升级与改造只能短期内实现碳排放合规，并不能从根本上解决电力企业碳排放问题，所以电力企业更加注重利用高效彻底的碳减排方式应对日益严苛的碳市场，而相对忽略节能减排升级与改造。

第三，中国碳交易制度显著促进了电力企业可再生能源发电建设。从表 2.7 中的模型 3 和模型 6 可以看到，核心解释变量 ETS × Time 的系数均为正，且分别在 1%和 5%水平下显著。这表明，在样本区间内，碳交易制度促进了试点地区电力企业可再生能源发电建设投资，使试点地区电力企业可再生能源发电建设投资提高了 56.9%，增幅达到 4.954 亿元。火力发电企业被纳入碳市场后，无论配额是否免费发放，都将提升其成本。考虑到可再生能源发电与火力发电在排放量和减排成本上差别很大，如果碳市场价格足够高，可能导致电力企业的发电成本发生显著变化，火力发电的成本将远超可再生能源发电成本。因此，在碳交易的约束下，电力企业会持续加大可再生能源发电的投资，以应对未来火力发电成本提高的风险。此外，生态环境部公布的《碳排放权交易管理办法（试行）》规定："重点排放单位每年可以使用国家核证自愿减排量抵销碳排放配额的清缴，抵销比例不得超过应清缴碳排放配额的5%。"这为拥有CCER的可再生能源发电企业带来了巨大利好。随着碳市场纳入行业和重点排放单位数量的增加，CCER抵销碳排放配额清缴比例将会逐步提高。CDM和自愿减排交易的引入，为可再生能源发电项目带来了额外的收益。这提高了电力企业投资可再生能源发电的意愿与积极性。最后，现行全国碳市场履约周期中，发电行业将通过基准法开展配额分配，而可再生能源发电可以从根本上解决电力企业碳排放问题，这样企业获得的配额将高于其实际排放量，盈余部分在碳市场出售，将获得更多收益。可再生能源发电投资不仅可以实现电力企业碳交易履约，又可以出售额外碳配额获得经济收益，提高电力企业的竞争力，这为可再生能源发电投资提供了足够的内生动力。

2.4.5　实现能源转型和碳减排潜在渠道的异质性

碳交易制度对电力企业实现能源转型和碳减排的措施产生了影响，但不同试点地区、不同电力企业对碳交易制度冲击的响应是否存在一定差异？对于该问题的探讨有助于深入理解碳交易制度的作用机制和边界条件。因此，本章分别从企业内部特征和企业外部特征两方面评估碳交易机制对电力企业实现能源转型与碳减排潜在渠道的异质性影响，具体而言，本节将从电力企业所有权、电力企业所处地区市场化水平、碳市场惩罚强度、碳配额价格、碳配额分配方式五方面考察。

（1）电力企业所有权。企业所有权是企业资源配置、决策和公司治理结构的主要决定因素（Wang et al.，2017a），对企业能源转型和碳减排有重要影响（Wang et al.，2019b）。本节考虑电力企业所有权是否影响了电力企业对碳交易制度的反应。使用CSMAR数据库的上市发电企业的所有权信息，本节确定了电力企业的所有权类型。其中，约89%是国有电力企业。表2.8的面板A显示了碳交易试点制度对国有电力企业和非国有电力企业的影响。从中可以发现，碳交易制度对不同类型的企业实现能源转型和碳减排方式的影响具有较大差异。碳交易试点制度显著降低了国有电力企业节能减排改造的投资，促进了可再生能源发电的投资，对新建高效率火电机组没有显著影响。对于非国有电力企业，碳交易制度对其实现能源转型和碳减排的方式没有显著影响。这表明，相比于非国有电力企业，国有电力企业对碳交易制度反应更敏感，在碳交易制度下，国有电力企业比非国有电力企业更积极采取能源转型和碳减排措施。国有企业深受国家政策的影响，并协助政府实现更广泛的政治和社会目标（Song et al.，2015）。因此，相比非国有电力企业，国有电力企业与政府联系更紧密，对政策反应更加敏感，其在响应国家政策方面需要起到带头表率作用（Fikru，2014），国有电力企业会积极调整企业生产运营与投资，响应碳交易政策，实现能源转型和碳减排目标，非国有电力企业对政策反应相对滞后，需要一定的反应期。

表 2.8　异质性分析

面板 A：电力企业所有权的异质性分析						
变量	国有电力企业			非国有电力企业		
	模型 1	模型 2	模型 3	模型 4	模型 5	模型 6
	LnTPG	LnTT	LnRE	LnTPG	LnTT	LnRE
ETS×Time	−0.216	−0.157*	0.633***	−0.208	0.095	0.347
	（−1.36）	（−2.24）	（4.78）	（−0.50）	（−0.67）	（0.52）
控制变量	控制	控制	控制	控制	控制	控制
年份固定效应	控制	控制	控制	控制	控制	控制
企业固定效应	控制	控制	控制	控制	控制	控制
常数项	0.191	0.737	−1.149	1.689	0.690	−5.151
	（0.20）	（1.81）	（−1.65）	（1.71）	（1.39）	（−2.86）
观测值	601	601	601	71	71	71
R^2 值	0.723	0.505	0.761	0.823	0.695	0.717
面板 B：电力企业所处地区市场化水平的异质性分析						
变量	高市场化水平			低市场化水平		
	模型 1	模型 2	模型 3	模型 4	模型 5	模型 6
	LnTPG	LnTT	LnRE	LnTPG	LnTT	LnRE
ETS×Time	−0.591**	−0.143	0.295	0.275	−0.238*	0.569**
	（−2.61）	（−1.53）	（1.38）	（−1.00）	（−2.29）	（2.69）
控制变量	控制	控制	控制	控制	控制	控制
年份固定效应	控制	控制	控制	控制	控制	控制
企业固定效应	控制	控制	控制	控制	控制	控制
常数项	0.981	0.264	0.093	0.016	0.252	−2.040*
	（1.06）	（0.60）	（0.12）	（0.02）	（0.56）	（−2.45）
观测值	335	335	335	337	337	337
R^2 值	0.774	0.581	0.765	0.713	0.478	0.799
面板 C：碳市场惩罚强度的异质性分析						
变量	严格的惩罚			宽松的惩罚		
	模型 1	模型 2	模型 3	模型 4	模型 5	模型 6
	LnTPG	LnTT	LnRE	LnTPG	LnTT	LnRE
ETS×Time	−0.285*	−0.161*	0.407**	0.004	−0.075	1.122***
	（−2.00）	（−2.34）	（3.21）	（0.01）	（−0.72）	（4.61）
控制变量	控制	控制	控制	控制	控制	控制

续表

面板 C：碳市场惩罚强度的异质性分析						
变量	严格的惩罚			宽松的惩罚		
	模型 1	模型 2	模型 3	模型 4	模型 5	模型 6
	LnTPG	LnTT	LnRE	LnTPG	LnTT	LnRE
年份固定效应	控制	控制	控制	控制	控制	控制
企业固定效应	控制	控制	控制	控制	控制	控制
常数项	–0.774 （–1.26）	–0.301 （–1.14）	–0.897 （–1.57）	–0.262 （–0.28）	1.116* （2.51）	–2.313** （–3.08）
观测值	617	617	617	461	461	461
R^2 值	0.735	0.467	0.769	0.664	0.502	0.680
面板 D：碳配额价格的异质性分析						
变量	高碳价			低碳价		
	模型 1	模型 2	模型 3	模型 4	模型 5	模型 6
	LnTPG	LnTT	LnRE	LnTPG	LnTT	LnRE
ETS×Time	–0.280 （–1.84）	–0.085 （–1.19）	0.440** （3.20）	–0.181 （–1.20）	–0.179** （–2.62）	0.600*** （4.56）
控制变量	控制	控制	控制	控制	控制	控制
年份固定效应	控制	控制	控制	控制	控制	控制
企业固定效应	控制	控制	控制	控制	控制	控制
常数项	–0.026 （–0.03）	0.884* （2.49）	–1.379* （–2.16）	1.098 （1.29）	0.956** （2.64）	–1.252 （–1.87）
观测值	620	620	620	615	615	615
R^2 值	0.725	0.515	0.748	0.710	0.499	0.720
面板 E：碳配额分配方式的异质性分析						
变量	多种分配方式			单一分配方式		
	模型 1	模型 2	模型 3	模型 4	模型 5	模型 6
	LnTPG	LnTT	LnRE	LnTPG	LnTT	LnRE
ETS×Time	–0.211 （–1.29）	–0.157* （–2.07）	0.614*** （4.31）	0.183 （–1.16）	–0.078 （–1.26）	0.468** （2.91）
控制变量	控制	控制	控制	控制	控制	控制
年份固定效应	控制	控制	控制	控制	控制	控制
企业固定效应	控制	控制	控制	控制	控制	控制
常数项	–0.588 （–0.89）	0.340 （–1.23）	–0.915 （–1.53）	–0.030 （–0.03）	1.181** （2.86）	–1.662* （–2.48）
观测值	605	605	605	473	473	473
R^2 值	0.721	0.475	0.756	0.680	0.490	0.690

注：括号内为 t 统计量

*、**和***分别表示在 10%、5%和 1%的水平下显著

（2）电力企业所处地区市场化水平。根据 Xin Z Q 和 Xin S F（2017）的研究，我们使用 NERI（National Economic Research Institute，北京国民经济研究所）市场化指数来衡量市场化水平，数据来源于《中国分省份市场化指数报告（2018）》。根据市场化指数的中位数将样本划分为两个子样本，低于市场化指数中位数的子样本代表较低的市场化水平，反之则代表具有较高的市场化水平。表 2.8 的面板 B 分别显示了在不同市场化水平下，碳交易试点制度对电力企业实现能源转型和碳减排措施的影响。由表 2.8 可知，在高市场化水平下，碳交易试点制度显著降低了电力企业新建高效率火电机组投资，对电力企业节能减排改造投资和可再生能源发电的投资没有显著影响；而在低市场化水平下，碳交易政策显著降低了电力企业节能减排改造投资，提高了可再生能源发电的投资，对新建高效率火电机组投资没有显著影响。这表明，在不同市场化水平下，电力企业实现能源转型和碳减排的措施也不同。由于中国经济发展不平衡，中国东西部地区市场化水平差异明显。相比东部地区，西部地区虽然经济发展相对滞后，市场化水平低，但可再生资源丰富，西部地区电力企业在面临碳交易压力时，更期望实施可再生能源发电，以应对碳交易规制。而东部地区虽然经济相对发达，市场化水平高，但新建高效率火电机组和节能减排改造并不能从根本上解决碳排放问题，又由于受限于资源禀赋，无法大规模建设可再生能源发电，所以东部地区更倾向于从西部地区购买绿色电力。

（3）碳市场惩罚强度。参照 Liu 等（2021a）的研究，北京、重庆、广东和湖北等试点地区受到的惩罚最重，定为高惩罚强度（严格的惩罚）试点。惩罚力度较轻的上海、深圳和天津被定为低惩罚强度（宽松的惩罚）试点。表 2.8 的面板 C 显示了在碳交易试点地区，不同的惩罚强度对电力企业实现能源转型和碳减排措施的影响。由表 2.8 可知，无论是在高惩罚强度试点还是低惩罚强度试点地区，碳交易试点制度都显著提升了电力企业可再生能源发电的投资。在高惩罚强度试点，碳交易制度显著降低了电力企业新建高效率火电机组和节能减排改造投资；在低惩罚强度试点，碳交易制度对电力企业新建高效率火电机组和节能减排改造投资影响并不显著。投资可再生能源发电，是从根本上解决电力企业碳排放的方法，无论碳交易试点惩罚强度如何，电力企业都会选择投资可再生能源发电，以期望彻底解决碳排放问题，在未来的碳市场竞争中获得竞争优势。此外，新建高效率火电机组和节能减排改造虽然可以在短期内降低碳排放，但是随着碳市场配额的收紧，企业减少碳排放的压力会变大，在高惩罚强度下，企业会相对减少新建高效率火电机组和节能减排改造投资，以应对逐渐收紧的碳市场。

（4）碳配额价格。根据七个碳交易试点的平均碳价格将样本划分为两个子样本，低于碳价格中位数的子样本代表低碳价样本，反之则代表高碳价样本[①]。表 2.8 的面板 D 显示了在不同碳价水平下，碳交易试点制度对电力企业实现能源转型和碳减排措施的影响。由表 2.8 可知，无论是在低碳价还是高碳价水平下，碳交易试点制度都显著提升了电力企业可再生能源发电的投资。在高碳价水平下，碳交易试点制度对电力企业新建高效率火电机组和节能减排改造投资都没有显著影响。在低碳价水平下，碳交易试点制度显著降低了节能减排改造投资，对电力企业新建高效率火电机组投资影响不显著。这表明，面对碳交易带来的成本压力，无论碳价格高低，电力企业都将投资可再生能源发电作为首要应对方式，这能减少企业未来经营的不确定性，因为碳市场碳价格波动，会给企业生产运营带来影响，而投资可再生能源发电，可以从根本上消除这种影响。通常来说，较低的碳价格往往与较低的边际减排成本相关，在低碳价地区，电力企业会相对减少节能减排改造，这也说明低碳价并未给电力企业带来足够的减排压力。

（5）碳配额分配方式。参考 Liu 等（2021a）的研究，北京、天津、上海、广东和湖北使用基于祖父法和基准法相结合的配额分配方式，我们将这些地区定义为多种分配方式试点，重庆和深圳分别使用了基于企业申报和基准法的配额分配方式，我们将这两个地区定义为单一分配方式试点。表 2.8 的面板 E 显示了在不同配额分配方式下，碳交易试点制度对电力企业实现能源转型和碳减排措施的影响。由表 2.8 可知，无论是在多种分配方式试点地区还是单一分配方式试点地区，碳交易试点制度都显著提升了电力企业可再生能源发电的投资。在多种分配方式试点地区，碳交易制度显著降低了电力企业节能减排改造投资，对新建高效率火电机组投资影响并不显著。而在单一分配方式试点地区，碳交易制度对电力企业新建高效率火电机组和节能减排改造投资都没有显著影响。这再一次表明，在碳交易压力下，投资可再生能源发电是电力企业极其重要的应对方式。此外，通常来说，虽然单一配额分配方法在易用性方面具有优势，但由于过于简单化，难以被所有实体接受，多种配额分配方式可以很好地解决这个问题，且具有多种分配方式的碳交易试点往往更成熟（He et al.，2021），企业面临的碳减排压力也更大，这导致电力企业更加注重从根本上解决碳排放问题，而不是采取临时的缓解碳排放问题的方法。

总体而言，我们发现企业内部特征和企业外部特征均会影响企业应对碳交易的方式。具体而言，国有电力企业响应碳交易政策、开展能源转型和碳减排更加积极；电力企业所处地区市场化水平、碳市场惩罚强度、碳配额价格、碳配额分配方式的变化，均影响电力企业应对碳交易的方式，但无论企业内外部特征如何变化，电力企业均将可再生能源发电投资作为主要的节能减排措施，期望从根本

① 七个碳市场的配额交易数据来自 http://k.tanjiaoyi.com。

上解决碳排放问题，减少未来碳交易带来的减排压力，减少未来碳市场不确定性。

2.5　主要结论与启示

基于中国碳交易试点的实践，本章以2006~2017年电力行业和企业为基础构建了一个包含企业数据、行业数据和地区数据的综合数据集，利用DID方法评估了碳交易政策对电力行业能源转型和碳排放的影响，并分析了碳交易政策对电力行业能源转型和碳排放影响的动态效应。在此基础上，检验了碳交易政策促使电力企业能源转型和碳减排的三种潜在渠道。最后，基于企业内外部特征进行了异质性分析，探究了碳交易政策对电力企业能源转型和碳减排潜在渠道的异质性影响。归结起来，主要结论如下。

第一，中国碳交易制度显著降低了电力行业化石能源消耗量和碳排放量。在样本区间内，碳交易制度促进了试点地区电力行业的能源转型，使试点地区电力行业化石能源消耗量下降了21.2%，降幅达到108.025万吨标准煤。同时，碳交易制度也促使试点地区电力行业碳排放量下降了18.0%，碳减排量达0.245 71亿吨。中国碳交易试点制度实施以后，电力行业成为碳市场的主力军，感受到较大的能源转型和碳减排压力，迫使电力企业调整能源结构，降低化石能源发电量。此外，碳交易加速了严重污染发电设备和企业的退出，促进资本流向高排放效率的企业，从而实现能源转型和碳减排。

第二，在碳交易实施之前（2011年之前），碳交易制度并未导致预期效应，但在碳交易制度实施之后（2011年以后），碳交易制度对电力行业的影响具有滞后效应。具体而言，在碳交易政策实施两年后，化石能源消耗系数在统计上变得显著，碳排放系数也立即在统计上变得显著，碳交易制度对电力行业化石能源消耗和碳排放的影响存在两年的滞后期。碳交易制度实施之后的前两年是基础建设期和模拟运行期，电力企业需要时间调整人力、物力、财力以适应碳市场的建设与运行，当基础建设期和模拟运行期过后，碳配额实现上市交易，企业立即调整生产运营与化石能源使用，减少碳排放，减轻碳配额负担，这可能是导致滞后效应出现的原因。

第三，中国碳交易制度显著减少了电力企业高效率火电机组建设和节能减排技术改造，促进了电力企业可再生能源发电建设。具体而言，在样本区间内，碳交易制度使试点地区电力企业高效率火电机组建设投资下降了22.7%，降幅达到8.486亿元，使试点地区电力企业节能减排改造投资下降了13.7%，降幅达到0.193亿元。但是，碳交易制度使试点地区电力企业可再生能源发电建设投资提高了56.9%，增幅达到4.954亿元。电力企业新建高效率火电机组和节能减排改造只能在短期内实现碳排放合规，并不能从根本上解决电力企业碳排放问题，所以电力企业更加注重利用高效彻底的可再生能源发电措施以应对日益严苛的碳市场。

第四，面对碳交易，电力企业实现能源转型和碳减排途径存在显著异质性。企业内部特征和企业外部特征均影响企业应对碳交易的方式，具体而言，国有电力企业响应碳交易政策、开展能源转型和碳减排更加积极；电力企业所处地区市场化水平、碳市场惩罚强度、碳配额价格、碳配额分配方式的变化，均影响电力企业应对碳交易的方式，但无论企业内外部特征如何变化，电力企业均将可再生能源发电投资作为主要的节能减排措施，期望从根本上解决碳排放问题，减少未来碳交易带来的减排压力，减少未来碳市场不确定性。

根据以上结论，本章对中国碳交易制度的完善和电力行业的发展提出几点政策启示。第一，中国政府应继续加大碳市场建设力度，倒逼电力行业可再生能源发展。这将有助于遏制中国未来新增火力发电机组，促进电力行业能源转型和碳排放减少。第二，在碳交易基础上，中国政府可以通过补贴和专项资金方式进一步引导电力企业发展可再生能源，将碳交易政策与补贴政策相结合，推动电力行业和企业实现快速能源转型，并减少碳排放，减少在未来国际碳市场竞争中的不确定性。第三，电力行业和企业应转变发展观念，长远考虑碳交易为企业带来的能源转型和碳减排压力，提高节能减排意识，在投资决策时统筹考虑经济效益与环境效益，推动行业和企业实现低碳转型。第四，国有企业是实现国家能源转型的重要力量，要充分发挥国有企业能源转型和碳减排的排头兵作用，国有企业主要分布在电力、石油石化、煤炭、化工、冶金、运输、建材等领域，既是能源生产大户，也是能源消耗大户，具有不可低估的影响力和带动力，要充分调动国有企业参与碳交易的积极性，带动全社会各行业能源转型和碳减排。

展望未来，还有很多工作可以开展。第一，随着中国全国碳市场建立，更多行业将被纳入碳市场，相关实践数据将更加丰富，可以从更多角度开展更加客观精确的分析和评估。第二，可以对碳市场价格发现机制开展研究，深入分析碳交易政策的内容，找出显著影响碳价格的因素，揭示碳市场的价格发现机制。第三，碳交易企业是碳交易的直接参与主体，可以从更微观的企业层面，探究碳交易政策对碳交易企业能源转型和碳减排的影响，得出更为微观的结论，深入分析碳交易在微观企业层面的作用机制。

第 3 章 中国碳交易对非化石能源发展的影响研究

3.1 碳交易与非化石能源发展的关系及研究诉求

应对由大量碳排放引起的全球变暖，已成为人类社会共同面临的重大挑战之一（Zhang et al.，2020b）。碳排放的核心来源是化石能源消费，约 75%的碳排放来自化石燃料消费（Hammoudeh et al.，2014）。加快非化石能源的开发和利用已经成为全球共识（Davidson，2019；Shi et al.，2020a）。中国作为全球最大的发展中国家，不仅面临严峻的减排压力，长期以煤为主的能源消费结构也使其面临环境问题和能源安全的双重挑战（Zhang et al.，2019c）。要有效减少碳排放，并实现对煤炭等化石资源的逐步替代，发展非化石能源已成为中国减缓气候变化并促进经济绿色转型的关键途径（Hu et al.，2018；Shi et al.，2018a）。为此，中国把积极应对气候变化作为国家经济社会发展的重大战略。

碳交易是利用市场手段来控制和减少温室气体排放、推动绿色低碳发展的一项重大制度创新，可以低成本高效率地实现碳减排（Fang et al.，2018；Guo et al.，2020）。碳交易的运作遵循“总量管制与交易”的原则，即政府对一个地区的碳排放实行总量管制，并将其划分为许可证，碳市场内的企业可以从政府获得或购买许可证，或与其他企业进行交易。自《京都议定书》签订以来，碳交易这一市场机制已被国际社会设定为解决温室气体减排问题的新路径，并在欧盟、新西兰、美国、日本等多个发达地区和国家相继启动（Guo et al.，2020）。截至 2023 年，全球有 36 个碳交易市场在运行[①]。中国也已于 2011 年 10 月下发《关于开展碳排放权交易试点工作的通知》，正式批准北京、上海、天津、重庆、湖北、广东、深圳七省市进行碳交易试点，且 7 个试点在 2013~2014 年先后启动交易。2017 年 12 月，国家发展改革委宣布，以发电行业为突破口，全国碳排放权交易体系正式启动[②]。当前，碳市场已成为中国实施积极应对气候变化国家战略和推进绿色发展的重要政策工具（Jotzo et al.，2018）。

在中国碳市场助力下，中国二氧化碳减排已取得显著成效（Hu et al.，2020）。

---

① State and trends of carbon pricing 2024，https://openknowledge.worldbank.org/server/api/core/bitstreams/253e6cdd-9631-4db2-8cc5-1d013956de15/content[2024-10-18]。

② 我国启动全国碳排放权交易体系，https://www.gov.cn/xinwen/2017-12/19/content_5248636.htm[2023-12-29]。

2023 年，全国火电碳排放强度相比 2018 年下降 2.38%，电力碳排放强度相比 2018 年下降 8.78%。实际上，碳交易作为旨在减少温室气体排放的市场化节能减排政策工具，对于促进非化石能源发展也可能具有重要意义。具体来说，当前中国非化石能源发展主要得益于政府补贴（Zhang et al.，2017a；Xu et al.，2020）。但是依靠政府补贴促进可再生能源发展并非长久之计，且难以激发企业自主开发利用非化石能源的动力。在碳交易背景下，碳排放权成为稀缺资源，碳价将提高化石能源利用成本，抑制化石能源的市场竞争力，促进企业自主转向消费非化石能源。同时，已有研究表明，尽管政府补贴政策促进了非化石能源发展，但其二氧化碳减排成本远高于碳市场，难以有效缓解气候变化（Dong et al.，2021）。而基于市场机制的碳交易，不仅可以高效实现碳减排，还可以通过将化石能源消费的环境成本内部化，激励非化石能源发展，能有效弥补政府补贴政策的不足。然而，中国碳交易政策在实践中究竟是否促进了非化石能源发展这一问题仍有待回答。

为此，本章立足于中国碳交易背景，利用 2004 年 1 月~2019 年 12 月中国 29 个省级行政地区的经验数据和能有效评估政策效应的 DID 模型，实证考察中国碳交易政策对非化石能源发展的实际效应，并回答以下问题：中国碳交易政策是否促进了非化石能源发展？该影响效应是否存在能源类型异质性、碳试点地区异质性和试点地区-能源类型异质性？碳交易政策对非化石能源发展的作用程度是否受碳市场绩效（即碳价和碳交易量）的影响？

相较已有研究，本章的贡献包括三点。第一，基于中国碳交易这一市场型减排工具，利用 DID 模型实证研究其对非化石能源发展的影响，客观回答中国碳交易政策是否有助于非化石能源发展这一问题，为理解碳市场的作用提供实证参考。特别是，现有的研究主要集中在碳交易对碳减排的影响上，实际上，碳交易可能通过发展非化石能源进而调整能源消费结构并实现碳减排，然而现有研究忽略了碳交易与非化石能源发展之间的关系。本章为确定这种关系提供证据，弥补现有研究只有理论研究，而缺乏实际证据的缺陷。此外，尽管本章的研究基于中国的数据，但也可为具有类似环境问题的其他国家提供参考，特别是新兴经济体，从而弥补现有相关研究侧重于欧美等发达国家和地区的不足。第二，本章从能源类型、碳试点地区、试点地区-能源类型三个角度讨论碳交易政策对非化石能源发展影响的异质性。现有研究难以反映碳交易政策对不同试点、不同类型的非化石能源发展的影响规律，而本章为碳交易政策效应的相关研究提供新的视角。特别是，该政策的异质性影响可以为资源禀赋相似的地区通过碳交易发展非化石能源提供参考。第三，本章考察中国碳交易政策对非化石能源发展的影响是否由于碳市场表现（碳价、碳交易量）的不同而存在异质性，是对已有文献局限性的突破。实际上，现有碳交易政策效应文献较少考虑碳市场绩效的影响，碳市场的资源配置作用能否得到有力发挥和碳市场绩效息息相关，但是现有研究忽略了这一点。

3.2　国内外研究现状

本章要探究的问题是，中国碳交易政策能否促进非化石能源发展？与这一问题相关的研究主要有三个方面的文献：一是非化石能源发展的政策影响因素的研究；二是碳交易的政策效应研究；三是中国碳交易政策与非化石能源的关系研究。

第一，关于非化石能源发展的政策影响因素，多数学者从政府补贴政策出发，认为政府补贴政策可以促进非化石能源的发展（Nie et al.，2016；Nicolini and Tavoni，2017；Alagappan et al.，2011）。例如，Nicolini 和 Tavoni（2017）以 2000~2010 年的五个欧洲国家为样本，研究发现，政府补贴（包括激励措施和关税）显著促进了可再生能源发电。部分学者从 CDM、碳交易等低碳政策角度展开研究（Lewis，2010；Yu et al.，2017；Lin and Jia，2020；Fang et al.，2020）。例如，Lewis（2010）研究表明，CDM 有利于引入国际碳融资，从而激发中国可再生能源发展。Yu 等（2017）利用 DID 模型评估了 2002~2013 年 60 个国家的碳市场对可再生能源发电的影响，并发现碳市场的确提升了可再生能源发电量。

第二，关于碳交易的政策效应研究主要侧重于 EU ETS，且大部分研究反映出 EU ETS 的积极影响。例如，EU ETS 可以促进碳减排（Bayer and Aklin，2020；Segura et al.，2018；Guo et al.，2020）。Bayer 和 Aklin（2020）的研究结果表明，与没有碳排放交易体系的国家相比，EU ETS 使欧盟的二氧化碳减少了 3.8%。也有学者研究发现，EU ETS 有利于促进经济发展（Kemfert et al.，2006）、促进低碳技术发展（Teixidó et al.，2019；Anderson et al.，2010）、提升企业财务绩效（Makridou et al.，2019；Narayan and Sharma，2015）等。中国已于 2011 年启动碳交易试点工作，其以发电行业为突破口建立的全国碳排放交易体系，已超越 EU ETS，成为全球最大的碳市场。关于中国碳市场影响的研究，近年来也逐渐得到学者的关注，但以低碳绩效为主，其他效应为辅。例如，Zhang 等（2016a）利用中国省级面板数据以及经济合作与发展组织（Organization for Economic Cooperation and Development，OECD）国家和巴西、俄罗斯、印度、中国、南非的国家面板数据，模拟了中国碳市场，并发现碳交易可以将中国碳强度降低 19.79%。Zhang 等（2019d）和 Zhou 等（2019）研究发现中国碳交易政策有效降低了试点省市工业部门的二氧化碳排放和碳强度。Wang 等（2019b）、Zhang Y 和 Zhang J K（2019）研究发现中国碳交易政策促进了低碳经济的转型和减少了能源消费。也有学者研究发现，中国碳交易政策可以促进低碳技术创新（Zhang et al.，2020a；Zhu et al.，2019）、协同减排 $PM_{2.5}$（Liu et al.，2021a）、提升企业财务绩效（Zhang and Liu，2019）等。

第三，与本章最为相关的，即中国碳交易政策对可再生能源发展的影响，仅有较少学者利用 CGE 等模拟模型展开研究。例如，Mo 等（2016）基于不确定性的实际期权投资决策模型研究发现，中国碳交易政策对风力发电投资有重大影响。Lin 和 Jia（2020）应用 CGE 模型研究发现，如果政府可以将碳市场收入用作可再生能源补贴，那么中国碳市场将成为可再生能源的发展动力。Fang 等（2020）基于非线性动态系统理论构建了多变量四维碳交易系统，研究发现只有当碳市场成熟时，才能促进新能源发展。

综上所述，现有文献存在以下局限性。第一，关于可再生能源发展的政策影响因素的研究，绝大部分文献立足于欧美发达国家背景和政府主导型政策，只有少量文献关注碳交易此类市场型环境政策工具，缺乏发展中国家的碳交易研究。鉴于发展中国家在应对全球气候变化中的重要性，以及碳交易工具的有效性，有必要在发展中国家背景下研究碳交易政策对非化石能源发展的影响。第二，尽管 Lin 和 Jia（2020）、Fang 等（2020）考察了中国碳交易政策对非化石能源发展的影响，但均是基于 CGE 模型进行模拟分析，受前提情景设定的影响较大。由于现实社会的复杂性，模拟分析的评估很难完全反映中国碳交易政策对非化石能源发展的真实效应，因此有必要利用经验数据为政策评估提供客观的定量分析。第三，碳交易的政策效应可能会随着碳试点的不同而有所不同，但现有中国碳交易政策相关研究较少考虑碳试点的异质性，以及碳交易量和碳价格此类市场绩效的作用，这不利于碳交易政策在设计上的改进与完善。因此，本章聚焦目前的研究缺口，立足中国碳交易这一市场型环境政策，利用能有效评估政策效应的 DID 模型，实证考察中国碳交易政策对非化石能源发展的实际效应，并综合考虑碳交易量、碳价格等碳试点表现的影响，为全面理解碳交易与非化石能源发展之间的关系提供经验证据，丰富对碳交易政策的认识，也是对目前非化石能源发展影响因素相关文献的重要补充。

3.3　数据说明与研究方法

3.3.1　数据说明

本章采用的样本为 2004 年 1 月~2019 年 12 月中国 29 个省级行政地区的月度面板数据。为了综合考察碳交易政策对非化石能源发展的影响，本章综合了多套统计数据，最终构建了包括非化石能源发展数据、气象数据、地区特征数据以及碳市场表现数据在内的数据集。具体介绍如下。

首先，非化石能源发展数据。非化石能源发电是中国增加非化石能源比重的主要手段（Zhou et al.，2012；Wang et al.，2019c），并且考虑到数据可得性和已有相关研究（Yu et al.，2017；Lin and Jia，2020）[①]，本章将非化石能源发电占比作为被解释变量，即月度非化石能源发电与月度总发电量之比。非化石能源发电包括水电、风电、光伏发电以及核电，数据来自国家统计局。

其次，气象数据。由于非化石能源发展与气候条件密不可分（de Jong et al.，2019；Solaun and Cerdá，2019），本章将气象数据纳入控制变量。气象数据来自国家气象科学数据中心的中国地面气候资料日值数据集（V3.0）。该数据集包含了中国699个气象站的气压、气温、降水量、蒸发量、湿度、风向、风速、日照时数和0厘米地温要素的日值数据。本章选取省会城市的气象站作为代表，并将日度数据平均为月度数据。

再次，地区特征数据。本章选取省级行政地区的特征变量作为控制变量。具体包括，工业增加值（亿元）、常住人口数（万人）、一般公共预算收入（亿元）、城市公共汽（电）车运营车辆数（辆）、专利申请数（件）、农村水电站本年新增发电装机容量（千瓦），数据均来自国家统计局以及中经网统计数据库。

最后，碳市场表现数据。考虑到碳市场表现可能会影响碳交易对非化石能源发展的作用，本章选取各碳试点的碳配额总量、碳价、碳交易量、CCER交易量以及惩罚力度来表征碳市场表现。碳市场表现数据来源于各个碳交易试点的交易所网站、碳K线网站以及《2020年碳市场预测与展望》，本章将碳价的日度数据平均为月度数据，碳交易量和CCER交易量的日度数据累计为月度数据。被解释变量、解释变量以及一系列控制变量的数据说明与描述性统计见表3.1。

表3.1 变量的数据说明与描述性统计

变量符号	变量含义	样本数	均值	标准差	最小值	最大值
面板A：月度数据						
NonFossil	非化石能源发电量占总发电量之比	5198	21.85	23.80	0.00	96.24
Hydropower	水力发电量占总发电量之比	5198	18.25	23.84	0.00	92.89
Wind	风力发电量占总发电量之比	5198	1.45	3.12	0.00	22.46
Solar	光伏发电量占总发电量之比	5198	0.33	1.51	0.00	23.58
Nuclear	核能发电量占总发电量之比	5198	1.81	5.26	0.00	39.08
Thermal	火力发电量占总发电量之比	5198	77.11	23.60	3.74	104.31

① 中国分区域的非化石能源相关数据仅能获得发电量数据。

续表

变量符号	变量含义	样本数	均值	标准差	最小值	最大值
面板 A：月度数据						
Temperature	平均气温	5198	15.22	10.43	−20.91	32.65
Humidity	平均湿度比重	5198	65.49	13.94	22.53	93.79
WindSpeed	平均风速	5198	2.12	0.67	0.54	5.44
Rain	累计降水量	5198	7.87	9.43	0.00	121.29
Evaporation	累计蒸发量	5198	2.94	5.52	0.00	35.27
Pressure	平均气压	5198	960.93	68.49	757.10	1032.41
Sunshine	累计日照时数	5198	169.13	66.70	2.00	377.60
LnPrice	碳价均值取对数	305	3.14	0.68	0.96	4.48
LnVolume	累计二氧化碳交易量取对数	305	9.60	4.63	0.00	15.71
LnCCER	累计 CCER 交易量取对数	305	3.76	5.86	0.00	15.97
面板 B：年度数据						
LnIndGDP	工业增加值取对数	461	8.35	1.12	4.79	10.58
LnPop	常住人口数取对数	461	8.19	0.76	6.29	9.35
LnRevenue	一般公共预算收入取对数	461	6.97	1.11	3.33	9.45
LnBus	城市公共汽（电）车运营车辆数取对数	461	9.26	0.80	7.06	11.08
LnPatent	专利申请数取对数	461	9.86	1.67	4.83	13.60
LnCapacity	农村水电站本年新增发电装机容量取对数	461	8.90	4.30	0.00	14.12
LnCap	碳配额总量取对数	32	5.05	0.78	3.80	6.14
Penalty	惩罚力度最强的试点地区，即北京、重庆、广东和湖北，赋值 3；惩罚力度适中的试点地区，即上海和深圳，赋值 2；惩罚力度最弱的试点地区，即天津，赋值 1	305	2.59	0.81	1.00	3.00

3.3.2　研究方法

我们使用 DID 模型评估碳交易政策对非化石能源发展的效果。DID 模型可以有效评估政策实施的实际效果，被广泛应用于政策效应评估（Lin and Zhu，2019；Curtis and Lee，2019）。具体来说，本章将中国碳排放交易作为一个准自然实验，并将 2011 年 11 月作为试点地区开始受到政策影响的节点。本章的被解释变量为中国各地区的非化石能源发电占比。因此，本章 DID 模型所比较的是试点地区与非试点地区的非化石能源发电占比在碳交易政策实施前后的差异，参照 Cai 等

（2016）以及 Li 等（2019c），计量模型构建如下：

$$\text{NonFossil}_{it} = \alpha_0 + \beta \text{Treated}_i \times \text{Post}_t + \sum_{k=1}^{13} \gamma_k x_{kit} + \eta_i + \mu_t + \varepsilon_{it} \quad (3.1)$$

其中，Treated 和 Post 表示虚拟变量。若地区 i 为碳交易试点，则 Treated=1，否则为 0；若时间 t 在 2011 年 11 月及以后，则 Post=1，否则为 0。x_k 表示第 k 个控制变量，控制变量包括天气变量和地区特征变量。其中，天气变量包括气温、湿度、风速、降水量、蒸发量、气压以及日照时数，地区特征变量包括工业增加值、常住人口数、一般公共预算收入、城市公共汽（电）车运营车辆数、专利申请数、农村水电站本年新增发电装机容量。η_i 表示地区固定效应，控制不随时间变化且不可观测的省级地区差异的影响。μ_t 表示时间固定效应，控制不随省级地区个体变化且不可观测的时间差异的影响，包括年份固定效应和月份固定效应。此外，为了控制随时间变化的不可观测因素以及随时间、区域变化的不可观测因素，本章还考虑了各省级行政地区的年度趋势（地区固定效应×年度趋势）以及区域和年份的交互固定效应（区域固定效应×年份固定效应）。区域固定效应中的区域特指根据国务院发展研究中心划分的八大综合经济区，如表 3.2 所示。最后，ε_{it} 表示误差项。

表 3.2　中国八大综合经济区

区域	涵盖地区
东北地区	黑龙江、吉林、辽宁
北部沿海地区	北京、天津、河北、山东
东部沿海地区	上海、江苏、浙江
南部沿海地区	福建、广东、海南
黄河中游地区	陕西、山西、河南、内蒙古
长江中游地区	湖北、湖南、江西、安徽
西南地区	云南、贵州、四川、重庆、广西
西北地区	甘肃、青海、宁夏、新疆、西藏

3.4　实证结果分析

3.4.1　碳交易对非化石能源发展的影响分析

碳交易政策的确促进了试点地区非化石能源的发展。表 3.3 报告了碳交易政策实施与非化石能源发展之间关系的逐步回归结果。模型 1 为在没有控制变量的情形下，碳交易政策对非化石能源发展影响的结果，模型 2 和模型 3 进一步加入了控制变量和各地区的时间线性趋势，模型 4 进一步控制了区域和年份的交互固定效应。

表 3.3　碳交易政策对非化石能源发展的影响

变量	模型 1	模型 2	模型 3	模型 4
	NonFossil	NonFossil	NonFossil	NonFossil
Treated×Post	−3.507 (2.435)	−2.192 (2.516)	2.526* (1.352)	2.326** (0.982)
Temperature		−0.357** (0.167)	−0.315* (0.166)	−0.333* (0.168)
Humidity		−0.087** (0.038)	−0.090** (0.036)	−0.077** (0.038)
WindSpeed		0.265 (0.887)	0.150 (0.911)	0.463 (1.056)
Rain		0.116** (0.044)	0.111** (0.043)	0.109** (0.043)
Evaporation		0.027 (0.048)	0.032 (0.038)	0.042 (0.031)
Pressure		0.179 (0.108)	0.175 (0.110)	0.187 (0.112)
Sunshine		−0.015** (0.007)	−0.017** (0.008)	−0.015 (0.009)
LnIndGDP		−0.866 (2.626)	1.755 (2.535)	−2.737 (2.226)
LnPop		−10.044 (9.971)	19.151** (9.183)	29.674** (14.222)
LnRevenue		−2.725 (4.903)	−1.902 (4.042)	0.445 (3.834)
LnBus		5.393 (3.323)	−3.705 (2.920)	1.218 (3.840)
LnPatent		−0.462 (1.338)	2.213* (1.197)	0.436 (1.025)
LnCapacity		0.008 (0.113)	−0.031 (0.087)	0.003 (0.066)
常数项	22.133*** (0.200)	−75.412 (141.892)	−279.465* (143.654)	−386.651** (144.618)
地区固定效应	控制	控制	控制	控制

续表

变量	模型 1	模型 2	模型 3	模型 4
	NonFossil	NonFossil	NonFossil	NonFossil
年份固定效应	控制	控制	控制	控制
月份固定效应	控制	控制	控制	控制
地区固定效应×年度趋势	不控制	不控制	控制	控制
区域固定效应×年份固定效应	不控制	不控制	不控制	控制
观测值	5198	5198	5198	5198
R^2 值	0.899	0.906	0.926	0.934

注：系数下方的括号内为聚类至地区的稳健标准误

*、**和***分别表示在 10%、5%和 1%水平下显著

结果表明，模型 1 和模型 2 的结果均不显著，这可能是因为存在遗漏变量问题。但模型 3 在控制了各地区的时间线性趋势后，Treated×Post 的系数在 10%的水平下正向显著。这一结果的变化反映了控制混杂因素的重要性，这和许多已有研究一致（Freeman et al.，2019；Bošković and Nøstbakken，2017；Sims and Alix-Garcia，2017）。模型 4 在模型 3 的基础上进一步控制了区域固定效应与年份固定效应的交互项，即区域固定效应×年份固定效应，此时，Treated×Post 在 5%的水平下正向显著，系数为 2.326。控制更为严格的模型 3 和模型 4 表明，碳交易政策的确促进了试点地区非化石能源的发展，并且本章的完整模型，即模型 4 的结果显示，在碳交易政策启动后，相比那些非试点地区，试点地区的月度非化石能源发电占比平均提升了 2.326 个百分点。该结果和已有研究一致（Lin and Jia，2020；Yu et al.，2017），均充分显示了碳交易政策对非化石能源发展的重要性。例如，Lin 和 Jia（2020）利用 CGE 模型研究发现，当碳交易的收入用于非化石能源补贴时，中国碳交易体系能促进非化石能源发展。而 Yu 等（2017）则利用 DID 模型分析了 EU ETS 对非化石能源发展的效应，研究发现 EU ETS 使可再生能源发电提升了 6.081 个百分点。本章结果略低于 Yu 等（2017）的结果，表明中国碳交易试点对非化石能源发展的效应约是 EU ETS 的 40%，这可能和市场成熟度有关，EU ETS 是全球最早且最成熟的碳市场。

3.4.2　碳交易对非化石能源发展影响的异质性分析

1. 能源类型的异质性

实际上，我国非化石能源发电包括水电、风电、光伏发电、核电这四类，其在我国的开发程度和支持力度均有不同，碳交易政策对非化石能源发展的影响很可能随能源类型的不同而不同。基于方程（3.1），本节进一步测算了碳交易政策

对非化石能源（水电、风电、光伏发电、核电）以及化石能源（火电）的影响，结果如表3.4所示。由表3.4可知，碳交易政策对水电和光伏发电的促进效应最为显著，正如模型1和模型3结果所示，碳交易政策将试点地区的水电占比和光伏发电占比平均提升了1.630个百分点和0.154个百分点，而模型5结果表明，碳交易政策并未显著降低火电占比。

表3.4　碳交易政策对各项能源发展的影响

变量	模型1	模型2	模型3	模型4	模型5
	Hydropower	Wind	Solar	Nuclear	Thermal
Treated×Post	1.630**	−0.374	0.154**	0.916	−1.130
	(0.781)	(0.309)	(0.072)	(0.655)	(1.483)
Temperature	−0.357**	0.005	0.005**	0.014	0.333*
	(0.172)	(0.014)	(0.002)	(0.008)	(0.167)
Humidity	−0.051	−0.017***	−0.002	−0.007	0.080**
	(0.039)	(0.006)	(0.002)	(0.008)	(0.037)
WindSpeed	−0.369	0.488**	0.029	0.315	−0.352
	(1.053)	(0.206)	(0.031)	(0.218)	(1.032)
Rain	0.106**	−0.000	0.001	0.002	−0.105**
	(0.041)	(0.002)	(0.001)	(0.005)	(0.042)
Evaporation	0.064**	−0.019***	−0.003	−0.001	−0.053*
	(0.030)	(0.007)	(0.007)	(0.005)	(0.029)
Pressure	0.196*	−0.016	0.008	−0.001	−0.189*
	(0.104)	(0.012)	(0.006)	(0.007)	(0.109)
Sunshine	−0.011	−0.002*	−0.000	−0.002*	0.015
	(0.009)	(0.001)	(0.000)	(0.001)	(0.009)
LnIndGDP	−0.654	1.030**	−0.873	−2.240	−0.345
	(2.738)	(0.465)	(0.633)	(1.562)	(2.214)
LnPop	17.063	3.639	3.457	5.515	−19.795
	(13.119)	(5.059)	(2.392)	(7.780)	(17.021)
LnRevenue	3.319	−0.419	−0.884	−1.571	−1.692
	(3.251)	(1.014)	(0.788)	(2.902)	(4.117)
LnBus	−2.696	−0.547	0.948	3.514**	−1.007
	(3.069)	(0.674)	(0.992)	(1.642)	(3.931)
LnPatent	−0.958	0.527*	0.199	0.669	0.349
	(0.981)	(0.287)	(0.187)	(0.575)	(1.191)

续表

变量	模型 1	模型 2	模型 3	模型 4	模型 5
	Hydropower	Wind	Solar	Nuclear	Thermal
LnCapacity	0.009 （0.051）	–0.020 （0.027）	–0.012 （0.016）	0.026 （0.033）	–0.001 （0.067）
常数项	–283.148** （127.977）	–17.894 （44.932）	–32.972 （19.808）	–52.637 （63.250）	430.310** （165.204）
地区固定效应	控制	控制	控制	控制	控制
年份固定效应	控制	控制	控制	控制	控制
月份固定效应	控制	控制	控制	控制	控制
地区固定效应×年度趋势	控制	控制	控制	控制	控制
区域固定效应×年份固定效应	控制	控制	控制	控制	控制
观测值	5198	5198	5198	5198	5198
R^2 值	0.940	0.883	0.820	0.914	0.931

注：括号内为聚类至地区的稳健标准误

*、**和***分别表示在 10%、5%和 1%水平下显著

我们认为，水电和光伏的显著效应主要和中国可再生能源发展的政策导向以及试点区域的资源禀赋有关。具体来说，第一，在《可再生能源中长期发展规划》中，水能、太阳能和风能被指定为中国重点发展的非化石能源（Zhang et al.，2017b）。此后，水电和光伏在中国得到了飞速发展。2004 年中国水电总装机突破 1 亿千瓦，成为世界上最大的水力发电国家（Li et al.，2018b；Cheng et al.，2021）。自 2015 年起，中国成为世界上光伏装机容量最大的国家（Shuai et al.，2019）。第二，水电开发和水资源储备息息相关（Moran et al.，2018）。在七大试点中，五个试点均位于水资源丰富地区，包括上海、广东（包含深圳）、湖北、重庆，这在很大程度上解释了水电的显著效应。第三，位于中东部地区的试点地区近年来大力发展光伏发电系统，特别是北京、天津、上海、广东的分布式光伏电站（Shuai et al.，2019；Gao and Rai，2019）。实际上，中国集中式光伏电站主要集中在太阳辐射量较大的西部地区，但由于项目过于集中，出现了电网消纳困难、高线损等问题，甚至已经出现弃光现象（Wang et al.，2020a）。因此，近年来国家已将光伏产业发展重点由西部地区转向中东部地区（Tang et al.，2018）。

2. 试点地区和试点地区–能源类型的异质性

由于各试点地区的地理位置、资源禀赋以及能源政策有所不同，其对非化石能源发展所侧重的能源类型也可能存在不同。了解这一点，对于即将参与全国碳交易且条件相似的非试点地区发展非化石能源至关重要。因此，本章在方程（3.1）

的基础上加入各试点地区虚拟变量与 Treated×Post 的交乘项，以考察碳交易政策对非化石能源发展的影响是否会在碳试点地区和试点地区–能源类型上存在异质性，结果如表 3.5 所示。其中，模型 1 为碳交易政策对非化石能源发展的影响在碳试点地区的异质性结果，模型 2~模型 6 为碳交易政策对非化石能源发展的影响在试点地区–能源类型上的异质性结果。

表 3.5　各试点地区碳交易政策对各项能源发展的影响

变量	模型 1	模型 2	模型 3	模型 4	模型 5	模型 6
	NonFossil	Hydropower	Wind	Solar	Nuclear	Thermal
Beijing	0.803	1.701**	–0.680	0.143	–0.362	–1.853*
	(0.898)	(0.685)	(0.680)	(0.184)	(0.490)	(1.085)
Tianjin	–1.310	–0.549	–0.976	0.330*	–0.116	6.828***
	(0.912)	(0.705)	(0.718)	(0.177)	(0.458)	(1.025)
Chongqing	1.814	1.565	0.013	0.014	0.222	–2.277
	(3.179)	(2.686)	(0.140)	(0.080)	(0.596)	(3.265)
Guangdong	6.774***	3.660**	–0.922*	–0.032	4.067*	–6.314***
	(1.668)	(1.472)	(0.538)	(0.065)	(2.351)	(1.971)
Hubei	2.539	1.369	0.358**	0.349*	0.463	–0.399
	(1.897)	(1.766)	(0.165)	(0.202)	(0.310)	(2.337)
Temperature	–0.332*	–0.356**	0.005	0.005**	0.014*	0.332*
	(0.169)	(0.173)	(0.014)	(0.002)	(0.008)	(0.168)
Humidity	–0.080**	–0.052	–0.017***	–0.002	–0.009	0.082**
	(0.038)	(0.039)	(0.006)	(0.002)	(0.009)	(0.037)
WindSpeed	0.378	–0.412	0.498**	0.033	0.259	–0.236
	(1.066)	(1.075)	(0.208)	(0.032)	(0.237)	(1.038)
Rain	0.109**	0.106**	–0.000	0.001	0.002	–0.105**
	(0.043)	(0.041)	(0.002)	(0.001)	(0.005)	(0.042)
Evaporation	0.042	0.064**	–0.018***	–0.003	–0.000	–0.053*
	(0.030)	(0.029)	(0.007)	(0.007)	(0.005)	(0.029)
Pressure	0.188	0.196*	–0.016	0.008	–0.000	–0.190*
	(0.112)	(0.104)	(0.012)	(0.006)	(0.007)	(0.109)
Sunshine	–0.015	–0.011	–0.002*	–0.000	–0.002*	0.015
	(0.010)	(0.009)	(0.001)	(0.000)	(0.001)	(0.010)
LnIndGDP	–2.633	–0.604	1.049**	–0.871	–2.206	–0.502
	(2.210)	(2.742)	(0.466)	(0.634)	(1.581)	(2.209)
LnPop	33.081**	18.934	3.880	3.320	6.947	–25.986
	(15.043)	(13.403)	(5.204)	(2.425)	(8.571)	(18.044)

续表

变量	模型 1	模型 2	模型 3	模型 4	模型 5	模型 6
	NonFossil	Hydropower	Wind	Solar	Nuclear	Thermal
LnRevenue	0.694 （3.837）	3.551 （3.273）	−0.468 （1.046）	−0.918 （0.813）	−1.472 （2.876）	−2.503 （4.103）
LnBus	1.642 （3.900）	−2.521 （3.063）	−0.541 （0.645）	0.942 （0.999）	3.763** （1.727）	−1.477 （3.991）
LnPatent	0.550 （1.051）	−0.916 （0.998）	0.545* （0.287）	0.200 （0.189）	0.720 （0.587）	0.226 （1.218）
LnCapacity	0.007 （0.068）	0.010 （0.051）	−0.020 （0.027）	−0.012 （0.016）	0.029 （0.034）	−0.002 （0.070）
常数项	−422.354*** （151.048）	−302.547** （129.555）	−20.008 （46.716）	−31.582 （20.202）	−68.217 （70.767）	493.617*** （174.607）
地区固定效应	控制	控制	控制	控制	控制	控制
年份固定效应	控制	控制	控制	控制	控制	控制
月份固定效应	控制	控制	控制	控制	控制	控制
地区固定效应×年度趋势	控制	控制	控制	控制	控制	控制
区域固定效应×年份固定效应	控制	控制	控制	控制	控制	控制
观测值	5198	5198	5198	5198	5198	5198
R^2 值	0.934	0.940	0.883	0.820	0.915	0.932

注：括号内为聚类至地区的稳健标准误；由于数据可得性，本章深圳市数据合并在广东省，上海市由于数据缺失未包含在本章样本中

*、**和***分别表示在 10%、5%和 1%水平下显著

由表 3.5 可知，首先碳交易政策在 1%的水平下显著促进了广东省的非化石能源发展。在其发电结构中，分别在 5%和 10%的水平下显著提升了水电和核电占比，且在 1%的水平下显著降低了火电占比。

其次，尽管碳交易政策并未显著提高北京市和湖北省的非化石能源发电占比，但对其各项能源类型发电的影响存在显著异质性。具体来说，碳交易政策在 5%的水平下显著提高了北京市的水电占比，且在 10%的水平下显著降低了其火电占比。此外，碳交易政策分别在 5%和 10%的水平下显著提高了湖北省的风电和光伏发电占比。

最后，碳交易政策对于天津和重庆的影响较弱，尽管碳交易显著提高了天津市的光伏发电占比，但其火电占比提升更为显著，而对于重庆市，结果均不显著。

我们认为碳交易政策对非化石能源发展的影响存在试点地区-能源类型异质

性的原因，一方面和试点地区资源禀赋有关。例如，对于广东省而言，广东省位于沿海地区，水资源丰富且拥有大亚湾、岭澳、台山、阳江、太平岭等多座核电站，占我国核电站总数近三分之一，这可能是广东省核电结果显著的主要原因。对于湖北省而言，尽管湖北省以水电见长，但存在水电资源开发殆尽的问题（刘焱和石莹，2012），为了优化供电结构，近年来，湖北风电、光伏等新能源实现跨越式发展①。另一方面，可能和各自碳市场的发展水平有关（Fang et al.，2020；Yan et al.，2020）。事实上，广东省和湖北省是我国碳交易发展最为成熟且活跃的两大试点。国泰安数据库的数据显示，截至 2025 年 2 月，广东省（包含深圳）和湖北省的碳交易量市场占比分别为 52.35%和 29.09%；碳交易额市场占比分别为 54.23%和 24.28%。而天津和重庆的碳交易量市场占比分别为 2.74%和 2.60%，碳交易额市场占比分别为 1.85%和 0.9%。发展较为成熟和交易活跃的碳市场，更有利于发挥市场资源配置作用，从而在促进其非化石能源发展上有更显著的作用。

3.4.3　碳市场表现的异质性影响分析

表 3.3 分析表明，碳交易政策显著地促进了试点地区的非化石能源发展，那么，该促进效应是否随着碳市场的绩效不同而存在异质性呢？根据 Cui 等（2018）和 Zhu 等（2019）的研究，本节选取碳配额总量（LnCap）、碳价格（LnPrice）、碳交易量（LnVolume）、CCER 交易量（LnCCER）以及惩罚力度（Penalty）作为碳市场表现的代理变量，考察碳交易对非化石能源的促进作用是否会受碳市场表现的影响。本章将方程（3.1）扩展为

$$\begin{aligned}\text{NonFossil}_{it} = &\alpha_0 + \beta(\text{Treated}_i \times \text{Post}_t) + \delta(\text{Treated}_i \times \text{Post}_t) \times \text{Perf}_{it} \\ &+ \sum_{k=1}^{13} \gamma_k x_{kit} + \eta_i + \mu_t + \varepsilon_{it}\end{aligned} \tag{3.2}$$

其中，Perf 表示碳市场表现，包括 5 个变量：LnCap、LnPrice、LnVolume、LnCCER、Penalty。为了使 Treated×Post 的系数与前文结果具有可比性，我们对这 5 个变量作了中心化处理。

碳市场表现的调节作用如表 3.6 所示。可以看出，碳价对碳交易政策对非化石能源发展的影响起正向调节作用，而碳配额总量、碳交易量、CCER 交易量、惩罚力度并未对碳交易政策对非化石能源发展的影响起显著调节作用。换句话说，碳交易政策对非化石能源发展的作用大小随碳价的增加而增加。由模型 2 和模型 6 可知，Treated×Post×LnPrice 的系数分别在 10%和 5%的水平下显著为正，这表明更高的交易价格与更高的非化石能源发电占比有关。实际上，碳交易通过解决

① 一季度湖北新能源发电屡创新高 全省七成负荷用“绿电”，http://www.hubei.gov.cn/zwgk/hbyw/hbywqb/202404/t20240403_5146604.shtml[2024-07-24]。

环境外部性为碳减排创造了适当的价格信号，更高的碳价格意味着更高的减排成本，控排企业的碳减排压力就越大，从而会更多地利用非化石能源（Zhu et al.，2019）。

表 3.6　碳市场表现的调节作用

变量	模型 1	模型 2	模型 3	模型 4	模型 5	模型 6
	NonFossil	NonFossil	NonFossil	NonFossil	NonFossil	NonFossil
Treated×Post	2.327** （0.984）	2.048** （0.962）	2.326** （0.975）	2.329** （0.979）	2.325** （0.982）	2.032** （0.953）
Treated×Post×LnCap	–0.059 （1.736）					0.393 （1.489）
Treated×Post×LnPrice		2.210* （1.271）				2.371** （1.017）
Treated×Post×LnVolume			–0.004 （0.326）			0.099 （0.263）
Treated×Post×LnCCER				–0.052 （0.196）		–0.005 （0.199）
Treated×Post×Penalty					0.141 （1.456）	–0.279 （1.500）
常数项	–387.060** （147.004）	–385.836*** （139.356）	–386.536** （142.010）	–387.019** （144.635）	–387.603** （143.741）	–384.253*** （138.580）
控制变量	控制	控制	控制	控制	控制	控制
地区固定效应	控制	控制	控制	控制	控制	控制
年份固定效应	控制	控制	控制	控制	控制	控制
月份固定效应	控制	控制	控制	控制	控制	控制
地区固定效应×年度趋势	控制	控制	控制	控制	控制	控制
区域固定效应×年份固定效应	控制	控制	控制	控制	控制	控制
观测值	5198	5198	5198	5198	5198	5198
R^2 值	0.934	0.934	0.934	0.934	0.934	0.934

注：括号内为聚类至地区的稳健标准误

*、**和***分别表示在 10%、5%和 1%水平下显著

3.4.4　碳交易对非化石能源影响的稳健性检验

1. 平行趋势检验

DID 的前提假设是在碳交易政策实施前，试点地区与非试点地区的非化石能源发展变化趋势保持一致。为此，借鉴 Liu 和 Qiu（2016）、Li 等（2016）以及

Li 等（2019c）的研究，我们利用事件分析法考察处理组和控制组的变化趋势。值得注意的是，由于发电量存在季节性差异，不同月份之间的发电量不具备可比性，因此，我们构建方程（3.3），在月度数据的基础上，分季节比较试点地区和非试点地区的非化石能源发电占比的同比变化趋势。

$$\begin{aligned}\text{NonFossil}_{it} &= \alpha_0 + \beta_{-7}\text{Treated}_{it}^{-7,s} + \beta_{-6}\text{Treated}_{it}^{-6,s} + \cdots + \beta_8\text{Treated}_{it}^{8,s} \\ &\quad + \sum_{k=1}^{13}\gamma_k x_{kit} + \eta_i + \mu_t + \varepsilon_{it}\end{aligned} \tag{3.3}$$

其中，$\text{Treated}_{it}^{-y,s}$ 和 $\text{Treated}_{it}^{y,s}$ 表示试点地区的虚拟变量，y 和 s 表示碳交易政策实施前后第 y 年的季节 s，s 分别等于春季、夏季、秋季和冬季。由于碳交易政策于 2011 年 10 月启动发布，因此我们将 2011 年设作基准年。其他变量的含义与方程（3.1）一致。我们检验了碳交易政策提出前后非化石能源发电占比的趋势变化，结果如图 3.1 所示。

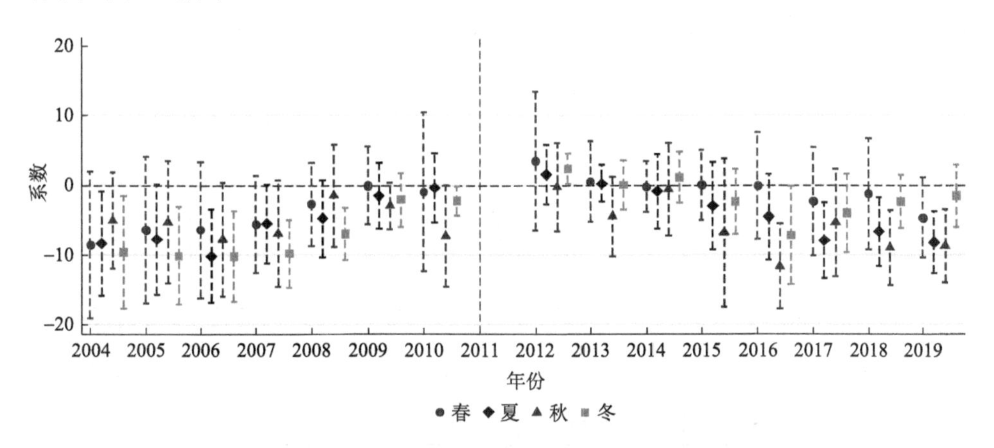

图 3.1　非化石能源发电占比的平行趋势假设

可以看出，在碳交易政策实施之前，71.43%的 β 不能拒绝原假设，且系数大多小于 0；在碳交易政策实施前的三年（2008~2010 年），83.3%的 β 均不显著，说明试点地区和非试点地区的非化石能源占比在碳交易政策实施前不存在明显的差异，该结果支持了平行趋势假设。同时，在碳交易政策实施前后，β 系数的均值由−5.63 提升至−2.96，这在一定程度上支持了碳交易政策的有效性。

2. 安慰剂检验

正如前述分析所言，DID 模型的前提条件是在碳交易政策发生之前试点地区与非试点地区在非化石能源发展上没有出现较大差异，因此如果将碳交易政策的实施时间设定在 2011 年之前的某个时间点，那么 Treated×Post 的估计系数应当变得不再显著。如果 Treated×Post 的系数仍旧显著，这表明确实存在某些潜在的不可观察因素同样驱动着碳交易试点地区的非化石能源发展，而不仅是因为碳交易政策实施带来的促进效应。因此，我们将开展第一种安慰剂检验，将样本期提前至 2004~2011 年，并假设碳交易政策发生在 2011 年之前，以考察非化石能源的显著结果究竟是不是 2011 年的碳交易政策所导致（Topalova，2010；Nunn and Qian，2011；吕越等，2019）。

我们分别将碳交易政策的干预时间设定为 2007 年、2008 年、2009 年、2010 年，表 3.7 中的模型 1 至模型 4 分别汇报了相应的估计结果。可以发现，$Treated\times Post_{2007}$、$Treated\times Post_{2008}$、$Treated\times Post_{2009}$、$Treated\times Post_{2010}$ 的估计系数均不显著，结果十分稳健，可以排除其他潜在的不可观测因素对前文基准结果的影响。

表 3.7　碳交易政策对非化石能源发展的影响：虚构政策发生时间

变量	模型 1	模型 2	模型 3	模型 4
	NonFossil	NonFossil	NonFossil	NonFossil
$Treated\times Post_{2007}$	0.524 （1.182）			
$Treated\times Post_{2008}$		2.986 （2.039）		
$Treated\times Post_{2009}$			1.732 （1.332）	
$Treated\times Post_{2010}$				−1.654 （1.192）
常数项	−844.207** （349.887）	−824.382** （359.975）	−808.534** （354.901）	−872.806** （348.970）
控制变量	控制	控制	控制	控制
地区固定效应	控制	控制	控制	控制
年份固定效应	控制	控制	控制	控制
月份固定效应	控制	控制	控制	控制
地区固定效应×年度趋势	控制	控制	控制	控制
区域固定效应×年份固定效应	控制	控制	控制	控制
观测值	2726	2726	2726	2726
R^2 值	0.925	0.925	0.925	0.925

注：括号内为聚类至地区的稳健标准误

**表示在 5%水平下显著

此外，借鉴 Cai 等（2016）、Fu 和 Gu（2017）以及 Moser 和 Voena（2012）的研究，本节进一步从样本中随机抽取试点地区对本章基准结果进行第二种安慰剂检验。首先，我们从样本中随机选取 5 个地区构建虚假处理组，即 $Treated^{false}$，并将剩余地区归为控制组。由于虚假处理组是随机生成的，因此 $\mathrm{Treated}^{\mathrm{false}}$ 产生显著影响并不会是大概率事件。也就是说，如果没有显著的遗漏变量偏差，$\mathrm{Treated}^{\mathrm{false}}$ 的回归系数 β^{random} 不会显著异于0。为了保证结果的稳健性，我们将上述步骤重复100次，得到了100个 $\mathrm{Treated}^{\mathrm{false}}$ 的系数，即得到了100个 β^{random}。图3.2汇总了100次虚假处理组的回归系数 β^{random} 的核密度及 P 值。由图3.2可知，100个 β^{random} 的均值为0.09，且其 P 值均值为0.43，不显著异于0。同时，图3.2中横向虚线代表5%的显著性水平，竖向虚线表示本章的实际估计系数2.326（P 值0.025）。从图3.2中可以看出，本章结果（系数为2.326且在5%的水平下显著）明显属于小概率事件，因此综合来看，本章结果具有一定稳健性。

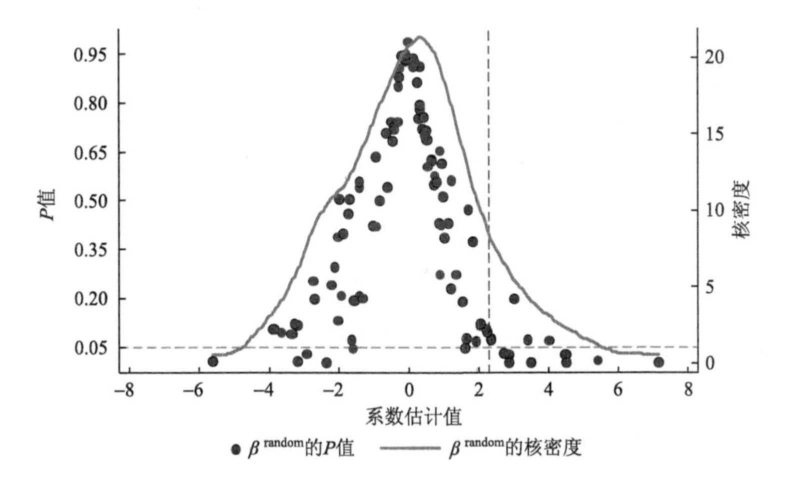

图3.2　随机分配处理组的估计系数和 P 值及核密度分布

3. 调整时间窗口宽度

根据Yan等（2020）、Li等（2019c）以及钱雪松和方胜（2017）的研究，调整时间窗口宽度也是证明结果稳健性的有力方法。因此，我们分别将样本时间窗口前后各缩减2年、3年和5年，研究在2006~2017年、2007~2016年和2009~2014年时间窗口宽度内，碳交易政策对非化石能源发展的影响，结果如表3.8所示。

由表3.8可知，在三种时间窗口宽度内，回归系数均在5%的水平下正向显著，与表3.3中模型4结果一致，并且随着时间窗口宽度的缩小，回归系数从2.309上升至3.400，这从侧面反映出碳交易政策对非化石能源发展的促进作用具有一定的即时性。

表 3.8　碳交易政策对非化石能源发展的影响：调整时间窗口宽度

变量	模型 1：时间窗口前后缩减 2 年（2006~2017 年）	模型 2：时间窗口前后缩减 3 年（2007~2016 年）	模型 3：时间窗口前后缩减 5 年（2009~2014 年）	模型 4：控制其他非化石能源政策
	NonFossil	NonFossil	NonFossil	NonFossil
Treated×Post	2.309**	3.165**	3.400**	2.375**
	（1.077）	（1.149）	（1.488）	（0.986）
Pcren				2.030
				（2.392）
Tna				1.979
				（1.495）
Gimj				−1.012
				（2.173）
Dpwp				−1.347
				（1.502）
Epsm				−0.719
				（1.703）
常数项	−636.291**	−723.121**	−818.921**	−417.308***
	（255.842）	（324.763）	（363.943）	（148.847）
控制变量	控制	控制	控制	控制
地区固定效应	控制	控制	控制	控制
年份固定效应	控制	控制	控制	控制
月份固定效应	控制	控制	控制	控制
地区固定效应×年度趋势	控制	控制	控制	控制
区域固定效应×年份固定效应	控制	控制	控制	控制
观测值	3922	3300	1997	5198
R^2 值	0.934	0.932	0.930	0.934

注：括号内为聚类至地区的稳健标准误；Pcren、Tna、Gimj、Dpwp、Epsm 的含义见下方第 4 小节
和*分别表示在 5%和 1%水平下显著

4. 控制其他非化石能源政策

实际上，中国自 2005 年通过《中华人民共和国可再生能源法》之后，针对全国范围发布了一系列非化石能源政策。本章还有一个可能的担忧在于，在碳交易政策实施期间推行的基于区域的非化石能源政策可能对相关估计结果产生影响。为此，本节搜集并整理了自 2011 年以来基于区域层面的非化石能源政策，包括：

2015 年 10 月发布的《关于可再生能源就近消纳试点的意见（暂行）》（Pcren），2016 年 2 月印发的《关于做好“三北”地区可再生能源消纳工作的通知》（Tna），2016 年 4 月起实施的《国家发展改革委办公厅关于同意甘肃省、内蒙古自治区、吉林省开展可再生能源就近消纳试点方案的复函》（Gimj），2017 年 8 月国家能源局下发的《关于公布风电平价上网示范项目的通知》（Dpwp），2017 年 8 月国家发展改革委、国家能源局印发的《关于开展电力现货市场建设试点工作的通知》（Epsm）。《关于可再生能源就近消纳试点的意见（暂行）》于 2015 年 10 月由国家发展改革委发布，首次提出在可再生能源丰富的地区开展可再生能源就近消纳试点，初步的试点区域定在内蒙古自治区和甘肃省。《关于做好“三北”地区可再生能源消纳工作的通知》旨在促进华北、东北、西北地区这“三北”地区风电、光伏发电等可再生能源消纳。“三北”地区包括：新疆、北京、天津、河北、山西、山东、内蒙古、辽宁、吉林、黑龙江、陕西、甘肃、宁夏、青海。《国家发展改革委办公厅关于同意甘肃省、内蒙古自治区、吉林省开展可再生能源就近消纳试点方案的复函》同意甘肃省、内蒙古自治区、吉林省这三个区域通过扩大用电需求、完善输配电价政策、促进市场化交易等方式，提高本地可再生能源消纳能力。《关于公布风电平价上网示范项目的通知》旨在充分利用各地区风能资源，推动风电新技术应用，提高风电市场竞争力，促进风电产业持续健康发展，在河北、黑龙江、甘肃、宁夏、新疆五省（区）开展风电平价上网试点。《关于开展电力现货市场建设试点工作的通知》选择南方（以广东起步）、蒙西、浙江、山西、山东、福建、四川、甘肃等 8 个地区作为第一批试点，加快组织推动电力现货市场建设工作。

本节在回归方程（3.1）中加入了相关政策试点地区的虚拟变量（即 Pcren、Tna、Gimj、Dpwp、Epsm），从而控制非化石能源政策对估计结果的影响，这些虚拟变量在政策生效的年份和地点均为 1。结果如表 3.8 中的模型 4 所示，其中，Treated×Post 的系数与表 3.3 中模型 4 的回归结果十分相似，因此，我们认为这些政策并没有使碳交易政策对非化石能源发电的影响估计产生偏差。

5. SCM

使用 SCM 对 DID 模型进行再次验证逐渐被学者应用（Sen and von Schickfus，2020；Reimer and Haynie，2018）。本节采用 Abadie 和 Gardeazabal（2003）、Abadie 等（2010）提出的 SCM 来再次估计碳交易政策对非化石能源发展的影响。SCM 通过非试点地区的加权平均来合成一个反事实的参照组，真实的非化石能源发电占比与反事实的非化石能源发电占比之间的差距即是碳交易政策的作用。SCM 的优点是不需要考虑处理组和控制组的平行趋势假设，能充分考虑处理组的特殊性（Maamoun，2019）。然而，SCM 主要适用于处理组只有一个实验对象的政策评价，本节仅能利用 SCM 针对某一个试点进行检验。由于表 3.5 中模型 1 的结果中仅有广东省的结果显著，因此，本节针对广东省利用 SCM 进行再次检验。为了保证拟合效果，我们选取碳交易政策颁布后第 1 个月（即 11 月）作为年度代表（图 3.3 中竖向虚线），在年度面板数据的基础上进行拟合。预测控制变量包括本章前述的控制变量以及非化石能源占比在 2005 年、2007 年、2009 年的取值，拟合结果如图 3.3 所示。

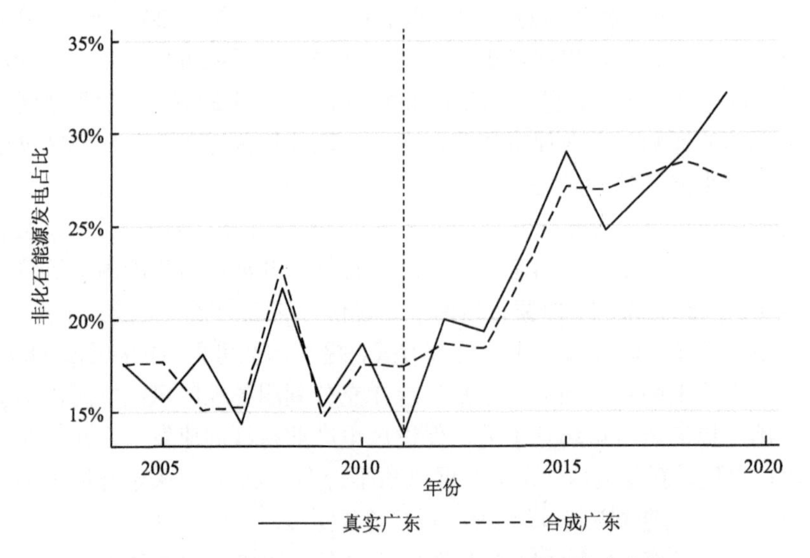

图 3.3　真实广东和合成广东的非化石能源发电占比

可以看到，在碳交易政策实施之前，合成广东和真实广东的非化石能源发电占比大体上重合，且整体趋势相似，说明 SCM 基本上有效复制了碳交易政策实施之前广东省非化石能源发电占比的变化路径。而在碳交易政策实施之后，真实广东的非化石能源发电占比在大部分时间高于合成广东的非化石能源发电占比，说明碳交易政策的确有效促进了广东省的非化石能源发展，与本章前述结果一致，再次验证了本章结果的稳健性。

3.5　主要结论与启示

本章运用 2004 年 1 月~2019 年 12 月中国省级月度面板数据和 DID 模型，评估了中国碳交易政策对非化石能源发展的影响。主要结论如下。

（1）碳交易政策的实施显著促进了中国非化石能源发展，试点地区的非化石能源发电占比增长了 2.326 个百分点。这一结论在考虑了一系列稳健性检验之后仍然成立，包括平行趋势检验、两种安慰剂检验、更换时间窗口宽度、控制其他非化石能源政策，以及SCM应用。

（2）碳交易政策对非化石能源发展的影响存在能源类型异质性、试点地区异质性以及试点地区-能源类型异质性。从能源类型来看，碳交易政策主要通过提升水电和光伏发电占比促进了非化石能源发展。从试点地区来看，碳交易政策显著促进了广东省的非化石能源发展。从试点地区-能源类型来看，碳交易政策显著提升了广东省的水电和核电占比，以及湖北省的风电和光伏发电占比。

（3）碳价对碳交易政策对非化石能源发展的影响起正向调节作用，即碳交易政策对非化石能源发展的作用大小随碳价的上升而增加。

在此基础上，本章提出以下政策建议。

（1）可以预见全国碳市场上线交易后，会助力非化石能源发展，为中国实现能源结构转型做出贡献，因此中国政府应坚定不移地推进全国碳市场的建设。

（2）各地区应找准优势补短板，因地制宜发展非化石能源，并将碳交易政策和区域非化石能源发展相结合，根据碳交易政策的异质性作用进行非化石能源发展的政策调整。例如，减少对受益于碳交易的非化石能源类型的政府补贴，加大对尚未受益于碳交易的非化石能源类型的支持力度。

（3）在全国碳市场制度设计过程中，应完善碳价形成机制、设立碳价跌幅限制，避免碳价过低，充分发挥碳市场对非化石能源发展的促进作用，特别是，市场供求关系决定碳价格的涨落，应该合理设置碳配额和控排企业之间的“供”与“求”。例如，在供给上，避免碳配额总量设置过于宽松，避免CCER抵销比例过高；在需求上，扩大控排区域覆盖范围和增加控排企业数量等。

第 4 章　中国碳交易对服务业碳排放的影响研究

4.1　碳交易对服务业碳排放的影响机制

根据《中国统计年鉴（2024）》，随着产业经济由工业向服务业升级转化，服务业逐渐成为中国国民经济第一大产业。2023 年，服务业增加值达到 68.8 万亿元，占 GDP 的 54.6%。服务业发展也随之受到了中国政府的重视。中国共产党第十九次全国代表大会召开以来，中国政府强调以绿色发展为核心要义之一的经济高质量发展。在《关于加快建立绿色生产和消费法规政策体系的意见》、《关于加快建立健全绿色低碳循环发展经济体系的指导意见》和《关于完整准确全面贯彻新发展理念做好碳达峰碳中和工作的意见》等多项重要文件中，中国政府多次强调促进服务业绿色低碳发展。《中华人民共和国国民经济和社会发展第十四个五年规划和 2035 年远景目标纲要》也再次指出“促进服务业繁荣发展”，具体来讲，要“提高服务效率和服务品质，构建优质高效、结构优化、竞争力强的服务产业新体系”[①]。

根据国家统计局分类，服务业是指除第一产业、第二产业以外的其他行业，具体包括交通运输、仓储和邮政业，批发和零售业，住宿和餐饮业等子行业[②]。考虑到数据的可获得性，以及能源结构和碳排放构成的差异，本章将服务业分为交通运输、仓储和邮政业（以下简称交通服务业）和除了交通服务业以外的其他服务业（以下简称其他服务业）。传统观念认为，服务业是一个“低排放”的行业，毕竟服务业的能源消耗和 CO_2 排放都低于工业行业。但是，这并不意味着服务业就是环境友好的（Alcántara and Padilla，2009）。一方面，在成熟经济体中，服务业能源消耗和 CO_2 排放的比例约为 9%和 12%（Zhang and Lin，2018）。同时，随着工业行业边际减排效应递减，服务业在减排中愈发重要（Wang et al.，2020b）。另一方面，在服务业的子行业中，交通服务业本身就是一种能源密集型行业，直接排放了大量的 CO_2（Bai et al.，2020；Wanke et al.，2020）。而其他服务业虽然直接碳排放相对较少，但在考虑到间接碳排放时，它们的 CO_2 排放也不容忽视（Ge and Lei，2014）。因此，一个国家和地区碳中和的实现并不能仅仅依赖于“工业

---

① 中华人民共和国国民经济和社会发展第十四个五年规划和 2035 年远景目标纲要，http://www.gov.cn/xinwen/2021-03/13/content_5592681.htm[2023-03-13]。

② 三次产业划分规定，https://www.stats.gov.cn/sj/tjbz/gjtjbz/202302/t20230213_1902749.html[2023-03-13]。

经济”向“服务经济”的转型，而需要所有产业从根本上实现绿色低碳发展。综上所述，控制服务业碳排放和促进服务业提质增效，对服务业乃至整个经济的可持续发展是至关重要的。

值得注意的是，在中国碳交易的七个试点省市中，北京和上海的碳市场覆盖了服务业。未来，碳交易政策将在实现减排目标方面发挥越来越重要的作用，中国碳市场也必将继续扩大控排行业的覆盖范围。这意味着将服务业纳入全国碳市场将是大势所趋。然而，现有研究忽略了中国碳交易政策对服务业的影响，不利于中国碳市场的发展和完善。因此，本章以北京和上海碳交易试点的两个服务业子行业为研究对象，分析碳交易对服务业的减排效应和影响机制，试图回答以下问题：碳交易对北京和上海服务业的 CO_2 排放有影响吗？碳交易对北京试点和上海试点的影响有什么不同？碳交易影响服务业碳排放的机制是什么？碳交易是否提高了服务业的减排效率或者降低了服务业的减排成本？以上分析可以为中国建设全国碳市场提供参考。本章将首先分析碳交易对服务业碳排放的减排效应，其次从能源结构的角度分析碳交易对服务业碳排放的影响机制，最后剖析探讨碳交易对服务业减排效率和成本的影响。

4.2　国内外研究现状

直接讨论碳交易对服务业的影响机制的文献较少。本章主要从三个相关的方面进行文献综述：服务业碳排放、碳交易对 CO_2 排放的影响、相关的方法。

4.2.1　服务业碳排放

与服务业碳排放有关的文献大致可以分为三类。第一类文献以交通行业为主导，分析交通服务业碳排放的影响因素和减排潜力。这类文献指出交通服务业是能源密集型行业，在减排方面具有很大潜力，在脱碳道路上发挥着关键作用（Arioli et al.，2020；Schäfer and Yeh，2020；Lu et al.，2020）。例如，Park 等（2018）发现与照常（business as usual，BAU）情景相比，韩国交通服务业在采取技术措施的情况下可以减少 30%以上的温室气体排放。与此同时，经济增长是中国交通行业 CO_2 排放增加的主要驱动因素（Huang et al.，2020；Yang et al.，2019；Chen and Lei，2017；Fan and Lei，2016）。第二类文献结合间接碳排放，讨论服务业的碳排放总量和减排效率。这类文献认为服务业的碳排放总量远大于服务业产生的直接碳排放量。在服务业的两个子行业中，交通服务业的直接碳排放最高，其他服务业的间接碳排放巨大（Ge and Lei，2014；Piaggio et al.，2015）。服务业在提高碳减排效率方面具有极大的潜力（Pardo Martínez，2013；Zhang and Lin，2018）。但是，这些文献未将服务业的减排效率从减排策略上进行区分，无法判断服务业在不同减排策略下的改进可能，因而给出的政策建议存在一定的局限性。第三类文献讨论了服务业的边际减排成本。这类文献指出，不同服务业子行业的边际减排成本差异较大。在承担相同减排责任的情景下，其他服务业的成本比交通服务业的成本高（Chang et al.，2022）。就中国交通服务业而言，减排成本存在地区异质性，南部沿海和西北地区的边际减排成本最低（Wang and He，2017）。以上文献为本章在变量选择上提供了重要参考，由于数据等因素的影响（Pardo Martínez and Silveira，2012），鲜有文献从事后经验的角度出发，分析实际控排政策对服务业碳排放的影响机制以及减排效率和减排成本的影响。然而，事后分析是一种经验性的总结，对于政府加强碳市场顶层设计、促进服务业绿色低碳转型、保证经济可持续发展是十分重要的。

4.2.2 碳交易对 CO_2 排放的影响

碳交易政策已经被许多国家采用。当前，世界各国的碳市场已经覆盖了林业、工业等多个行业。大量研究分析了碳交易政策的政策效应与影响机制。表 4.1 总结了一些典型的研究。通过比较，我们可以发现现有研究的三个特点：第一，从研究对象上看，无论是以 EU ETS、RGGI 为研究对象，还是分析中国碳交易政策的影响，大多数文献认为，实施碳交易政策有助于降低 CO_2 排放，提高减排效率。第二，从研究结论上看，碳交易政策主要通过提高减排效率、改变能源结构等方式实现减排。在这些研究中，影响 CO_2 排放的其他因素经常被用作控制变量，如经济水平、教育水平、环境规制等。第三，从研究的行业和数据维度来看，前人的研究要么不区分行业只从区域维度展开分析，要么区分行业但聚焦于能源密集型行业，如电力行业、制造业等，鲜有文献研究碳交易政策对服务业的影响。当然，少数文献讨论了碳交易政策对交通服务业的影响，但大多基于模拟的方法，很少从实证的角度展开分析。例如，Chao 等（2019）利用蒙特卡罗模拟分析了实施碳交易政策对美国航空业的影响。Wei 等（2021）将碳交易政策融入边际减排成本曲线，模拟并估算了中国交通服务业参与碳市场的潜在收益。在众多文献中，也有文献略微考虑到了碳交易政策对服务业的影响。例如，Zhou 等（2019）和 Gao 等（2020）研究了中国碳交易政策对所有行业的影响，这些行业包括了农业、工业、服务业等各个行业，不过，他们的研究与本章的侧重点不同。Zhou 等（2019）侧重于从区域视角分析中国碳交易政策的政策效应，以及对工业和交通服务业的影响机制，但忽略了间接 CO_2 排放。Gao 等（2020）主要研究中国碳交易政策是否减少了基于生产侧和消费侧的 CO_2 排放，以及试点地区对非试点地区碳泄漏的影响。本章则聚焦于服务业，重点考察碳交易对服务业能源环境和效率、成本的影响。

表 4.1　碳交易相关的典型研究

文献	碳市场	研究行业	数据维度	主要研究方法	主要结论
Jaraitė 和 Maria（2012）	EU ETS	电力	国家	DEA、断尾回归	即使碳价格在第一阶段不稳定，EU ETS 也会对电力行业碳减排效率产生正向影响
Zhang 等（2016b）	EU ETS	工业	企业	DEA	EU ETS 在样本期内对工业碳减排效率没有显著影响，这可能是研究期内许可价格较低所致
Cui 等（2016）	EU ETS	航空	企业	网络 DEA	EU ETS 对大型航空公司的营收增长有正向影响
Löschel 等（2019）	EU ETS	制造业	企业	SFA、DID	EU ETS 对整个制造业的碳减排效率没有显著影响，但显著提高了造纸业的碳减排效率
Bayer 和 Aklin（2020）	EU ETS	工业	国家	广义 SCM	2008~2016 年，EU ETS 减少了超过 10 亿吨的碳排放
Murray 和 Maniloff（2015）	RGGI	电力	区域（州）	计量模型	如果没有 RGGI，RGGI 覆盖地区的碳排放量将增加 24%，约为同期减排量的一半
Kim M K 和 Kim T（2016）	RGGI	电力	区域（州）	SCM	RGGI 促进了煤转气，实现了碳减排
Chan 和 Morrow（2019）	RGGI	电力	设备	PSM-DID	RGGI 不仅实现了碳减排目标，还降低了政策区域的 SO_2 排放量以及相关污染
Chao 等（2019）	—	航空	设备	生命周期分析、蒙特卡罗模拟	对美国实施碳交易政策可以激励生物燃料的采用
Wang 等（2019b）	中国碳交易体系	—	区域（省）	PSM-DID	碳交易显著提高了碳减排效率，实现了碳减排，有助于低碳经济转型
Zhu 等（2020）	中国碳交易体系	—	区域（省）	超效率 DEA、PSM-DID	碳交易显著提高了碳减排效率，虽然其影响相对较弱
Chen 等（2020b）	中国碳交易体系	—	区域（省）	PSM-DID、中介效应模型	碳交易使碳排放总量减少了 13.39%，并且碳减排量呈现逐年上升的趋势
Xuan 等（2020）	中国碳交易体系	—	区域（省）	PSM-DID、中介效应模型	碳交易能够持续、稳定地降低碳强度。产业结构和环境投资对碳排放有负向影响

续表

文献	碳市场	研究行业	数据维度	主要研究方法	主要结论
Yan 等（2020）	中国碳交易体系	—	区域（市）	PSM-DID、DEA、中介效应模型	碳交易显著降低了雾霾浓度和 SO_2 排放。主要影响机制是刺激企业升级绿色技术和鼓励企业转移污染
Zhang 等（2020c）	中国碳交易体系	—	区域（市）	PSM-DID	平均而言，碳交易政策可使工业碳排放量和碳强度分别减少 10.1%和 0.78%。碳减排效率在碳减排中起着重要的作用
Huang 和 Du（2020）	中国碳交易体系	能源密集型行业	区域（省）	PSM-DID	碳交易减少了能源密集型产业 25%的土地供应，表明其促进了绿色发展
Hu 等（2020）	中国碳交易体系	工业	区域（省）	SFA、PSM-DID	碳交易有效减少了试点地区 22.8%的能源消耗和 15.5%的碳排放。碳减排效率的提高和产业结构调整是碳交易政策效应的驱动因素
Yang 等（2020b）	中国碳交易体系	工业	区域（省）	PSM-DID、混合 OLS	碳交易扩大了就业规模，降低了碳排放
Zhang 等（2020d）	中国碳交易体系	工业	区域（省）	DID、DEA	碳交易减少了试点地区 24.2%的碳排放，提高了 13.6%的工业总产值。同时，试点地区的碳减排效率在逐渐提高
Zhang 和 Duan（2020）	中国碳交易体系	工业	区域（省）	PSM-DID	碳交易对工业总产值产生了负向影响，减产仍是实现碳减排的主要途径。碳交易导致涵盖的工业子行业的就业人数大幅减少，并没有促进工业子行业碳排放和经济产出的“脱钩”
Wei 等（2021）	中国碳交易体系	交通行业	区域（省）	DEA	中国交通行业碳交易的潜在收益估计在 20 亿~220 亿美元，占交通行业总利润的 0.5%
Zhou 等（2019）	中国碳交易体系	所有行业	区域（省）	PSM-DID	碳交易使试点地区碳强度平均每年下降约 0.026 吨/万元。碳交易通过调整产业结构来降低碳强度
Gao 等（2020）	中国碳交易体系	所有行业	区域（省）	DID、投入产出分析	碳交易可以同时促进生产侧和消费侧的碳减排

注：DEA 即数据包络分析（data envelopment analysis），SFA 即随机前沿分析（stochastic frontier analysis），OLS 即普通最小二乘法（ordinary least square method）

4.2.3 相关的方法

以上文献在方法方面还存在一定的局限性。

首先，在碳排放核算方面，现有文献在分析中国碳交易政策的影响时，往往忽略了间接碳排放。实际上，中国碳交易政策一个显著的特点是既涵盖化石燃料燃烧的直接碳排放，也涵盖电力和热力使用的间接碳排放。当然，现有文献的做法也可以理解，对于工业行业而言，直接碳排放一般远远高于间接碳排放，忽略间接碳排放对实际结果影响不大。然而，对于服务业而言，忽略间接碳排放会低估实际碳排放水平。因此，本章将测算服务业的总碳排放水平，即直接碳排放和间接碳排放的总和。

其次，在政策评估方面，中国碳交易政策的评估方法以 DID 或者 PSM-DID 为主。事实上，在处理单元较少时，SCM 比 DID 更准确（Lee and Melstrom，2018；Mitze et al.，2020；West et al.，2020）。SCM 允许交互固定效应存在，放松了 DID 的平行趋势等假定，是对 DID 方法的推广（Bueno and Valente，2019；Gobillon and Magnac，2016）。它能够清晰地展示出政策干预后每个处理单元每年的实际结果和反事实结果，这意味着可以分析个体和时间层面具体的发展与特征（Almer and Winkler，2017）。因此，结合研究背景，本章主要使用 SCM 估计政策效应，而将 DID 方法和合成 DID 方法留作稳健性检验。

再次，在效率测度方法方面，相比于 SFA，DEA 是应用更为广泛的测度碳减排效率的方法。但是，现有文献在分析碳减排效率时大多基于弱可处置性假设。然而，弱可处置性假设无法衡量非期望拥挤，与实际不符，其隐含条件是减少 CO_2 排放必须以牺牲经济产出为代价。但是就环境政策而言，平衡行业发展和实现碳减排是十分重要的（Sun et al.，2018）。值得注意的是，Sueyoshi 和 Goto（2012）基于拥挤与技术创新的角度提出了自然可处置性及管理可处置性的概念，解决了这一问题。在自然可处置性下，企业通过减少投入实现减排，比如减少生产线，这与生产经济学家的传统观点是一致的。同时，自然可处置性的一个重要特征是投入的减少会导致期望产出相应减少（Sueyoshi et al.，2013）。因此，自然可处置性可以理解为“减产实现减排”。相比之下，在管理可处置性下，企业认为这是一种商机，更倾向于通过引进先进的生产或管理技术增加投入实现减排，比如积极参与碳交易和引进清洁能源技术，这与 Porter 和 van der Linde（1995a）的观点相一致。因此，管理可处置性可以理解为“技术实现减排”。随后，基于自然可处置性和管理可处置性，Sueyoshi 和 Yuan（2017）提出了一种介于径向与非径向效率测度之间的 DEA 模型——中间方法（intermediate approach），该模型对效率有较好的区分度。因此，本章将采用中间方法对减排效率展开分析。

最后，就减排成本而言，现有方法主要有自下而上模型、自上而下模型、影子价格模型等。其中，由于可导性和唯一性等优势，影子价格模型中的参数线性规划法是当前分析减排成本的很受欢迎的方法，即先设定生产函数形式，然后采用线性规划法，可以得到 CO_2 的影子价格，进而求得减排成本。因此，本章选取这种方法核算服务业的减排成本。

4.2.4 文献小结

综上所述，尽管已有众多文献分析了碳交易政策对经济社会、能源环境、效率成本等各个方面的影响，但现有文献仍在以下几个方面存在不足。第一，现有碳交易政策影响的研究往往忽视了对服务业的影响，这会导致碳市场在建设过程中对服务业的重视程度不足，不利于碳市场的完善以及服务业的脱碳进程。第二，就中国碳交易政策的相关研究而言，鲜有文献考虑间接碳排放，这与中国碳交易政策的实际运行情况不符。尽管忽略间接碳排放对于工业等行业总体碳排放水平影响较小，但仍然不利于了解中国碳交易政策的实际效果。第三，在分析碳交易政策对减排效率的影响时，现有研究并没有对不同策略下的减排效率加以区分，难以系统评估碳交易政策对不同减排效率的影响，不利于给出针对性的政策建议。

4.3 数据说明与研究方法

4.3.1 数据说明

本章的数据包括 2000~2019 年中国 30 个省级行政地区的数据。对于有异常值的数据，本章采用几何插补法进行处理。

1. 核心被解释变量

CO_2 排放总量（CO_2）：本章考虑因化石能源消费所产生的直接碳排放和因为使用电力和热力所分担的间接碳排放（Wang and Feng，2018；Lin and Wang，2019）。其中，直接碳排放根据 IPCC（2006）计算：

$$CO_2^{\text{dir}} = \sum_{k=1}^{14} E_k \times \text{COE}_k \times \frac{44}{12} \tag{4.1}$$

其中，k 表示各种化石能源，本章所考虑的化石能源种类与 Shan 等（2018）一致；E_k 表示 k 种化石能源消费量，数据来源于《中国能源统计年鉴》；COE_k 表示第 k 种能源的碳排放系数，$\text{COE}_k = \text{NCV}_k \times C_k \times O_k$［$\text{NCV}_k$ 表示热值，一般选取平均低位发热量；C_k 表示第 k 种能源的碳排放系数，由 IPCC（2006）给出；O_k 表示碳氧化率］。

参考 Wang 和 Feng（2017）的研究，本章采用以下方式衡量间接碳排放：

$$\mathrm{CO}_2^{\mathrm{ind}}(i,j)=\mathrm{CO}_2^e(i,j)+\mathrm{CO}_2^h(i,j)=\mathrm{CO}_2^e\times\frac{\mathrm{EC}(i,j)}{\sum_{i=1}^{N}\mathrm{EC}(i)}+\mathrm{CO}_2^h\times\frac{\mathrm{HC}(i,j)}{\sum_{i=1}^{N}\mathrm{HC}(i)} \tag{4.2}$$

其中，N 表示行业个数；$\mathrm{CO}_2^e(i,j)$ 和 $\mathrm{CO}_2^h(i,j)$ 分别表示地区 i 行业 j 因热力和电力使用产生的 CO_2 排放；$\mathrm{EC}(i,j)$ 和 $\mathrm{HC}(i,j)$ 分别表示地区 i 行业 j 的电力消耗和热力消耗。

2. 核心解释变量

碳交易政策（$\mathrm{ETS}\times T$）为核心解释变量。对于政策虚拟变量，如果某一个地区对某一个服务业子行业实施了碳交易，那么中国碳交易政策虚拟变量ETS等于 1，否则等于 0。鉴于省级行政地区的研究数据，参考现有文献的设置，本章设定北京和上海为中国碳交易政策干预地区，而其余 28 个地区作为控制地区。此外，如前所述，本章将服务业分为了交通服务业和其他服务业。因此，北京和上海两个地区的交通服务业和其他服务业即为处理单元，碳交易虚拟变量ETS等于 1，其余为 0。

对于时间虚拟变量，除北京交通服务业在 2015 年被正式纳入碳交易外，北京其他服务业、上海其他服务业和上海交通服务业均在 2013 年被正式纳入碳交易。考虑到政策干预的超前效应，本章设定分析北京其他服务业、上海其他服务业和上海交通服务业时，时间虚拟变量 T 在 2012 年后等于 1，分析北京交通服务业时，时间虚拟变量 T 在 2014 年后等于 1。

3. 中介变量

能源结构（ES）为中介变量。采用煤基能源消费、油基能源消费和电能消费在能源消费总量中的占比表示能源结构，分别记作 ES1 、ES2 和 ES3 。在大部分地区，交通服务业和其他服务业的主要能源消费分别是油基能源与电能。因此，本章选取 ES2 和 ES3 分别作为交通服务业和其他服务业的能源结构指标，其中，能源消费总量通过将能源消费实际量折标准煤系数计算得到。数据来源于《中国能源统计年鉴》。

4. 控制变量

根据已有文献，本章还选取了产业结构（服务业子行业的行业增加值在地区生产总值中的占比，IS）、城镇化水平（城镇人口所占比率，URB）、经济发展水平（人均地区生产总值，ECO）、教育水平（每万人普通高等学校在校学生数的对数，lnEDU）作为控制变量。所有数据均来源于 CNRDS。

5. 其他被解释变量

为了深入分析碳交易政策对服务业的影响，本章进一步讨论碳交易对服务业碳减排效率和碳减排成本（边际减排成本的对数，lnMAC）的影响。其中，本章利用自然可处置性和管理可处置性分别刻画企业被动和主动适应碳交易政策的策略，并将自然可处置性和管理可处置性下得到的碳减排效率分别记作被动减排效率（PERE）和主动减排效率（AERE）。

4.3.2 研究方法

1. SCM

本章采用 Abadie 和 Gardeazabal（2003）提出的 SCM 分析碳交易的政策效应。SCM 的基本思想是利用多个控制单元加权构造一个反事实的合成控制单元。由于权重是由干预前处理单元和控制单元的经济特征的相似性决定的，因此，合成控制单元比单个控制单元更接近处理单元，减少了研究人员主观选择控制单元的随机性（Roopsind et al.，2019）。

基于这样的理论，为了探讨碳交易对服务业碳排放的影响机制，本章设定如下模型：

$$Y_{ijt}=\tau_{ijt}\text{ETS}\times T+Y_{2ijt}^{N}=\tau_{ijt}\text{ETS}\times T+\gamma_t\text{ES}_{ij}^{\text{pre}}+\beta_t P_{ij}+\lambda_t\mu_i+\delta_t+\varepsilon_{it} \tag{4.3}$$

$$\text{ES}_{ijt}=\rho_{ijt}\text{ETS}\times T+\text{ES}_{ijt}^{N}=\rho_{ijt}\text{ETS}\times T+\eta_t P_{ij}+\lambda_t\mu_i+\delta_t+\varepsilon_{it} \tag{4.4}$$

其中，Y 表示 CO_2 排放总量（CO_2）、被动减排效率 PERE 、主动减排效率 AERE 和碳减排成本 lnMAC； τ_{ijt} 和 ρ_{ijt} 分别表示中国碳交易政策对地区 i 服务业子行业 j 的被解释变量和中介变量的影响； P_{ij} 表示控制变量； μ_i 和 δ_t 分别表示地区固定效应和时间固定效应； ε_{it} 表示误差项。方程（4.3）用于讨论中国碳交易政策对服务业碳排放、被动减排效率、主动减排效率和碳减排成本的影响。方程（4.4）进一步从能源结构的角度分析中国碳交易政策对服务业碳排放的影响机制。需要注意能源结构变量在方程（4.3）和方程（4.4）中的区别，前者（$\text{ES}_{ij}^{\text{pre}}$）仅涉及政策干预前的时期，而后者（$\text{ES}_{ijt}$）则包含了整个样本时期。

2. DID 方法

本章使用 DID 方法模型进行稳健性检验。同时，为了更加深入地分析能源结构在中国碳交易政策与服务业碳排放中的影响机制，本章设定如下中介效应模型：

$$\text{CO}_{2ijt}=\alpha+\theta\text{ETS}\times T+\xi P_{ijt}+\mu_i+\delta_t+\varepsilon_{it} \tag{4.5}$$

$$\text{ES}_{ijt}=\alpha+\rho\text{ETS}\times T+\eta P_{ijt}+\mu_i+\delta_t+\varepsilon_{it} \tag{4.6}$$

$$\text{CO}_{2ijt}=\alpha+\tau\text{ETS}\times T+\gamma\text{ES}_{ijt}+\beta P_{ijt}+\mu_i+\delta_t+\varepsilon_{it} \tag{4.7}$$

其中，变量设定同前。方程（4.5）分析中国碳交易政策对服务业碳排放的总效应，方程（4.6）和方程（4.7）分析中国碳交易政策对服务业碳排放的直接效应和间接效应（中介效应）。同时，参考钱雪松等（2015），本章使用“三步法”检验程序。

4.4　实证结果分析

4.4.1　减排效应分析

本节首先分析中国碳交易政策对服务业两个子行业 CO_2 排放的影响，使用产业结构和城镇化水平作为控制变量，使用经济发展水平和教育水平进行稳健性检验。结果如图 4.1 所示。

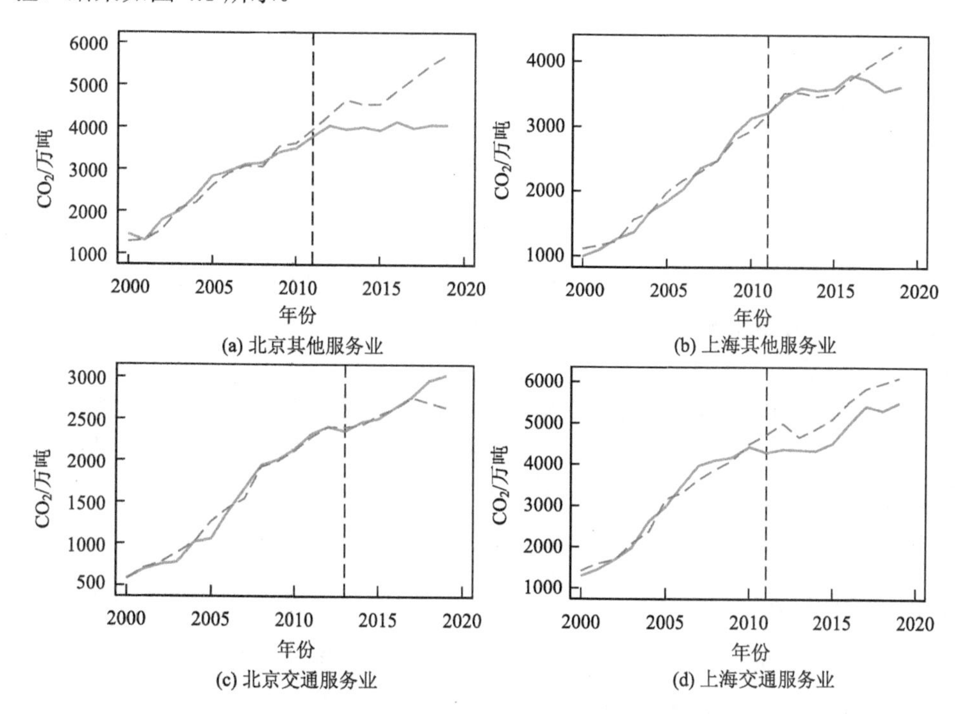

图 4.1　服务业 CO_2 排放的合成控制结果

实线表示处理单元的实际 CO_2 排放路径；灰色虚线表示合成的反事实 CO_2 排放路径；垂直虚线表示中国碳交易政策对服务业干预的前一年，将政策干预的前后时期分开

图 4.1（a）~图 4.1（d）分别是四个处理单元（即北京其他服务业、上海其他服务业、北京交通服务业和上海交通服务业）的 CO_2 排放的合成控制结果。政策效应即为干预后实际 CO_2 排放与合成 CO_2 排放的差距。从图 4.1 可以看出，中国碳交易政策对服务业碳排放存在负向影响，但政策效应存在区域异质性和行业异质性。在政策干预前，除了上海交通服务业，其余三个处理单元的反事实 CO_2 排

放路径与实际 CO_2 排放路径相当接近，说明反事实结果捕捉了处理单元未观测到的异质性，说明合成控制估计是无偏的。然而，在政策干预后，四个处理单元政策效应存在差异。

对于北京其他服务业［图 4.1（a）］，实际 CO_2 排放路径与其反事实 CO_2 排放路径之间存在着持久而又明显的差异。在政策干预后，即 2012~2019 年，政策效应以年均 31.0%的速度增加，实际 CO_2 排放与反事实 CO_2 排放的平均差距，即处理组平均处理效应（average treatment effects on treated，ATT）达−886 万吨，比反事实 CO_2 排放平均低 18.04%。

对于上海其他服务业［图 4.1（b）］，实际 CO_2 排放路径与反事实 CO_2 排放路径在 2012~2016 年几乎重合，在 2017~2019 年实际 CO_2 排放低于反事实 CO_2 排放，但 ATT 仅为−142 万吨，说明中国碳交易政策对上海其他服务业 CO_2 排放的影响较小。

对于北京交通服务业［图 4.1（c）］，实际 CO_2 排放路径与反事实 CO_2 排放路径在 2014~2017 年几乎重合，在 2018~2019 年实际 CO_2 排放略高于反事实 CO_2 排放，ATT 仅为 111 万吨。

对于上海交通服务业［图 4.1（d）］，实际 CO_2 排放与其反事实 CO_2 排放之间的差距明显为负。但是由于政策干预前实际 CO_2 排放与反事实 CO_2 的拟合效果较差，无法判断政策干预的真实效果，可借助 DID 判断政策的真实效果，结果将在 4.4.2 节中展示。

总之，中国碳交易政策对北京其他服务业和上海交通服务业的 CO_2 排放有较强的负向影响，而对上海其他服务业和北京交通服务业的 CO_2 排放没有明显的负向影响。这种行业和区域异质性与 Löschel 等（2019）和 Bigerna 等（2019）的发现相似。

4.4.2 稳健性检验

为了验证合成控制结果的稳健性，本节将进行一系列的稳健性检验。

第一，增加控制变量。本节增加经济发展水平和教育水平两个控制变量，结果如图 4.2 所示。显然，结果几乎没有发生变化。对于上海交通服务业，干预前合成的反事实 CO_2 排放依旧不能很好拟合实际 CO_2 排放，说明结果是稳健的。

第二，安慰剂检验。对于任何一个单元，如果它干预前均方预测误差（mean square prediction error，MSPE）比较大，则说明 SCM 对该单元的近似程度较差，致使政策效应或者安慰剂效应无法判断。参考 Abadie 等（2010），本节首先剔除干预前 MSPE 值是处理单元 5 倍以上的控制单元，结果如图 4.3 所示。显然，在中国碳交易政策干预之前，北京其他服务业、上海其他服务业、北京交通服务业三个处理单元的处理效应与对应的控制单元的安慰剂效应差异不大。

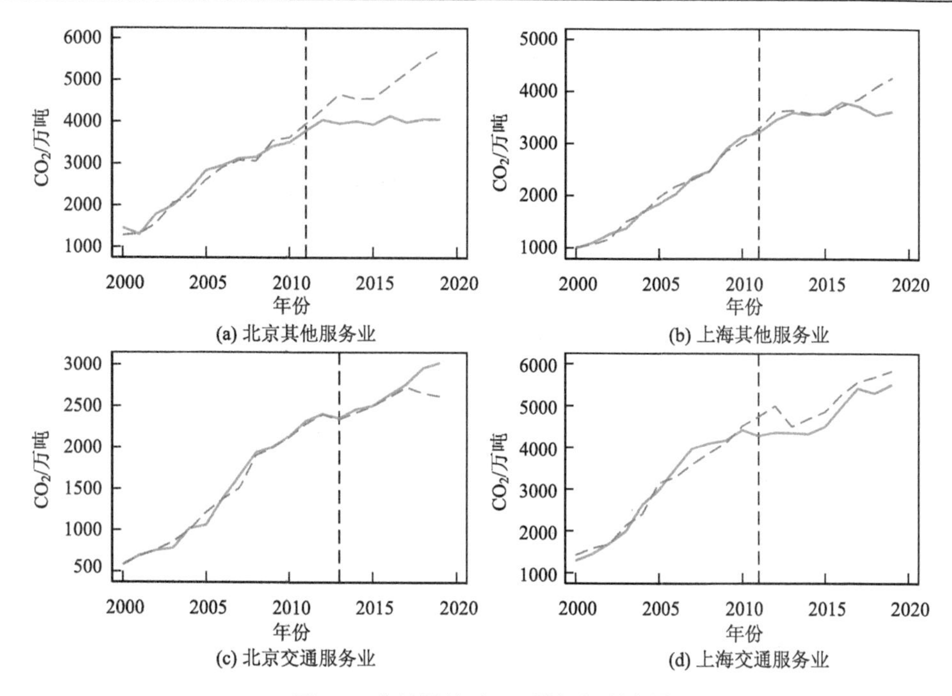

图 4.2　稳健性检验 1：增加控制变量

实线表示处理单元的实际 CO_2 排放路径；灰色虚线表示合成的反事实 CO_2 排放路径；垂直虚线表示中国碳交易政策对服务业干预的前一年

在中国碳交易政策干预之后，北京其他服务业［图 4.3（a）］的处理效应尤为突出，负向累计处理效应为 7086 万吨，高于所有控制单元。参考 Abadie 等（2010）以及 Kim M K 和 Kim T（2016）的解释，图 4.3（a）剩余 28 个控制单元，只有 1/29≈3.45%<5%的概率会出现这样的负向效应，说明中国碳交易政策对北京其他服务业碳排放产生了显著的负向影响，这一影响可认为在 5%水平下显著。上海其他服务业［图 4.3（b）］和北京交通服务业［图 4.3（c）］并不存在类似的情况，说明碳交易政策对上海其他服务业碳排放和北京交通服务业碳排放没有显著影响。上海交通服务业［图 4.3（d）］的处理效应也比较突出，但是上海交通服务业干预前 MSPE 值较大，说明反事实 CO_2 排放和实际 CO_2 排放在政策干预前拟合效果不佳，无法通过 SCM 判断碳交易对上海交通服务业的影响。

第三，MSPE 和 ATT-MAD 检验。参照 Bueno 和 Valente（2019），本节通过分析每个处理单元干预后 MSPE 和干预前 MSPE 的比值，以及 ATT 与干预前的平均绝对偏差（mean absolute deviation，MAD）来进行稳健性检验，结果如图 4.4 所示。根据 Abadie 等（2010），MSPE 比值检验的原理是：对于处理单元，如果政策有效果，则通过 SCM 得到的反事实结果在政策干预后将无法很好地预测处理单元的实际结果，即干预后 MSPE 值应该较大。如前所述，如果干预前 MSPE

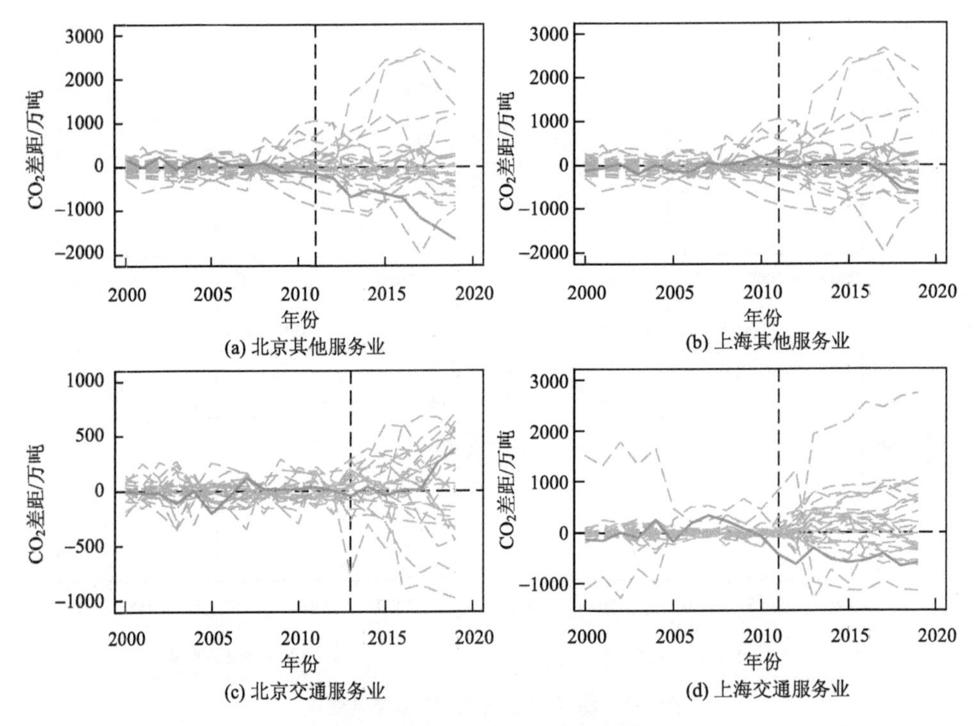

图 4.3　稳健性检验 2：安慰剂检验

实线表示各处理单元的处理效应；灰色虚线表示控制单元的安慰剂效应；垂直虚线区分政策干预前后的时间

值较大，有可能使得干预后 MSPE 值增大。因此，取干预后 MSPE 和干预前 MSPE 的比值，如果政策有效果，那么处理单元的 MSPE 比值应高于控制单元。通过对 MSPE 比值进行排序，可以判断处理单元的政策效应在统计上的显著意义。

但是，Bueno 和 Valente（2019）指出，MSPE 比值检验过于关注较大的实际结果与反事实结果之间的差距，需要结合 ATT 分析。出于稳健性考虑，还需要计算 MAD，即 ATT-MAD 检验。

图 4.4（e）显示，北京其他服务业 MSPE 比值的排序为 5/29，似乎表明碳交易政策对北京其他服务业碳排放的影响不显著。然而，结合图 4.4（a）可以发现，没有任何一个控制单元可以比北京其他服务业同时有更大的 ATT（绝对值）和更小的 MAD。因此，综合 MSPE 比值和 ATT-MAD 检验的结果，碳交易对北京其他服务业碳排放的影响具有统计上显著的因果效应。类似地，根据图 4.4（b）和图 4.4（f）、图 4.4（c）和图 4.4（g），可以判断碳交易对上海其他服务业碳排放和北京交通服务业碳排放的影响不显著。此外，根据图 4.4（d）可以看出，上海交通服务业的 MAD 大于几乎所有的控制单元的 MAD，再次说明无法通过 SCM 判断碳交易对上海交通服务业的影响。

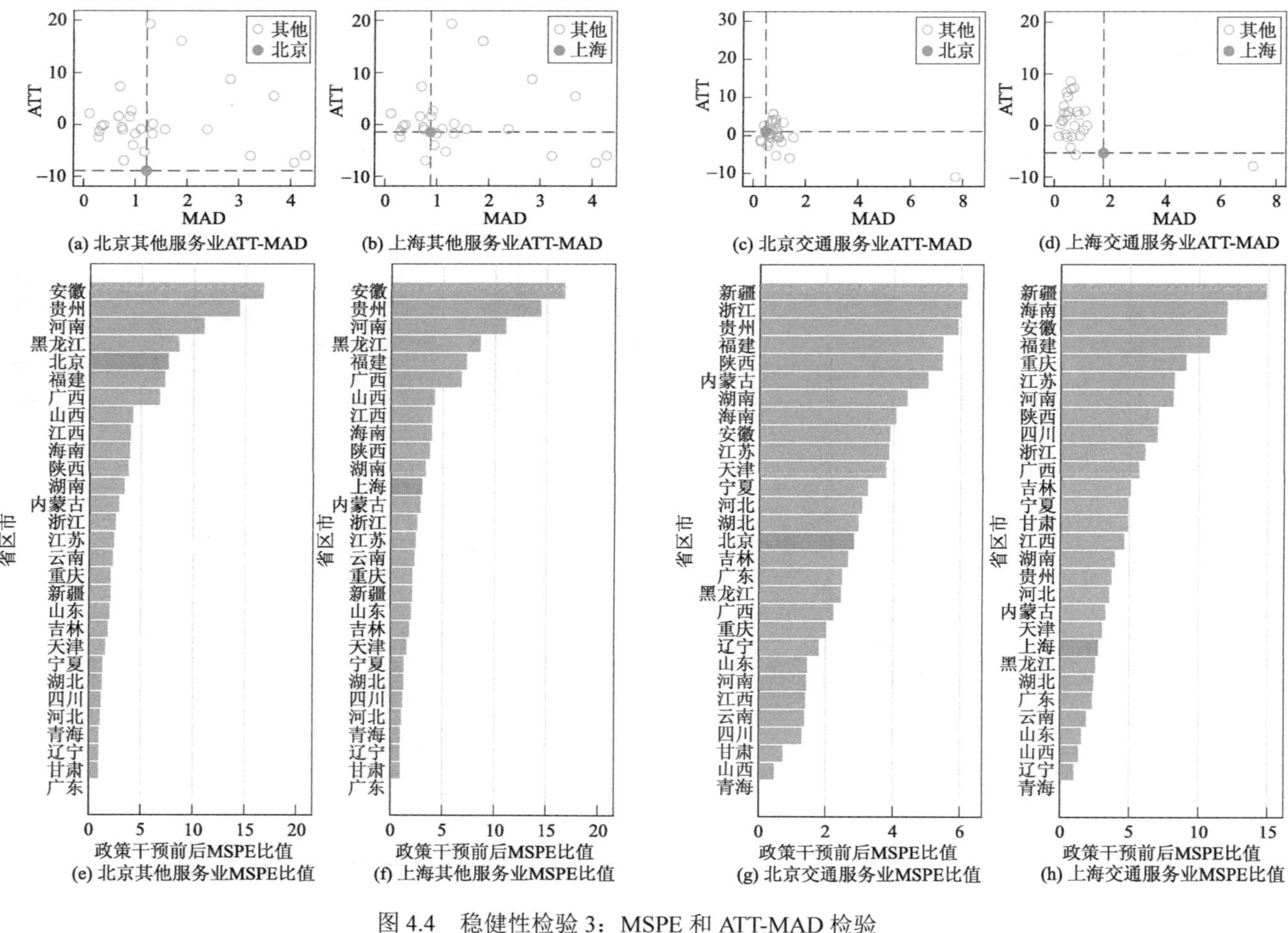

图 4.4　稳健性检验 3：MSPE 和 ATT-MAD 检验

第四，DID 方法检验。使用 DID 方法的前提是被解释变量必须满足平行趋势假设，参考 Hu 等（2020）的做法，本节通过对政策干预前数据的回归进行平行趋势检验，即构建一个时间趋势变量 Trend 替换方程（4.5）中的时间虚拟变量 T，以捕捉处理单元与控制组之间的线性时间趋势。如果政策干预前各处理单元与控制组具有相似的时间趋势，交互项 ETS×Trend 的系数应该不显著。平行趋势检验的结果如表 4.2 所示。所有交互项 ETS×Trend 的系数均不显著，说明满足平行趋势假设。

表 4.2　平行趋势检验

变量	模型 1	模型 2	模型 3	模型 4
	北京其他服务业	上海其他服务业	北京交通服务业	上海交通服务业
ETS×Trend	−0.022 （−0.39）	0.044 （1.74）	0.047 （1.50）	−0.009 （−0.56）
ES	−1.677*** （−4.14）	−1.666*** （−4.09）	1.996*** （7.44）	2.162*** （7.84）
控制变量	控制	控制	控制	控制
常数项	0.112 （0.07）	−0.391 （−0.32）	1.097 （1.05）	−0.338 （−0.42）
地区固定效应	控制	控制	控制	控制
观测值	377	377	435	377
R^2	0.963	0.961	0.966	0.970

注：括号中是 t 统计量

***表示在 1%水平下显著

DID 方法检验的结果如表 4.3 所示。可以发现，所有交互项 ETS×T 的系数均为负，表明中国碳交易政策对服务业的 CO_2 排放产生了负向影响。模型 2 和模型 6、模型 3 和模型 7 中交互项 ETS×T 的系数均不显著，表明碳交易对上海其他服务业和北京交通服务业的 CO_2 排放没有显著影响，同时也说明不需要对上海其他服务业和北京交通服务业继续进行中介效应分析。模型 5 中交互项 ETS×T 的系数为−0.326，显著为负，说明中国碳交易政策对北京其他服务业的 CO_2 排放有显著的负向影响，与安慰剂检验的估计结果基本一致。不过，DID 方法的结果反映出中国碳交易政策使北京其他服务业碳排放降低了 32.6%，高于 SCM 结果。一个可能的原因是，相对于 SCM，DID 方法构建的反事实框架可能相对没有特别完美地拟合北京其他服务业碳排放的趋势。因此，在满足 SCM 的使用条件时，SCM 的估计结果要比 DID 方法的估计结果更准确。模型 8 中交互项 ETS×T 的系数为−0.254，显著为负，表明中国碳交易政策对上海交通服务业的 CO_2 排放存在显著

表 4.3　稳健性检验 4：DID 方法检验

变量	模型 1	模型 2	模型 3	模型 4	模型 5	模型 6	模型 7	模型 8
	北京 其他服务业	上海 其他服务业	北京 交通服务业	上海 交通服务业	北京 其他服务业	上海 其他服务业	北京 交通服务业	上海 交通服务业
ETS×T	-0.254^{*} （−1.87）	−0.095 （−0.61）	−0.090 （−0.71）	-0.187^{*} （−2.02）	-0.326^{*} （−1.75）	−0.076 （−0.58）	−0.167 （−1.34）	-0.254^{***} （−2.92）
ES					-1.552^{***} （−4.53）	-1.551^{***} （−4.64）	1.709^{***} （4.67）	1.733^{***} （4.68）
控制变量	控制	控制	控制	控制	控制	控制	控制	控制
常数项	1.501 （1.08）	0.474 （0.44）	0.918 （0.83）	0.328 （0.36）	0.818 （0.74）	−0.183 （−0.19）	0.187 （0.21）	−0.489 （−0.66）
地区固定效应	控制	控制	控制	控制	控制	控制	控制	控制
观测值	580	580	580	580	580	580	580	580
R^2 值	0.942	0.941	0.947	0.949	0.961	0.960	0.961	0.963

注：括号中是 t 统计量

*和***分别表示在 10%和 1%水平下显著

的负向影响，使上海交通服务业碳排放降低了25.4%。此外，如4.3.1节所述，本章分别使用油基能源消费和电能消费在能源消费总量中的占比表示其他服务业和交通服务业的能源结构。模型5~模型8中能源结构系数显著，说明能源结构确实可以影响服务业碳排放。油基能源消费占比对交通服务业碳排放存在正向影响，而电能消费占比对其他服务业碳排放存在负向影响。

4.4.3　影响机制分析

本节从能源结构的角度出发，进一步讨论中国碳交易政策对服务业碳排放可能存在的影响机制。本节发现，样本区间内，能源结构并不是碳交易政策对服务业碳排放的影响机制。

首先，基于方程（4.4），服务业能源结构的合成控制结果如图4.5所示。在政策干预前，北京其他服务业和上海交通服务业的反事实能源结构与实际能源结构拟合较好。在政策干预后，反事实能源结构与实际能源结构之间的差距较小，表明中国碳交易政策对北京其他服务业和上海交通服务业的能源结构基本无影响，即能源结构不是中国碳交易政策对服务业碳排放的影响机制。

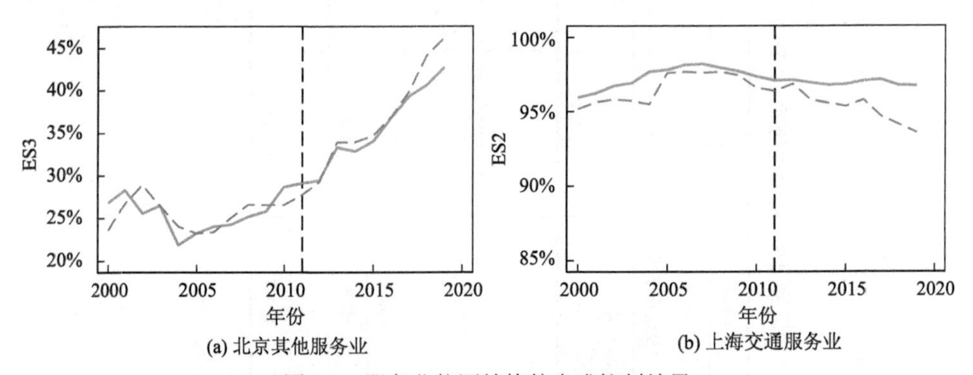

图4.5　服务业能源结构的合成控制结果

灰色虚线表示合成的反事实结果；灰色实线表示处理单元实际结果；垂直虚线区分政策干预前后的时间

其次，碳交易政策对服务业碳排放的影响机制如表4.4所示。其中模型1和模型2是平行趋势检验，模型3和模型4是DID方法检验结果，模型5和模型6是剔除其他试点地区的DID检验结果。根据模型1和模型2，交互项ETS×Trend的系数均不显著，说明满足平行趋势假设。根据模型3和模型4，交互项ETS×T的方向与合成控制结果一致，印证了合成控制结果的稳健性。ETS×T的系数均不显著，说明中国碳交易政策对能源结构的影响并不显著。同时，结合表4.3中的模型5和模型8的结果，可以求得北京其他服务业和上海交通服务业的间接效应分别为0.072和0.067。同时，北京其他服务业和上海交通服务业的Sobel统计量分别为0.14和0.10，均小于5%显著性水平下的临界值0.97，说明间接效应不

表 4.4　碳交易政策对服务业碳排放的影响机制

变量	模型 1	模型 2	模型 3	模型 4	模型 5	模型 6
	北京其他服务业	上海交通服务业	北京其他服务业	上海交通服务业	北京其他服务业	上海交通服务业
ETS×Trend	–0.013 （–0.58）	0.004 （0.37）				
ETS×T			–0.046 （–0.50）	0.039 （1.12）	–0.097 （–0.93）	0.039 （1.01）
控制变量	控制	控制	控制	控制	控制	控制
常数项	–0.960 （–1.60）	0.150 （0.24）	–0.440 （–1.01）	0.471 （1.34）	–0.387 （–0.87）	0.454 （1.45）
间接效应（Sobel 统计量）			0.072 （0.14）	0.067 （0.10）	0.167 （0.31）	0.067 （0.10）
固定效应	控制	控制	控制	控制	控制	控制
观测值	377	377	580	580	500	500
R^2 值	0.788	0.721	0.769	0.735	0.775	0.741

注：括号内为 t 统计量（不含“Sobel 统计量”所在行）

显著。根据模型 5 和模型 6，在剔除其他试点地区后，结果仍没有发生变化，再次印证了结果的稳健性。因此，能源结构并不是中国碳交易政策对服务业碳排放的影响机制。

综上所述，样本区间内，能源结构并不是中国碳交易政策对服务业碳排放的影响机制，这与 Zhou 等（2019）和 Wen 等（2020a）的研究结果类似。这可能是由于服务业，特别是交通服务业的能源结构在短期内难以改变（Fan and Lei，2016）。

4.4.4 进一步讨论

减排效率和减排成本是衡量减排有效性的关键指标（Zhang et al.，2020e；Liu et al.，2019；Zhang et al.，2017c）。因此，在本节中，我们进一步讨论碳交易对服务业减排效率和减排成本的影响。

首先，减排效率的合成控制结果如图 4.6 所示。其中，图 4.6（a）~图 4.6（d）展示了中国碳交易政策对服务业被动减排效率的影响，而图 4.6（e）~图 4.6（h）展示了中国碳交易政策对服务业主动减排效率的影响。

从图 4.6 中可以发现，垂直虚线左侧所有反事实减排效率变化路径与实际减排效率变化路径相似，说明在政策干预前，所有反事实减排效率均较好地拟合了实际减排效率。垂直虚线右侧各个处理单元的反事实减排效率变化与实际减排效率变化存在差异，即中国碳交易政策对不同处理单元的减排效率有不同影响。

具体而言，对于北京其他服务业，就被动减排效率而言［图 4.6（a）］，实际被动减排效率高于反事实被动减排效率。2012~2019 年，实际被动减排效率平均比反事实被动减排效率高 69.77%，ATT 为 0.374。就主动减排效率而言［图 4.6（e）］，实际主动减排效率与反事实主动减排效率趋势大致相同，ATT 仅为 0.002。

对于上海其他服务业，就被动减排效率而言［图 4.6（b）］，实际被动减排效率高于反事实被动减排效率。2012~2019 年，实际被动减排效率平均比反事实被动减排效率高 12.66%，ATT 为 0.103。就主动减排效率而言［图 4.6（f）］，实际主动减排效率略高于反事实主动减排效率，ATT 为 0.036。

对于北京交通服务业，被动减排效率［图 4.6（c）］和主动减排效率［图 4.6（g）］的实际结果与反事实结果差异不大。被动减排效率和主动减排效率的 ATT 分别为 0.068 和−0.003。

对于上海交通服务业，就被动减排效率而言［图 4.6（d）］，2012~2013 年，实际被动减排效率与反事实被动减排效率几乎没有差异，2014~2019 年，实际被动减排效率平均比反事实被动减排效率高 45.28%，ATT 为 0.222。就主动减排效率［图 4.6（h）］而言，实际主动减排效率低于反事实主动减排效率，ATT 为−0.137。

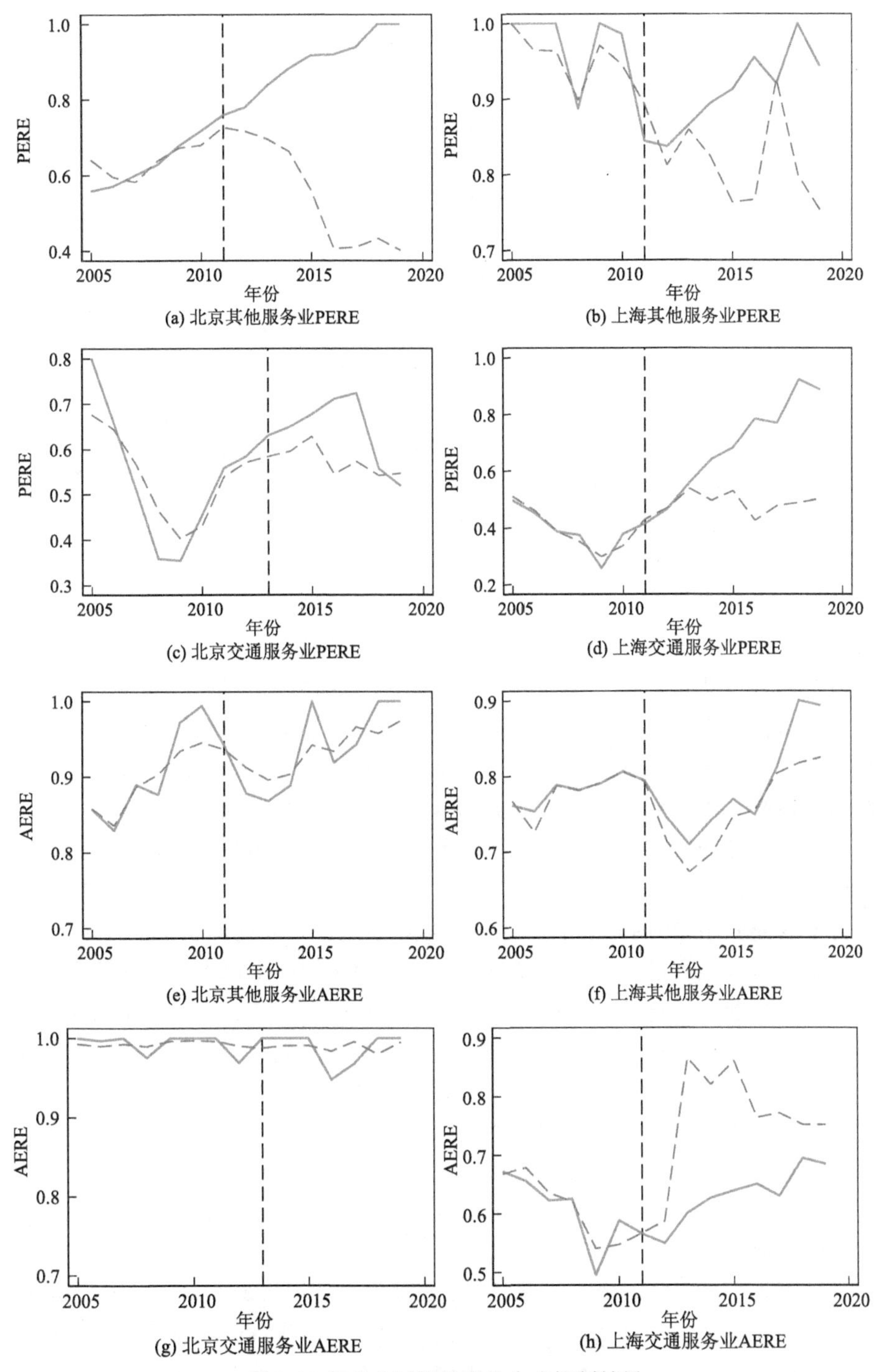

(a) 北京其他服务业PERE　(b) 上海其他服务业PERE

(c) 北京交通服务业PERE　(d) 上海交通服务业PERE

(e) 北京其他服务业AERE　(f) 上海其他服务业AERE

(g) 北京交通服务业AERE　(h) 上海交通服务业AERE

图 4.6　服务业减排效率的合成控制结果

实线表示处理单元实际结果；灰色虚线表示合成的反事实结果；垂直虚线区分政策干预前后的时间

综上所述，中国碳交易政策对服务业被动减排效率存在正向影响，特别是对北京其他服务业和上海交通服务业的被动减排效率影响较大，说明中国碳交易政策推动了北京其他服务业和上海交通服务业采取消极的减排策略，即通过减产实现减排。中国碳交易政策对服务业主动减排效率无影响，但上海交通服务业略有例外，碳交易对上海交通服务业主动减排效率存在较小的负向影响，即碳交易政策抑制了上海交通服务业采取引进先进的生产与管理技术的减排策略。

参考 Abadie 等（2015），本节采用留一法（leave-one-out）验证结果的稳健性。留一法主要考察处理单元的反事实结果是否受到某一个控制单元的影响，其原理是对于某一个处理单元，每次剔除对反事实结果贡献为正的一个控制单元，由此重复多次构建合成控制的结果（本章称为留一法结果）。留一法结果如图 4.7 所示。由图 4.7 可知，即便在损失一定拟合度的情况下，北京其他服务业被动减排效率［图 4.7（a）］、上海交通服务业被动减排效率［图 4.7（d）］的结果与图 4.6 相比基本没有发生变化，干预后实际结果仍然高于留一法结果，其他结果也没有变化，说明合成控制结果并不随控制单元的不同而变化。

产生这种结果的可能原因如下。第一，由于对碳交易缺乏足够的认知，很多受规制的服务业企业可能并没有将碳市场视为一种商业机会，所以它们不会主动引进先进的生产或管理技术实现减排，更倾向于通过减少生产，实现效率提高，最终实现减排。因此，这可能是中国碳交易政策未能提高北京和上海服务业主动减排效率，但提高了被动减排效率的一个原因。第二，技术限制可能是中国碳交易政策仅提高了北京和上海服务业被动减排效率的一个原因。值得注意的是，在上海试点中，交通服务业控排企业类型单一，控排企业多数属于航空和港口这两个行业。然而，在技术方面，航空业是一个严重依赖传统能源的行业（Liu et al.，2018a；Cui and Li，2018）。因此，在该领域，很难在短期内实现生产技术的飞跃，不得不采用减少生产的方式实现减排。第三，前述分析中已指出，北京和上海试点对其他服务业与交通服务业的覆盖范围并不相同，北京试点纳入了大量的其他服务业企业，上海交通服务业则控制了高排放的航空业，这可能是碳交易显著提高北京其他服务业和上海交通服务业的被动减排效率的一个原因。

此外，减排成本的合成控制结果如图 4.8 所示。可以发现，垂直虚线左侧所有反事实减排成本与实际减排成本相当接近，说明在政策干预前，所有反事实减排成本均较好地拟合了实际减排成本。垂直虚线右侧，实际减排成本均明显低于反事实减排成本，说明中国碳交易政策降低了服务业的减排成本。

具体而言，在政策干预后，对于北京其他服务业［图 4.8（a）］，ATT 为−0.08，说明中国碳交易政策使北京其他服务业减排成本降低了 8%。对于上海其他服务业［图 4.8（b）］，ATT 为−0.22，说明中国碳交易政策使上海其他服务业减排成本降低了 22%。对于北京交通服务业［图 4.8（c）］，2014~2017 年实际减排成本与

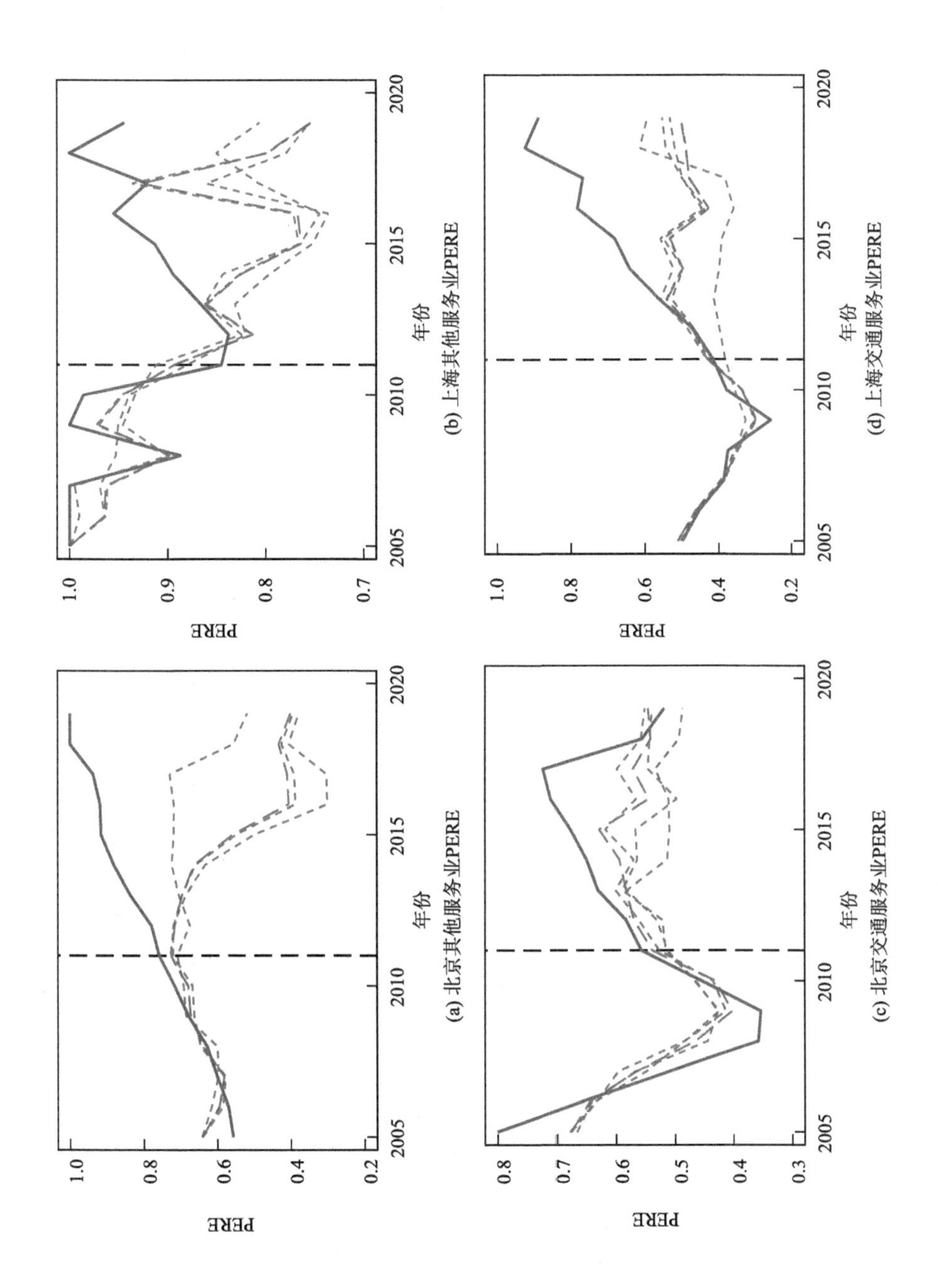

(a) 北京其他服务业PERE

(b) 上海其他服务业PERE

(c) 北京交通服务业PERE

(d) 上海交通服务业PERE

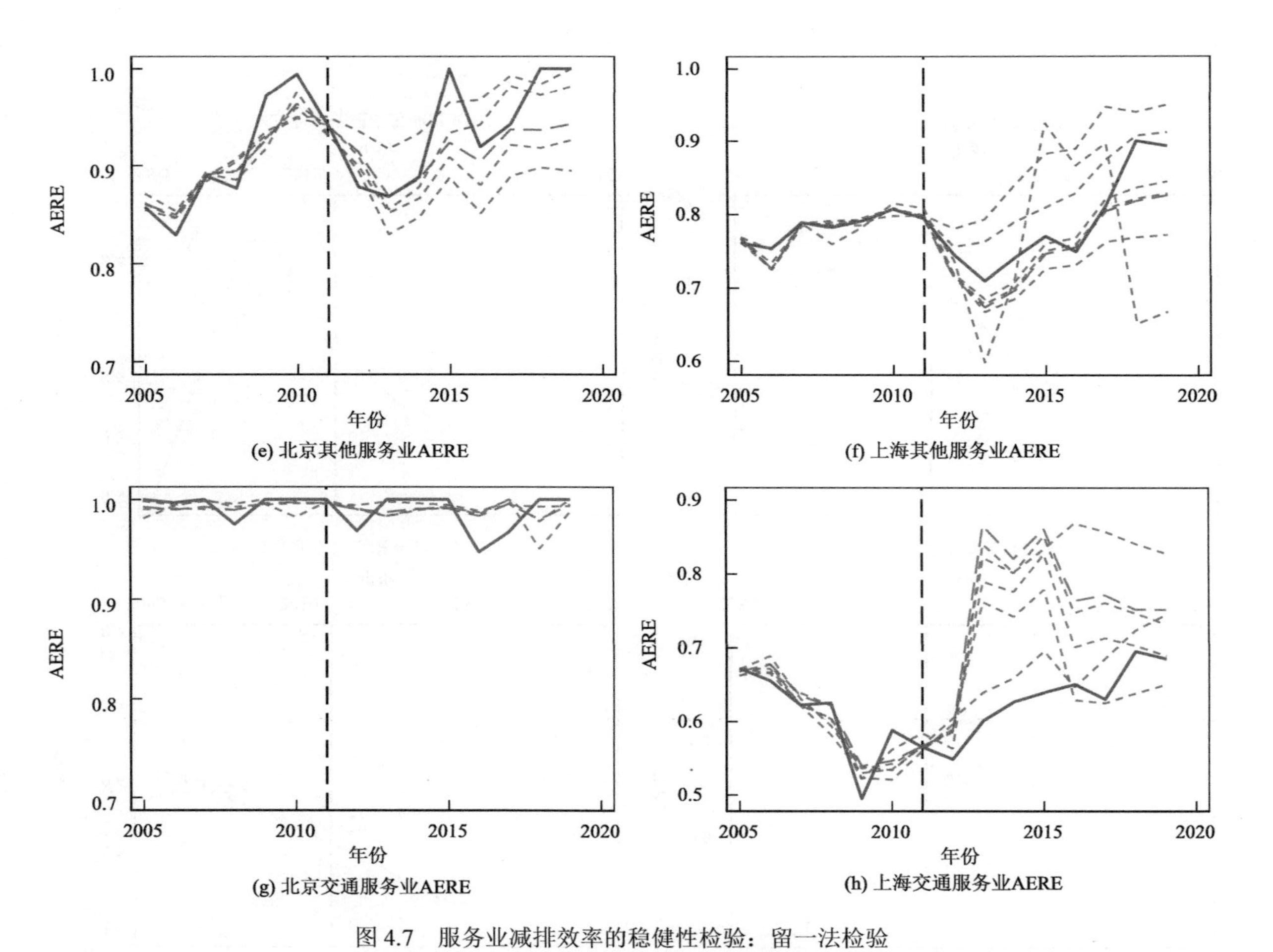

图 4.7　服务业减排效率的稳健性检验：留一法检验

灰色实线、灰色长虚线和灰色短虚线分别表示实际减排效率、反事实减排效率和留一法减排效率；垂直虚线区分政策干预前后的时间

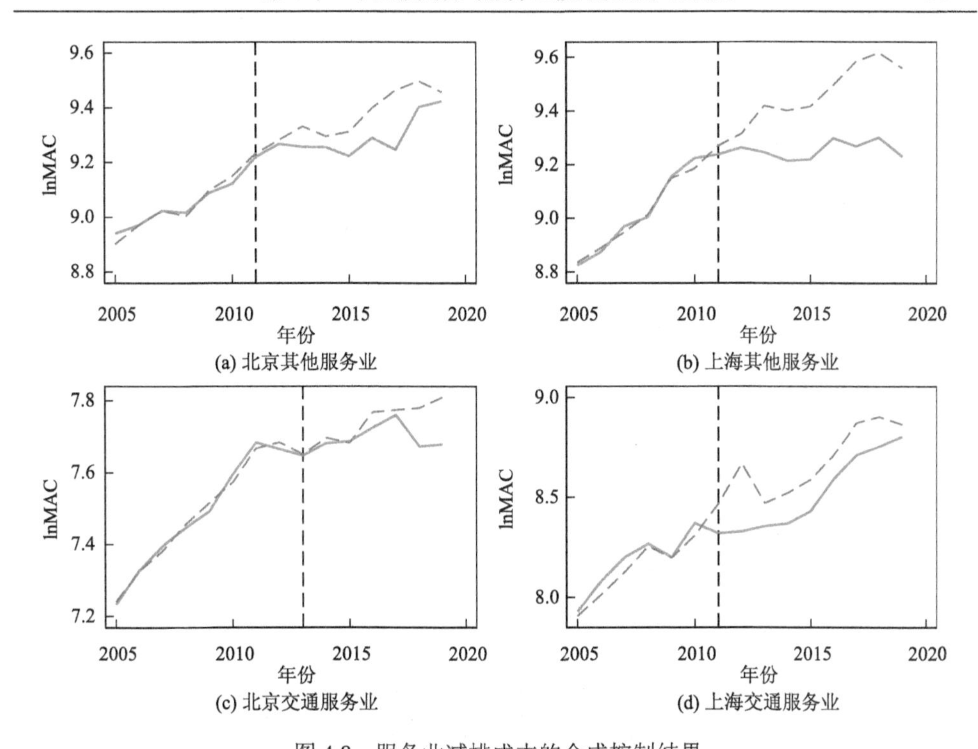

图 4.8　服务业减排成本的合成控制结果

实线表示处理单元实际结果；灰色虚线表示合成的反事实结果；垂直虚线区分政策干预前后的时间

反事实减排成本几乎重合，2018 年和 2019 年实际减排成本略低于反事实减排成本，ATT 为−0.04，说明中国碳交易政策使北京交通服务业的减排成本仅降低了 4%。对于上海交通服务业［图 4.8（d)］，ATT 为−0.16，说明中国碳交易政策使上海交通服务业减排成本降低了 16%。

同样，采用留一法检验作为稳健性检验，结果如图 4.9 所示。显然，上海其他服务业减排成本［图 4.9（b)］仍然低于留一法减排成本，说明排除任何特定的控制单元后结果都是稳健的。

造成这一结果的原因可能如下。第一，如前所述，碳交易可以通过企业间减排成本的差异实现减排成本的降低。因此，这可能是所有各处理单元的实际减排成本均低于反事实减排成本的一个原因。这与 Xian 等（2020）从区域层面分析得到的结果一致，即碳交易政策可以实现减排成本的降低。不同的是，本章通过实证方法从服务业的角度拓展了这一观点。第二，北京和上海试点的碳价不同。就各试点而言，北京试点的碳价最高，长期在 40~100 元/吨波动。上海试点的碳价相对较低，长期在 20~50 元/吨波动。高碳价意味企业需要以高价格购买配额，即企业的减排成本相对较高。因此，这有可能是碳交易没有显著降低北京服务业减排成本的一个原因。第三，相对于交通服务业，其他服务业的减排成本相对较高，

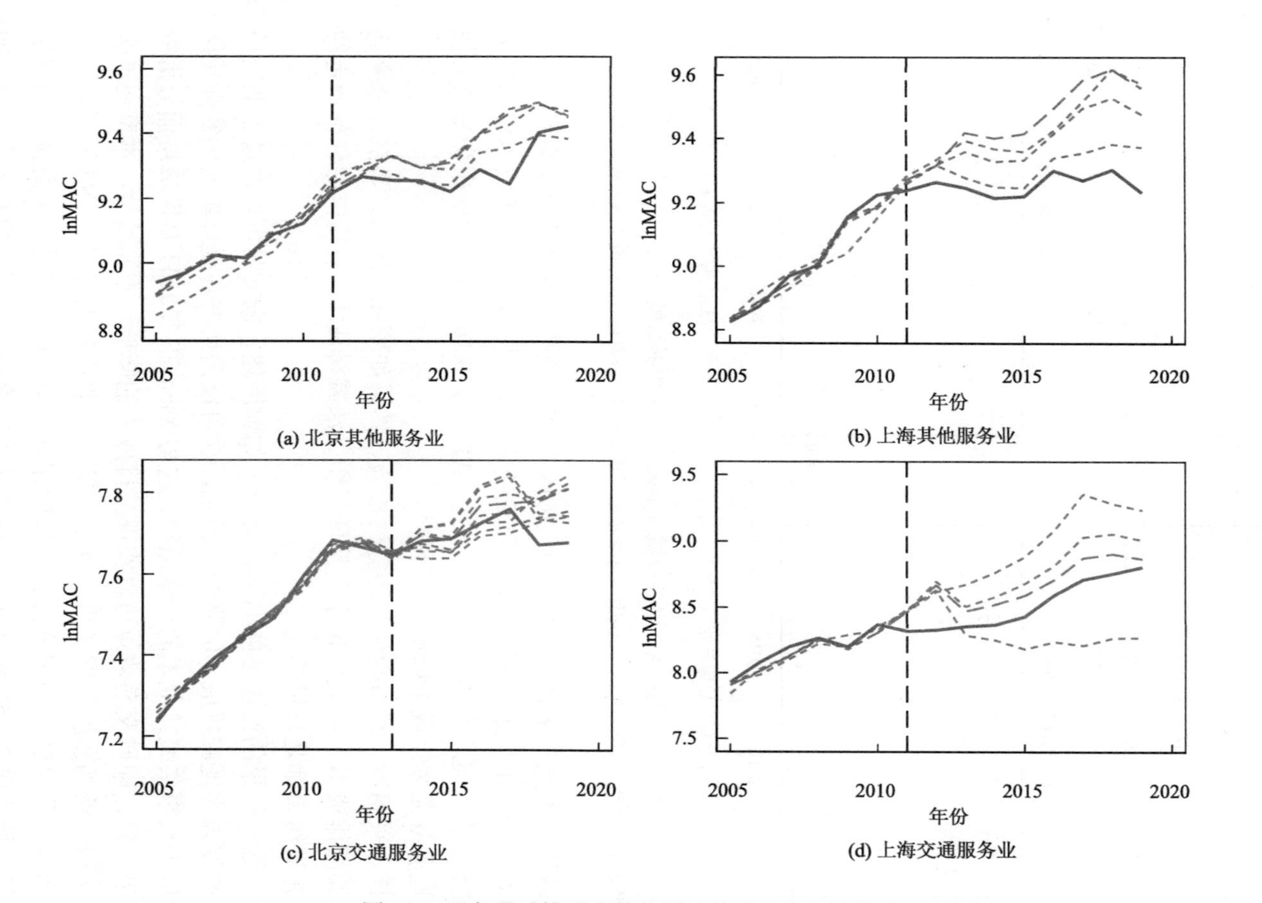

图 4.9　服务业减排成本的稳健性检验：留一法检验

灰色实线、灰色长虚线和灰色短虚线分别表示实际减排成本、反事实减排成本和留一法减排成本；垂直虚线区分政策干预前后的时间

碳交易的存在为其他服务业提供了一种低减排成本的发展路径，即在碳市场中，高减排成本的其他服务业企业可以通过购买碳配额实现低成本的减排。因此，这可能是碳交易显著降低上海其他服务业减排成本的一个原因。

4.5　主要结论与启示

考虑到数据的可获得性，以及能源结构和碳排放构成的差异，本章将服务业分为两个子行业，即交通服务业和其他服务业。基于中国30个省级行政地区的面板数据，本章主要运用SCM分析了中国碳交易政策对服务业能源环境和效率、成本的影响，同时结合DID方法、中介效应模型和合成DID方法等验证了结果的稳健性。本章的主要结论如下。

第一，从CO_2排放角度看，中国碳交易政策对服务业碳排放有负向影响，但政策效应在地区和行业上存在差异。具体而言，中国碳交易政策仅对北京其他服务业和上海交通服务业碳排放存在显著影响。相比没有实施这项政策的反事实结果，中国碳交易政策使北京其他服务业和上海交通服务业的CO_2排放分别平均降低了18.04%和25.4%。这种地区和行业上的差异可能是碳交易覆盖范围和本章的样本区间共同造成的。

第二，从能源消费角度看，样本区间内，能源结构并不是中国碳交易政策对服务业碳排放的影响机制。无论是通过SCM还是通过DID方法和中介效应模型，结果都是如此。原因可能是服务业，特别是交通服务业的能源结构短期内难以转变，中国碳交易政策无法通过能源消费结构影响服务业碳排放。

第三，从减排效率角度看，样本区间内，中国碳交易政策对服务业被动减排效率存在正向影响，而对主动减排效率不存在显著影响。具体而言，中国碳交易政策仅对北京其他服务业和上海交通服务业被动减排效率存在显著正向影响，相比没有实施这项政策的反事实结果，中国碳交易政策使北京其他服务业和上海交通服务业的被动减排效率分别提高了69.77%和45.28%。这意味着中国碳交易政策主要促进了服务业通过“减产实现减排”，即通过减少生产实现减排，而对“技术实现减排”的方式没有影响。造成这一现象的原因可能是对碳交易缺乏认知和相关技术在短期内难以突破。

第四，从减排成本角度看，样本区间内，中国碳交易政策没有增加甚至可以降低服务业的减排成本。具体而言，中国碳交易政策仅显著降低了上海其他服务业的减排成本。可能的解释是其他服务业的减排成本相对较高，而上海试点的碳价又相对较低，从而使得上海其他服务业的减排成本下降。

基于结论，本章提出以下政策建议。

第一，吸取试点经验，适时考虑将服务业纳入碳市场。考虑到中国碳交易政策可以在不增加减排成本的同时降低服务业碳排放，中国政府在全国碳市场建设过程中，可以借鉴吸取北京和上海试点的经验，服务业占比比较高的地区可以考虑将服务业纳入碳交易。其他国家政府在实施或考虑碳交易政策的过程中，也可以参考中国的经验，考虑将服务业纳入碳市场。

第二，逐步扩大市场的范围，加快服务业清洁能源普及。由于服务业业态呈现较强的“点散面广”特征，为了得到明显的政策效果，在将服务业纳入碳交易后，政府可以逐步扩大碳交易对服务业的覆盖范围，集中控制高排放服务业行业。服务业的能源结构短期内无法改变，政府应加快清洁能源的普及。例如，推广分布式发电、高能效设备的使用等。

第三，加速人才培养和技术创新，促进服务业主动减排。为了使碳交易推动企业通过“技术实现减排”，政府可以做出如下努力：首先，为企业普及碳交易知识，鼓励企业雇佣和培养具有相关方面知识的专业人才，使企业认识到碳交易中的商业机会；其次，积极宣传标杆企业的减排经验，加速先进的生产和管理技术的扩散；最后，考虑到技术极限的限制，政府应该加速推进服务业，特别是交通服务业的根本性技术创新，尽早实现“以电代油”“以氢代油”。

第 5 章　碳普惠制对城镇居民碳排放的影响研究

5.1　碳普惠制对城镇居民碳排放的影响机制

降低城镇居民碳排放是应对气候变化的必然选择。对于人口密集的城镇地区，居民碳排放的影响更不容忽视（Zhao et al.，2019）。同时，随着城镇化进程的加速，城镇居民碳排放很可能进一步增加。因此，引导城镇居民低碳生活、降低碳排放的相关政策一直是政府和学术界关注的热点之一（Fuso-Nerini et al.，2021）。很多国家对此进行了大量探索和实践，包括英国个人碳交易计划、澳大利亚诺福克岛个人碳交易计划（Webb et al.，2014）、芬兰拉赫蒂市的 CitiCAP（citizens' cap and trade co-created，市民总量控制与交易共创）项目（von Wright et al.，2022）等。

作为世界上人口众多、城镇化规模空前的国家，中国十分重视城镇居民的节能减排。中国共产党的二十大报告指出，"积极稳妥推进碳达峰碳中和""站在人与自然和谐共生的高度谋划发展""倡导绿色消费，推动形成绿色低碳的生产方式和生活方式"[①]。中国政府还在多份关键文件中强调形成绿色生产生活方式，各地政府也纷纷出台各种激励政策，引导居民节能减排。其中，碳普惠制是典型机制。

碳普惠制是对小微企业、社区家庭、个人的节能减碳行为进行具体量化和赋予一定价值，并建立起以商业激励、政策鼓励和核证减排量交易相结合的正向引导机制，旨在唤醒公众低碳意识，促进人人低碳，实现人人受益。碳普惠制由广东省首创并实践。2016 年，广东省发展和改革委员会正式批准广州市、韶关市、河源市、惠州市、东莞市、中山市 6 个城市作为碳普惠制试点城市。

目前，碳普惠制已发展为引导城镇居民降低碳排放的潮流政策。2022 年，生态环境部等七部门联合印发《减污降碳协同增效实施方案》，强调探索建立"碳普惠"等公众参与机制[②]。尽管如此，现有针对碳普惠制政策的讨论局限于问卷调

---

① 习近平：高举中国特色社会主义伟大旗帜 为全面建设社会主义现代化国家而团结奋斗——在中国共产党第二十次全国代表大会上的报告，http://www.qstheory.cn/yaowen/2022-10/25/c_1129079926.htm[2023-11-22]。

② 关于印发《减污降碳协同增效实施方案》的通知，https://www.gov.cn/zhengce/zhengceku/2022-06/17/content_5696364.htm[2023-06-10]。

查研究，缺乏理论分析、效果评估与机制检验。因而，碳普惠制影响城镇居民碳排放的经济机制尚不清楚，不利于进一步优化和完善碳普惠制的政策设计与政策执行。鉴于此，本章将广东省碳普惠制试点视为准自然实验，尝试回答以下几个问题：第一，碳普惠制对城镇居民碳排放的影响程度如何，是“杯水车薪”还是“聚沙成塔”？第二，碳普惠制如何影响城镇居民碳排放？

5.2 国内外研究现状

5.2.1 居民碳排放的核算

现有文献对居民碳排放的核算给予了大量关注，已经建立了几种成熟的碳排放量化方法。一种最为基础的方法是排放因子法。该方法主要基于 IPCC 指南核算直接碳排放。根据该方法，Shan 等（2018，2022）分别核算了中国省级层面 47 个行业碳排放和城市层面总碳排放。另一种典型的方法是投入产出分析。该方法基于投入产出表，常常用于分析碳足迹。例如，Wiedenhofer 等（2017）、Mi 等（2020）利用投入产出分析分别从国家和省级层面核算了不同收入群体的家庭碳足迹。Shi 等（2020b）和 Zhang 等（2020f）结合中国家庭追踪调查（China family panel studies，CFPS）数据，采用投入产出分析核算了 2012 年、2014 年、2016 年中国家庭层面的碳足迹。尽管以上两种方法在文献中得到了广泛应用，但这两种方法仍较为传统（Du et al.，2022），依赖于各类统计年鉴或者调查数据。由于中国市级和区县级层面能源统计数据的不健全（Gao and Yuan，2022；Wang and Liu，2017），通过上述两种方法得到的碳排放数据在时效性、连续性和分辨率上表现较差（Yang et al.，2020a）。

在此情况下，基于夜间灯光数据估算碳排放已成为一种新趋势。已有研究表明，美国“国防气象卫星计划”的线性扫描业务系统（Defense Meteorological Satellite Program Operational Linescan System，DMSP-OLS）和国家极地轨道伙伴关系卫星上的可见光/红外辐射成像仪（National Polar-Orbiting Partnership Visible Infrared Imaging Radiometer Suite，NPP-VIIRS）夜间灯光数据是一个很好的社会经济估算指标（Mirza et al.，2021），利用这两种夜间灯光数据可以有效核算不同尺度的碳排放（Shi et al.，2018b），包括市级层面（Meng et al.，2014；Wang et al.，2019d）、区县级（Chen et al.，2020a）层面等。部分文献也基于此方法估算了居民碳排放。例如，Zhao 等（2019）估算了 2000~2015 年中国市级和区县级层面的城镇居民碳排放。Du 等（2022）建立了一个快速核算的中国碳排放监测系统，利用月度灯光数据估算了中国省级层面月度居民碳排放。不可否认，上述文献为本章核算城镇居民碳排放提供了思路。但是，由于碳普惠制试点是 2016 年正式实施且作用于居民部门的，现有文献数据或是相对陈旧，或是不够精细，不能满足本章的需求。

5.2.2　居民碳排放的影响因素

大量文献探索了居民碳排放的影响因素，主要包括经济、人口和气候三个方面。首先，经济水平是影响居民碳排放的关键因素。一般认为，高收入水平的地区或家庭会产生更多碳排放（Lévay et al.，2021；Shi et al.，2020b；Zhang et al.，2020f）。就中国而言，2012 年，收入最高的 5%人群的家庭碳足迹约占全国的 17%（Mi et al.，2020）。其次，人口特征是影响居民碳排放的第二个主要因素。人口的不断增长导致人们用能需求的增加，成为居民碳排放的驱动力（Yu et al.，2023）。同时，人口密度与居民碳排放呈现负向相关关系（Jiang et al.，2020）。这是因为人口密度高的地区公共交通和能源基础设施更为健全，更容易鼓励居民低碳生活（Cai et al.，2022；Holian and Kahn，2015）。此外，人口老龄化也会影响居民碳排放，但二者之间的关系仍存在争议。例如，Fan 等（2021）指出城镇人口老龄化增加了城镇居民碳排放。但是，Han 等（2015）强调年轻人的生活方式比年长者更加碳密集。最后，气候条件直接影响了居民的取暖和制冷需求（Sachs et al.，2019），也是居民能源消费和碳排放的重要决定因素。Zhang 等（2022）指出，相较于平均气温在 10~16℃的一天，平均气温超过 32℃的天数每增加一天，年耗电量增加 8.9%。类似地，Zhao 等（2019）发现气候因素对城镇居民碳排放具有显著影响。总之，这些研究为本章的思路设计与变量选择提供了重要参考，这三方面的因素也将纳入后续分析。

5.2.3　个人碳账户

碳普惠制本质上是一种碳信用机制，其理念来源于个人碳账户。个人碳账户是一种实现个人碳管理的账户体系，其理论可以追溯到 Fleming（1997）的可交易配额研究。目前，个人碳账户主要包括两类：EA（emission allowance，排放配额）型和 ER（emission reduction，减排量）型。EA 型个人碳账户基于总量与交易的碳交易理论，是一种个人碳排放账户，即为每个人建立碳账户，分配碳配额并允许交易。ER 型个人碳账户则基于“减排-激励”逻辑，是一种个人碳减排管理账户，即量化低碳行为并通过商家权益、政府补贴、公益等形式提供减排激励。ER 型个人碳账户不涉及个人碳配额复杂的预算、计量和分配，比 EA 型个人碳账户更容易实施。对于城镇居民而言，碳普惠制是一种 ER 型个人碳账户，它将普通公众节约水电气、乘坐公交车等低碳行为产生的减排量转化为虚拟货币，进而兑换商品。

现有相关文献聚焦于讨论个人碳账户的设计和影响。在设计方面，现有文献提出了各种个人碳账户设计方案，覆盖了居民因用电、用气和出行等各种行为产生的碳排放。典型的例子包括法国可交易交通碳配额（Raux and Marlot，2005）、加州家庭温室气体排放限额与交易（Niemeier et al.，2008）、芬兰拉赫蒂市的个人碳交易（Kuokkanen et al.，2020；von Wright et al.，2022）。同时，对于任何政策工具而言，感知公平是社会参与的关键，而公众接受度增加了政府采取此类政策的可能性（von Wright et al.，2022）。因此，公平性和接受度一直是个人碳账户的设计重点之一（Starkey，2012a，2012b）。通过问卷调查，现有文献表明相比于注重人均公平或责任公平的个人碳账户的配额分配方式，注重能力公平的分配方式更受青睐，接受度更高（Pitkänen et al.，2022；von Wright et al.，2022）。特别地，Tan 等（2019b）指出制度技术环境、感知有用性和参与风险是影响居民参与意愿的直接驱动因素。

在影响方面，个人碳账户可以从经济、心理和社会三个方面影响个体行为，是减少居民碳排放的有效措施（An et al.，2021）。具体而言，基于问卷调查和模拟分析的结果，现有文献表明个人碳账户可以影响纯电动汽车的购买决策，个人碳账户的设立会鼓励消费者购买电动汽车（Li et al.，2018c）；也可以影响能源消费，减少家庭用能排放和出行排放（Fan et al.，2016；Wadud and Chintakayala，2019）；还可以降低碳减排成本与福利损失（An et al.，2021）。

5.2.4 文献小结

总之，尽管现有文献丰富了我们对居民碳排放的影响因素的认知，但仍然存在局限性。一方面，在研究数据上，由于缺乏较新的、长时间序列的、高分辨率的城镇居民碳排放数据，现有文献的居民碳排放数据停留在国家或省级层面的排放上，在市级或者区县级层面的数据很少精确到居民部门，而是局限于区域排放，难以为碳普惠制政策效果的评估提供精细化数据支撑；另一方面，在研究议题上，现有文献对碳普惠制的关注不够，在碳普惠制对城镇居民碳排放的影响程度和影响机制方面探索不足，不利于碳普惠制以及类似政策的优化和推广。鉴于此，本章基于夜间灯光数据构建 2000~2020 年区县级城镇居民碳排放数据，在此基础上进一步探索碳普惠制对城镇居民碳排放的影响。

5.3 数据说明与研究方法

5.3.1 数据说明

本章的研究区域聚焦在中国南方的 15 个地区。这样设定主要是出于数据、政策干扰和建模方面的考虑。第一，西藏、香港、澳门和台湾数据缺失；第二，南方地区和北方地区在气候与环境方面存在显著差异，剔除北方地区还可以排除北方特有的政策的干扰，如煤改气和煤改电（Liu et al.，2021b）；第三，在利用夜间灯光数据反演城镇居民碳排放时，区分南北地区进行建模，模型表现更好（Zhao et al.，2019）。

1. 被解释变量

本章的被解释变量是城镇居民碳排放的对数（Y）。区县级的城镇居民碳排放根据灯光反演得到，数据来源于《中国能源统计年鉴》和国家青藏高原科学数据中心的中国长时间序列逐年人造夜间灯光数据集（张立贤等，2021）。

2. 解释变量

本章的解释变量是碳普惠制政策（Treated×Post）。如前所述，2016 年，广东省碳普惠制试点正式获批，包括广州市、韶关市、河源市、惠州市、东莞市、中山市。如果一个地区属于碳普惠制试点，即属于处理组，政策虚拟变量 Treated 等于 1，否则等于 0。考虑到政策干预的滞后效应，本章设定碳普惠制政策干预时间为 2017 年，即 2017 年以前时间虚拟变量 Post 等于 0，否则等于 1。

3. 控制变量

如前所述，本章将从经济、人口和气候三个方面考虑控制变量，具体包括：地区生产总值的对数（lngdp）、人口密度的对数（lnpopden）、平均气温（tem）和相对湿度（hum）。变量定义与说明见表 5.1。

表 5.1　变量定义与说明

类型	变量	定义	数据来源
被解释变量	Y	城镇居民碳排放的对数	国家青藏高原科学数据中心的中国长时间序列逐年人造夜间灯光数据集
解释变量	Treated×Post	碳普惠制虚拟变量	—
控制变量	lngdp	地区生产总值的对数	各市县区统计年鉴
	lnpopden	人口密度的对数	WorldPop
	tem	平均气温	国家气象科学数据中心的中国地面气候资料日值数据集（V3.0）
	hum	相对湿度	

5.3.2　研究方法

1. 城镇居民碳排放核算

基于夜间灯光数据，本章采用“自上而下”的方法核算区县级城镇居民碳排放，具体步骤如下。

首先，核算省级城镇居民碳排放。由于碳普惠制覆盖了居民低碳出行、节约用电等多种行为，本章在核算城镇居民碳排放时，考虑化石能源消费产生的直接碳排放和用电用热产生的间接碳排放，即

$$\mathrm{CO}_{2p} = \mathrm{CO}_{2p}^{\mathrm{dir}} + \mathrm{CO}_{2p}^{\mathrm{ind}} \tag{5.1}$$

其中，CO_{2p} 表示地区 p 城镇居民碳排放的统计值；$\mathrm{CO}_{2p}^{\mathrm{dir}}$ 表示直接碳排放量，参考 Shan 等(2018)的方法核算；$\mathrm{CO}_{2p}^{\mathrm{ind}}$ 表示间接碳排放量，参考 Wang 和 Feng(2017)的方法核算。

其次，基于夜间灯光数据，估计城镇居民碳排放。本章假设夜间灯光影像数字编码总和（sum of digital number，SDN）和统计 CO_2 排放量在省级层面的关系与像元层面的关系一致。参考 Wang 和 Liu（2017）做法，设定如下线性关系：

$$\mathrm{CO}_{2p} = a\mathrm{SDN}_p \tag{5.2}$$

其中，SDN_p 表示省级行政地区 p 的像元亮度总和；a 表示线性回归方程的参数。相比于 Chen 等（2020a）和 Yang 等（2020a）使用的神经网络方法，这种方法简单可行，且减少了过度拟合和不确定性。

最后，通过“自上而下”的方法（Chen et al.，2020a；Cui et al.，2019；Lv et al.，2020；Meng et al.，2014），得到各个区县的城镇居民碳排放，如方程（5.3）所示：

$$\mathrm{CO}_{2c} = \mathrm{CO}_{2p} \times \frac{\mathrm{CO}_{2c\_\mathrm{est}}}{\mathrm{CO}_{2p\_\mathrm{est}}} \tag{5.3}$$

其中，$\mathrm{CO}_{2c\_\mathrm{est}}$ 和 $\mathrm{CO}_{2p\_\mathrm{est}}$ 分别表示区县 c 和其所在省级行政地区 p 的碳排放估计值。

2. 碳普惠制的政策效果评价

本章利用 Arkhangelsky 等（2021）新提出的合成 DID 估计量推断碳普惠制的处理效应。该方法适用于本章的研究。一方面，合成 DID 方法结合了 SCM 与 DID 方法的优点，既降低了对平行趋势假设的依赖性，也允许大样本推断

（Arkhangelsky et al.，2021；Berman and Israeli，2022），为本章构建合适的反事实结果提供了基础。另一方面，合成 DID 估计量能够缓解由于不可观测的个体-时间因素造成的偏误（Arkhangelsky et al.，2021；Li and Tang，2022）。在本章，这种偏误包括可能同时影响碳普惠制干预和城镇居民碳排放的潜在遗漏变量。鉴于此，本章设定如下合成 DID 模型考察碳普惠制的政策效应：

$$\left(\hat{\tau}^{\text{sdid}},\hat{\alpha},\hat{\mu},\hat{\delta}\right)=\underset{\tau,\mu,\alpha,\delta}{\arg\min}\left\{\sum_{i=1}^{N}\sum_{t=1}^{T}\left(Y_{it}-\alpha-\mu_i-\delta_t-\tau\text{Treated}_i\times\text{Post}_t\right)^2\hat{w}_i^{\text{sdid}}\hat{\lambda}_t^{\text{sdid}}\right\} \tag{5.4}$$

其中，$\hat{\tau}^{\text{sdid}}$ 表示处理组的 ATT；i 表示区县；t 表示年份；μ_i 表示个体（区县）固定效应；δ_t 表示年份固定效应；$\hat{w}_i^{\text{sdid}}$ 和 $\hat{\lambda}_t^{\text{sdid}}$ 分别表示个体权重和时间权重。

接着，本章采用 DID 方法作为稳健性检验和调节效应分析的工具，DID 方法的最优化形式为

$$\left(\hat{\tau}^{\text{did}},\hat{\alpha},\hat{\mu},\hat{\delta}\right)=\underset{\tau,\mu,\alpha,\delta}{\arg\min}\left\{\sum_{i=1}^{N}\sum_{t=1}^{T}\left(Y_{it}-\alpha-\mu_i-\delta_t-\tau\text{Treated}_i\times\text{Post}_t\right)^2\right\} \tag{5.5}$$

此外，考虑到各省级行政地区的宏观环境会随着时间变化，并对城镇居民碳排放造成不同影响，因此本章将时间固定效应 δ_t 替换为年份-省份交互固定效应 $\gamma_p\times\delta_t$。同时，引入控制变量，本章最终的 DID 模型为

$$Y_{it}=\alpha+\mu_i+\gamma_p\times\delta_t+\tau\text{Treated}_i\times\text{Post}_t+\beta\text{Controls}+\varepsilon_{it} \tag{5.6}$$

5.4　实证结果分析

5.4.1　碳普惠制的影响

1. 综合试点结果

本章首先基于方程（5.4），运用合成 DID 方法分析碳普惠制对广东省 6 个试点整体（本章称为“综合试点”）城镇居民碳排放的影响。结果如表 5.2 所示。其中，模型 1 和模型 2 分别展示了不包含和包含控制变量的结果。结果表明，不包含和包含控制变量的 ATT 估计值均为负，但不显著。可见，相比于非试点地区，碳普惠制并没有显著降低综合试点地区的城镇居民碳排放。

表 5.2 碳普惠制对综合试点地区城镇居民碳排放的影响

指标	模型 1	模型 2
	不包含控制变量	包含控制变量
ATT 估计值	−0.009	−0.006
标准误	0.013	0.013
90%置信区间	[−0.030, 0.012]	[−0.027, 0.016]
处理单元数/个	34	34
控制单元数/个	1 277	1 277
观测值/个	27 531	27 531

2. 分试点结果

本节进一步分析碳普惠制对各个试点城镇居民碳排放的影响，即将每个试点地区分别作为处理组，控制组仍然是非试点地区。结果如表 5.3 所示。可见，仅

表 5.3 碳普惠制对各个试点城镇居民碳排放的影响

指标	模型 1	模型 2	模型 3	模型 4	模型 5	模型 6
	广州试点	韶关试点	河源试点	惠州试点	中山试点	东莞试点
面板 A：不包含控制变量						
ATT 估计值	−0.034***	0.021	−0.033	−0.012	−0.028	−0.042
标准误	0.010	0.034	0.035	0.026	0.099	0.113
90%置信区间	[−0.050, −0.017]	[−0.034, 0.076]	[−0.090, 0.024]	[−0.054, 0.030]	[−0.191, 0.135]	[−0.226, 0.143]
面板 B：包含控制变量						
ATT 估计值	−0.027**	0.018	−0.030	−0.008	−0.017	−0.061
标准误	0.012	0.034	0.035	0.030	0.087	0.094
90%置信区间	[−0.046, −0.007]	[−0.038, 0.074]	[−0.088, 0.028]	[−0.058, 0.041]	[−0.160, 0.127]	[−0.216, 0.094]
处理单元数/个	11	10	6	5	1	1
控制单元数/个	1 277	1 277	1 277	1 277	1 277	1 277
观测值/个	27 048	27 027	26 943	26 922	26 838	26 838

和*分别表示在 5%和 1%的水平下显著

模型 1 的 ATT 估计值显著，说明除广州试点外，碳普惠制对其余 5 个试点均无显著影响。加入控制变量以后，结果仍然不变。在模型 1 中，在加入控制变量后，ATT 估计值为−0.027，说明相比于反事实结果，碳普惠制使广州试点城镇居民碳排放降低了 2.7%。

综上所述，碳普惠制虽然没有降低广东省全部 6 个试点地区的城镇居民碳排放，但对广州试点城镇居民的碳排放产生了显著负向影响，说明碳普惠制可以发挥“聚沙成塔”的作用。值得注意的是，An 等（2021）通过 CGE 模型模拟发现家庭参与碳交易会减少碳排放。与他们的结果相比，本章从实证角度分析了碳普惠制对城镇居民碳排放的影响，揭示了不同试点的碳普惠制政策效应的异质性。造成本章结果的原因可能是，相比于其他 5 个试点，广州试点覆盖的居民低碳行为范围更为广泛，碳普惠制相对成熟（Tan et al.，2019b）。

5.4.2　稳健性检验

1. DID 方法

为了保障结果的稳健性，本节运用 DID 方法对政策效应进行检验。使用 DID 方法的前提是满足平行趋势假设，否则控制组将无法为处理组提供有效的反事实参照。为此，本节借助事件研究法验证平行趋势，结果如图 5.1 所示。

可以看出，在碳普惠制政策干预前（水平虚线以上），韶关、中山和东莞试点不满足平行趋势检验，这也意味着这三个试点的 DID 结果不具备参考意义。然后，本章基于方程（5.6），运用 DID 方法分析碳普惠制的政策效应，结果如表 5.4 所示。其中，模型 1 是综合试点的总体结果，模型 2~模型 7 列分别是 6 个试点的结果。可以看出，模型 2 的碳普惠制政策项（Treated×Post）显著为负，说明在广州试点碳普惠制对城镇居民碳排放具有显著负向影响，而其他试点不满足平行趋势或者无显著结果，说明结果稳健。

2. 安慰剂检验

为了进一步排除其他不可观测因素带来的影响，本节采用随机指定处理组的方式进行安慰剂检验。本节从所有样本区县中随机抽取与真实试点区县数等量的区县作为处理组，从而构建一个伪政策虚拟变量。由于伪处理效应是随机生成的，因此伪政策虚拟变量的回归系数不会显著偏离零点。图 5.2 展示了广州试点重复 500 次伪处理效应的核密度分布（实线）和真实 ATT 估计值（垂直虚线）。结果显示，回归系数的均值接近于 0，且近似服从正态分布，而实际政策的估计系数显著异于安慰剂测试结果，说明本章结果稳健。

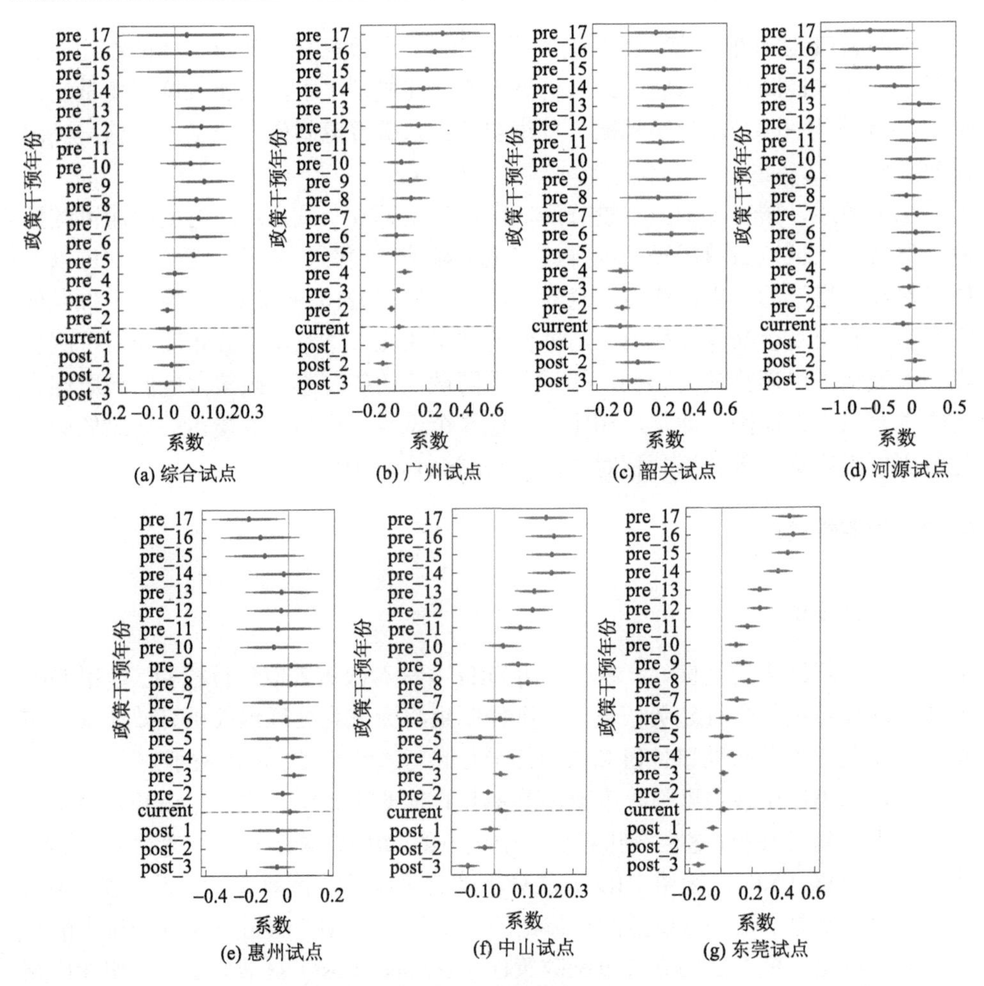

图 5.1　平行趋势检验结果

current 表示干预当年，pre_x 表示干预前 x 年，post_x 表示干预后 x 年

表 5.4　DID 方法估计结果

变量	模型 1	模型 2	模型 3	模型 4	模型 5	模型 6	模型 7
	综合试点	广州试点	韶关试点	河源试点	惠州试点	中山试点	东莞试点
Treated×Post	-0.085^{***}	-0.146^{***}	-0.143^{***}	0.089	0.011	-0.122^{***}	-0.248^{***}
	(−2.67)	(−3.77)	(−3.63)	(1.21)	(0.21)	(−6.77)	(−13.44)
控制变量	控制	控制	控制	控制	控制	控制	控制
常数项	1.196	1.389^{**}	1.316^{*}	1.292^{*}	1.340^{*}	1.357^{*}	1.360^{*}
	(1.62)	(1.81)	(1.72)	(1.68)	(1.76)	(1.76)	(1.76)

续表

变量	模型 1	模型 2	模型 3	模型 4	模型 5	模型 6	模型 7
	综合试点	广州试点	韶关试点	河源试点	惠州试点	中山试点	东莞试点
年份-省份交互固定效应	控制	控制	控制	控制	控制	控制	控制
区县固定效应	控制	控制	控制	控制	控制	控制	控制
处理单元数/个	34	11	10	6	5	1	1
控制单元数/个	1 277	1 277	1 277	1 277	1 277	1 277	1 277
观测值/个	27 531	27 048	27 027	26 943	26 922	26 838	26 838

注：括号内为 t 统计量

*、**和***分别表示在 10%、5%和 1%的水平下显著

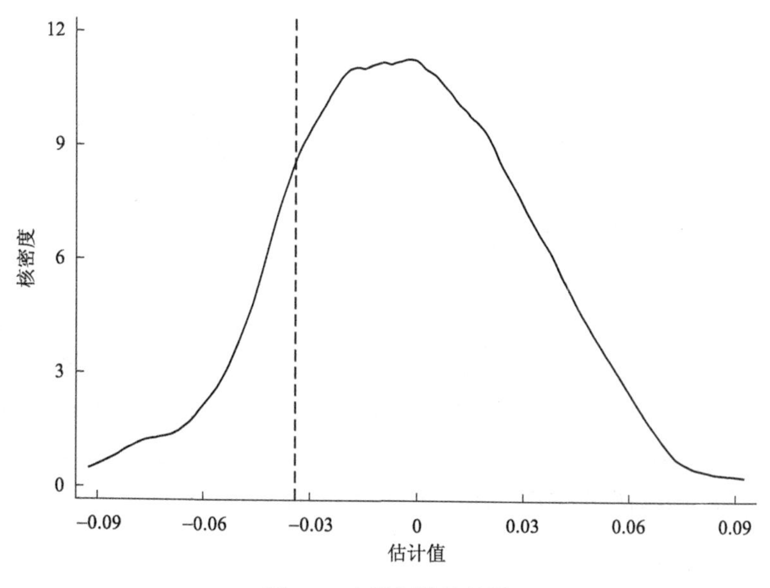

图 5.2　安慰剂检验结果

3. 改变样本区间

现有文献表明，城镇居民碳排放往往具有显著的空间相关性（Zhao et al., 2019）。为了剔除潜在的空间溢出效应对估计结果造成的干扰，本章在剔除与试点城市邻接的城市后，再次检验碳普惠制对试点地区城镇居民碳排放的影响，结果如表 5.5 所示。结果显示，无论是面板 A 还是面板 B，模型 2 的 ATT 估计值都显著为负，而其他列的结果均不显著，这与表 5.2 和表 5.3 相关结果一致，意味着即便改变样本区间，碳普惠制仍然仅显著降低了广州试点的城镇居民碳排放，说明本章实证结果稳健。

表 5.5　改变样本区间后碳普惠制对各个试点城镇居民碳排放的影响

指标	模型 1	模型 2	模型 3	模型 4	模型 5	模型 6	模型 7
	综合试点	广州试点	韶关试点	河源试点	惠州试点	中山试点	东莞试点
面板 A：不包含控制变量							
ATT 估计值	–0.007	–0.031***	0.023	–0.030	–0.010	–0.026	–0.039
标准误	0.013	0.010	0.033	0.035	0.026	0.100	0.097
90%置信区间	[–0.029, 0.014]	[–0.048, –0.014]	[–0.032, 0.078]	[–0.087, 0.027]	[–0.052, 0.032]	[–0.190, 0.138]	[–0.199, 0.120]
面板 B：包含控制变量							
ATT 估计值	–0.006	–0.025**	0.021	–0.029	–0.008	–0.015	–0.061
标准误	0.013	0.012	0.034	0.035	0.030	0.091	0.097
90%置信区间	[–0.028, 0.015]	[–0.045, –0.005]	[–0.035, 0.076]	[–0.087, 0.028]	[–0.058, 0.042]	[–0.164, 0.134]	[–0.220, 0.098]
处理单元数/个	34	11	10	6	5	1	1
控制单元数/个	1 213	1 213	1 213	1 213	1 213	1 213	1 213
观测值/个	26 187	25 704	25 683	25 599	25 578	25 494	25 494

和*分别表示在 5%和 1%的水平下显著

5.4.3　机制分析

碳普惠制降低广州试点城镇居民碳排放的内在机制是什么？参考波特–劳勒期望激励理论，个人努力到个人绩效的过程还受到能力和环境的影响（Lawler and Porter，1967）。因此，本节选取相对收入作为能力因素，选取数字普惠金融作为环境因素，进一步剖析碳普惠制的影响机制，以证实和加强对主要结果的解释力。

1. 相对收入水平的差异

如前所述，相对收入水平较高的群体往往会产生较多的碳排放（Zhang et al.，2020f），具备更高的减排能力。因此，碳普惠制具有显著政策效应的原因可能是其降低了城镇居民收入水平相对较高的区县的排放。为了检验这一猜想，本节将样本中每个城市的下辖区县分为高、中、低三组，以考察不同相对收入水平下碳普惠制政策效应的异质性，结果如表 5.6 所示。其中，模型 1 和模型 2 的结果表明，对于广州试点，碳普惠制显著降低了居民收入水平相对较高的区县的城镇居民碳排放，与预期一致。这说明碳普惠制的有效实施需要重点控制收入水平相对较高的家庭或地区。

表 5.6　相对收入水平的差异（广州试点）

变量	模型 1	模型 2	模型 3
	高收入	中收入	低收入
Treated×Post	−0.174*** （−3.97）	−0.120** （−2.56）	−0.064 （−1.21）
控制变量	控制	控制	控制
常数项	4.028*** （3.22）	4.895*** （5.45）	2.968** （2.46）
年份-省份交互固定效应	控制	控制	控制
区县固定效应	控制	控制	控制
处理单元数/个	4	3	4
控制单元数/个	454	344	419
观测值/个	5 124	12 642	8 022

注：括号内为 t 统计量

和*分别表示在 5%和 1%的水平下显著

2. 数字普惠金融的调节效应

数字普惠金融可以改变激励环境，加速低碳努力转化为低碳绩效的过程。一方面，它可以通过数字技术对采集数据进行数学分析，有助于实现绿色检测（Lee et al.，2022），为衡量低碳绩效提供支撑。另一方面，数字普惠金融也扩大了金融覆盖面（Li et al.，2020b），为公众尤其是那些通常被排除在传统金融之外的人群提供新的金融产品和服务（Zhang et al.，2023a）。因此，有理由相信，一个地区数字普惠金融发展得越好，碳普惠制越有效。为此，本章利用调节效应模型检验这一假设，方程如下：

$$
\begin{aligned}
Y_{it} = \alpha + \mu_i + \gamma_p \times \delta_t + \tau_1 \text{Treated}_i \times \text{Post}_t \times M_{it} \\
+ \tau_2 \text{Treated}_i \times \text{Post}_t + \tau_3 M_{it} + \beta \text{Controls} + \varepsilon_{it}
\end{aligned} \tag{5.7}
$$

其中，M 表示调节变量，即县级数字普惠金融发展水平，通过北京大学数字普惠金融指数衡量（郭峰等，2020），其余变量含义同方程（5.6）。

表 5.7 汇报了广州试点数字普惠金融的调节效应的结果，其中模型 1 是数字普惠金融指数的综合指标，模型 2~模型 4 是数字普惠金融指数的子指标，作为稳健性检验。结果表明，模型 1~模型 4 的交乘项 Treated × Post × M 均在 1%的水平下显著为负，表明对于数字普惠金融水平越高的地区，碳普惠制对其城镇居民碳排放的负向影响越大，与预期一致。

表 5.7　广州试点数字普惠金融的调节效应

变量	模型 1	模型 2	模型 3	模型 4
	综合指标	覆盖广度	使用深度	数字化水平
Treated × Post × *M*	−0.927***	−0.867***	−0.604***	−0.436***
	(−4.53)	(−2.63)	(−4.89)	(−4.82)
M	0.044**	0.034***	0.002	−0.015*
	(2.29)	(3.27)	(0.08)	(−1.89)
Treated × Post	0.234***	0.175**	0.195***	0.084***
	(3.77)	(2.10)	(3.68)	(3.12)
控制变量	控制	控制	控制	控制
常数项	5.042***	5.109***	5.069***	5.135***
	(6.50)	(6.61)	(6.47)	(6.52)
年份-省份交互固定效应	控制	控制	控制	控制
区县固定效应	控制	控制	控制	控制
处理单元数/个	11	11	11	11
控制单元数/个	1277	1277	1277	1277
观测值/个	7710	7710	7710	7710

注：括号内为 t 统计量

*、**和***分别表示在 10%、5%和 1%的水平下显著

5.5　主要结论与启示

碳普惠制是当前中国各地政府竞相推崇的一种新型的、自愿的、激励性的机制，旨在促进绿色消费、形成绿色生活方式、提高公众低碳意识。本章利用广东省碳普惠制试点政策作为准自然实验，基于夜间灯光数据构建了 2000~2020 年 1364 个区县碳排放面板数据，采用合成 DID 方法、DID 方法等识别碳普惠制对城镇居民碳排放的影响，探究其影响异质性和影响机制。主要结论如下。

第一，碳普惠制在减少城镇居民碳排放方面可以发挥“聚沙成塔”的作用。碳普惠制对广东省综合试点的城镇居民碳排放没有显著影响，但显著降低了广州试点的城镇居民碳排放。相比于没有实施碳普惠制的反事实结果，碳普惠制使广州试点城镇居民碳排放降低了 2.7%。此结论通过了多种稳健性检验。

第二，碳普惠制对城镇居民碳排放的影响表现出显著的异质性。相比于其他试点，碳普惠制显著降低了广州试点相对收入水平较高的区县的城镇居民碳排放。另外，数字普惠金融发展越好的地区碳普惠制越有效。

上述结论对碳普惠制以及类似 ER 型个人碳账户的优化设计具有重要启示，

具体如下。

第一，应强化顶层设计，覆盖更多的居民低碳行为。当前碳普惠制在广州发挥了“聚沙成塔”的作用，政府应汲取广州试点经验，加快低碳场景和碳普惠方法学的研究，推进相应的基础设施建设，为碳普惠制有效发挥减排作用提供基础。

第二，应完善引导机制，激发高收入群体的参与热情。目前碳普惠制仍面临激励不足的问题，政府应提高碳普惠的数字化运营水平，鼓励金融机构开发基于积分的创新型碳普惠金融产品和服务，设置更多符合各类人群需求的兑换机制。

第 6 章　中国碳交易对大气污染的影响研究

6.1　碳交易与大气污染的关系及研究诉求

中国在日趋深入的工业化、城市化进程中，也产生了环境问题。《2023 中国生态环境状况公报》中数据显示，2023 年有 40.1%的城市空气质量超标，以 $PM_{2.5}$ 为首要污染物的超标天数占总超标天数的 35.5%。当前，中国面临节能减排和大气污染治理的双重任务。实际上，已有研究表明，CO_2 与雾霾污染具有“同根同源”性，减少碳排放的行动通常会减少共同排放的大气污染物，为空气质量和人类健康带来共同利益（Driscoll et al.，2015；Thompson et al.，2014）。当前，如何利用合理有效的低碳政策实现 $PM_{2.5}$ 的协同治理，已成为中国应对气候变化、打赢蓝天保卫战、建设美丽中国的新任务。

碳交易作为推动中国绿色低碳发展的重大创新实践，可以有效分配碳排放权并从源头上减少化石能源消费，这对于缓解雾霾污染可能具有重要意义。实际上，早在 2014 年发布的《北京市碳排放权交易管理（试行）》（现已更改为《北京市碳排放权交易管理办法》）文件中便指出，该措施的目的是控制温室气体排放并共同控制大气污染。然而中国碳市场究竟是否发挥了降低雾霾污染的作用仍有待考察。

实际上，许多研究已经探讨了中国大气防治政策的治理效果（Cai et al.，2018；Meng et al.，2019；Yue et al.，2020）。在全球变暖背景下，越来越多的国家制定了碳减排政策，并探讨这些政策如何通过减少碳排放实现大气污染的协同治理。但是，研究主要集中在欧美发达国家和地区（Thompson et al.，2016；Gehrsitz，2017）。多数针对中国碳交易环境效应的研究主要是衡量对碳排放强度和碳减排的影响（Zhou et al.，2019；Zhang et al.，2019d），仅有少量研究基于 CGE 类模拟模型和年度数据来分析中国碳交易政策对 $PM_{2.5}$ 的影响（Chang et al.，2020；Yan，2020）。然而，这是有问题的，首先，中国碳交易政策相关研究多着眼于碳减排效应，较少考虑可能产生的大气协同治理作用，这不利于全面发挥碳减排政策的改善环境作用。其次，现有中国碳交易政策对大气污染治理的相关研究主要使用年度数据和 CGE 类模拟模型，而年度数据难以反映大气污染物的季节性特征，CGE 类模拟模型难以反映中国实施碳交易政策的客观真实效应。再次，现有中国碳交易政策相关研究主要基于省级层面展开研究，而忽略了从城市层面展开研究，这难以揭示碳交易政策在微观层面的政策效应。最后，碳市场对雾霾污染的治理作用可能会随着碳市场表现的不同而有所不同，但现有中国碳交易政策相关研究较少考虑碳配额交易量和碳价格此类市场表现的作用。

因此，本章基于 2005 年 1 月~2017 年 12 月中国 287 个城市的面板数据，利用 DID 模型实证考察中国碳交易政策对雾霾污染的治理作用，主要回答以下问题：碳交易政策是否降低了 $PM_{2.5}$？随着季节和时间的推移，这种影响的变化趋势如何？碳交易政策是否存在空间溢出效应？碳交易政策对 $PM_{2.5}$ 的影响机制是什么？碳交易政策对 $PM_{2.5}$ 的影响是否随碳市场的表现（即碳配额上限、碳配额交易量、碳价格、CCER 交易量、惩罚强度和分配方法）而变化？

本章的贡献主要包括以下三个方面。第一，使用月度数据和 DID 模型实证分析中国碳交易政策与区域大气污染的因果关系，弥补现有研究无法反映碳交易政策对大气污染物的季节性影响的缺陷。第二，使用月度数据详细探究碳交易政策对大气治理的空间溢出效应和影响机制。特别地，碳交易政策的空间溢出效应是一个当前被大多数研究所忽略的关键问题。第三，探索碳市场表现对碳交易政策对大气污染协同治理效应的影响。特别地，碳交易政策对大气污染的协同治理作用可能会随着碳市场表现的不同而有所不同，而现有中国碳交易政策相关研究较少考虑碳市场表现的作用，不利于碳交易政策在设计上的改进与完善。

6.2　国内外研究现状

当前关于中国碳交易政策的环境效应研究主要集中在碳交易政策对 CO_2 的减排绩效方面，且大部分学者研究发现，中国碳交易政策带来了显著的环境效应，能有效实现碳减排。

首先，大部分学者以中国 30 个省区市（由于数据可得性，不包括香港、澳门、台湾、西藏）为样本，运用 DID 模型探讨了中国碳交易政策的减排效应。Zhang 等（2017c）基于 2000~2013 年中国 30 个省区市的面板数据，并利用 PSM-DID 模型研究发现，虽然中国碳市场刚起步，但仍能显著促进碳减排。Wang 等（2019b）以及 Zhang Y 和 Zhang J K（2019）以中国 30 个省区市为样本，运用 DID 模型研究发现碳交易分别促进了低碳经济的转型和减少了能源消耗。Dong 等（2019）以中国 30 个省区市为样本，运用 DID 和 DEA 模型发现中国碳交易政策的长期实施有望实现波特效应。Chen 等（2020b）利用 2007~2016 年中国 30 个省区市的面板数据和 DID 模型以及多重中介模型，从国家和地区层面探讨了中国碳交易试点的碳减排效果，并从推动优质低碳技术创新、促进产业结构升级、优化资源配置等方面论证了中国碳交易的影响机制，结果表明，中国碳交易试点在全国范围内平均减少了 13.39%的碳排放量。

其次，部分学者以中国省级行政地区下辖行业为样本，运用 DID 模型探讨了中国碳交易政策的减排效应。例如，Zhou 等（2019）以 1997~2016 年中国 30 个省区市的 6 个行业为样本，运用对数平均迪氏指数（logarithmic mean Divisia index，LMDI）和 PSM-DID 模型研究发现，中国碳交易政策使试点地区工业部门的碳强度年均下降约 0.026 吨/万元。Zhang 等（2019d）以 2005~2015 年中国 26 个省区市中的 37 个工业子部门为样本，利用 PSM-DID 模型实证研究了中国碳交易试点的减排效果，研究发现中国碳交易政策显著促进了被覆盖工业子部门的碳减排，并且这种影响呈现出整体增强的趋势。Hu 等（2020）根据 2005~2015 年省一级两位数行业的面板数据，利用 DID 模型研究发现，碳交易政策将试点地区监管行业的能耗降低了 22.8%，CO_2 排放量下降了 15.5%。

最后，还有学者以中国城市为样本，运用 DID 模型探讨了碳交易政策的减排效应。例如，Zhang 等（2020d）以 2004~2015 年中国 113 个城市为样本，应用 DID 模型研究发现，试点地区实行的碳交易政策使碳排放减少了约 16.2%。Tang 等（2021）以 2010~2016 年中国 273 个城市为样本，运用 PSM-DID 模型研究发现，碳排放交易体系显著降低了试点城市的碳强度，并且这种效应具备持续性，即随着时间的推移，减排效果呈增强趋势。仅有部分学者从微观的企业层面展开研究。Shen 等（2020）利用 2009~2017 年上市公司的数据以及 PSM-DID 模型研究发现，碳交易在一定程度上起到了碳减排的作用（减少碳排放 1.29 亿吨），但随着时间的推移，其作用会减弱。

从方法上来看，针对中国碳交易政策效应的研究除了基于实证计量的 DID 模型，也有大量研究采用 CGE 类模拟模型展开研究。Liu 等（2017）应用基于 TermCO$_2$ 模型的 CGE 模拟分析了湖北省碳交易试点对经济和环境的影响。结果表明，湖北省碳交易试点显著减少了碳排放，对经济的负面影响相对可以忽略不计。An 等（2021）开发了具有需求端策略模拟功能的动态 CGE 模型，研究发现到 2050 年，与没有家庭参与的碳市场相比，家庭参与的碳市场可以将城市居民家庭和乡村居民家庭的碳排放量分别减少 45.5%和 28.1%，将碳减排成本减少 13.60%和 14.01%。

已有研究表明低碳政策对空气质量具有协同效应。例如，Mittal 等（2015）利用 AIM（Asia-Pacific integrated model，亚太综合模型）/enduse model（终端模型）研究发现印度低碳政策能带来空气质量改善的协同效益。Thompson 等（2016）基于 CGE 模型研究发现美国低碳政策能协同治理空气污染，改善空气质量。Gehrsitz（2017）基于 DID 模型研究发现德国低碳区建设显著降低了空气污染。关于中国碳交易政策对大气污染的影响，有少量学者研究发现中国碳交易政策不仅能对 CO_2 以及试点地区产生影响，还会对其他污染物以及非试点地区产生影响。例如，Zhou 等（2020a）研究发现中国碳交易试点导致了反向碳泄漏，碳泄漏从非试点地区转移到试点地区，市场参与和产业转移被确认为排放交易中的具体泄漏渠道。Cheng 等（2015）利用 CGE 模型预测了中国碳交易政策对广东省大气污染物减排的影响，研究发现，至 2020 年，碳交易可将 SO_2 和 NO_x 排放量减少 12.4% 和 11.7%。Chang 等（2020）利用 CGE 模型研究发现碳交易将带来可观的空气质量共同效益，发病率和死亡率都会显著下降。Yan 等（2020）基于 2003~2016 年中国 267 个城市的年度面板数据，利用 DID 模型实证考察了中国碳交易试点是否实现了对大气污染的协同治理效应，结果表明，中国碳交易试点对雾霾污染浓度水平确实具有显著的协同减排效应，这很可能是通过促进企业绿色技术创新和重污染产业转移来实现的。

归结起来，中国碳交易政策的环境效应主要体现在 CO_2 的减排上，且基本上形成了统一的结论，即中国碳交易政策显著降低了 CO_2 排放量。仅有少量研究关注了除 CO_2 以外的污染物，以及碳交易政策对非试点地区的溢出效应。特别地，当前关于碳交易政策对大气污染物的研究，主要基于 CGE 类模拟模型或年度数据，众所周知，大气污染物具有季节性特征，年度数据无法有效反映碳交易政策对大气污染物的季节性影响。鉴于此，本章在碳交易政策的环境效应上聚焦除 CO_2 以外的大气污染物，采用 DID 模型和大气污染物的月度数据，考察碳交易政策对大气污染物的环境效应，并关注碳交易政策的空间溢出效应。

6.3　数据说明与研究方法

6.3.1　数据说明

首先，本章的被解释变量为城市 $PM_{2.5}$ 浓度。$PM_{2.5}$ 数据基于卫星监测的全球 $PM_{2.5}$ 浓度平均值的 0.01 度栅格数据，本章进一步将此栅格数据解析转换为中国 287 个城市的 $PM_{2.5}$ 月均浓度值，数据来自 NASA（National Aeronautics and Space Administration，美国国家航空航天局）社会经济数据和应用中心（van Donkelaar et al.，2016，2018）。实际上，与地表监测的点源数据相比，卫星观测数据在时间和空间上的覆盖范围更广，能够避免人为因素导致的测量偏误，相对更加客观和准确，并已得到广泛应用（Freeman et al.，2019；Wang et al.，2019e）。此外，生态环境部并未发布 2014 年之前的 $PM_{2.5}$ 数据。本章所使用的月度数据是由加拿大达尔豪斯大学（Dalhousie University）大气成分分析组的研究人员 Aaron van Donkelaar（阿龙·范·唐克拉尔）私人提供。

其次，天气数据从国家气象科学数据中心获取。国家气象科学数据中心发布了中国 800 多个气象站每日的天气变量，包括气压、气温、湿度、风向、风速、降水量和蒸发量。本章根据气象站的坐标将气象站与城市匹配，并将日度数据平均为月度数据。降水量和蒸发量是月度累积数据。由于有 34 个城市的气象站数据缺失，本章使用距这些城市最近的气象站数据代替。本章样本中共包括 253 个气象站。

再次，构建区域特征变量。本章控制了城市的年度特征变量，包括人均地区生产总值、人口密度、高等学校学生数、建成区绿化覆盖率，以及专利授权量等。此外，本章还控制了省级月度特征变量，包括公共财政预算收入和火力发电量。在本章的部分分析中，还使用了城市的产业结构特征变量（第一产业占比、第二产业占比、第三产业占比）、工业污染排放变量（SO_2、烟尘和废水）、技术创新变量（发明专利授权量、实用新型专利授权量和研发支出）。城市年度数据来自《中国城市统计年鉴》，地区月度数据来自国家统计局，技术创新数据来自 CNRDS。

最后，构建碳市场表现指标。本章部分内容考虑了月度平均碳价、月度累计碳配额交易量、月度累计 CCER 交易量、年度碳配额上限、惩罚强度，以及配额分配方法。其中，碳价、碳配额交易量和 CCER 交易量来自七个碳交易所（北京绿色交易所、上海环境能源交易所、广州碳排放权交易所、天津排放权交易所、深圳排放权交易所、湖北碳排放权交易中心、重庆碳排放权交易中心）的日度交易数据。关于碳配额数据，重庆、湖北、广东和上海（2016~2017 年）的数据来自各地区发展改革委，其余试点和年份的数据来自《深圳市碳交易体系一周年运行效果总结报告》和《2020 年碳市场预测与展望》。惩罚强度和配额分配方法数据与碳配额数据来源一致。以上被解释变量、核心解释变量以及一系列控制变量的数据说明与描述性统计见表 6.1。

表 6.1　变量的数据说明与描述性统计

变量符号	变量含义	样本数	均值	标准差	最小值	最大值
城市月度数据						
$LnPM_{2.5}$	$PM_{2.5}$ 浓度取对数	44 492	3.61	0.67	−4.87	5.27
Temperature	平均气温	44 492	14.78	10.67	−31.01	32.65
Humidity	平均湿度比重	44 492	68.10	13.04	21.13	97.17
WindSpeed	平均风速	44 492	2.14	0.85	0.06	9.24
WindDirection	平均风向	44 492	8.04	2.15	1.23	17.00
Pressure	平均气压	44 492	9 730.86	596.12	7 525.61	10 324.10
Rain	累计降水量	44 492	8.34	9.96	0.00	139.53
Evaporation	累计蒸发量	44 492	2.20	4.67	0.00	38.06
LnPrice	平均碳价取对数	1 742	3.11	0.51	1.10	4.45
LnVolume	累计碳配额交易量取对数	1 742	8.72	2.91	0.00	12.54
LnCCER	累计 CCER 交易量取对数	1 742	5.52	6.38	0.00	15.78

续表

变量符号	变量含义	样本数	均值	标准差	最小值	最大值
城市年度数据						
$LnSO_2$	工业 SO_2 排放量取对数	3 674	10.47	1.13	0.69	13.43
LnWastewater	工业废水排放量取对数	3 609	8.36	1.10	1.95	11.42
LnDust	工业烟尘排放量取对数	3 557	9.76	1.12	3.53	15.46
PrimaryInd	第一产业占比	3 673	7.10	7.04	0.00	60.47
SecondaryInd	第二产业占比	3 673	49.60	12.50	0.00	90.97
TertiaryInd	第三产业占比	3 673	43.11	11.35	0.00	80.56
LnGDP	人均地区生产总值取对数	3 667	9.33	1.20	6.12	13.14
LnPopdensity	人口密度取对数	3 678	5.82	1.08	1.83	13.90
LnEdu	高等学校学生数取对数	3 599	10.37	1.35	5.44	13.91
GreenRatio	建成区绿化覆盖率	3 626	37.38	8.80	0.00	95.25
LnR&DExpend	研发支出取对数	3 677	9.45	1.71	0.12	15.20
LnPatent	专利授权量取对数	3 699	6.32	1.83	0.69	11.58
LnInvepatents	发明专利授权量取对数	3 653	3.94	1.95	0.00	10.74
LnUtilityPatents	实用新型专利授权量取对数	3 697	5.77	1.80	0.69	10.74
LnCap	碳配额上限取对数	25	4.74	0.94	3.37	6.05
省级月度数据						
LnRevenue	公共财政预算收入取对数	3 541	4.53	1.10	0.37	6.99
LnPower	火力发电量取对数	3 541	4.26	0.93	1.28	6.14

6.3.2　研究方法

本章将采用被广泛应用于政策评估相关研究的 DID 模型来考察碳交易政策与 $PM_{2.5}$ 浓度之间的因果关系（Drysdale and Hendricks，2018；Fang et al.，2014）。具体而言，在本章的样本区间 2005 年 1 月~2017 年 12 月，共有 37 个城市开展了碳交易。37 个城市包括：北京市、上海市、天津市、重庆市、广东省 21 市（广州市、深圳市、珠海市、汕头市、佛山市、韶关市、湛江市、江门市、茂名市、惠州市、梅州市、汕尾市、河源市、阳江市、东莞市、中山市、潮州市、揭阳市、云浮市、清远市、肇庆市）、湖北省 12 市（孝感市、武汉市、荆州市、鄂州市、随州市、荆门市、咸宁市、黄冈市、黄石市、襄阳市、宜昌市、十堰市）。因此，本章 DID 模型比较的是试点城市与非试点城市的 $PM_{2.5}$ 浓度在碳交易前后的差异，计量模型如下：

$$\mathrm{LnPM}_{2.5it} = \alpha_0 + \beta \mathrm{Treated}_i \times \mathrm{Post}_t + \sum_{k=1}^{15} \gamma_k x_{kit} + \eta_i + \mu_t + \lambda_{it} + \varepsilon_{it} \quad (6.1)$$

其中，Treated 和 Post 均表示虚拟变量，如果城市 i 属于试点地区，那么 Treated=1，如果 t 在 2011 年 10 月之后，那么 Post=1。

在本章分析中，37 个试点城市为处理组，其余 250 个城市为控制组。模型中还包括控制变量 x_k（$k = 1,2,\cdots,15$），其中包括 7 个天气变量（Temperature、Humidity、WindSpeed、WindDirection、Pressure、Rain、Evaporation)、6 个城市特征变量（LnGDP、LnPopdensity、SecondaryInd、LnEdu、GreenRatio、LnPatent）和 2 个省级特征变量(LnRevenue 和 LnPower)。模型中还控制了城市固定效应 η_i，它可以控制随城市变化而不随年份和月份变化的不可观测因素。此外，时间固定效应 μ_t（包括年份固定效应和月份固定效应）以及城市–季节交互固定效应（城市固定效应×季节固定效应）也纳入了模型之中。最后，ε_{it} 是误差项。

一些学者使用 2011 年这一碳交易启动年份作为政策干预时间（Zhou et al.，2019；Cui et al.，2018），也有学者使用 2013 年作为政策干预时间（Zhang et al.，2019d)。本章使用碳交易政策的启动日期（2011 年 10 月）作为政策干预时间。这主要是由于从该日期起，控排企业考虑到碳交易很可能改变生产经济活动，从而带来 CO_2 排放量的降低（Gao et al.，2020）。确实，许多研究表明，自 2011 年起，中国碳交易对 CO_2 的排放量产生了显著的负效应（Zhang et al.，2020a；Zhou et al.，2019；Cui et al.，2018）。我们由此推测，2011 年之后，中国碳交易也有可能在降低 $PM_{2.5}$ 浓度方面产生协同效应。

6.4 实证结果分析

6.4.1 碳交易对大气污染的影响分析

碳交易政策对大气污染的影响结果如表 6.2 所示。模型 1 仅控制了城市和年份固定效应，模型 2 和模型 3 进一步添加了控制变量和月份固定效应，模型 4 和模型 5 依次添加了特定于城市的时间线性趋势和城市–季节交互固定效应。

表 6.2 碳交易政策对大气污染的影响

变量	模型 1	模型 2	模型 3	模型 4	模型 5
	$\mathrm{LnPM}_{2.5}$	$\mathrm{LnPM}_{2.5}$	$\mathrm{LnPM}_{2.5}$	$\mathrm{LnPM}_{2.5}$	$\mathrm{LnPM}_{2.5}$
Treated×Post	-0.084^{***}	-0.103^{***}	-0.105^{***}	-0.058^{***}	-0.048^{***}
	(0.013)	(0.015)	(0.015)	(0.012)	(0.013)

续表

变量	模型 1	模型 2	模型 3	模型 4	模型 5
	$LnPM_{2.5}$	$LnPM_{2.5}$	$LnPM_{2.5}$	$LnPM_{2.5}$	$LnPM_{2.5}$
Temperature		-0.022^{***} (0.002)	-0.008 (0.005)	-0.009^{*} (0.005)	-0.040^{***} (0.006)
Humidity		-0.003^{***} (0.001)	-0.001 (0.001)	-0.001 (0.001)	-0.004^{***} (0.001)
WindSpeed		0.038^{**} (0.015)	0.022 (0.015)	0.015 (0.013)	-0.016 (0.011)
WindDirection		-0.006^{*} (0.004)	-0.006^{*} (0.003)	-0.005 (0.003)	0.002 (0.002)
Pressure		0.000 (0.000)	0.000 (0.000)	-0.000 (0.000)	-0.001^{***} (0.000)
Rain		-0.005^{***} (0.000)	-0.003^{***} (0.000)	-0.003^{***} (0.000)	-0.002^{***} (0.000)
Evaporation		-0.003^{*} (0.001)	-0.001 (0.001)	-0.001 (0.001)	-0.001 (0.002)
LnGDP		-0.041^{***} (0.014)	-0.038^{***} (0.013)	-0.003 (0.007)	-0.001 (0.007)
LnPopdensity		-0.400^{***} (0.142)	-0.364^{**} (0.143)	-0.025 (0.071)	-0.027 (0.071)
SecondaryInd		0.000 (0.001)	0.000 (0.001)	0.000 (0.001)	0.000 (0.001)
LnEdu		-0.034^{*} (0.018)	-0.033^{*} (0.018)	0.005 (0.020)	0.006 (0.022)
GreenRatio		-0.001 (0.001)	-0.001 (0.001)	-0.001^{**} (0.000)	-0.001^{***} (0.000)
LnPatent		-0.087^{***} (0.014)	-0.082^{***} (0.014)	-0.046^{***} (0.013)	-0.051^{***} (0.013)
LnRevenue		-0.036^{***} (0.014)	-0.074^{***} (0.016)	-0.023 (0.017)	-0.044^{***} (0.013)
LnPower		0.123^{***} (0.020)	0.087^{***} (0.019)	0.120^{***} (0.027)	0.037^{***} (0.013)
常数项	3.594^{***} (0.001)	3.679 (2.645)	6.921^{**} (3.015)	6.213^{**} (3.009)	16.996^{***} (4.140)
城市固定效应	控制	控制	控制	控制	控制
年份固定效应	控制	控制	控制	控制	控制

续表

变量	模型 1	模型 2	模型 3	模型 4	模型 5
	$LnPM_{2.5}$	$LnPM_{2.5}$	$LnPM_{2.5}$	$LnPM_{2.5}$	$LnPM_{2.5}$
月份固定效应	不控制	不控制	控制	控制	控制
城市固定效应×年度趋势	不控制	不控制	不控制	控制	控制
城市固定效应×季节固定效应	不控制	不控制	不控制	不控制	控制
观测值	39 164	39 164	39 164	39 164	39 164
R^2 值	0.575	0.719	0.731	0.746	0.801

注：括号内为聚类至城市的稳健标准误

*、**和***分别表示在 10%、5%和 1%水平下显著

表 6.2 中的结果表明，碳交易政策显著地降低了试点城市的大气污染程度。可以看出，在最简约的模型（模型 1）中，Treated×Post 的系数为−0.084；当包含控制变量和月份固定效应时，系数为−0.105（模型 3）；在包含所有控制变量和固定效应的模型 5 中，系数降至−0.048。因此，回归结果表明，相比于非试点城市，碳交易政策使得试点城市的 $PM_{2.5}$ 浓度平均降低了 4.8%。由于样本期间非试点城市的 $PM_{2.5}$ 均值为 44.5 毫克/米 ^{3}，所以碳交易政策可以使 $PM_{2.5}$ 浓度降低 2.14 毫克/米 ^{3}。该结果符合已有研究，例如，West 等（2013）的模拟结果表明，减少温室气体排放的行动通常会减少共同排放的大气污染物。Yan 等（2020）发现，中国的碳排放交易体系将平均颗粒物减少了约 7.1%。

表 6.3 探索了碳交易政策对大气污染（$PM_{2.5}$ 浓度）的影响是否随季节而变化。基于包含所有控制变量和固定效应的模型，模型 1~模型 8 分别显示了春季、夏季、秋季和冬季的结果。由于表 6.3 展示的是影响的季节性结果，因此与表 6.2 不同的是，固定效应由城市固定效应×季节固定效应变为城市固定效应×月份固定效应。可以看出，碳交易政策在夏季对降低 $PM_{2.5}$ 浓度的影响最大，可以使 $PM_{2.5}$ 浓度降低 11.6%。这种影响大约是冬季的五倍（模型 8）以及表 6.2 中核心结果（模型 5）的两倍。

表 6.3 碳交易政策对大气污染的季节性影响

变量	春季		夏季		秋季		冬季	
	模型 1	模型 2	模型 3	模型 4	模型 5	模型 6	模型 7	模型 8
	$LnPM_{2.5}$	$LnPM_{2.5}$	$LnPM_{2.5}$	$LnPM_{2.5}$	$LnPM_{2.5}$	$LnPM_{2.5}$	$LnPM_{2.5}$	$LnPM_{2.5}$
Treated×Post	0.045**	0.001	−0.135***	−0.116***	0.057**	−0.022	−0.057***	−0.021***
	（0.021）	（0.016）	（0.024）	（0.022）	（0.023）	（0.015）	（0.011）	（0.008）
Temperature	−0.016**	0.005**	−0.009	0.027***	−0.092***	0.002	−0.003	0.003*
	（0.006）	（0.002）	（0.010）	（0.006）	（0.011）	（0.003）	（0.003）	（0.001）

续表

变量	春季		夏季		秋季		冬季	
	模型 1	模型 2	模型 3	模型 4	模型 5	模型 6	模型 7	模型 8
	$LnPM_{2.5}$	$LnPM_{2.5}$	$LnPM_{2.5}$	$LnPM_{2.5}$	$LnPM_{2.5}$	$LnPM_{2.5}$	$LnPM_{2.5}$	$LnPM_{2.5}$
Humidity	-0.002^{***}	-0.002^{***}	-0.005^{***}	0.001	-0.008^{***}	-0.004^{***}	0.002^{***}	0.002^{***}
	(0.001)	(0.000)	(0.001)	(0.001)	(0.001)	(0.001)	(0.001)	(0.000)
WindSpeed	0.032^{*}	0.029^{**}	-0.127^{***}	-0.072^{***}	−0.009	-0.016^{*}	−0.003	-0.012^{**}
	(0.018)	(0.011)	(0.015)	(0.012)	(0.020)	(0.009)	(0.012)	(0.006)
WindDirection	0.005	−0.001	-0.017^{***}	-0.009^{***}	−0.003	−0.001	0.014^{***}	−0.002
	(0.005)	(0.002)	(0.004)	(0.003)	(0.003)	(0.003)	(0.002)	(0.001)
Pressure	0.001	0.000^{**}	-0.002^{***}	−0.001	-0.001^{**}	−0.000	-0.001^{***}	-0.000^{*}
	(0.000)	(0.000)	(0.001)	(0.001)	(0.001)	(0.000)	(0.000)	(0.000)
Rain	-0.006^{***}	−0.000	-0.001^{***}	0.000	-0.004^{***}	-0.002^{***}	−0.001	-0.004^{***}
	(0.001)	(0.000)	(0.000)	(0.000)	(0.001)	(0.001)	(0.001)	(0.001)
Evaporation	−0.003	−0.001	−0.002	-0.003^{**}	0.002	-0.004^{**}	-0.016^{***}	0.002
	(0.002)	(0.001)	(0.002)	(0.002)	(0.004)	(0.002)	(0.004)	(0.002)
LnGDP	−0.005	−0.001	0.007	0.004	0.001	−0.003	−0.002	−0.000
	(0.007)	(0.006)	(0.013)	(0.013)	(0.012)	(0.010)	(0.006)	(0.006)
LnPopdensity	0.058	0.061	−0.135	−0.118	−0.035	−0.076	−0.020	0.005
	(0.083)	(0.081)	(0.116)	(0.123)	(0.089)	(0.087)	(0.093)	(0.060)
SecondaryInd	0.000	0.000	−0.000	−0.000	0.001	0.000	−0.000	−0.000
	(0.001)	(0.000)	(0.001)	(0.001)	(0.001)	(0.001)	(0.001)	(0.000)
LnEdu	0.013	0.010	0.005	0.006	0.014	0.025	−0.013	−0.014
	(0.025)	(0.023)	(0.029)	(0.027)	(0.023)	(0.022)	(0.014)	(0.012)
GreenRatio	−0.001	−0.001	-0.002^{***}	-0.002^{**}	−0.001	−0.001	-0.001^{***}	-0.001^{***}
	(0.001)	(0.001)	(0.001)	(0.001)	(0.001)	(0.001)	(0.000)	(0.000)
LnPatent	-0.057^{***}	-0.054^{***}	-0.046^{**}	-0.045^{**}	-0.069^{***}	-0.080^{***}	−0.014	-0.026^{***}
	(0.015)	(0.014)	(0.018)	(0.018)	(0.015)	(0.017)	(0.009)	(0.008)
LnRevenue	0.025	-0.072^{***}	0.026	-0.047^{**}	−0.021	−0.019	-0.072^{***}	0.007
	(0.035)	(0.024)	(0.030)	(0.020)	(0.035)	(0.021)	(0.022)	(0.017)
LnPower	−0.030	0.032^{**}	−0.035	0.002	0.031	0.030	0.076^{***}	0.096^{***}
	(0.025)	(0.013)	(0.033)	(0.030)	(0.030)	(0.028)	(0.018)	(0.013)
常数项	−1.022	−1.014	29.465^{***}	16.333^{**}	19.475^{***}	6.237^{***}	9.372^{***}	5.255^{***}
	(3.204)	(2.147)	(8.506)	(7.494)	(6.660)	(2.386)	(1.859)	(0.908)
城市固定效应	控制	控制	控制	控制	控制	控制	控制	控制
年份固定效应	控制	控制	控制	控制	控制	控制	控制	控制
月份固定效应	控制	控制	控制	控制	控制	控制	控制	控制
城市固定效应×年度趋势	控制	控制	控制	控制	控制	控制	控制	控制

续表

变量	春季		夏季		秋季		冬季	
	模型 1	模型 2	模型 3	模型 4	模型 5	模型 6	模型 7	模型 8
	$LnPM_{2.5}$	$LnPM_{2.5}$	$LnPM_{2.5}$	$LnPM_{2.5}$	$LnPM_{2.5}$	$LnPM_{2.5}$	$LnPM_{2.5}$	$LnPM_{2.5}$
城市固定效应×月份固定效应	不控制	控制	不控制	控制	不控制	控制	不控制	控制
观测值	10 625	10 625	10 562	10 562	10 580	10 580	7 397	7 397
R^2 值	0.827	0.918	0.782	0.847	0.743	0.892	0.909	0.965

注：括号内为聚类至城市的稳健标准误

*、**和***分别表示在 10%、5%和 1%水平下显著

碳交易政策对大气污染的协同效应具有季节性趋势，且与污染源和气候条件有关。中国的大气污染呈现出明显的季节性趋势（图 6.1）。在冬季，供暖是大气污染的主要来源，居民燃煤排放的 $PM_{2.5}$ 占月平均 $PM_{2.5}$ 浓度的比例高达 46%（Wang et al.，2017b；Zhang et al.，2017d）。LnPower 的系数在冬季最大且最为显著（表 6.3）也证实了这一点。在秋季，大型露天秸秆焚烧频繁，这也加剧了大气污染。Zhang 等（2016c）研究发现，露天秸秆焚烧每年造成的 $PM_{2.5}$ 排放量占中国人为 $PM_{2.5}$ 排放量总量的 7.8%。然而，无论是燃煤取暖还是秸秆燃烧都在碳交易的管制范围之外。此外，气候因素也影响了大气污染的季节性趋势。在春季，中国北方经常出现沙尘暴天气，加剧了大气污染（Lu et al.，2017; Tao et al.，2013）。低温会降低车用混合气体的燃烧速度，发生“气温逆转”现象，空气对流难度增加，增加气态污染物转化为 $PM_{2.5}$ 的概率。在夏季，气旋活动频繁，有利于 $PM_{2.5}$ 的扩散，从而充分发挥了碳交易的减排作用。可以看到，WindSpeed 的系数绝对值在夏季最大，且在夏季最显著（表 6.3），这也证实了这一点。考虑到污染源和气象因素，碳交易在夏季的影响最大有多种原因。

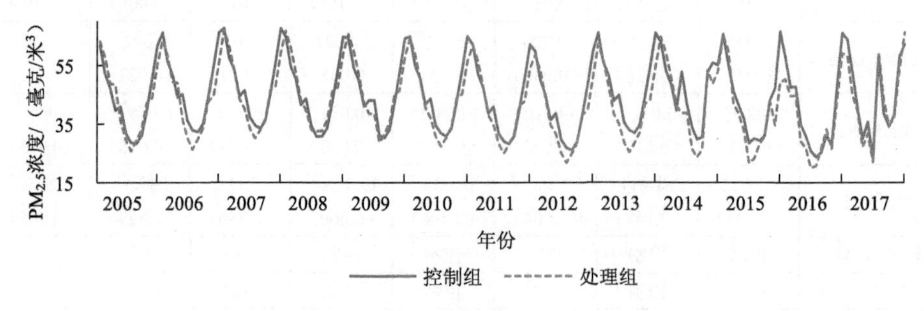

图 6.1 试点城市（处理组）和非试点城市（控制组）的 $PM_{2.5}$ 浓度

根据以上这些结果，碳交易政策有可能导致 CO_2 和其他大气污染物浓度下降，这一趋势在全年基本不变，但从季节性来看，下降幅度最大的将是空气质量最好

的夏季。这种影响可以从图6.1中看到，处理组的$PM_{2.5}$浓度明显低于控制组，当$PM_{2.5}$浓度最低时，两组之间的差距最大。

6.4.2　平行趋势和动态效应检验

DID估计结果满足一致性的前提是处理组和控制组满足平行趋势假设，即如果没有执行碳交易政策，试点城市与非试点城市$PM_{2.5}$浓度的变化趋势应该是平行的。同时，基准回归结果反映的是碳交易政策实施对试点城市$PM_{2.5}$浓度降低的平均影响，并未反映碳交易政策在不同时段和不同季节对大气污染影响的差异。为此，本节参考相关研究（Beck et al.，2010；Drysdale and Hendricks，2018；Greenstone and Hanna，2014），构建基于事件研究法的方程（6.2），实证检验碳交易政策的动态效应。

$$\begin{aligned}\text{LnPM}_{2.5it} &= \alpha_0 + \beta_{-6}\text{Treated}_{it}^{-6,s} + \beta_{-5}\text{Treated}_{it}^{-5,s} \\ &\quad + \cdots + \beta_6\text{Treated}_{it}^{6,s} + \eta_i + \mu_t + \lambda_{it} + \varepsilon_{it}\end{aligned} \tag{6.2}$$

其中，$\text{Treated}_{it}^{-y,s}$和$\text{Treated}_{it}^{y,s}$表示虚拟变量，代表在碳交易政策启动前后第$y$年的季节$s$时，城市$i$是不是试点城市（$s$=春季,夏季,秋季,冬季）。该政策于2011年10月（即2011年底）启动，因此我们将2011年作为基准年。我们排除碳交易政策的启动年（即$\text{Treated}_{it}^{0,s}$），从而估计相对于启动年而言，碳交易政策对$PM_{2.5}$浓度的动态影响。

方程（6.2）中β的系数表示在碳交易政策启动前后第y年的季节s时，处理组和控制组之间的$PM_{2.5}$浓度的差异。图6.2给出了β的估计值和相应的95%置信区间，展示了每年的每个季节试点城市和非试点城市之间$PM_{2.5}$浓度的百分比差异。在碳交易政策启动之前，50%的β并不显著异于0。在碳交易政策启动之后，β的数值开始下降：63%的β显著小于0且只有一个β数值显著为正。这表明，碳交易政策启动之前试点城市和非试点城市的大气污染趋势相似，支持了平行趋势假设，表明了本章使用DID模型的合理性。此外，本节还测算了年度平行趋势，如图6.3所示。图6.3表明，在碳交易政策启动之前，三分之二的β不显著异于0，再次支持了平行趋势假设。

图6.2还表明，碳交易政策对试点城市的大气污染治理的协同效应具有滞后性。尽管碳交易于2011年启动，但直到2013年，即碳交易政策启动两年之后，$PM_{2.5}$浓度才开始出现大幅下降。实际上，这并不令人惊讶，因为碳交易于2011年启动，但直到2013年才引入了碳配额上限并正式开展交易。因此，尽管人们可能希望在碳交易准备阶段（即2013年之前）看到碳交易政策对大气污染的治理效果，但似乎直到该政策变得具有约束力时，才展示出了其强有力的治理效果。在某种程度上，可以认为直到2013年碳交易政策才对大气污染显现出协同

治理作用，因此表 6.2 中的估计效果具有一定的保守性，实际的协同治理作用可能更大。

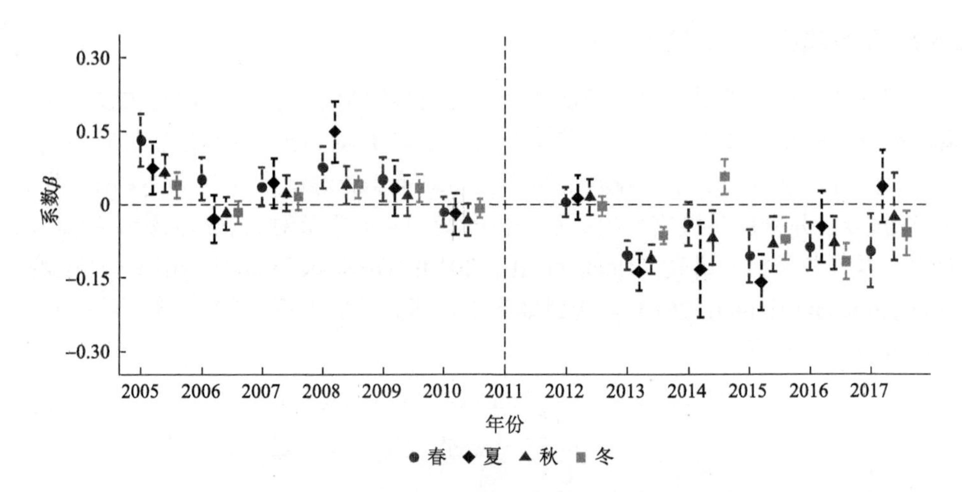

图 6.2　$PM_{2.5}$ 的季节性平行趋势假设和动态效应

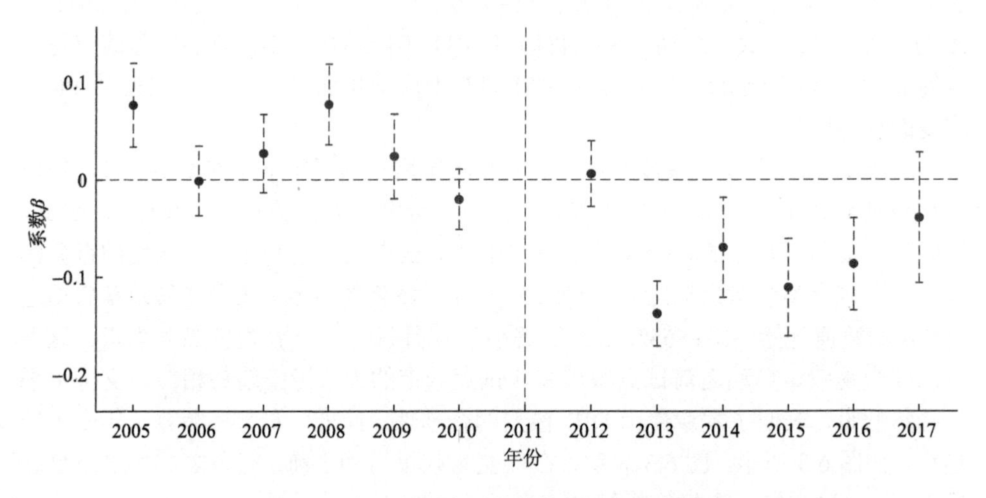

图 6.3　$PM_{2.5}$ 的年度平行趋势假设和动态效应

6.4.3　碳交易对大气污染影响的稳健性检验

1. 样本自选择偏差的影响

前面的估计可能会遭受两个自选择偏差来源的干扰，导致估计偏误。一是试点城市和非试点城市在碳交易政策启动之前可能就存在系统性差异。二是试点城市可能不是随机分配的，而是与各城市的经济发展状况和工业产出有关。为了缓解自我选择问题导致的偏差，为了控制样本自选择偏差，本节参照 Du 和 Takeuchi（2019）、Zhu 等（2019）的研究，采用 PSM 和马氏距离匹配（Mahalanobis distance match，MDM）两种匹配方法，通过将试点城市与非试点城市中具有相似观察属性的城市配对，最大限度地减少由系统性差异所导致的大气污染水平的不同，从而降低 DID 估计的潜在偏误。

本节的匹配基于六大城市特征，即 LnGDP、LnPopdensity、SecondaryInd、LnEdu、GreenRatio、LnPatent（表 6.1），这些特征在下文影响机制分析中作为控制变量。值得注意的是，现有研究通常使用政策启动时间前一年的数据来匹配处理组和控制组，如 Du 和 Takeuchi（2019）。我们的匹配则基于碳交易政策启动前两年的数据（2010 年和 2011 年），并将两年内任意一年匹配成功的城市纳入控制组。匹配分别使用一对一的 0.003 卡尺内的 PSM 和 2 卡尺内的 MDM。两种匹配均可放回。使用这两个卡尺，PSM 和 MDM 可将城市数量减少一半，分别将 287 个城市减少到 166 个和 164 个城市，能实现合理的匹配效果，从而使 PSM-DID 和 MDM-DID 的结果具有可比性。

为了评估处理组和控制组在匹配后是否平衡，我们比较了试点城市和非试点城市的倾向得分分布（图 6.4）。图 6.4 显示，PSM 匹配后，试点城市与非试点城市分布的差异已大大减少。

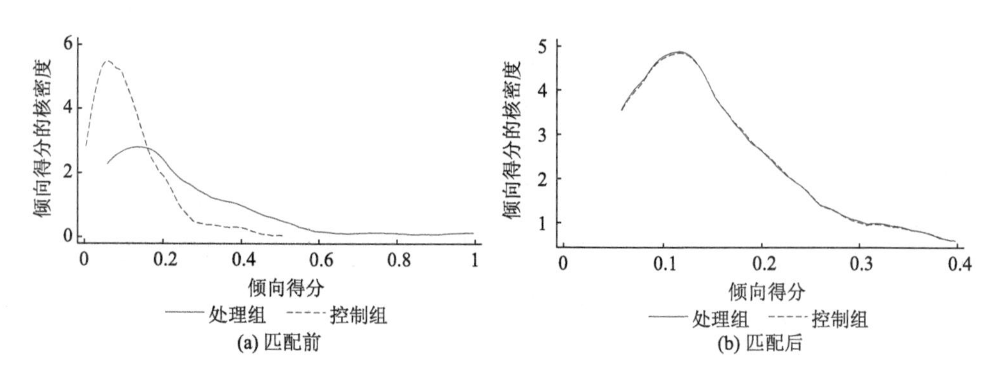

图 6.4　试点城市和非试点城市的倾向得分分布

匹配后碳交易政策对大气污染水平的影响结果如表 6.4 所示。其中，模型 1~模型 4 为 PSM-DID 的结果，模型 5~模型 8 为 MDM-DID 的结果。研究发现，在利用 PSM-DID 和 MDM-DID 的方法缓解自选择偏差问题后，碳交易政策依然显著降低了 $PM_{2.5}$ 浓度。并且，由模型 4 和模型 8 可知，碳交易政策分别将 $PM_{2.5}$ 浓度降低了 7.4%和 7.7%。这些值略高于表 6.2 中模型 5 的 4.8%的估计效果，支持了本章的基准估计结果。

表 6.4　碳交易政策对大气污染水平的影响：PSM-DID 和 MDM-DID

变量	PSM-DID				MDM-DID			
	模型 1	模型 2	模型 3	模型 4	模型 5	模型 6	模型 7	模型 8
	$LnPM_{2.5}$	$LnPM_{2.5}$	$LnPM_{2.5}$	$LnPM_{2.5}$	$LnPM_{2.5}$	$LnPM_{2.5}$	$LnPM_{2.5}$	$LnPM_{2.5}$
Treated×Post	–0.088***	–0.088***	–0.089***	–0.074***	–0.096***	–0.098***	–0.091***	–0.077***
	（0.019）	（0.021）	（0.018）	（0.019）	（0.020）	（0.021）	（0.019）	（0.021）
Temperature	–0.029***	–0.010	–0.012	–0.037***	–0.033***	–0.018***	–0.019***	–0.044***
	（0.003）	（0.008）	（0.008）	（0.009）	（0.003）	（0.006）	（0.006）	（0.007）
Humidity	–0.001	0.001	0.001	–0.003***	–0.001	0.001	0.001	–0.003***
	（0.001）	（0.001）	（0.001）	（0.001）	（0.001）	（0.001）	（0.001）	（0.001）
WindSpeed	0.003	–0.014	–0.008	–0.029***	–0.013	–0.030**	–0.024*	–0.042***
	（0.019）	（0.018）	（0.015）	（0.010）	（0.013）	（0.013）	（0.012）	（0.008）
WindDirection	–0.009*	–0.007*	–0.008**	0.005**	–0.007*	–0.007**	–0.008***	0.004**
	（0.005）	（0.004）	（0.004）	（0.002）	（0.004）	（0.003）	（0.003）	（0.002）
Pressure	0.000	–0.000	–0.001	–0.001*	–0.001**	–0.001***	–0.001***	–0.002***
	（0.000）	（0.000）	（0.000）	（0.001）	（0.000）	（0.000）	（0.000）	（0.000）
Rain	–0.005***	–0.004***	–0.004***	–0.003***	–0.005***	–0.004***	–0.004***	–0.003***
	（0.001）	（0.001）	（0.001）	（0.000）	（0.001）	（0.000）	（0.000）	（0.000）
Evaporation	–0.004**	–0.002	–0.003*	–0.003**	–0.004**	–0.003	–0.004**	–0.004***
	（0.002）	（0.002）	（0.002）	（0.001）	（0.002）	（0.002）	（0.002）	（0.001）
LnGDP	–0.034**	–0.030**	–0.013	–0.009	–0.019	–0.015	–0.001	0.002
	（0.015）	（0.014）	（0.008）	（0.008）	（0.013）	（0.013）	（0.008）	（0.008）
LnPopdensity	–0.074	–0.058	0.138	0.143	–0.296*	–0.270*	0.026	0.045
	（0.168）	（0.166）	（0.130）	（0.131）	（0.152）	（0.152）	（0.075）	（0.069）
SecondaryInd	0.000	0.001	0.002**	0.002**	0.000	0.000	0.001	0.001
	（0.001）	（0.001）	（0.001）	（0.001）	（0.001）	（0.001）	（0.001）	（0.001）
LnEdu	–0.007	–0.010	0.004	–0.002	–0.034	–0.033	–0.031**	–0.032**
	（0.016）	（0.016）	（0.015）	（0.015）	（0.021）	（0.020）	（0.015）	（0.015）
GreenRatio	–0.001	–0.001	–0.001**	–0.001***	–0.001	–0.001	–0.001	–0.001
	（0.001）	（0.001）	（0.001）	（0.001）	（0.001）	（0.001）	（0.001）	（0.001）
LnPatent	–0.065***	–0.058***	–0.027***	–0.027***	–0.085***	–0.079***	–0.036***	–0.038***
	（0.019）	（0.018）	（0.009）	（0.009）	（0.021）	（0.022）	（0.010）	（0.010）
LnRevenue	–0.024	–0.080***	–0.026	–0.063***	–0.013	–0.068***	–0.021	–0.053***
	（0.014）	（0.018）	（0.019）	（0.017）	（0.015）	（0.017）	（0.018）	（0.016）
LnPower	0.021	0.015	0.062**	0.014	0.089***	0.075***	0.107***	0.040***
	（0.027）	（0.025）	（0.027）	（0.019）	（0.024）	（0.024）	（0.024）	（0.015）

续表

变量	PSM-DID				MDM-DID			
	模型 1	模型 2	模型 3	模型 4	模型 5	模型 6	模型 7	模型 8
	$LnPM_{2.5}$	$LnPM_{2.5}$	$LnPM_{2.5}$	$LnPM_{2.5}$	$LnPM_{2.5}$	$LnPM_{2.5}$	$LnPM_{2.5}$	$LnPM_{2.5}$
常数项	4.828 (3.942)	8.440* (4.431)	8.438* (4.941)	14.471** (5.558)	12.078*** (3.188)	17.155*** (4.345)	16.707*** (4.348)	24.604*** (3.821)
城市固定效应	控制	控制	控制	控制	控制	控制	控制	控制
年份固定效应	控制	控制	控制	控制	控制	控制	控制	控制
月份固定效应	不控制	控制	控制	控制	不控制	控制	控制	控制
城市固定效应×年度趋势	不控制	不控制	控制	控制	不控制	不控制	控制	控制
城市固定效应×季节固定效应	不控制	不控制	不控制	控制	不控制	不控制	不控制	控制
观测值	30 203	30 203	30 203	30 203	30 039	30 039	30 039	30 039
R^2 值	0.701	0.714	0.733	0.783	0.716	0.728	0.747	0.790

注：括号内为聚类至城市的稳健标准误

*、**和***分别表示在 10%、5%和 1%水平下显著

2. 偶然因素的影响

第二个担忧的问题是估计结果是不是由偶然因素驱动的虚假相关所造成的。本节使用两种安慰剂检验来考察此问题。首先，我们使用随机选择的样本作为已广泛使用的虚拟处理组（Cai et al.，2016；La Ferrara et al.，2012；Chetty et al.，2009）。随机生成一个由 37 个试点城市组成的伪处理组，得出错误的处理估计：β^{random}。如果许多 β^{random} 显著，则表明本章的回归结果可能是虚假的。然后将此过程重复 1000 次，得到 1000 个 β^{random}。图 6.5 描绘了 1000 个 β^{random} 的核密度分布及其相应的 P 值。与零假设相一致，1000 个 β^{random} 分布在零的附近且服从正态分布。此外，我们对碳交易政策对 $PM_{2.5}$ 浓度下降的协同效应的估算，即表 6.2 中的−0.048，落在了安慰剂检验分布的尾端。这些结果表明，本章的估计结果不太可能是偶然因素造成的。

其次，虚构政策时间也是一种常见的安慰剂检验方式（Fu and Gu，2017; Nunn and Qian，2011；Zhang and Liu，2019）。在此检验中，我们以虚拟的碳交易启动时间重新估算模型；如果系数不显著，则支持以下结论：$PM_{2.5}$ 浓度的降低是由碳交易政策所引起的。此外，如果我们在政策干预时间错误的情况下发现具有统计学意义的影响，则表明我们的结果不稳健。为此，我们将样本周期提前至 2005 年 1 月至 2011 年 10 月，并假设碳交易政策分别在 2007 年 11 月（$Post_{07}$）和 2009

年 11 月（$Post_{09}$）启动，利用方程（6.2）再次进行估算，结果如表 6.5 的模型 1 和模型 2 所示。可知，在政策干预时间错误的情况下，Treated×$Post_{07}$ 和 Treated×$Post_{09}$ 的系数均不显著，进一步验证了本章结果的稳健性。

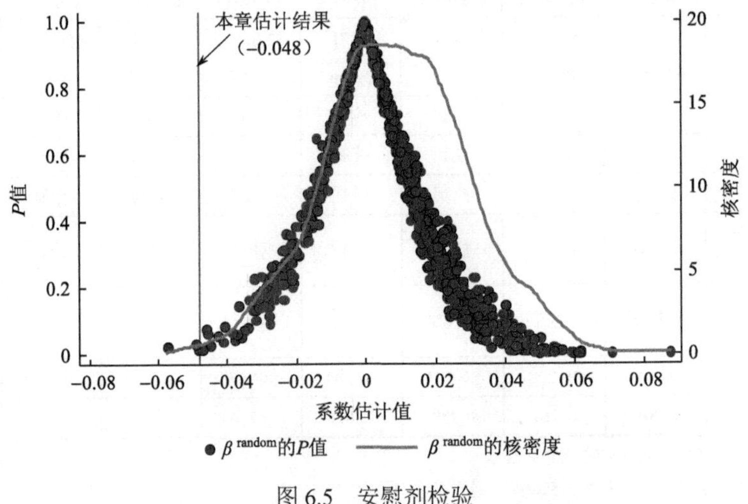

图 6.5　安慰剂检验

表 6.5　安慰剂检验与大气治理政策的影响

变量	虚构政策发生时间		检验大气治理政策的影响	
	模型 1	模型 2	模型 3	模型 4
	$LnPM_{2.5}$	$LnPM_{2.5}$	$LnPM_{2.5}$	$LnPM_{2.5}$
Treated×$Post_{07}$	0.022 (0.022)			
Treated×$Post_{09}$		−0.009 (0.017)		
Treated×Post			−0.096*** (0.015)	−0.044*** (0.013)
So2city			−0.049*** (0.016)	0.026** (0.013)
Procity			0.008 (0.014)	−0.014 (0.015)
Aisel			−0.053** (0.027)	−0.060* (0.033)
Apcap			0.043* (0.022)	−0.006 (0.030)

续表

变量	虚构政策发生时间		检验大气治理政策的影响	
	模型 1	模型 2	模型 3	模型 4
	$LnPM_{2.5}$	$LnPM_{2.5}$	$LnPM_{2.5}$	$LnPM_{2.5}$
Drbth			0.015 （0.022）	0.024 （0.018）
Ifsmn			0.008 （0.038）	0.045 （0.051）
Issmn			−0.006 （0.032）	−0.014 （0.040）
Lcity			−0.007 （0.019）	0.005 （0.022）
常数项	26.116*** （5.317）	26.133*** （5.313）	7.132** （3.008）	17.104*** （4.151）
控制变量	控制	控制	控制	控制
城市固定效应	控制	控制	控制	控制
年份固定效应	控制	控制	控制	控制
月份固定效应	控制	控制	控制	控制
城市固定效应×年度趋势	控制	控制	不控制	控制
城市固定效应×季节固定效应	控制	控制	不控制	控制
观测值	21 600	21 600	39 164	39 164
R^2 值	0.856	0.856	0.731	0.801

注：括号内为聚类至城市的稳健标准误；So2city、Procity、Aisel、Apcap、Drbth、Ifsmn、Issmn、Lcity 代表的变量含义见下文（“大气治理政策的影响”部分）

*、**和***分别表示在 10%、5%和 1%水平下显著

3. 大气治理政策的影响

还有一个可能的担忧是本章的结果有可能受到在此时间内其他区域大气政策的影响。具体来看，在此期间，中国实施了八项重要政策：2007 年实施的 SO_2 排放权交易试点（So2city）、2007 年《国家环境保护“十一五”规划》中公布的 113 个环境保护重点城市（Procity）、2013 年实施的大气污染物特别排放限值政策（Aisel）、2013 年实施的《大气污染防治行动计划》（Apcap）、2013 年实施的《京津冀及周边地区落实大气污染防治行动计划实施细则》（Drbth）、2012 年实施的《空气质量新标准第一阶段监测实施方案》（Ifsmn）、2013 年实施的《空气质量新标准第二阶段监测实施方案》（Issmn），以及 2010 年启动的低碳省区和低碳城市试点（Lcity）。这八项环保政策的详细信息如表 6.6 所示。

表 6.6 八项环保政策的详细信息

变量	政策	启动时间	具体内容
So2city	SO_2 排放权交易试点	2007 年	江苏、天津、浙江、河北、山西、重庆、湖北、陕西、内蒙古、湖南、河南等 11 个省区市启动 SO_2 排放权交易试点
Procity	113 个环境保护重点城市	2007 年	提出了 113 个环境保护重点城市名单，要求 113 个环境保护重点城市集中力量开展大气污染综合防治，努力提高大气质量
Aisel	大气污染物特别排放限值政策	2013 年	在 47 个城市对燃煤锅炉项目和火电、钢铁、石化、水泥、有色、化工等六大行业执行大气污染物特别排放限值
Apcap	《大气污染防治行动计划》	2013 年	旨在到 2017 年将京津冀、长三角和珠三角地区的区域细颗粒物浓度分别降低 25%、20%和 15%。这三个地区共有 63 个城市。Yue 等（2020）研究了这一政策对死亡率的影响
Drbth	《京津冀及周边地区落实大气污染防治行动计划实施细则》	2013 年	对北京、天津、河北、山西、山东、内蒙古的 $PM_{2.5}$ 浓度提出了要求
Ifsmn	《空气质量新标准第一阶段监测实施方案》	2012 年	提出在京津冀、长三角、珠三角等重点区域以及直辖市和省会城市（共 74 个重点城市）开展《环境空气质量标准》（GB 3095—2012）新增指标监测
Issmn	《空气质量新标准第二阶段监测实施方案》	2013 年	在 74 个城市的基础上增加了 87 个新监测城市
Lcity	低碳省区和低碳城市试点	2010 年	确定广东、辽宁、湖北、陕西、云南五省为低碳省区，天津、重庆、深圳、厦门、杭州、南昌、贵阳、保定八市为低碳城市，并于 2012 年新增 29 个试点为第二批低碳省区和低碳城市试点

为了检验这些政策是否导致了 $PM_{2.5}$ 浓度的降低，我们将虚拟变量（So2city、Procity、Aisel、Apcap、Drbth、Ifsmn、Issmn、Lcity）作为控制变量添加到方程（6.1）中，当这些政策生效时，虚拟变量等于 1。在表 6.5 的模型 3 和模型 4 中，我们报告了控制了这些政策后 DID 模型的结果。研究发现，模型 4 中，只有 So2city 和 Aisel 的系数具有统计意义。此外，在控制了这些政策之后，Treated×Post 的估计系数与表 6.2 中的主要结果非常接近。因此，我们认为排除这些政策并不会使本章中碳交易政策的影响估计产生显著偏差。

6.4.4 空间溢出效应的影响分析

本节我们考虑碳交易政策是否可能对邻近地区产生溢出效应。一方面，如果试点地区的重污染企业为了规避碳交易而迁移到邻近的非试点地区，则可能导致邻近城市的污染加剧。另一方面，碳交易政策可能存在政策溢出效应，即邻近非试点地区企业受理性预期影响，效仿试点地区控排企业减少污染，或者在共享气流的作用下，大气污染物可能从试点城市飘散至邻近非试点城市，因此试点城市空气质量的改善也可能带来邻近非试点地区空气质量的改善。

为了探索试点地区的碳交易政策是否影响到了邻近非试点地区，我们评估了碳交易政策对试点地区以外的五个新处理组（NearbyETS）的影响，即(0, 150)千米、[150, 200)千米、[200, 250)千米、[250, 300)千米、[300, 350)千米（Clarke，2017）。这五个新处理组分别包含 29 个、18 个、24 个、38 个和 26 个非试点城市。由于我们在图 6.2 中发现碳交易政策的影响存在滞后性，因此我们在表 6.7 中设立了两个政策干预时间，即碳交易政策的启动时间——2011 年（$Post_{11}$）和碳交易政策的交易时间——2013 年（$Post_{13}$）。

表 6.7　溢出效应检验

变量	模型 1	模型 2	模型 3	模型 4	模型 5	模型 6
	$LnPM_{2.5}$	$LnPM_{2.5}$	$LnPM_{2.5}$	$LnPM_{2.5}$	$LnPM_{2.5}$	$LnPM_{2.5}$
面板 A（政策干预时间为 2011 年）						
Treated×$Post_{11}$	–0.047***	–0.045***	–0.039***	–0.023	–0.009	–0.008
	（0.013）	（0.014）	（0.014）	（0.016）	（0.017）	（0.017）
NearbyETS(0, 150)km	0.013	0.015	0.021	0.038*	0.052**	
	（0.021）	（0.021）	（0.022）	（0.023）	（0.024）	
NearbyETS[150, 200)km		0.022	0.028	0.045**	0.060***	
		（0.019）	（0.020）	（0.021）	（0.022）	
NearbyETS[200, 250)km			0.063***	0.080***	0.094***	
			（0.020）	（0.021）	（0.022）	
NearbyETS[250, 300)km				0.100***	0.115***	
				（0.017）	（0.019）	
NearbyETS[300, 350)km					0.101***	
					（0.024）	
Upwind NearbyETS[0, 300)km						0.086***
						（0.017）
Downwind NearbyETS[0, 300)km						0.090***
						（0.018）
R^2	0.801	0.801	0.801	0.801	0.802	0.802
面板 B（政策干预时间为 2013 年）						
Treated×$Post_{13}$	–0.069***	–0.076***	–0.083***	–0.095***	–0.104***	–0.104***
	（0.021）	（0.022）	（0.023）	（0.025）	（0.025）	（0.025）
NearbyETS(0, 150)km	–0.072***	–0.079***	–0.085***	–0.098***	–0.107***	
	（0.027）	（0.027）	（0.028）	（0.029）	（0.030）	

续表

变量	模型 1	模型 2	模型 3	模型 4	模型 5	模型 6
	$LnPM_{2.5}$	$LnPM_{2.5}$	$LnPM_{2.5}$	$LnPM_{2.5}$	$LnPM_{2.5}$	$LnPM_{2.5}$
面板 B（政策干预时间为 2013 年）						
NearbyETS[150, 200)km		−0.083*** （0.021）	−0.090*** （0.022）	−0.102*** （0.024）	−0.111*** （0.025）	
NearbyETS[200, 250)km			−0.073*** （0.025）	−0.086*** （0.026）	−0.095*** （0.027）	
NearbyETS[250, 300)km				−0.085*** （0.021）	−0.094*** （0.022）	
NearbyETS[300, 350)km					−0.069* （0.037）	
Upwind NearbyETS[0, 300)km						−0.091*** （0.021）
Downwind NearbyETS[0, 300)km						−0.099*** （0.021）
控制变量	控制	控制	控制	控制	控制	控制
城市固定效应	控制	控制	控制	控制	控制	控制
年份固定效应	控制	控制	控制	控制	控制	控制
月份固定效应	控制	控制	控制	控制	控制	控制
城市固定效应×年度趋势	控制	控制	控制	控制	控制	控制
城市固定效应×季节固定效应	控制	控制	控制	控制	控制	控制
观测值	39 164	39 164	39 164	39 164	39 164	39 164
R^2 值	0.801	0.801	0.802	0.802	0.802	0.802

注：括号内为聚类至城市的稳健标准误；Upwind 表示上风向；Downwind 表示下风向

*、**和***分别表示在 10%、5%和 1%水平下显著

如表 6.7 所示，我们发现，碳交易不仅降低了试点地区的 $PM_{2.5}$ 浓度，而且对试点地区 300 千米以内的邻近非试点地区也产生了积极的溢出效应（面板 B）。与对试点城市的协同作用一样（图 6.2），溢出效应也存在滞后性。

在表 6.7 的面板 A 中，假设政策干预时间为 2011 年，我们估计了碳交易对试点城市和邻近非试点城市的影响。结果显示，在 Treated×Post 的系数显著的情况下，只有模型 3 表明碳交易对距试点城市 200~ <250 千米范围内的非试点城市有显著影响。相反，在面板 B 中，假设政策干预时间为 2013 年，我们发现了明显的溢出效应。这再次表明，碳交易对 $PM_{2.5}$ 浓度下降的协同效应直到正式交易时才产生显著作用。面板 B 中模型 5 的结果显示，除试点城市的 $PM_{2.5}$ 浓度下降了 10.4%外，距试点城市 300 千米以内的非试点城市的 $PM_{2.5}$ 浓度也至少下降了 9.4%。此外，我们发现，随着与试点城市的距离越来越远，碳交易对邻近非试点

城市的溢出效应呈逐渐降低趋势。特别是，当半径达到 300~ <350 千米时，系数绝对值从 0.107 降至 0.069，显著性水平从 1%降低到 10%，表明距试点城市 300 千米之内的非试点城市受到的碳交易的溢出影响最大，因此溢出半径为 300 千米。为了确保结果的稳健性，我们使用 Zhu 等（2019）的方法再次估计了溢出效应，如表 6.8 所示。表 6.8 中模型 5 显示，300 千米之后溢出效应消失，再次验证了本章溢出效应结果的稳健性。

表 6.8　溢出效应的稳健性检验

变量	模型 1	模型 2	模型 3	模型 4	模型 5
	$LnPM_{2.5}$	$LnPM_{2.5}$	$LnPM_{2.5}$	$LnPM_{2.5}$	$LnPM_{2.5}$
$NearbyETS(0, 150)km_{2013}$	-0.072^{***} （0.027）				
$NearbyETS[150, 200)km_{2013}$		-0.076^{***} （0.021）			
$NearbyETS[200, 250)km_{2013}$			-0.060^{**} （0.024）		
$NearbyETS[250, 300)km_{2013}$				-0.060^{***} （0.018）	
$NearbyETS[300, 350)km_{2013}$					−0.032 （0.035）
常数项	15.917^{***} （4.517）	15.884^{***} （4.520）	15.880^{***} （4.514）	15.832^{***} （4.510）	15.844^{***} （4.499）
控制变量	控制	控制	控制	控制	控制
城市固定效应	控制	控制	控制	控制	控制
年份固定效应	控制	控制	控制	控制	控制
月份固定效应	控制	控制	控制	控制	控制
城市固定效应×年度趋势	控制	控制	控制	控制	控制
城市固定效应×季节固定效应	控制	控制	控制	控制	控制
观测值	34 146	34 146	34 146	34 146	34 146
R^2 值	0.802	0.802	0.802	0.802	0.802

注：括号内为聚类至城市的稳健标准误；变量中的下标 2013 表示在该检验中政策干预时间为 2013 年；该检验删除了试点城市样本

和*分别表示在 5%和 1%水平下显著

如果碳交易存在空间溢出效应的原因与试点城市和邻近城市共享空气流有关，那么试点城市的邻近下风向城市可能受到最大影响。为此，我们将试点城市邻近 300 千米的非试点城市划分为上风向城市和下风向城市，并比较它们的 $PM_{2.5}$ 浓度变化。具体来说，首先，根据 2005~2017 年的日度风向数据，以每个季节的最高频风向作为试点城市的季节性盛行风。其次，根据各试点的季节性盛行风，如果某个非试点城市在某个季节位于试点城市的下风处，则在该季节视其为下风向城市，否则视其为上风向城市。最后，将上风向城市和下风向城市纳入模型，结果如表6.7中的模型6所示。可知，在面板B中，Downwind NearbyETS[0, 300)km的系数为−0.099，绝对值略高于Upwind NearbyETS[0, 300)km的系数估计结果，符合我们的推断。

此外，考虑到季风的影响，在政策干预时间为2013年的情况下，我们还检验了溢出效应是否存在季节性变化，结果如表6.9所示。由表6.9可知，无论在哪个季节，下风向城市的溢出效应几乎都高于上风向城市的溢出效应，尤其是在夏季和冬季。

表6.9 季节性溢出效应检验

变量	$LnPM_{2.5}$
$Treated \times Post_{13}$	-0.083^{***} (0.022)
Upwind NearbyETS[0, 300)km_{Spring}	-0.133^{***} (0.021)
Downwind NearbyETS[0, 300)km_{Spring}	-0.140^{***} (0.019)
Upwind NearbyETS[0, 300)km_{Summer}	-0.072^{***} (0.022)
Downwind NearbyETS[0, 300)km_{Summer}	-0.102^{***} (0.022)
Upwind NearbyETS[0, 300)km_{Autumn}	-0.062^{***} (0.020)
Downwind NearbyETS[0, 300)km_{Autumn}	-0.062^{***} (0.020)
Upwind NearbyETS[0, 300)km_{Winter}	−0.030 (0.020)
Downwind NearbyETS[0, 300)km_{Winter}	-0.053^{**} (0.022)
常数项	5.390^{**} (2.271)
控制变量	控制
城市固定效应	控制
年份固定效应	控制
月份固定效应	控制

续表

变量	$LnPM_{2.5}$
城市固定效应×年度趋势	控制
城市固定效应×季节固定效应	控制
观测值	39 164
R^2 值	0.899

注：括号内为聚类至城市的稳健标准误；变量中的下标 Spring、Summer、Autumn、Winter 分别表示春夏秋冬四个季节

和*分别表示在 5%和 1%水平下显著

综上，溢出效应结果表明，由于邻近非试点地区和试点地区共享空气流，试点地区大气污染的减少也会影响邻近地区，因此邻近非试点地区的空气质量也可受益于碳交易，特别是邻近的下风向城市。此外，由于控制组中的邻近城市实际上也会受到碳交易的影响，因此上述报告的碳交易对大气污染的协同效应结果可能会偏低。如果将邻近城市考虑在内，则如表 6.7 中面板 B 的模型 5 的结果所示，协同效应将高达 10.4%。

6.4.5　碳交易对大气污染影响的机制分析

以上结果表明，碳交易显著降低了试点城市和邻近非试点城市的 $PM_{2.5}$ 浓度。在本节中，我们试图探索其背后的影响机理，以及碳交易是否也对除 $PM_{2.5}$ 以外的其他大气污染物具有协同减排作用。现有研究表明，碳交易主要通过减少化石燃料消耗实现试点地区的碳减排（Zhou et al.，2019）。减少化石燃料消耗和产业结构升级是中国减少碳排放的主要途径（Guan et al.，2014，2018）。此外，环境质量可能会受到结构效应和技术效应的影响（Grossman and Krueger，1991）。因此，我们有理由怀疑，碳交易可能会通过减少企业污染排放、调整产业结构和促进技术创新来实现 $PM_{2.5}$ 的协同减排。首先，碳交易将直接影响工业企业的污染排放。例如，碳交易将激励企业减少化石燃料消耗，从而减少碳排放和排放 $PM_{2.5}$ 的污染物（Ramaswami et al.，2017）。其次，如果碳交易影响到了第二产业企业的生存，那么碳交易可能会通过发展第一产业和第三产业降低污染排放（Tian et al.，2014）。最后，碳交易体系将促进企业淘汰过时的技术并开发清洁技术以实现减排（Zhang et al.，2020a；Zhu et al.，2019）。

为了探索背后的影响机制，我们使用 9 个变量作为被解释变量，重新估算 DID 模型，包括：3 个污染物变量——年度工业 SO_2 排放量、工业烟尘排放量、工业废水排放量；3 个产业结构变量——第一产业占比、第二产业占比、第三产业占比；3 个技术创新变量——发明专利授权量、实用新型专利授权量、研发支出。由于这些变量的月度数据不可获取，因此此处使用年度数据进行估算，结果如表 6.10 所示。

表 6.10　影响机制：企业污染物减排、产业结构调整、技术创新

变量	模型 1	模型 2	模型 3	模型 4	模型 5	模型 6	模型 7	模型 8	模型 9
	$LnSO_2$	LnDust	LnWastewater	PrimaryInd	SecondaryInd	TertiaryInd	LnInvepatents	LnUtilityPatents	LnR&DExpend
Treated×Post	–0.191* （0.105）	–0.586*** （0.173）	–0.210** （0.082）	–0.047 （0.230）	–1.348* （0.797）	1.405* （0.767）	–0.023 （0.089）	–0.087 （0.059）	–0.104 （0.080）
LnGDP	0.004 （0.024）	–0.001 （0.031）	0.018 （0.029）	–2.066* （1.052）	4.763*** （0.998）	–2.668** （1.076）	–0.026 （0.027）	–0.010 （0.016）	0.131*** （0.041）
LnPopdensity	0.288 （0.236）	0.596** （0.269）	0.152 （0.273）	–0.345 （1.264）	10.067** （4.755）	–9.821* （5.235）	–0.755*** （0.260）	–0.643 （0.509）	–0.074 （0.283）
LnEdu	–0.002 （0.001）	0.001 （0.002）	–0.000 （0.002）	0.003 （0.012）	0.009 （0.019）	–0.010 （0.017）	–0.000 （0.045）	0.011 （0.038）	0.055 （0.073）
GreenRatio	–18.234 （16.474）	–3.554 （12.281）	4.322 （5.940）	–6.405 （41.761）	–87.330 （137.004）	195.005 （144.127）	–0.001 （0.002）	–0.002 （0.001）	0.002 （0.001）
常数项	–0.191* （0.105）	–0.586*** （0.173）	–0.210** （0.082）	–0.047 （0.230）	–1.348* （0.797）	1.405* （0.767）	7.260 （5.998）	12.363* （6.483）	7.399 （8.437）
天气变量	控制	控制	控制	控制	控制	控制	控制	控制	控制
城市固定效应	控制	控制	控制	控制	控制	控制	控制	控制	控制
年份固定效应	控制	控制	控制	控制	控制	控制	控制	控制	控制
城市固定效应×年度趋势	控制	控制	控制	控制	控制	控制	控制	控制	控制
观测值	3538	3432	3484	3541	3541	3541	3504	3539	3540
R^2 值	0.919	0.857	0.935	0.892	0.871	0.856	0.971	0.979	0.962

注：括号内为聚类至城市的稳健标准误；考虑到产业结构和专利在表 6.11 中作为被解释变量，因此表中并未将 SecondaryInd 和 LnPatent 作为控制变量

*、**和***分别表示在 10%、5%和 1%水平下显著

我们发现，碳交易对试点城市的企业污染排放和产业结构均产生了显著影响，但并没有显著促进技术创新。具体来说，碳交易显著降低了试点城市的工业 SO_2 排放量、工业烟尘排放量、工业废水排放量，并且显著降低了第二产业占比，显著提升了第三产业占比。这说明碳交易主要通过影响企业生产活动和调整产业结构来降低 $PM_{2.5}$ 浓度。

碳交易对 SO_2 排放量的显著影响与已有研究一致。例如，Cheng 等（2015）发现，到 2020 年，中国碳市场可以使广东省的 SO_2 排放量减少 12.4%。燃煤发电是中国 SO_2 排放的主要来源（Jiao et al.，2017；Yang et al.，2016b）。因此，模型 1 中工业 SO_2 排放量的显著降低还表明，通过碳交易已实现了化石燃料消耗量以及燃煤发电机输出的减少，从而实现了 $PM_{2.5}$ 浓度的协同减排效应。此外，模型 2 和模型 3 结果显示，碳交易对工业烟尘排放量和工业废水排放量的影响也很大，由此可见，碳交易使得工业企业更加清洁，甚至影响到与 CO_2 排放没有明显关系的污染物（Yan et al.，2020）。

此外，模型 4~模型 6 显示，在试点地区，碳交易显著降低了第二产业占比并提高了第三产业占比。也就是说，中国碳交易体系降低大气污染这一成效至少有一部分是通过调整产业结构实现的，即将经济发展重点从工业转向了服务业。在模型 7~模型 9 中，我们发现没有证据表明碳交易会影响试点地区的技术创新。因此，总体而言，碳交易实现大气污染协同减排的影响机制主要来自企业层面的环境措施改变和试点城市的产业结构调整，而技术创新并没有产生明显的作用。

6.4.6　碳市场表现的异质性作用分析

前文分析表明，碳交易政策的启动实施（虚拟变量）显著地降低了所在地区的大气污染。在本节中，我们评估这种协同减排效应是否会随着碳市场表现的不同而存在异质性。根据 Cui 等（2018）和 Zhu 等（2019）的研究，我们以碳配额上限、累计碳配额交易量、平均碳价、累计 CCER 交易量、惩罚强度和配额分配方法作为碳市场表现的代理变量，考察碳交易对大气污染的减少作用是否会受碳市场表现的影响。考虑到碳市场的配额上限、交易量、交易价格和交易规则会在一定程度上影响企业生产活动，我们有充分的理由预期碳交易的减排效应存在异质性。

为了考察碳市场表现的异质性作用，本节将方程（6.2）扩展为

$$\begin{aligned}\text{LnPM}_{2.5it} = {} & \alpha_0 + \beta(\text{Treated}_i \times \text{Post}_t) + \delta(\text{Treated}_i \times \text{Post}_t) \times \text{Perf}_{it} \\ & + \sum_{k=1}^{15} \gamma_k x_{kit} + \eta_i + \mu_t + \lambda_{it} + \varepsilon_{it}\end{aligned} \tag{6.3}$$

其中，Perf_{it} 表示时间 t 时，第 i 个试点城市的 6 种市场表现变量，包括碳配额上

限（LnCap）、累计碳配额交易量（LnVolume）、平均碳价（LnPrice）、累计 CCER 交易量（LnCCER）、惩罚强度（Penalty）和配额分配方法（Allocation）。惩罚强度和配额分配方法分别是多分类变量和虚拟变量。就惩罚强度变量而言，惩罚力度最强的试点地区，即北京、重庆、广东和湖北，赋值为 3；惩罚力度适中的试点地区，即上海和深圳，赋值为 2；惩罚力度最弱的试点地区，即天津，赋值为 1。就配额分配方法变量而言，北京、天津、上海、广东和湖北的配额分配基于祖父法和基准法的组合，而重庆和深圳则仅使用了单一分配方法，因此我们将使用组合分配方法的 5 个试点赋值为 1，将使用单一分配方法的 2 个试点赋值为 0。为了使 DID 系数与前文结果具有可比性，所有市场表现变量均进行了去中心化处理。

具体结果如表 6.11 所示，模型 1 使用试点地区的碳配额上限作为碳市场表现指标，并且该系数在 10%的水平下显著为正。这表明，配额上限越宽松，那么碳交易对 $PM_{2.5}$ 浓度下降的协同效应则越弱。这是符合常理的，因为越宽松的配额上限代表越少的 CO_2 减排计划。模型 2 和模型 7 显示了碳配额交易量对 $PM_{2.5}$ 浓度影响的结果。可以看出，碳配额交易量每增加 1%，碳交易对 $PM_{2.5}$ 浓度下降的协同效应将增加 1.1%。也就是说，交易量的增加可以带来更大的碳交易协同减排效应，这主要是因为交易量更大的市场往往更为成熟，在控制碳排放方面更加行之有效。在模型 3 和模型 7 中，Treated×Post×LnPrice 在 1%的水平下显著为负，表明碳价格越高，碳交易对 $PM_{2.5}$ 浓度下降的协同效应就越强。这是因为更高的碳价格往往与更高的边际减排成本相关联，因此，控排企业会采取更加积极的行动来减少碳排放，从而协同降低了 $PM_{2.5}$ 浓度（Lin et al.，2018）。

表 6.11　碳交易对 $PM_{2.5}$ 的影响：碳市场表现的异质性作用

变量	模型 1	模型 2	模型 3	模型 4	模型 5	模型 6	模型 7
	$LnPM_{2.5}$	$LnPM_{2.5}$	$LnPM_{2.5}$	$LnPM_{2.5}$	$LnPM_{2.5}$	$LnPM_{2.5}$	$LnPM_{2.5}$
Treated×Post	-0.050^{***} （0.013）	-0.052^{***} （0.013）	-0.032^{**} （0.013）	-0.048^{***} （0.013）	-0.048^{***} （0.013）	-0.048^{***} （0.013）	-0.034^{**} （0.013）
Treated×Post×LnCap	0.078^{*} （0.043）						0.089 （0.087）
Treated×Post×LnVolume		-0.011^{***} （0.003）					-0.026^{***} （0.004）
Treated×Post×LnPrice			-0.082^{***} （0.019）				-0.141^{***} （0.028）
Treated×Post×LnCCER				−0.008 （0.008）			−0.001 （0.008）

续表

变量	模型 1	模型 2	模型 3	模型 4	模型 5	模型 6	模型 7
	$LnPM_{2.5}$	$LnPM_{2.5}$	$LnPM_{2.5}$	$LnPM_{2.5}$	$LnPM_{2.5}$	$LnPM_{2.5}$	$LnPM_{2.5}$
Treated×Post×Penalty					−0.039*		−0.031
					(0.021)		(0.048)
Treated×Post×Allocation						0.136***	0.080
						(0.015)	(0.102)
控制变量	控制	控制	控制	控制	控制	控制	控制
城市固定效应	控制	控制	控制	控制	控制	控制	控制
年份固定效应	控制	控制	控制	控制	控制	控制	控制
月份固定效应	控制	控制	控制	控制	控制	控制	控制
城市固定效应×年度趋势	控制	控制	控制	控制	控制	控制	控制
城市固定效应×季节固定效应	控制	控制	控制	控制	控制	控制	控制
观测值	39 164	39 164	39 164	39 164	39 164	39 164	39 164
R^2 值	0.801	0.801	0.801	0.801	0.801	0.801	0.802

注：括号内为聚类至城市的稳健标准误

*、**和***分别表示在 10%、5%和 1%水平下显著

此外，表 6.11 中的模型 4 显示，CCER 交易量不会显著影响碳交易对 $PM_{2.5}$ 浓度下降的协同效应。模型 5 显示，试点地区的惩罚力度越强，碳交易对 $PM_{2.5}$ 浓度下降的协同效应就越强。模型 6 显示，与使用单一分配方法相比，在试点地区对碳配额使用多种分配方法时，碳交易对 $PM_{2.5}$ 浓度下降的协同效应为负。但是，我们发现，在模型 7 中，Treated×Post×Penalty 和 Treated×Post×Allocation 的系数均不显著。

总体而言，我们发现碳配额上限、累计碳配额交易量、平均碳价、惩罚强度和配额分配方法的变化对碳交易的协同减排效应有影响。在这些指标中，平均碳价和累计碳配额交易量对协同减排效应的影响最为显著，因为 Treated×Post×LnVolume 和 Treated×Post×LnPrice 的系数无论在模型 2、模型 3 还是模型 7 中均在 1%的水平下显著为负。这表明，试点碳市场的成熟度和边际减排成本越高，越有助于碳市场减排功能的发挥，碳交易对 $PM_{2.5}$ 浓度下降的协同效应越强。

6.4.7　进一步讨论

本章采用 DID 方法对碳交易政策进行了事后评估，研究结果表明，碳交易政策的实施可使 $PM_{2.5}$ 浓度降低约 4.8%，使 $PM_{2.5}$ 浓度平均降低 2.14 毫克/米^3。这一发现可能对人体健康、经济成本、其他社会方面具有一系列正面的影响，并产

生可量化的经济价值。

首先，碳交易政策的实施可能有助于降低死亡率。大量的流行病学的研究表明，大气污染会加剧现有的心血管疾病和肺部疾病，导致死亡率上升，已严重危害人类健康（Beelen et al.，2014；Apte et al.，2015；Heft-Neal et al.，2018；Li et al.，2018d）。其中，Li 等（2018d）估计，$PM_{2.5}$浓度每上升 10 毫克/米^3，全因死亡率将增加 8%。本章结果为碳交易政策将$PM_{2.5}$浓度平均降低了 2.14 毫克/米^3，结合 Li 等（2018d）的结果，碳交易对全因死亡率影响的粗略估计是$(2.14/10)\times 8\%=1.71\%$。结合碳试点地区 2.5225 亿的年末常住人口数据，以及 2011 年碳试点地区的死亡率 0.54%，本节的粗略估计计算表明，中国碳交易政策所产生的对$PM_{2.5}$浓度下降的协同效应每年可避免 2.3 万人死亡。特别是，结合协同减排的季节性效应结果，即碳交易在夏季和冬季分别将 $PM_{2.5}$ 浓度降低了 11.6%和 2.1%，可知中国碳交易在夏季和冬季可分别避免 1.01 万人和 0.34 万人死亡。Yue 等（2020）的研究表明，《大气污染防治行动计划》避免了 6.4 万人死亡。本章关于碳交易的健康收益的估算低于 Yue 等（2020）给出的结果，表明碳交易产生的健康收益约为大气污染治理政策的三分之一。

此外，Heft-Neal 等（2018）的研究结果表明，空气中$PM_{2.5}$的浓度每增加 10 毫克/米^3，可导致新生儿死亡率增加 9%。类似地，可计算出碳交易对新生儿死亡率的影响为 1.92%。由国家统计局数据可知，2011 年试点地区出生率为 0.91%，也就是说，每年在试点地区有 230 万新生儿，结合 2011 年试点地区 1.21%的婴儿死亡率，我们的粗略估计表明，由碳交易引起的 $PM_{2.5}$ 浓度降低可以使新生儿死亡率从 1.21%降低到 1.19%，从而每年避免了 460 例新生儿死亡。

其次，碳交易政策的实施可能有助于节约经济成本。Barwick 等（2018）的研究表明，中国$PM_{2.5}$浓度平均每增加 10 毫克/米^3，每年会为此多付出 750 亿元人民币的额外医疗费用。类似地，由于试点地区人口占全国的比例为 18.71%，我们的粗略估计表明，中国碳交易政策的实施年均节约了约 30 亿元的医疗费用。Hao 等（2018）的研究表明，中国城市$PM_{2.5}$浓度每升高 5 毫克/米^3，人均 GDP 可能下降约 2500 元。因此，粗略估计表明，碳交易可以避免人均 GDP 下降 1070 元，使试点地区节约了 2699 亿元的经济成本。

此外，我们比较了碳交易协同效应的经济收益与碳减排的经济收益。Hu 等（2020）分析了中国碳交易体系对参与控排工业部门碳排放的影响，发现碳交易在试点地区使碳排放减少了 15.5%。考虑到碳交易实施之前，2011 年试点地区的 CO_2 排放量总和为 14.871 亿吨（Shan et al.，2018），这意味着碳交易使 CO_2 排放量每年减少了 2.305 亿吨。根据 Nordhaus（2017）的估算，CO_2 的社会成本为每吨 37.3 美元，那么碳交易每年减少 CO_2 排放量的经济收益约为 86 亿美元，即 559 亿元人民币。我们发现，碳交易协同效应的经济收益（2699 亿元）大约是碳减排经济收益（559 亿元）的 5 倍。

最后，碳交易政策实施产生的 $PM_{2.5}$ 浓度下降，也可能带来其他正面的社会影响。例如，其他研究表明，$PM_{2.5}$ 浓度降低有助于降低犯罪率（Burkhardt et al.，2019）、改善睡眠质量（Heyes and Zhu，2019）以及促进人口迁徙（孙伟增等，2019）。

尽管我们对中国碳交易政策在健康和经济上的协同效应的估计非常粗略，但实际上，中国碳交易政策所带来的 $PM_{2.5}$ 浓度下降的协同效应，以及通过粗略计算的在人体健康、经济成本方面的影响远大于此。第一，我们发现碳交易对邻近地区存在积极的溢出效应，但本部分的计算仅包含了试点地区人口。第二，本部分的健康收益基于 Li 等（2018d），而不是效应更大的 Beelen 等（2014），Beelen 等（2014）认为 $PM_{2.5}$ 浓度每上升 5 毫克/米 ^{3}，死亡风险就会增加 7%。第三，本章研究仅基于碳交易的试点阶段，而中国全国碳市场上线交易已于 2021 年 7 月 16 日正式启动，覆盖约 45 亿吨 CO_2 排放量，中国成为全球规模最大的碳市场。因此，全国碳市场上线交易后，所带来的 $PM_{2.5}$ 浓度下降的协同效应，以及相关的健康、经济、社会收益要远高于本章的测算结果。

6.5　主要结论与启示

本章利用中国 2005 年 1 月~2017 年 12 月 287 个城市的 $PM_{2.5}$ 卫星栅格数据，运用 DID 模型，系统考察了中国碳交易政策对大气污染的协同治理效果，并分别运用 PSM、MDM、两项安慰剂检验、控制其他大气治理政策等方法进一步验证了中国碳交易政策对大气污染的协同治理效果。此外，本章还探讨了中国碳交易政策对邻近非试点城市的空间溢出效应、影响机制，以及碳交易政策的协同效应是否受到碳市场表现的影响。主要研究结论如下。

第一，中国碳交易政策显著降低了试点地区的 $PM_{2.5}$ 浓度，平均而言，可使 $PM_{2.5}$ 浓度降低约 4.8%，这种减排效果在夏季最为强烈。第二，中国碳交易政策对 $PM_{2.5}$ 浓度的降低作用存在滞后效应，这似乎主要与以下事实有关：碳交易政策发布后的第一年是筹备阶段，并没有正式开展交易。第三，碳交易政策对距试点城市 300 千米以内的邻近非试点城市具有积极的溢出效应，且对下风向城市的影响更大，尤其是在夏季和冬季。第四，碳交易政策对 $PM_{2.5}$ 浓度下降的协同效应的作用渠道主要是企业采取减排措施和调整产业结构。第五，协同减排效应与碳市场表现显著相关，特别是当碳配额交易量和碳价格较高时，碳交易政策对 $PM_{2.5}$ 浓度下降的协同效应更强。

基于以上结论，可以发现，碳交易为中国带来了大气污染治理协同效应，为了应对气候变化，中国政府应努力推进全国碳市场建设，并扩大全国碳市场的覆盖范围，统筹设计碳交易政策和大气污染治理政策。季节性分析表明，如果有可能，应将碳交易覆盖范围扩展至目前尚未覆盖的排放来源，如家庭供暖和秸秆燃烧，将会获得显著的 $PM_{2.5}$ 减排效应，特别是随着全国碳市场的逐步完善，其对 $PM_{2.5}$ 的影响效果很可能会进一步提升。

需要指出的是，受数据限制，本章在影响机制分析部分仅使用了城市年度的经济特征数据，未来研究可以考虑利用城市月度的经济特征数据深入发掘碳交易对城市大气污染季节性影响的作用机理。

第7章 中国碳交易对能源正义的影响研究

7.1 碳交易对能源正义的影响机制

当前，各国都在积极推进能源转型。由于化石能源一直处于现代经济存在和发展的核心位置（Evans and Phelan，2016），所以能源转型不仅是一个清洁能源取代化石能源、实现能源体系重塑的过程，更是一个经济社会系统性变革的过程，往往伴随着社会不公平、不公正的风险。这种风险如果未得到关注和控制，可能会导致社会动荡，使能源转型计划破产。例如，2018年法国政府宣布2019年将提高燃油税，由此引发“黄马甲”运动；2019年厄瓜多尔政府宣布取消燃油价格补贴，由此招致印第安土著居民抗议游行。

公正转型和能源正义的理念由此而生。公正转型的初衷是保护因环保政策实施导致的收入降低或者失业的工人群体，实现就业和环保之间的平衡（Wang and Lo，2021）。此后，《联合国气候变化框架公约》引入了这一理念。《巴黎协定》强调，应对气候变化时应高度关注相应的就业问题，创造体面工作和高质量就业岗位。随着公正转型内涵的不断发展，公正转型可以被理解为集气候正义、环境正义和能源正义于一体的正义综合框架（McCauley and Heffron，2018）。其中，能源正义着重关注整个能源系统以及转型过程中成本与利益的分配问题，即能源转型的负外部性与正外部性如何在全社会公正分配的问题（Sovacool et al.，2016）。

当前，能源正义已成为各国制定能源转型相关政策的指导思想和必然要求。例如，《欧洲绿色新政》（European Green Deal）[①]和美国的“正义40倡议”。中国作为全球气候治理的引领者、碳中和的贡献者以及能源转型的实践者，十分重视转型过程中可能存在的公平公正问题。在2021年4月22日举行的“领导人气候峰会”上，习近平主席强调，“探索保护环境和发展经济、创造就业、消除贫困的协同增效，在绿色转型过程中努力实现社会公平正义，增加各国人民获得感、幸福感、安全感”[②]。

碳交易作为一项推动能源转型的政策，不可避免地会对能源正义产生影响。

---

① 参见 http://www.ncsc.org.cn/yjcg/zlyj/202105/P020210524520993553499.pdf。

② 习近平在“领导人气候峰会”上的讲话（全文），https://www.gov.cn/xinwen/2021-04/22/content_5601526.htm[2023-12-01]。

一方面，碳交易涉及能源转型中成本的分配。碳交易可能会诱发碳泄漏问题，这会导致控排企业从实施碳交易的地区向未实施碳交易的地区转移，或者从执法严格的城市地区向农村地区转移（Zhang et al.，2023b），从而增加非试点地区和农村地区的减排成本。另一方面，碳交易改变了能源转型中利益的分配。碳交易通常鼓励使用基于清洁能源项目或者碳汇的核证自愿减排量抵销碳排放，在现实中，这些清洁能源（如太阳能、风能）通常部署在农村地区，进而可能会改善农村地区的电力可获得性和可负担性，缩小城乡居民用电的不平等。然而，目前对于中国碳交易的讨论仍然集中于有效性和效率问题上，缺乏对能源正义相关的关注。为此，本章将基于能源正义的理念，尝试回答以下几个问题：第一，从成本和利益分配的角度考虑，中国碳交易对能源正义存在怎样的影响？第二，中国碳交易如何影响能源正义？

7.2　国内外研究现状

7.2.1　能源正义相关研究

能源正义相关研究主要体现在能源正义的定义与内涵、框架与发展以及衡量与影响三个方面。

第一，能源正义的定义与内涵。能源正义的理念植根于气候正义和环境正义领域，是气候正义和环境正义在能源领域的具体化（Jenkins et al.，2016）。能源正义的倡导者认为，所有人都应该获得安全、负担得起和可持续的能源服务，所有人都能够参与非歧视的能源决策（Heffron and McCauley，2014）。Sovacool 等（2016)将能源正义定义为一种能够公平分配能源服务的成本和收益的全球能源体系，重点关注了分配正义。其中，对成本的分配关注能源系统所产生的危害与负外部性如何在全社会分配；对利益的分配关注现代能源系统和服务的权益与收益如何在全社会分配。此后，能源正义的内涵被进一步拓展为分配正义、承认正义、程序正义、恢复正义和国际正义（Heffron and McCauley，2017；McCauley et al.，2019）。

第二，能源正义的框架与发展。能源正义框架作为一种为决策过程提供信息的工具，用作了解能源政策和实践中可用性、可负担能力、国际和国内公平以及可持续性等原则如何发挥作用的一种方式（Islar et al.，2017）。Sovacool 等（2016）提出了能源正义框架的八个指标：可获得性、可负担性、正当程序、透明度和问责制、可持续性、代内公平、代际公平、责任。Sovacool 等（2017）增加了抵抗和交叉性两个指标，进一步完善了这一框架。由于能源正义、气候正义和环境正义的理念一致，都强调分配正义和程序正义，且都认为转型必须保证公平公正

（Wang and Lo，2021）。因此，能源正义框架、气候正义框架和环境正义框架融合为一个整体，并被纳入公正转型框架（Wang et al.，2022；McCauley and Heffron R，2018）。由此，能源正义成为公正转型的重要组成部分。

第三，能源正义的衡量与影响。在能源正义的衡量方面，现有文献没有统一做法。例如，Fortier 等（2019）提出了以社会生命周期评估的方式衡量能源正义。Fan 等（2022）认为能源脆弱性反映了人们受到能源系统干扰的不利影响程度，反映了不同群体所经历的能源服务变化，是能源正义的度量方式。Wang 等（2022）和 Fang 等（2023）从分配正义、程序正义和恢复正义的角度出发，综合多项指标度量了能源正义。在能源正义的影响方面，现有文献发现数字经济（Wang et al.，2022）、社交媒体（Fang et al.，2023）等对能源正义均具有正向影响。然而，供暖改革政策却引发了能源分配不公（Fan et al.，2022）。

7.2.2　碳交易相关研究

碳交易相关研究主要体现在碳交易的有效性和效率分析以及碳交易对能源正义或者公正转型的影响分析上。

大量文献集中讨论了碳交易的有效性和效率问题。这些文献从经济、技术和环境等多个方面剖析了碳交易的影响。在经济方面，碳交易增加了企业绿色投资（Zhang and Shi，2023），降低了高碳企业的市场势力（Wang and Zhang，2022）。在技术方面，碳交易促进了绿色创新（Zhu et al.，2019），提高了全要素生产率（Wu and Wang，2022）。在环境方面，碳交易不仅可以降低试点地区行业和企业等不同层面的碳排放（Bayer and Aklin，2020；Hu et al.，2020；Löschel et al.，2019；Gao et al.，2020），还可以发挥协同减排效应，减少 $PM_{2.5}$ 排放（Liu et al.，2021a）。碳交易对环境的影响主要受到技术创新、产业调整、资源禀赋等因素的影响。

部分文献关注了碳交易对能源正义或者公正转型的影响，主要包括三个方面。一是碳交易与碳泄漏的关系。一般认为，碳交易并没有导致碳泄漏。例如，Naegele 和 Zaklan（2019）、Dechezleprêtre 等（2022）均认为 EU ETS 没有导致欧盟制造业和跨国公司的碳泄漏。Sadayuki 和 Arimura（2021）发现受东京/埼玉碳交易管制的企业不仅减少了受管制设施的排放量，而且还减少了未受碳交易管制设施的排放量。对于中国而言，中国碳交易与碳泄漏的关系仍存在争议。Gao 等（2020）认为中国碳交易导致了碳泄漏，加剧了中国各省级行政地区之间排放转移的不平衡。然而，Cao 等（2021）则强调没有发现碳泄漏的证据。二是碳交易对收入和就业的影响。Zhang G L 和 Zhang N（2020）发现，中国碳交易使农村居民年收入增加了约 752.6 元，使农村就业人口占总就业人口的比例提高了 2.35%。三是碳交易对不平等的影响。现有文献指出，中国碳交易显著降低了碳排放不平等（Zhang et al.，2021a）、空间不平等（Zhang et al.，2023c）以及城乡收入不平等（Fang et al.，2023；Yu et al.，2021）。

7.2.3 文献小结

综上所述，尽管现有文献丰富了我们对能源正义的认知，但仍然存在局限性。第一，在研究问题上，现有文献对碳交易和能源正义关系的关注不足，未能基于能源正义的视角系统地构建指标并分析碳交易的影响，不利于中国碳交易在推动能源转型过程中实现公平正义。第二，在研究方法上，现有文献忽略了能源正义的空间相关性，局限于分析中国碳交易试点政策对试点地区的影响，无法得到中国碳交易政策对相邻地区的影响结果。鉴于此，本章拟基于 2000~2019 年 30 个地区的面板数据，利用空间 DID 方法分析中国碳交易对能源正义的影响及其机制。

7.3 数据说明与研究方法

7.3.1 数据说明

1. 被解释变量

如前所述，能源正义的关键在于能源转型的负外部性与正外部性如何在全社会分配，而碳交易与能源正义相关的问题则体现在碳排放和清洁能源的分配上。因此，本章选取碳排放（CO_2）和城乡居民用电不平等（Theil）作为被解释变量。各地区碳排放数据来源于 CEADs（Shan et al.，2018），城乡居民用电不平等则通过 Theil（泰尔）指数衡量，如方程（7.1）所示：

$$\text{Theil} = \sum \frac{E_i}{E} \ln \frac{E_i / E}{P_i / P} \tag{7.1}$$

其中，i=1 表示城镇地区，i=2 表示农村地区；E_i 表示城镇或农村居民电力消费量；P_i 表示城镇或农村人口数量；E 和 P 分别表示居民电力消费量和总人口，城乡居民人口和电力消费数据来源于《中国统计年鉴》。

2. 解释变量

本章的解释变量是碳交易政策变量（ETS），它是政策虚拟变量（Treated）和时间虚拟变量（Post）的交乘项。如前所述，2011 年，国家发展改革委批准在北京、天津、上海、重庆、湖北、广东、深圳开展碳交易试点工作。如果一个地区属于碳交易试点，即属于处理组，政策虚拟变量等于 1，否则等于 0。本章设定试点碳交易政策的干预时间为 2011 年，即 2011 年以前时间虚拟变量等于 0，否则等于 1。

3. 控制变量

参考 Gao 等（2020）和 Zhang 等（2021a），本章还选取了经济水平（人均地区生产总值的对数，PGDP）、产业结构（第二产业增加值占地区生产总值的比重，IS）、对外开放水平（货物进出口总额与地区生产总值的比值，OPEN）、教育水平（高等学校在校学生人数的对数，EDU）和环境规制水平（工业污染治理完成投资占地区生产总值的比重，REG）作为控制变量，数据来源于《中国统计年鉴》。

4. 调节变量

为了进一步揭示碳交易对能源正义的影响机制，本章选取发电结构（非火力发电占总发电量的比重，Clean）、技术创新（发明专利授权数的对数，Innovation）、金融发展（金融机构各项存贷款余额与地区生产总值的比值，Finance）以及农村居民收入（农村居民收入，Income）作为调节变量，数据来源于《中国统计年鉴》。

7.3.2　研究方法

1. 全局莫兰I数

空间相关性的定量分析最常用的方法是莫兰I数（Moran I），包括全局莫兰I数和局部莫兰I数。本章使用全局莫兰I数分析2000~2019年中国30个省级地区能源正义的空间相关性，如方程（7.2）所示：

$$I=\frac{\sum_{i=1}^{n}\sum_{j=1}^{n}w_{ij}\left(y_i-\bar{y}\right)\left(y_j-\bar{y}\right)}{S^2\sum_{i=1}^{n}\sum_{j=1}^{n}w_{ij}} \tag{7.2}$$

其中，$S^2=\frac{1}{n}\cdot\sum_{i=1}^{n}\left(y_i-\bar{y}\right)^2$；$n$表示30个省级地区；$y_i$和$y_j$表示地区$i$和$j$的被解释变量；$\bar{y}$表示$n$个地区的平均值；$w_{ij}$表示空间权重。

2. 空间DID模型

空间计量经济模型中的空间相关性可能由被解释变量、解释变量或误差项引起。考虑到空间杜宾模型是一种通用性较强的模型，本章基于空间杜宾模型设定空间DID模型进行实证分析，如方程（7.3）所示：

$$\begin{aligned}y_{it}=&\alpha+\rho\times W\times y_{it}+\lambda\times \mathrm{ETS}_{it}+\tau\times W\times \mathrm{ETS}_{it}+\beta\times X_{it}\\&+\theta\times W\times X_{it}+\mu_i+\delta_t+\varepsilon_{it}\end{aligned} \tag{7.3}$$

其中，X 表示控制变量；i 表示地区；t 表示年份；μ_i 表示个体（地区）固定效应；δ_t 表示时间（年份）固定效应；W 表示空间权重矩阵；ε_{it} 表示误差项；α、ρ、λ、τ、β、θ 表示待估计参数。由于空间计量模型中包含了被解释变量的空间滞后项，所以待估计系数 λ、τ 并不是政策效应。为此，本章将求解直接效应和间接效应，用于解释空间 DID 模型。其中，直接效应是指本地解释变量对本地被解释变量的影响，而间接效应是指本地解释变量对邻近地区被解释变量的影响，即空间溢出效应（Jia et al.，2021）。

3. 调节效应模型

为了进一步剖析碳交易对能源正义的影响机制，本章构建如下调节效应模型，如方程（7.4）所示：

$$\begin{aligned} y_{it} &= \alpha + \rho \times W \times y_{it} + \lambda_1 \times \mathrm{ETS}_{it} \times M_{it} + \lambda_2 \times \mathrm{ETS}_{it} + \lambda_3 \times M_{it} \\ &\quad + \tau_1 \times W \times \mathrm{ETS}_{it} \times M_{it} + \tau_2 \times W \times \mathrm{ETS}_{it} + \tau_3 \times W \times M_{it} \\ &\quad + \beta \times X_{it} + \theta \times W \times X_{it} + \mu_i + \delta_t + \varepsilon_{it} \end{aligned} \tag{7.4}$$

其中，M 表示调节变量，其余变量含义同方程（7.3）。调节效应可根据调节变量与碳交易政策变量的交乘项——$\mathrm{ETS} \times M$ 的直接效应和间接效应判断。

4. 空间权重矩阵

本章构建三种常用的空间权重矩阵：邻接矩阵（W_{ij}^{01}）、经济距离矩阵（W_{ij}^{eco}）和经济地理嵌套矩阵（W_{ij}^{eg}），如方程（7.5）~方程（7.8）所示：

$$W_{ij}^{01} = \begin{cases} 0, & i\text{与}j\text{不相邻} \\ 1, & i\text{与}j\text{相邻} \end{cases} \tag{7.5}$$

$$W_{ij}^{\mathrm{eco}} = \begin{cases} \dfrac{1}{|\,\mathrm{PGDP}_i - \mathrm{PGDP}_j\,|}, & i \neq j \\ 0, & i = j \end{cases} \tag{7.6}$$

$$W_{ij}^{\mathrm{geo}} = \begin{cases} \dfrac{1}{d_{ij}}, & i \neq j \\ 0, & i = j \end{cases} \tag{7.7}$$

$$W_{ij}^{\mathrm{eg}} = \begin{cases} W_{ij}^{\mathrm{eco}} \times W_{ij}^{\mathrm{geo}}, & i \neq j \\ 0, & i = j \end{cases} \tag{7.8}$$

其中，W_{ij}^{geo} 表示地理距离矩阵；d_{ij} 表示地区 i 和地区 j 之间的距离。在后续实证分析中，本章将以经济地理嵌套矩阵作为主要结果，以邻接矩阵和经济距离矩阵作为稳健性检验。

7.4　实证结果分析

7.4.1　空间相关性与平行趋势检验

空间 DID 模型是空间计量模型和 DID 模型嵌套而成的（Jia et al., 2021），因此使用空间 DID 模型的重要前提是满足空间计量模型和 DID 模型基本假设——空间相关性和平行趋势假设。

1. 空间相关性检验

基于方程（7.2），本节分别对被解释变量（即碳排放和城乡居民用电不平等）进行全局莫兰 I 数检验。如果全局莫兰 I 数显著大于 0，说明被解释变量具有正向空间相关性，即被解释变量在空间上表现为高-高集聚、低-低集聚。如果全局莫兰 I 数小于 0，则说明被解释变量具有负向相关性，表现为低-高集聚、高-低集聚。

2000~2019 年碳排放的全局莫兰 I 数结果如表 7.1 所示。可见，在经济地理嵌套矩阵下，碳排放的全局莫兰 I 数全部显著为正，替换空间权重矩阵后，全局莫兰 I 数在大部分年份仍然显著为正，说明 2000~2019 年各地区之间碳排放存在显著的正向空间相关性。因此，本章的研究适用于空间计量模型。这一结果与 Li J Y 和 Li S S（2020）的研究一致。碳排放是经济发展的产物之一，由于地区在发展过程中存在经济空间聚集效应，就形成了碳排放的空间聚集效应。

表 7.1　2000~2019 年碳排放的全局莫兰 I 数

年份	经济地理嵌套矩阵		邻接矩阵		经济距离矩阵	
	莫兰 I 数	*P* 值	莫兰 I 数	*P* 值	莫兰 I 数	*P* 值
2000	0.232	0.044	0.151	0.133	0.193	0.083
2001	0.201	0.076	0.202	0.056	0.147	0.168
2002	0.226	0.049	0.166	0.105	0.177	0.107
2003	0.195	0.081	0.196	0.061	0.137	0.189
2004	0.231	0.043	0.198	0.058	0.168	0.121
2005	0.240	0.033	0.224	0.031	0.183	0.088
2006	0.239	0.034	0.214	0.040	0.185	0.088
2007	0.237	0.036	0.218	0.037	0.179	0.097
2008	0.229	0.042	0.223	0.033	0.169	0.114
2009	0.230	0.042	0.207	0.047	0.171	0.111
2010	0.214	0.056	0.214	0.041	0.154	0.146

续表

年份	经济地理嵌套矩阵		邻接矩阵		经济距离矩阵	
	莫兰 I 数	*P* 值	莫兰 I 数	*P* 值	莫兰 I 数	*P* 值
2011	0.210	0.062	0.191	0.065	0.153	0.149
2012	0.205	0.066	0.182	0.075	0.150	0.154
2013	0.222	0.049	0.174	0.087	0.169	0.116
2014	0.225	0.048	0.175	0.086	0.173	0.111
2015	0.227	0.045	0.170	0.094	0.179	0.099
2016	0.228	0.044	0.156	0.118	0.185	0.089
2017	0.247	0.032	0.124	0.195	0.206	0.065
2018	0.240	0.035	0.141	0.148	0.194	0.077
2019	0.235	0.039	0.129	0.179	0.188	0.085

2000~2019 年城乡居民用电不平等的全局莫兰 I 数结果如表 7.2 所示。同样地，大部分年份的城乡居民用电不平等的全局莫兰 I 数显著为正，说明各地区之间城乡居民用电不平等也存在显著的正向空间相关性。再次说明本章的研究适用于空间计量模型。

表 7.2　2000~2019 年城乡居民用电不平等的全局莫兰 I 数

年份	经济地理嵌套矩阵		邻接矩阵		经济距离矩阵	
	莫兰 I 数	*P* 值	莫兰 I 数	*P* 值	莫兰 I 数	*P* 值
2000	0.256	0.029	0.081	0.354	0.250	0.031
2001	0.314	0.009	0.259	0.018	0.297	0.012
2002	0.261	0.025	0.476	0.000	0.217	0.055
2003	0.291	0.014	0.561	0.000	0.216	0.057
2004	0.300	0.011	0.557	0.000	0.224	0.047
2005	0.310	0.008	0.603	0.000	0.220	0.049
2006	0.287	0.013	0.555	0.000	0.195	0.074
2007	0.265	0.019	0.536	0.000	0.172	0.104
2008	0.208	0.059	0.531	0.000	0.110	0.260
2009	0.165	0.115	0.505	0.000	0.075	0.386
2010	0.133	0.183	0.436	0.000	0.052	0.488
2011	0.038	0.544	0.257	0.009	–0.006	0.810
2012	0.072	0.363	0.339	0.001	0.011	0.698
2013	–0.026	0.944	0.183	0.053	–0.068	0.782
2014	–0.049	0.905	0.155	0.103	–0.086	0.676

续表

年份	经济地理嵌套矩阵		邻接矩阵		经济距离矩阵	
	莫兰 I 数	*P* 值	莫兰 I 数	*P* 值	莫兰 I 数	*P* 值
2015	−0.091	0.648	0.076	0.344	−0.120	0.491
2016	0.112	0.256	−0.103	0.571	0.098	0.301
2017	−0.099	0.612	0.023	0.631	−0.111	0.543
2018	−0.019	0.876	0.040	0.412	−0.033	0.984
2019	−0.009	0.773	0.053	0.284	−0.026	0.920

2. 平行趋势检验

本章参考 Jia 等（2021）的做法，采用事件研究法检验平行趋势，模型如方程（7.9）所示：

$$y_{it}=\alpha+\rho\times W\times y_{it}+\sum_{k=-11}^{9}\lambda_k\times \mathrm{ETS}_{it}^{k}+\sum_{k=-11}^{9}W\times\mathrm{ETS}_{it}^{k}\times\tau_k \\ +\beta\times X_{it}+W\times X_{it}\times\theta+\mu_i+\delta_t+\varepsilon_{it} \tag{7.9}$$

其中，ETS_{it}^{k} 表示碳交易政策实施这一事件相关的虚拟变量，其他变量与前述变量相同。如果政策干预前直接效应不显著，则说明满足平行趋势检验。图 7.1 展示了碳排放和城乡居民用电不平等的直接效应和 90%的置信区间。可以看出，在碳交易政策干预之前（即 2011 年之前），无论是对于碳排放还是城乡居民用电不平等，直接效应均不显著，表明试点地区和非试点地区在政策干预前在趋势上没有系统性差异，符合平行趋势假设。

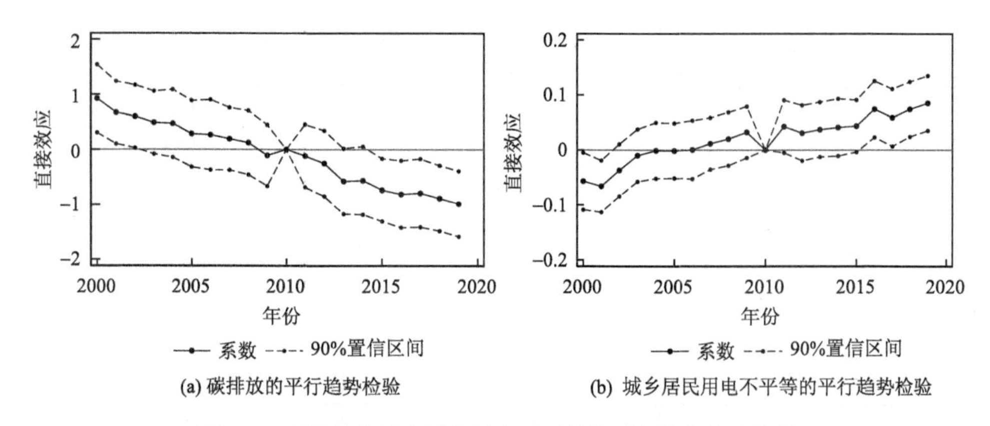

图 7.1　碳排放和城乡居民用电不平等的平行趋势检验结果

7.4.2 基准结果

基于方程（7.3），本节分析了碳交易政策对能源正义的影响。结果如表 7.3 所示，其中模型 1 是碳交易政策对碳排放的影响结果，模型 2 是碳交易政策对城乡居民用电不平等的影响结果。

表 7.3　碳交易政策对能源正义影响的基准结果

变量	模型 1	模型 2
	CO_2	Theil
ETS	–0.818*** （–6.10）	0.037*** （3.01）
PGDP	–1.653*** （–4.99）	–0.174*** （–5.64）
IS	0.009 （1.07）	0.001 （1.25）
OPEN	0.263 （0.91）	–0.028 （–1.05）
EDU	0.160 （0.71）	–0.095*** （–4.57）
REG	0.190 （0.69）	0.004 （0.14）
W×ETS	0.272 （1.09）	0.038 （1.63）
W×PGDP	–0.619 （–0.97）	–0.162*** （–2.71）
W×IS	–0.003 （–0.23）	–0.001 （–0.98）
W×OPEN	–1.635*** （–4.04）	–0.091** （–2.42）
W×EDU	1.844*** （3.99）	0.038 （0.89）
W×REG	–0.222 （–0.39）	0.030 （0.56）
ρ	0.336*** （6.59）	0.167*** （2.94）

续表

变量	模型 1	模型 2
	CO_2	Theil
直接效应	−0.813***	0.040***
	（−5.49）	（3.08）
间接效应	0.008	0.051*
	（0.02）	（1.82）
地区固定效应	控制	控制
年份固定效应	控制	控制
LR-SAR	47.77	32.22
	（0.00）	（0.00）
LR-SEM	40.96	44.81
	（0.00）	（0.00）
观测值	600	600
R^2 值	0.064	0.388

注：括号内为 t 统计量；LR-SAR 和 LR-SEM 的含义见下一段

*、**和***分别表示在 10%、5%和 1%的水平下显著

首先，本章通过似然比（likelihood ratio，LR）检验分析空间 DID 模型设定的合理性。从表 7.3 中可以看出，空间自回归模型（spatial autoregressive model，SAR）和空间误差模型（spatial error model，SEM）的 LR 检验统计量（LR-SAR 和 LR-SEM）均显著，说明空间杜宾模型不可以弱化为空间回归模型和空间误差模型，基于空间杜宾模型的 DID 模型设定合适。

其次，在模型 1 中，直接效应系数为−0.813，且在 1%的水平下显著。这说明碳交易使试点地区当地的碳排放平均显著降低了 0.813 亿吨，这与 Gao 等（2020）的结果一致，说明碳交易可以促进试点地区的碳减排。同时，这一结果是保守的，因为在 2017 年后电力行业的全国碳市场建设启动，非试点地区的碳排放也可能会降低，因此这一估计结果可能是偏低的。间接效应系数为 0.008，但不显著。这说明碳交易对试点邻近地区的碳排放没有显著影响，与 Gao 等（2020）的结果不同，本章没有证据证明中国碳交易会引发碳泄漏。这可以从以下三个方面解释：第一，试点地区采用了以免费配额为主的配额分配方式，这使得试点地区的企业排放成本还在可接受范围内，降低了碳泄漏的可能（Dechezleprêtre et al.，2022）；第二，试点地区企业的迁移成本高，风险大（Naegele and Zaklan，2019），在低碳转型的大趋势下，全国碳市场势必会覆盖更多的地区和更多的行业；第三，碳交易也能为试点地区的企业带来机遇，激励企业进行绿色转型，从而树立良好的企业形象。

最后，在模型 2 中，直接效应系数为 0.040，且在 1%的水平下显著。间接效

应系数为 0.051，且在 10%的水平下显著。这说明碳交易不仅显著加剧了试点地区当地城乡居民用电的不平等，也显著加剧了试点邻近地区的城乡居民用电不平等。造成这一结果的原因可能是：尽管碳交易激励了清洁能源发展，但部署在农村地区的清洁能源项目并没有提高农村居民用电的可得性，这些电力反而继续供向了城镇地区，使得城乡居民用电不平等加剧。

7.4.3　稳健性检验

1. 替换空间权重矩阵

本章将经济地理嵌套矩阵替换为经济距离矩阵，再次检验碳交易对能源正义的影响，结果如表 7.4 中的模型 1 和模型 2 所示。可以发现，模型 1、模型 2 的直接效应和间接效应在方向与显著性上与表 7.3 的模型 1、模型 2 一致，说明基准结果稳健。

表 7.4　稳健性检验

变量	模型 1	模型 2	模型 3	模型 4
	CO_2	Theil	SO_2	Theil2
直接效应	-0.765^{***}	0.036^{***}	-8.861^{**}	0.078^{***}
	(−5.23)	(2.76)	(−2.55)	(3.75)
间接效应	0.376	0.049^{*}	2.934	−0.039
	(1.06)	(1.74)	(0.37)	(−1.12)
控制变量	控制	控制	控制	控制
地区固定效应	控制	控制	控制	控制
年份固定效应	控制	控制	控制	控制
观测值	600	600	600	600
R^2 值	0.041	0.365	0.004	0.023

注：括号内为 t 统计量

*、**和***分别表示在 10%、5%和 1%的水平下显著

2. 替换被解释变量

首先，SO_2 通常与能源消费产生的 CO_2 有关（Hu et al.，2020），因此，本章考虑使用 SO_2 排放替换 CO_2 排放。其次，城乡居民电力使用方面存在不平等势必意味着城乡居民在化石燃料使用方面也存在不平等，进而导致城乡居民碳排放存在不平等，因此，本章考虑使用城乡居民碳排放不平等（Theil2）替换城乡居民用电不平等（Theil），结果如表 7.4 中的模型 3 和模型 4 所示。可以发现，模型 3

的直接效应显著为负，而间接效应不显著，说明碳交易使试点地区本地的 SO_2 排放显著降低了 8.861 亿吨。模型 4 的直接效应显著而间接效应不显著，说明碳交易增加了试点地区本地城乡居民碳排放的不平等。综上，替换被解释变量后，结果依然比较稳健。

7.4.4　机制分析

上述结果表明，碳交易没有引起能源转型中成本分配的不正义，而是引起了利益分配的不正义。碳交易显著降低了试点地区的本地碳排放，但没有证据表明碳交易导致了碳泄漏。同时，碳交易显著加剧了试点地区及其邻近地区的城乡居民用电不平等。基于方程（7.4），本节从发电结构、技术创新、金融发展、农村居民收入等方面进一步剖析碳交易对能源正义的影响机制。

1. 发电结构的调节作用

发电结构可以反映一个地区的清洁能源发展水平和减排潜力（董梅和李存芳，2020）。一方面，试点地区非火力发电占比越高，意味着清洁能源发展水平越高，电力行业减排潜力越小，碳交易对试点地区碳排放的影响越小。另一方面，试点地区清洁能源发展水平越高，清洁能源项目在试点地区的部署越多，碳交易对城乡居民用电不平等的影响越小。为了验证上述猜想，本节分析发电结构的调节作用，结果如表 7.5 所示。可以看出，调节变量与碳交易政策的交乘项在模型 1 中的直接效应在 1%的水平下显著为正，说明清洁能源发展水平越高，碳交易对试点地区碳排放的负向影响越小，与上述猜想基本一致。

表 7.5　发电结构的调节作用

变量	模型 1	模型 2
	CO_2	Theil
面板 A：直接效应		
ETS×Clean	2.772*** （4.23）	–0.035 （–0.55）
ETS	–0.892*** （–5.67）	0.046*** （3.19）
Clean	0.754 （1.62）	–0.097** （–2.37）
面板 B：间接效应		
ETS×Clean	–0.620 （–0.34）	0.203 （1.38）
ETS	0.793** （2.09）	0.039 （1.29）

续表

变量	模型 1	模型 2
	CO_2	Theil
面板 B：间接效应		
Clean	4.278***	–0.088
	（2.69）	（–0.71）
控制变量	控制	控制
地区固定效应	控制	控制
年份固定效应	控制	控制
观测值	600	600
R^2 值	0.011	0.381

注：括号内为 t 统计量

和*分别表示在 5%和 1%水平下显著

2. 技术创新的调节作用

试点地区的技术创新水平越高，越能够在碳交易干预后进行技术升级改造（Hu et al.，2020），从而降低本地的碳排放和城乡居民用电不平等。

为了验证上述猜想，本章分析技术创新的调节作用，结果如表 7.6 所示。可以看出，调节变量与碳交易政策的交乘项仅在模型 2 中的直接效应在 10%的水平下显著为负，说明试点地区技术创新水平越高，碳交易对试点地区城乡居民用电不平等的正向影响越小，与上述猜想基本一致。

表 7.6　技术创新的调节作用

变量	模型 1	模型 2
	CO_2	Theil
面板 A：直接效应		
ETS×Innovation	0.064	–0.022*
	（0.43）	（–1.87）
ETS	–0.987***	0.068**
	（–2.69）	（2.43）
Innovation	0.041	0.059***
	（0.52）	（9.04）
面板 B：间接效应		
ETS×Innovation	0.383	–0.004
	（0.97）	（–0.17）
ETS	–1.084	0.029
	（–0.93）	（0.42）

续表

变量	模型 1	模型 2
	CO_2	Theil
面板 B：间接效应		
Innovation	–0.304 （–1.58）	0.019* （1.69）
控制变量	控制	控制
地区固定效应	控制	控制
年份固定效应	控制	控制
观测值	600	600
R^2 值	0.085	0.295

注：括号内为 t 统计量

*、**和***分别表示在 10%、5%和 1%水平下显著

3. 金融发展的调节作用

试点地区金融发展水平越高，企业融资约束越小，越容易获取研发投资（朱东波等，2018），进而完成技术改造升级，实现低碳转型。同时，试点地区金融发展水平越高，贫困人群的收入情况越容易得到改善，进而使贫困人群能源可得性方面得到改善，缩小试点地区城乡居民用电不平等（Zhang and Ben Naceur，2019）。

为了验证上述猜想，本章分析金融发展的调节作用，结果如表 7.7 所示。可以看出，调节变量与碳交易政策的交乘项仅在模型 1 中的直接效应在 5%的水平下显著为负，说明试点地区金融发展水平越高，碳交易对试点地区本地碳排放的负向影响越大，与上述猜想基本一致。

表 7.7　金融发展的调节作用

变量	模型 1	模型 2
	CO_2	Theil
面板 A：直接效应		
ETS×Finance	–0.183** （–2.06）	–0.010 （–1.15）
ETS	–0.630*** （–3.70）	0.049*** （3.25）
Finance	–0.566*** （–5.55）	–0.013 （–1.36）

续表

变量	模型 1	模型 2
	CO_2	Theil
面板 B：间接效应		
ETS×Finance	–0.047 （–0.21）	–0.002 （–0.09）
ETS	0.592 （1.27）	0.074** （2.09）
Finance	0.158 （0.55）	0.010 （0.45）
控制变量	控制	控制
地区固定效应	控制	控制
年份固定效应	控制	控制
观测值	600	600
R^2 值	0.031	0.399

注：括号内为 t 统计量

和*分别表示在 5%和 1%水平下显著

4. 农村居民收入的调节作用

居民收入与一个地区的经济发展水平以及劳动力成本相关。一方面，试点地区农村居民收入越高，经济发展水平越高，碳交易对试点地区碳排放的影响越大；另一方面，试点地区农村居民收入越高，劳动力成本越高，清洁能源项目越倾向于在邻近地区的乡村地区部署，进而可能降低碳交易对邻近地区城乡居民用电不平等的影响。

农村居民收入的调节作用结果如表 7.8 所示。可以看出，调节变量与碳交易政策的交乘项在模型 1 中的直接效应和模型 2 中的间接效应均在 1%的水平下显著为负，说明农村居民收入水平越高，碳交易对试点地区的碳排放负向影响越大，对邻近地区城乡居民用电不平等的正向影响越小，与上述猜想基本一致。

表 7.8　农村居民收入的调节作用

变量	模型 1	模型 2
	CO_2	Theil
面板 A：直接效应		
ETS×Income	–1.634*** （–4.41）	–0.030 （–0.91）

续表

变量	模型 1	模型 2
	CO_2	Theil
面板 A：直接效应		
ETS	–0.091 （–0.43）	0.023 （1.36）
Income	–0.041 （–0.09）	0.313*** （8.01）
面板 B：间接效应		
ETS×Income	0.347 （0.38）	–0.202*** （–3.30）
ETS	0.495 （0.91）	0.056* （1.69）
Income	0.465 （0.35）	0.267*** （3.19）
控制变量	控制	控制
地区固定效应	控制	控制
年份固定效应	控制	控制
观测值	600	600
R^2 值	0.009	0.027

注：括号内为 t 统计量

***和*分别表示在 1%和 10%水平下显著

7.5　主要结论与启示

本章基于能源正义理论，聚焦能源转型中的成本与利益分配视角，设定碳排放和城乡居民用电不平等作为能源正义的度量指标。基于此，本章根据中国 30 个省区市 2000~2019 年的面板数据，构建空间 DID 模型评价中国碳交易对能源正义的影响。主要结论如下。

第一，碳交易没有引起能源转型中成本分配的不正义，而是引起了利益分配的不正义。碳交易使试点地区当地的碳排放平均显著降低了 0.813 亿吨，但没有证据表明碳交易导致了碳泄漏。同时，碳交易显著加剧了试点地区及其邻近地区的城乡居民用电不平等。第二，清洁能源发展水平越高，碳交易对试点地区碳排放的负向影响越小；技术创新水平越高，碳交易对试点地区城乡居民用电不平等的正向影响越小；金融发展水平越高，碳交易对试点地区本地碳排放的负向影响越大；农村居民收入水平越高，碳交易对试点地区碳排放的负向影响越大，对试点邻近地区城乡居民用电不平等的正向影响越小。

基于上述结论，本章提出以下政策启示。第一，碳交易确实实现了试点地区的减排且没有造成碳泄漏。因此，中国政府应加快建设全国碳市场，同时完善绿色金融体系，为实现绿色转型提供支撑。第二，碳交易还是引发了能源不公平，使得城乡居民用电差距继续扩大。因此，中国政府在推行碳交易政策时应考虑这一公平正义问题。中国政府应鼓励技术创新及应用，保障农村居民收入，以减少城乡居民用电差距，确保能源转型中的公平公正。

第 8 章 中国碳交易对可持续经济福利的影响研究

8.1 碳交易对可持续经济福利的影响机制

中国碳交易政策旨在通过配置碳排放量来实现缓解气候变化与可持续经济发展的双赢，其实施能够降低碳排放（Xuan et al.，2020）、提高绿色生产绩效（Yang et al.，2021），更能带来绿色发展效率和区域碳平等的双重红利（Zhang et al.，2021a）。碳交易政策的实施具有总量管制下的绝对减排效果，对提升环境效益和社会福利具有正向促进作用（Smith and Swierzbinski，2007）。然而，当前中国经济正处在市场不够完善、要素流动不够通畅、企业缺乏利益约束的非均衡状态（陈浩和罗力菲，2021），碳交易政策在有效推动碳减排的同时，也会对经济产生一定的负面冲击（时佳瑞等，2015），影响企业利润和竞争力（闫冰倩等，2017）。碳交易政策对经济、社会和环境的影响较为复杂，但已有相关研究使用指标较为单一，如企业竞争力（曹翔和傅京燕，2017）、绿色发展效应（任亚运和傅京燕，2019）、减排收益（汪明月等，2019）。

当前中国经济发展侧重于经济增长质量、环境可持续和社会福利等方面（Long and Ji，2019），而现有碳交易政策相关研究难以评价其对经济、环境和社会的综合影响。Daly 和 Cobb（1990）提出的可持续经济福利指数（index of sustainable economic welfare，ISEW）涵盖了经济发展、环境成本和社会福利，同时也考虑了不可再生资源的消耗以及长期的环境破坏，能够更加全面地衡量社会进步和可持续经济福利（Brennan，2008）。因此，本章基于中国碳交易政策实施的现实背景和可持续经济福利的内涵，基于 ISEW 测度可持续经济福利，并构建 DID 模型，从经济、社会和环境等多个维度剖析中国碳交易政策对可持续经济福利的影响，旨在为优化中国碳交易政策效力、推进可持续发展、提高社会福利水平提供科学支持。

8.2 国内外研究现状

作为支持实现全球变暖低于 1.5°C 的关键路径，中国碳交易政策的实施效果备受关注（Li et al.，2022），诸多学者对其进行了多角度研究，如减排效果（Yan et al.，2020；Zhang and Cheng，2021；Zhang et al.，2020a）、技术创新效果（胡珺等，2020）以及经济和环境红利（杨秀汪等，2021；董直庆和王辉，2021）等。

8.2.1 碳交易的减排效果

关于中国碳交易政策的减排效果的研究主要有两个方面，一方面，部分文献对中国碳交易政策的减排效果开展了定性分析。例如，杨秀汪等（2021）发现碳交易试点地区减排效果较为明显；董直庆和王辉（2021）认为碳交易政策不仅可以降低试点地区的碳排放，而且碳减排效应具有逐年增强的特点；张继宏等（2019）发现不同行业的减排效果和减排成本差异较大，这可以有效提高碳市场的活跃度；陈晓红等（2016）建立斯塔克尔伯格博弈模型，验证了不同决策模式下碳交易价格对清洁型、低减排成本、高减排成本以及污染型制造商碳排放的影响。另一方面，不少文献对中国碳交易政策的减排效果开展了定量实证分析。例如，姬新龙和杨钊（2021）使用 PSM-DID 和 SCM 发现碳交易政策可以有效减少试点地区的二氧化碳排放量，且平均每年可以减少约 12%；曾诗鸿等（2022）认为碳交易政策能使试点地区的碳排放强度下降 9.5%，其中，碳市场规模和活跃度每增加 1%，将分别使试点地区的碳排放强度下降 0.9%和 0.7%。

8.2.2 碳交易的技术创新效果

部分学者认为中国碳交易政策对技术创新效果具有正向促进作用，如宋德勇等（2021）分析了不同的碳配额分配方法对企业绿色创新的影响，发现碳交易可以显著促进企业绿色创新。胡珺等（2020）认为当碳市场的流动程度更高时，碳市场对企业技术创新的推动作用更加明显。Zhang 等（2020a）发现中国碳交易政策对相关企业技术创新的影响具有明显的行业异质性，具体而言，碳交易政策显著提高了电力和航空行业企业的技术创新，而对其他 6 个行业（即钢铁、化工、建材、石化、有色金属和造纸）企业的技术创新影响并不显著。王为东等（2020）探究了中国 7 个碳交易试点对低碳技术创新促进作用的差异性，发现北京、上海对低碳技术创新影响程度更大，天津、广东、深圳和湖北次之，而重庆的政策效果不明显。Du 等（2021）通过建立空间计量模型，验证了碳交易政策对试点周边地区的绿色技术创新具有空间溢出效应。

8.2.3 碳交易的经济和环境红利

还有一些学者提出碳交易政策具有经济和环境红利，范丹等（2022）从微观企业层面识别出中国碳交易政策对全要素生产率的提升具有促进作用，进而可以促进中国经济“低碳”“高质量”发展。杨光勇和计国君（2021）将碳排放交易与顾客环境意识相结合，发现较弱的碳排放交易规制和较高的顾客环境意识可以提高经济绩效与环境绩效。Liu 和 Zhang（2021）使用 DID 模型研究了中国碳交易政策对非化石能源的影响，发现中国碳交易促进了水电和光伏发电份额的增加。王善勇等（2017）从经济利益和环境影响的角度建立消费者福利模型，研究发现个人碳交易制度实现了高污染者对低污染者的补贴。张国兴等（2022）认为碳交易政策具有协同减排效应，提高了环境效益。碳交易政策可以实现经济和环境的双赢，如董直庆和王辉（2021）认为碳交易政策可以同步实现碳减排与提高经济效益的双重目标，实现经济与环境相容发展。Zhang 等（2020g）基于 DEA 模型，模拟了三种碳交易情景下的经济产出和环境效益，发现碳交易政策能够在增加经济产出的同时提升环境效益。Wu 和 Gong（2021）认为碳减排会在一定程度上抑制经济增长，但是碳交易政策可以弥补部分经济损失，实现经济和环境的双赢。Liu 等（2018b）测算出中国碳交易政策能够将试点火电厂的潜在收益从 1.86%提高到 2.74%，可以实现减排与收益的双重目标。

8.2.4　文献小结

综上所述，国内外有关碳交易政策的研究大多关注碳减排、经济和环境的某一或者某两个方面，将经济和环境结合起来研究的文献也鲜有利用统一、规范的指标进行衡量的，本质上还是将经济和环境单独进行分析，而对碳交易政策实施的经济、社会和环境的综合评估较少，缺乏评估中国碳交易政策对可持续经济福利的影响。为此，本章构建可持续经济福利指标综合衡量经济、社会和环境三个方面的水平，进而评价中国碳交易政策对可持续经济福利的影响，以期探究中国碳交易试点政策的综合效果，拓展相关领域实证结果，为中国碳交易政策的完善和可持续发展提供科学的决策支持。

8.3　数据说明与研究方法

8.3.1　数据说明

本章的数据是 2009~2017 年中国 30 个省区市的面板数据。

1. 被解释变量

人均 ISEW（PISEW）。本章使用 PISEW 度量可持续经济福利水平，即以 ISEW 和人口的比值作为可持续经济福利的度量指标。其中，ISEW 由 Daly 和 Cobb（1990）提出，Cobb 和 Cobb（1994）对其进行了方法论上的改进。ISEW 将衡量宏观经济表现的 GDP 与代表社会和环境方面的指标结合，其主要贡献是将与经济增长有关的社会和环境成本考虑进来，对传统的单一经济指标进行了补充和调整（Yang et al.，2020b）。本章主要参考 Clarke 和 Islam（2005）提出的 ISEW 框架，结合 Zhu 等（2021）提出的中国可持续经济福利水平测度方法，测度 ISEW，具体包括 6 个部分：①调整后的个人消费支出；②家庭劳动价值；③耐用品服务收益；④公共支出；⑤社会成本；⑥环境成本。ISEW 的计算如方程（8.1）所示，具体计算方式与数据说明见表 8.1。

$$\text{ISEW}=C_{\text{ISEW}}+G_{\text{ISEW}}+I_{\text{ISEW}}+W-D-E \tag{8.1}$$

表 8.1　ISEW 具体计算方式和数据说明

变量	含义	计算方式	数据说明
C_{ISEW}	调整后的个人消费支出	C_{ISEW} =个人消费支出×收入分配不平等指数	个人消费支出数据来自《中国统计年鉴》，收入分配不平等指数参考 Zhu 等（2021）
G_{ISEW}	家庭劳动价值	G_{ISEW} =家庭劳动小时数×家庭总户数×家庭劳动估计工资	家庭劳动小时数、家庭总户数和家庭劳动估计工资数据来自《中国统计年鉴》
I_{ISEW}	耐用品服务收益	I_{ISEW} =耐用品消费支出×10%	耐用品消费支出数据来自《中国统计年鉴》
W	公共支出	W =75%×基础设施支出+50%×卫生和教育方面的公共支出	基础设施支出以及卫生和教育方面的公共支出数据来自《中国统计年鉴》
D	社会成本	D =通勤成本+车祸成本+城市化成本	通勤成本由车辆数计算得出，车祸成本是交通事故造成的直接财产损失，城市化成本是城镇居民收入的 18%（Clarke and Islam，2005），数据来自《中国统计年鉴》
E	环境成本	E =水污染成本+空气污染成本+长期环境损害成本	参考 Zhu 等（2021）的做法，对水污染、空气污染和长期环境损害进行定价，数据来自《中国统计年鉴》

2. 解释变量

本章采用碳交易试点虚拟变量表示该地区是否实施了碳交易政策。虚拟变量包括地区虚拟变量（Treat）和时间虚拟变量（Time）。地区虚拟变量（Treat）：碳交易试点地区为 1；否则为 0。由于数据可获得性的限制，选取北京、上海、天津、重庆、湖北、广东 6 个碳交易试点。时间虚拟变量（Time）：碳交易实施阶段为 1；否则为 0。试点碳市场 2013 年上线交易，本章选取 2013~2017 年为实施阶段。

3. 控制变量

参考相关文献（Zhang et al.，2021a；Zhang et al.，2017c），考虑到不同地区不同时期的碳排放量是不同的，本章选取碳排放量作为控制变量；中国工业经济发展迅速，对于能源产业结构优化调整和改善投资环境有着不可忽视的影响，因此选取产业结构作为控制变量；碳交易试点政策作为环境规制政策的一种，不可避免地会受到其他环境规制政策的影响，因此选取环境规制作为控制变量；考虑到人口的聚集会带来能耗和污染的增加，选取人口数量作为控制变量。碳排放量（CO_2）数据来源于 CEADs（Shan et al.，2018；Shan et al.，2020）。产业结构（IS）数据来源于 CSMAR 数据库，采用工业总产值占地区生产总值的比例（%）测度。环境规制（ER）数据来源于 EPS（economy prediction system，经济性预测系统）全球统计数据/分析平台，采用环境污染治理投资占地区生产总值比重（%）测度。人口数量（P）数据来源于《中国统计年鉴》。

8.3.2　研究方法

本章探究碳交易政策对中国可持续经济福利的影响，为了解决现有相关文献中普遍面临的内生性问题，本章利用碳交易试点作为“自然实验”，选取北京、上海、天津、重庆、湖北、广东 6 个省（市）作为处理组（由于缺乏深圳的单独统计数据，并未将其包含在内），其余地区构成对照组，构建的 DID 模型如下：

$$\text{PISEW}_{it} = \alpha + \beta \text{Treat}_i \times \text{Time}_t + \gamma \text{Controls}_{it} + \text{Year}_t + \text{Province}_i + \varepsilon_{it} \tag{8.2}$$

其中，i 表示地区；t 表示年份；因变量 PISEW 是各省区市每年的可持续经济福利水平；Treat 表示地区虚拟变量，若某地区是碳交易试点地区，则其值为 1，否则为 0；Time 表示时间虚拟变量，参考 Zhu 等（2020）和 Yang 等（2020b）的做法，选择 2013 年作为政策实施年份，若某年份是 2013 年及其之后年份，则其值为 1，否则为 0；交互项系数 β 反映了碳交易政策实施后试点地区与非试点地区可持续经济福利的平均变化；Controls 表示控制变量，包括碳排放量、产业结构、环境规制以及人口数量；Year 和 Province 分别表示时间固定效应和地区固定效应。

8.4　实证结果分析

8.4.1　PISEW 测量结果

根据上述测度方法和指标体系，由方程（8.2）可计算出 2009~2017 年中国 30 个省区市的可持续经济福利水平，结果如表 8.2 所示。可以看出 2009 年以来，大部分地区的可持续经济福利水平出现了不同程度的提高。

表 8.2　2009~2017 年中国 30 个省区市的可持续经济福利水平（单位：万元/人）

地区	2009 年	2010 年	2011 年	2012 年	2013 年	2014 年	2015 年	2016 年	2017 年
北京	0.823	0.930	1.190	1.361	1.514	1.683	1.924	2.443	2.557
天津	0.508	0.674	0.805	0.910	0.927	1.144	1.317	1.398	1.517

续表

地区	2009 年	2010 年	2011 年	2012 年	2013 年	2014 年	2015 年	2016 年	2017 年
河北	0.226	0.301	0.423	0.510	0.558	0.636	0.764	0.862	0.972
山西	0.019	0.102	0.273	0.412	0.442	0.476	0.653	0.722	0.805
内蒙古	0.069	0.177	0.350	0.535	0.654	0.763	1.036	1.060	1.165
辽宁	0.305	0.386	0.569	0.701	0.758	0.804	0.945	1.008	1.057
吉林	0.288	0.328	0.513	0.623	0.694	0.741	0.894	0.926	1.071
黑龙江	0.289	0.336	0.490	0.597	0.744	0.806	0.916	0.971	1.063
上海	0.822	1.003	1.301	1.311	1.340	1.551	1.894	2.032	2.254
江苏	0.541	0.647	0.858	1.003	1.188	1.371	1.603	1.794	2.070
浙江	0.696	0.810	1.051	1.167	1.194	1.344	1.457	1.556	1.665
安徽	0.401	0.492	0.714	0.822	0.833	0.917	1.068	1.176	1.323
福建	0.549	0.654	0.858	0.961	0.962	1.163	1.311	1.449	1.657
江西	0.332	0.417	0.611	0.745	0.823	0.880	1.079	1.200	1.292
山东	0.427	0.493	0.673	0.777	0.897	1.014	1.171	1.367	1.552
河南	0.303	0.343	0.464	0.563	0.631	0.715	0.835	0.940	1.121
湖北	0.395	0.479	0.624	0.756	0.768	0.881	1.023	1.171	1.334
湖南	0.433	0.478	0.652	0.761	0.819	0.915	1.062	1.126	1.248
广东	0.624	0.784	0.859	0.979	1.035	1.154	1.348	1.482	1.679
广西	0.438	0.506	0.630	0.770	0.803	0.922	1.053	1.130	1.212
海南	0.429	0.494	0.661	0.817	0.862	0.918	1.221	1.320	1.492
重庆	0.438	0.545	0.749	0.818	0.881	1.005	1.150	1.317	1.446
四川	0.435	0.511	0.699	0.823	0.895	1.006	1.159	1.258	1.390
贵州	0.338	0.394	0.584	0.744	0.895	1.097	1.328	1.471	1.683
云南	0.407	0.480	0.706	0.847	0.944	1.059	1.238	1.390	1.593
陕西	0.354	0.433	0.619	0.756	0.828	0.951	1.046	1.134	1.296
甘肃	0.366	0.422	0.596	0.729	0.747	0.797	0.944	1.031	1.140
青海	0.338	0.420	0.592	0.726	0.775	0.943	1.154	1.301	1.517
宁夏	0.242	0.307	0.280	0.434	0.483	0.469	0.682	0.806	0.952
新疆	0.318	0.463	0.698	0.862	0.959	0.997	1.153	1.227	1.420

图 8.1 绘制了 2009~2017 年中国不同地区可持续经济福利水平的变化趋势，可见，东、中、西部地区的可持续经济福利水平变化与总样本整体变化趋势一致，呈现出逐年增加的趋势。此外，东部地区的可持续经济福利水平高于总样本整体水平，且高于中部地区和西部地区，这说明东部地区的经济发展、环境以及社会福利综合水平在全国范围内相对最高。中、西部地区的可持续经济福利水平均低

于整体水平，且中部地区相对最低，而中部地区经济水平较西部地区更高，这说明中部地区的非经济因素降低了该地区的可持续经济福利水平。具体而言，中部地区的消费支出、家庭劳动价值、耐用品服务收益、公共支出比西部地区更高，但同时其社会成本和环境成本也比西部地区更高，导致了中部地区的可持续经济福利水平低于西部地区。

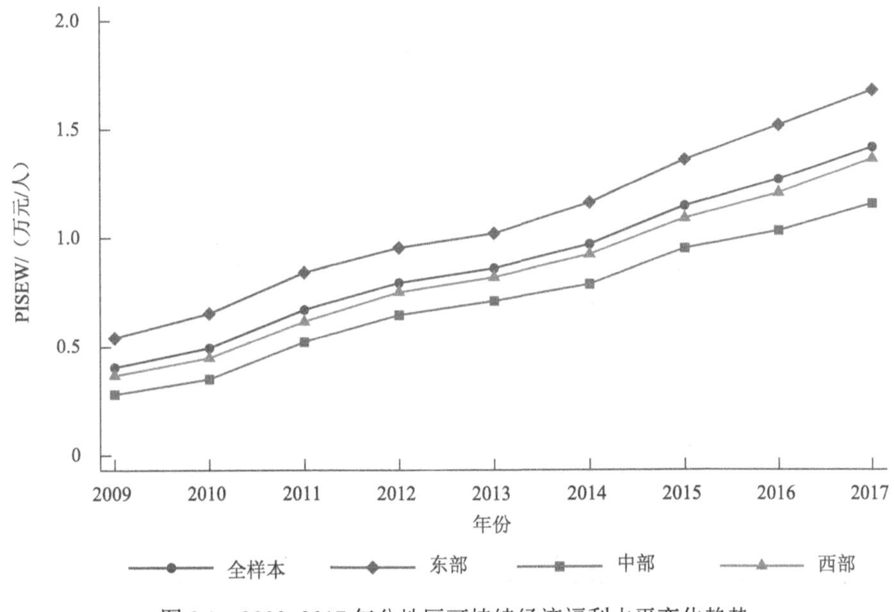

图 8.1 2009~2017 年分地区可持续经济福利水平变化趋势

8.4.2 DID 回归结果

1. 平行趋势检验结果

DID 模型的有效前提是满足平行趋势假设，但是试点地区和非试点地区的变化可能是由预先存在的时间趋势驱动的，为了解决这个问题的干扰，本章进行两次检验来验证平行趋势假设。

第一次检验是观察碳交易试点地区和非试点地区的 PISEW 变化情况。图 8.2 绘制了 2009~2017 年中国 30 个省区市的 PISEW 平均值的逐年变化。可以看出，2013 年之前，碳交易试点地区和非试点地区的 PISEW 具有相似的增长趋势。

参考 Hu 等（2020）的做法，第二次检验使用政策实施前的数据进行平行趋势检验，结果如表 8.3 所示。可以看出，Treat×Trend 的系数不显著，说明试点地区与非试点地区的时间趋势不存在系统性差异。综上，两次检验的结果均支持了DID方法的平行趋势假设。

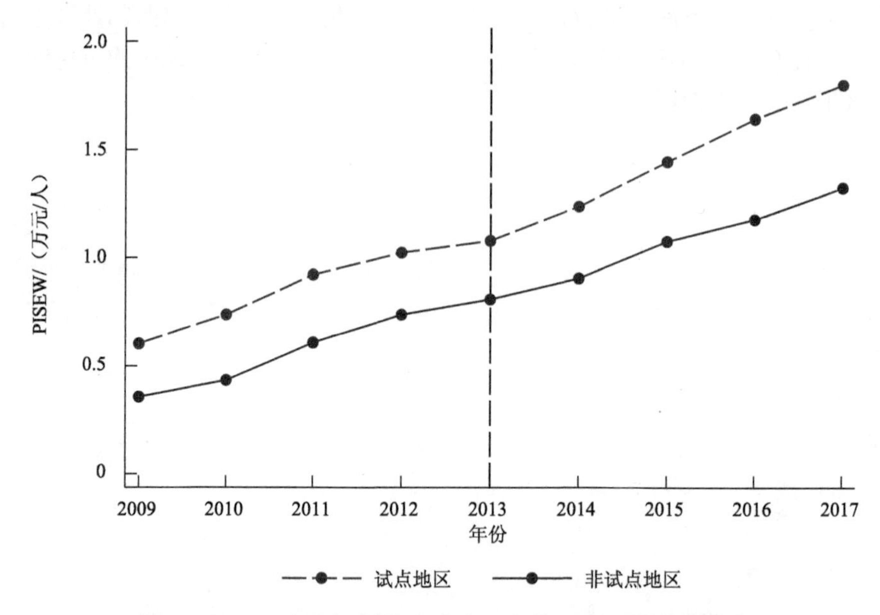

图 8.2　2009~2017 年中国 30 个省区市的 PISEW 平均值变化

表 8.3　平行趋势检验结果

变量	PISEW
Treat×Trend	0.010 （0.75）
控制变量	控制
时间固定效应	控制
地区固定效应	控制
常数项	1.067*** （5.02）
观测值	150
R^2 值	0.978

注：括号内为 t 统计量；本节建立了时间趋势变量 Trend，时间趋势变量 Trend 与地区虚拟变量 Treat 交互效应的模型为 $\text{PISEW}_{it} = \alpha + \beta_1 \text{Treat}_i \times \text{Trend}_t + \beta_2 \text{Treat}_i + \beta_3 \text{Trend}_t + \gamma \text{Controls}_{i,t} + \text{Year}_t + \text{Province}_i + \varepsilon_{it}$，其中 β_1 反映了碳交易试点地区和非试点地区是否具有相似的时间趋势，其他变量定义与方程（8.2）相同

***表示在 1%的水平下显著

2. 基准回归结果

为检验碳交易政策对可持续经济福利的影响，本节运用 DID 方法对方程(8.2)进行参数估计，结果如表 8.4 中的模型 1 所示。考虑到中国不同地区的资源禀赋差异和经济发展水平差异使得碳交易政策对不同地区可持续经济福利的影响可能存在区域异质性，本节将样本中 30 个省区市划分为东部、中部和西部三个地区，并分别进行回归，结果如表 8.4 中的模型 2~模型 4 所示。

表 8.4　碳交易政策对可持续经济福利的影响及其区域异质性

变量	模型 1	模型 2	模型 3	模型 4
	全样本	东部	中部	西部
Treat×Time	0.122*	0.202**	0.031	0.068
	(1.81)	(2.86)	(1.21)	(0.89)
控制变量	控制	控制	控制	控制
时间固定效应	控制	控制	控制	控制
地区固定效应	控制	控制	控制	控制
常数项	0.977***	1.285***	0.041	−0.655
	(4.36)	(3.44)	(−0.15)	(−0.28)
观测值	270	99	81	90
R^2 值	0.963	0.969	0.985	0.963

注：括号内为 t 统计量

*、**和***分别表示在 10%、5%和 1%水平下显著

根据表 8.4 中模型 1 的结果，Treat×Time 交乘项的系数显著为正，说明碳交易政策显著促进了试点地区的可持续经济福利增长，相对于非试点地区，碳交易试点地区的可持续经济福利提高了 0.122 万元/人。该结果与吴洁等（2015）一致，说明国家推行碳交易试点政策的效果已经显现，能显著促进经济、社会和环境三者综合水平的协调发展。

出现该结果的原因主要包括两个方面：首先，碳交易试点地区的碳排放配额受到总量管控，碳减排效果明显，对环境以及居民健康具有积极影响(Chang et al., 2020)，所以碳交易政策通过对空气质量和健康的协同效益提高了可持续经济福利水平；其次，建立统一碳市场后，市场将在“看不见的手”的指引下，优化资源配置，推动交易者的减排成本最小化（傅京燕和代玉婷，2015），进而提高全社会的福利水平。

模型 2~模型 4 的结果显示，碳交易试点政策对东部地区可持续经济福利的影响相对最大，使东部试点地区的可持续经济福利提高了 0.202 万元/人，且统计意

义显著。然而，碳交易试点政策对不同地区可持续经济福利的影响存在典型的异质性，具体表现为促进了东部地区可持续经济福利水平的增长，而对中、西部试点地区的影响不显著。该结果与耿文欣和范英（2021）的研究结论不一致，耿文欣和范英（2021）研究的仅是碳减排效应，结果显示地区异质性表现为西部地区减排效果最大，中部地区次之，东部地区最小。而本章使用的可持续经济福利指标可以全面衡量经济、社会和环境的综合水平，能够反映经济发展、社会福利和环境效益的实际情况。

分析出现上述地区异质性的原因，主要有两个方面：首先，东部地区的经济发展水平总体较高，资源禀赋较好，生产流程和技术工艺较先进（Hu et al., 2020），相对于中、西部地区而言，碳交易试点政策的实施能够促进其可持续经济福利水平的提高；其次，中、西部地区传统制造业比重较大，且技术吸纳及创新能力相对较低，在碳交易试点政策的驱动下，中、西部地区在短期内提高可持续经济福利水平的效果不明显。

8.4.3　政策先行和滞后效应评价结果

本节进一步研究了碳交易试点政策对可持续经济福利的动态影响。具体而言，2011 年 10 月国家发展改革委下发了《关于开展碳排放权交易试点工作的通知》，2013 年首个碳交易试点在深圳上线交易，这可能存在潜在的政策先行和滞后效应。因此，参考 Hu 等（2020）的方法，本节估计碳交易试点政策对可持续经济福利的先行和滞后效应，方程设定如下：

$$\mathrm{PISEW}_{it} = \alpha + \sum_{j=-4}^{4} \beta \mathrm{Treat}_i \times \mathrm{Yeardum}_{2013+j} + \gamma \mathrm{Controls}_{it} + \mathrm{Year}_t + \mathrm{Province}_i + \varepsilon_{it} \tag{8.3}$$

其中，β 反映了 2009~2017 年碳交易试点政策对可持续经济福利的先行和滞后效应，调控年份为 2013 年；Yeardum 表示年份虚拟变量；j 表示政策干预的第 j 年，负值表示干预前，正值表示干预后。碳交易试点政策对可持续经济福利的先行和滞后效应如图 8.3 所示。

图 8.3 结果表明，在调控年份 2013 年之前，系数 β 均没有表现出显著的趋势，符合平行趋势假设。2013 年之后，系数 β 呈现出明显上升的趋势，且具有一定的滞后效应，滞后期约为两年。该结果与耿文欣和范英（2021）的研究结论一致，即碳交易政策的效应具有一定的时滞性。其潜在原因是碳交易试点政策对环境（碳减排等）方面有即时的积极影响，但是对经济和社会方面的积极影响需要一定的时间才能显现。

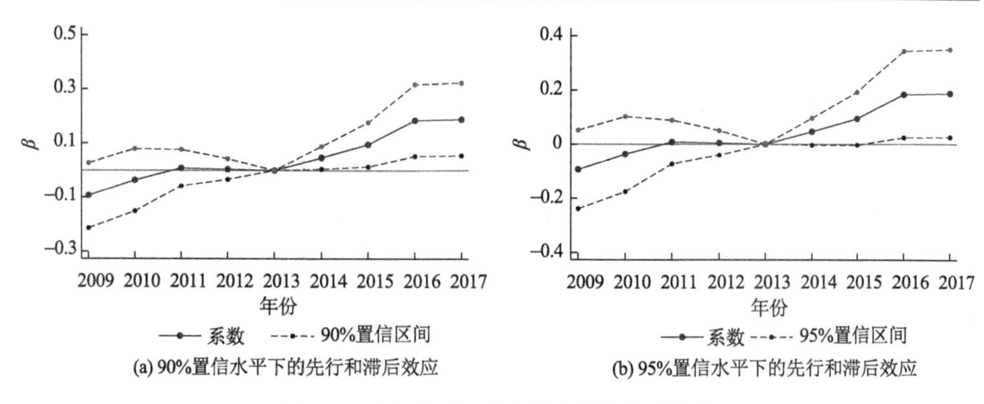

图 8.3　碳交易试点政策的先行和滞后效应

8.4.4　稳健性检验

通过上述分析，我们发现碳交易试点政策对可持续经济福利水平具有显著的正向影响，但结果可能是由试点地区和非试点地区的选择性偏差导致的，因此，本节进一步使用 PSM-DID 方法进行稳健性检验。

运用 PSM-DID 方法时，通过碳交易试点虚拟变量对控制变量进行逻辑回归，得到倾向得分值，进而根据倾向得分值将碳交易试点地区与具有相似特征的非试点地区进行匹配。然后，使用匹配的样本估计基准方程，结果如表 8.5 所示。可以看出，碳交易试点地区的可持续经济福利比非试点地区高约 0.119 万元/人。

表 8.5　PSM-DID 估计结果

变量	PISEW
Treat×Time	0.119* （1.86）
控制变量	控制
时间固定效应	控制
地区固定效应	控制
常数项	1.065*** （5.02）
观测值	250
R^2 值	0.965

注：括号内为 t 统计量

*和***分别表示在 10%和 1%水平下显著

8.4.5 进一步讨论

经济发展、环境和社会福利也会受到其他因素的影响，如清洁能源消费有利于减少碳排放，对环境有利，但对经济增长存在外生的负向影响（林美顺，2017），进而对可持续经济福利水平也会产生影响；研发投资能够推动传统的粗放经济生产方式向可持续发展方式转变（Pan et al.，2021），降低碳减排成本，推动可持续发展，对可持续经济福利具有一定程度的影响。因此，为了进一步探讨东部地区碳交易试点政策的调节效应，本节选取清洁能源消费和研发投资作为调节变量，分别设立清洁能源消费（ECS）和研发投资（RD）与碳交易试点政策的交互项，对基准方程进行估计，结果见表 8.6。

表 8.6　东部地区清洁能源消费、研发投资与碳交易试点政策的交互效应

变量	模型 1	模型 2	模型 3
Treat×Time	0.202** （2.86）		
Treat×Time×ECS		1.040** （2.97）	
Treat×Time×RD			0.574*** （5.52）
控制变量	控制	控制	控制
时间固定效应	控制	控制	控制
地区固定效应	控制	控制	控制
常数项	1.285*** （3.44）	1.382*** （3.54）	1.197*** （3.34）
观测值	99	99	99
R^2 值	0.969	0.970	0.972

注：括号内为 t 统计量；模型 2 代表清洁能源消费与东部地区碳交易试点政策的交互效应，模型 3 代表研发投资与东部地区碳交易试点政策的交互效应

和*分别表示在 5%和 1%的水平下显著

由表 8.6 可知，东部地区清洁能源消费与碳交易试点政策的交互效应以及研发投资与碳交易试点政策的交互效应显著为正，说明在碳交易试点政策实施的背景下，清洁能源消费和研发投资的增加，能显著促进可持续经济福利水平的提高。

8.5　主要结论与启示

本章采用中国 30 个省区市 2009~2017 年的面板数据，构建了可持续经济福

利的衡量指标，并通过 DID 模型评价了中国碳交易政策对可持续经济福利的影响。本章的主要结论如下。

第一，碳交易政策显著促进了试点地区可持续经济福利的增长，相对于非试点地区，碳交易试点地区的可持续经济福利提高了 0.122 万元/人。碳交易试点政策的效果已经显现，能够显著促进社会、经济和环境三者综合水平的协调发展。

第二，碳交易试点政策对不同地区可持续经济福利的影响存在典型的异质性，具体表现为促进了东部地区可持续经济福利水平的增长，而对中、西部试点地区的影响不显著。碳交易试点政策对东部地区可持续经济福利的影响相对最大，使东部试点地区的可持续经济福利提高了 0.202 万元/人，而且，随着东部地区清洁能源消费和研发投资的增加，碳交易试点政策能显著促进其可持续经济福利水平的提高。

第三，碳交易试点政策对可持续经济福利水平的影响具有一定的滞后效应，滞后期约为两年。2013 年之后，可持续经济福利水平呈现出明显上升的趋势，但是 2015 年之后，中国碳交易政策对可持续经济福利水平才具有明显的正向影响。

基于上述结论，本章提出几点政策启示。第一，碳交易政策实现了经济、社会和环境等多个维度的良性效果，政府可以通过完善碳交易政策，发挥碳交易试点的优势，并根据现有经验形成体系，从而加快完善全国碳市场，为提高经济、社会和环境的综合效益提供政策与市场支撑。第二，碳交易政策制定者可以根据不同的资源禀赋，设计不同的碳排放交易辅助性支撑政策，如在东部地区加快推进清洁能源消费和研发投资，发挥东部地区特殊的示范及带动作用。第三，碳交易政策对可持续经济福利水平的影响具有滞后效应，在滞后期内，碳交易试点地区的经济、社会和环境效益并没有体现出来，这就需要政府提供一定的政策支持，吸引更多的企业参与到碳市场中，发挥碳交易政策对经济、社会和环境的综合效益，从而提高碳交易政策对可持续经济福利水平的正向影响。

第9章 中国碳交易对农民增收的影响研究

9.1 碳交易与农民增收的关系及研究诉求

减贫是一个世界性难题，联合国17个可持续发展目标中，第1条便是到2030年在世界各地消除一切形式的贫穷（Hanna and Olken，2018）。自1978年中国实施改革开放以来，经济社会发展日新月异，在减贫上取得了令人瞩目的成就。联合国2015年《千年发展目标报告》显示，中国1990~2015年极端贫困率从61%下降至4%，是全球减少极端贫困人口贡献度最大的国家（李芳华等，2020）。国务院发布的《人类减贫的中国实践》白皮书中指出，至2020年底，中国如期完成新时代脱贫攻坚目标任务，现行标准下9899万农村贫困人口全部脱贫，占世界人口近五分之一的中国全面消除绝对贫困，提前10年实现《联合国2030年可持续发展议程》减贫目标。然而，面对新发展阶段的要求，中国并未止步于消除绝对贫困的胜利，而是将目光投向了更加长远的乡村振兴。在“十四五”规划的指引下，中国致力于持续巩固拓展脱贫攻坚的丰硕成果，并将之与乡村振兴战略紧密衔接，旨在通过这一战略举措，进一步推动农村经济社会的全面发展，实现农民生活质量的持续提升，以及乡村地区的全面振兴。

实际上，中国在经济发展带来减贫成就的过程中，由于巨大的化石能源消费以及长期以来高碳、粗放的发展模式，也面临着严峻的环境问题（Adams，2004）。在全球倡导低碳发展的背景下，乡村振兴不能也不应该走传统高碳发展的老路。特别是，中国的贫困地区和生态脆弱地区在地理上存在高度重叠情况（孙久文等，2019），以增收为目标且以能源消耗为手段的开发，不仅会给资源环境造成更大压力，还会反向加剧贫困（Wu and Jin，2020）。如何兼顾乡村振兴与环境保护，探索出一条让生态效益转化为经济效益的绿色发展道路，成为我国进一步实现乡村振兴的难点。

为了在扶贫工作中树立绿水青山就是金山银山的理念，2015年11月发布的《中共中央 国务院关于打赢脱贫攻坚战的决定》中强调“坚持扶贫开发与生态保护并重”。国家发展改革委等六部门2018年1月共同印发的《生态扶贫工作方案》明确提出“结合全国碳排放权交易市场建设，积极推动清洁发展机制和温室气体自愿减排交易机制改革，研究支持林业碳汇项目获取碳减排补偿，加大对贫困地区的支持力度”。积极探索基于碳市场的低碳扶贫，成为当时推动贫困地区减贫与节能减排可持续发展、接续推进乡村振兴与生态保护协调发展的工作重点。

碳交易是以低成本、高效益的方式减少温室气体排放和推动经济绿色低碳高质量发展的重要市场化手段，自《京都议定书》签订后在全球范围内陆续实施（Zhang et al.，2020g）。而碳市场中的 CCER 交易，能将贫困地区减排项目所产生的 CCER 用于抵销企业排放的二氧化碳，形成“工业补农业，城市补农村，排碳补固碳”的市场化生态补偿机制，这一机制设计有助于打破区域环境资源禀赋对经济发展形成的约束和限制，实现农民增收。然而，中国碳市场中的 CCER 交易究竟是否发挥了农民增收效应仍有待确认，特别是 CCER 项目包含风能与太阳能等非化石能源、林业碳汇、沼气等减碳和固碳项目，将在实现“碳中和”目标过程中扮演重要角色。探究这一问题，不仅对中国利用碳市场实现乡村振兴有重要意义，更重要的是，在推动“碳中和”进程的同时可以贡献低碳实现农民增收的中国案例，对广大发展中国家、新兴工业化国家实践低碳减贫具有重要借鉴价值。

本章基于 2006~2017 年中国 1782 个县的面板数据，利用 DID 模型进行实证分析，深入剖析中国碳市场中的 CCER 交易对乡村发展及经济福祉的积极影响，并对以下问题展开回答：CCER 交易是否产生了农民增收效应？增收效应在国家级贫困县和非贫困县中有何不同？增收效应是否随 CCER 的项目类型、项目数量、项目规模，以及项目分布区域的不同而存在异质性？CCER 交易的增收效应和 CCER 项目实施的增收效应又有何区别？

9.2 国内外研究现状

与本章相关的研究主要有两个方面。一方面，当前已有学者探讨了碳减排政策与减贫之间的关系，且有研究表明碳减排政策有助于提高农民收入（Glomsrød et al.，2016）。碳减排政策包括碳汇项目的实施（Pfaff et al.，2007；Antle and Stoorvogel，2008）、CDM 项目的实施（Du and Takeuchi，2019；Mori-Clement，2019；Grover and Rao，2020）、光伏项目的实施（Li et al.，2020a；Zhang et al.，2020h）和碳税的应用（Hussein et al.，2013；Saelim，2019）。也有部分学者的研究表明碳减排政策的增收效果有限（Li et al.，2020a），或者不利于农民福祉的提高（Jindal et al.，2012；Dirix et al.，2016；Renner，2018；Campagnolo and Davide，2019；Olale et al.，2019；Aggarwal and Brockington，2020）。

另一方面，关于碳交易这一市场型碳减排政策，绝大多数研究主要集中在碳交易的二氧化碳减排效应（Dong et al.，2019；Hu et al.，2020；Zhu et al.，2020），而关注其农民增收效应的研究非常有限。从仅有增收效应的相关文献看，Zhang G L 和 Zhang N（2020）以中国 30 个地区为样本，利用 DID 模型探讨了中国碳市场中配额交易的增收效应，并发现配额交易使 7 个试点地区的农民人均纯收入提升了 752.6 元。然而，遗憾的是，已有研究仅从碳配额交易的角度展开研究，而忽略了从项目交易的角度展开研究。

事实上，碳交易可以分成两类——碳配额交易（例如 EU ETS 中的欧盟排放配额）和项目交易（例如 CDM 项目中的核证减排量）。中国碳市场也同样包含这两种交易商品：碳配额和 CCER。在碳配额交易中，控排企业在“总量控制和交易”机制下互相交易试点地区设定与分配的碳配额。在 CCER 交易中，控排企业可向 CCER 项目供应方购买项目减排额，用以抵销其碳排放量，这不仅可以促使控排企业从高碳排向低碳化发展，也能为 CCER 项目供应方带来经济收益。截至 2024 年 9 月，已有多个地区报道通过 CCER 交易产生了经济效益，如湖北省政府披露，2015 年至 2017 年湖北省贫困地区的农林类 CCER 项目三年为农民增收逾千万元。归结起来，当前大多数文献主要从实施 CDM 此类清洁能源减排项目的角度探讨碳减排政策的增收效应，较少考虑碳交易此类市场型减排工具。特别是，现有研究忽略了从 CCER 交易的角度探索碳市场的增收效应，这为本章的研究提供了突破空间。

和现有文献相比，本章的研究贡献如下。第一，与现有研究关注实施碳减排项目对农民增收效应不同，本章关注成本最优的市场型减排工具——碳交易对农民增收效应的影响。通过这一研究，为中国及其他发展中国家利用市场手段实现降碳与促进农村经济发展的“共赢”提供经验证据。第二，现有文献仅从配额交易的角度研究碳交易在试点地区的农民增收效应（Zhang G L and Zhang N，2020），而本章从 CCER 交易的角度分析中国碳市场的农民增收效应。实际上，相较于配额交易，更有必要分析 CCER 交易的农民增收效应，因为 CCER 交易的增收覆盖范围更为广泛，并且增收机制更加明确。从增收覆盖范围来看，配额交易仅限于 7 个经济发达的试点省市内部，并未覆盖试点以外的低收入地区，而 CCER 项目广泛分布于全国各地，更能代表低收入地区。中国经济欠发达地区分布广泛，大多数经济欠发达地区实际上并没有位于 7 个试点地区之内，它们才是中国乡村振兴的重点。从增收机制来看，配额交易的主体为试点地区的控排企业，更多的是企业间的资金流动，而 CCER 交易的主体为控排企业与来自全国各地的项目供应方，CCER 交易能通过控排企业补偿项目供应方，从而实现乡村振兴。第三，中国经济欠发达的地区往往以县为单位，而现有碳交易相关研究主要基于中国省级层面的数据，这难以揭示碳交易政策在县级微观层面的农民增收效应。本章从更微观的县域角度展开研究，可以弥补以往文献多从省区市角度开展研究的不足。

9.3　数据说明和研究方法

9.3.1　数据说明

基于 2006~2017 年中国 1782 个县[①]的面板数据，本章探讨中国碳市场中 CCER 交易的农民增收效应，数据说明如下。

1. CCER 项目数据

本章中 CCER 项目相关信息和数据来自中国自愿减排交易信息平台。截至 2018 年 4 月 30 日，国家发展改革委公示的 CCER 审定项目总数为 2871 个，备案项目总数为 1047 个，减排量签发项目总数为 254 个，合计签发减排量 5300 万吨二氧化碳当量。由于只有签发项目才能进入碳市场进行 CCER 交易，因此本章的 CCER 项目特指 254 个签发项目，项目地域分布如图 9.1 所示。该平台中公布的 254 个减排量备案项目覆盖了 213 个县。由于《中国县域统计年鉴》和各个地区统计年鉴中均存在数据缺失问题，如青海、西藏、广东、四川未披露县级农民人均纯收入。因此，在剔除数据缺失县域后，本章样本最终包含 177 个 CCER 项目，覆盖了 154 个县。CCER 项目的类别如表 9.1 所示。由表 9.1 中面板 A 可知，这 177 个 CCER 项目具有代表性，因为它们占 254 个 CCER 项目的 70%，各个项目类别的占比也较为合理。此外，样本 CCER 项目的地域分布与原始 CCER 分布相似（图 9.1）。

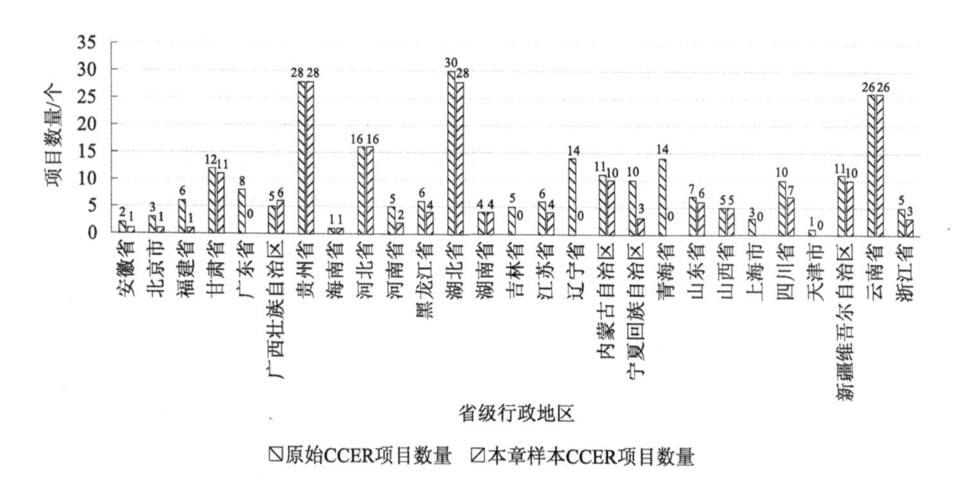

图 9.1　CCER 项目地域分布

① 本章研究中所用的县包括了县、县级市、市辖区、自治县等各类县级行政区，为行文简洁起见，统称为县。

表 9.1　CCER 项目分类

面板 A：按项目类型划分的 CCER 项目数量			
CCER 项目类型	原始 CCER	本章样本 CCER	样本占比
风力发电	90	61	67.78%
太阳能发电	48	23	47.92%
沼气	41	41	100.00%
水力发电	32	27	84.38%
生物质发电	17	14	82.35%
废物处理	9	2	22.22%
瓦斯发电	9	5	55.56%
余热与地热利用	3	2	66.67%
其他	5	2	40.00%
合计	254	177	70%
面板 B：按县域类型划分的 CCER 项目数量			
县域类型	处理组	控制组	合计
国家级贫困县	74	605	679
非国家级贫困县	80	1023	1103
合计	154	1628	1782

2. 国家级贫困县

2012 年国务院扶贫办根据县域农民人均纯收入、人均县域国内生产总值和人均县域财政一般预算性收入等指标，发布了《全国 832 个集中连片特殊困难县（市）及国家扶贫开发工作重点县目录》。本章样本中包含 679 个国家级贫困县，其中 74 个贫困县涵盖了 CCER 项目，样本分布如表 9.1 中面板 B 所示。可知，本章的处理组为包含了 CCER 项目的 154 个县，其余的 1628 个县为控制组。其中，处理组和控制组分别包含 74 个和 605 个贫困县。

3. 相关变量

根据中国国务院扶贫办确认贫困县的标准和已有研究（Du and Takeuchi，2019；Zhang et al.，2020h；李永友和王超，2020），本章选取农民人均纯收入作为本章的被解释变量，并选取以下 5 个县域特征作为控制变量：财政结构、油料作物产量、产业结构、农业机械总容量、教育水平。同时在稳健性检验中，本章采用人均县域国内生产总值和人均县域财政一般预算性收入作为农民人均纯收入的替代变量。其中，农民人均纯收入数据来源于 2007~2018 年各个地区的统计年鉴，控制变量数据、人均县域国内生产总值、人均县域财政一般预算性收入数据均来源于 2007~2018 年的《中国县域统计年鉴》。变量说明与描述性统计见表 9.2。

表 9.2　变量说明与描述性统计

变量	符号	变量定义	样本总数	均值	标准差	最小值	最大值
增收效应指标	RuralIncome	农民人均纯收入（log）	18 737	8.742	0.608	3.258	11.505
	PerGDP	人均县域国内生产总值（log）	18 737	9.849	0.812	7.394	13.038
	PerRevenue	人均县域财政一般预算性收入（log）	18 737	6.807	1.108	2.692	10.771
CCER 交易	Ccer	是否存在 CCER 交易	18 737	0.028	0.165	0.000	1.000
财政结构	Finance	地方财政一般预算支出/地方财政一般预算收入	18 737	5.294	5.619	0.000	152.266
油料作物产量	OilCrop	油料产量（log）	18 737	8.510	1.791	0.000	13.009
产业结构	Industry	第二产业增加值/地区生产总值	18 737	0.440	0.154	0.000	0.989
农业机械总容量	AgPower	农业机械总动力（log）	18 737	3.378	0.935	0.000	7.321
教育水平	EduLevel	普通中学在校学生数/年末总人口	18 737	0.051	0.016	0.002	0.467

注：所有数据为年度数据

9.3.2　研究方法

本章采用 DID 模型评估 CCER 交易与农民人均纯收入之间的因果关系，该模型能够控制研究对象的事前差异，有效识别政策效应，被广泛应用于政策评估的相关研究（Greenstone and Hanna，2014；Drysdale and Hendricks，2018；宋弘等，2019）。具体地，在本章的样本区间 2006~2017 年，总共有 154 个县存在 CCER 交易。本章 DID 模型所比较的是项目所在县与非项目所在县的农民人均纯收入在 CCER 交易前后的差异，计量模型如下：

$$\text{RuralIncome}_{it} = \alpha_0 + \beta \text{Ccer}_{it} + \sum_{k=1}^{5} \gamma_k x_{kit} + \eta_i + \mu_t + \varepsilon_{it} \tag{9.1}$$

其中，Ccer_{it} 表示虚拟变量，由于首次 CCER 交易发生于 2013 年 11 月，因此我们将政策干预时间设置为2014年，如果 i 县包含CCER项目并且年份 t 在2014年及以后，Ccer=1，否则Ccer=0。由于有3个县的CCER项目实施时间为2015年，因此当年份 t 在2015年及以后时，这3个县的Ccer=1。模型中还包括5个控制变量 x_{kit} ，$k=1,2,\cdots,5$ ，它们分别是Finance、OilCrop、Industry、AgPower、EduLevel。此外，模型还包括县域固定效应和年份固定效应，η_i 和 μ_t 分别控制着随县域变化而不随年份变化，以及随年份变化而不随县域变化的不可观测因素。同时，为了控制既随年份变化又随区域变化的不可观测因素，本章还控制了年份和区域（东、中、西部地区）的交互固定效应。其中，东部地区包括北京、天津、河北、辽宁、上海、江苏、浙江、福建、山东、广东、广西、海南12个地区；中部地区包括山西、内蒙古、吉林、黑龙江、安徽、江西、河南、湖北、湖南9个地区；西部地区包括四川、贵州、云南、西藏、陕西、甘肃、宁夏、青海、新疆9个地区。最后，ε_{it} 表示误差项。

9.4　结果分析与讨论

9.4.1　CCER交易的增收效应分析

CCER交易对农民人均纯收入的影响结果如表9.3所示。模型1仅控制了县域固定效应和年份固定效应，模型2则进一步控制了控制变量，模型3在模型2的基础上进一步控制了年份和区域的交互固定效应。

表9.3　CCER交易的增收效应

变量	模型1	模型2	模型3	模型4	模型5	模型6
	RuralIncome	RuralIncome	RuralIncome	RuralIncome	RuralIncome	RuralIncome
Ccer	0.036^{***}	0.029^{***}	0.025^{**}			
	(0.012)	(0.011)	(0.010)			
Poor×Ccer				0.096^{***}	0.080^{***}	0.062^{***}
				(0.017)	(0.016)	(0.016)
Non-poor×Ccer				-0.027^{**}	-0.024^{**}	-0.013
				(0.013)	(0.011)	(0.011)
Finance		-0.001^{***}	-0.001^{***}		-0.001^{***}	-0.001^{***}
		(0.000)	(0.000)		(0.000)	(0.000)
OilCrop		0.008^{**}	0.001		0.008^{**}	0.001
		(0.004)	(0.003)		(0.004)	(0.003)
Industry		0.275^{***}	0.208^{***}		0.275^{***}	0.208^{***}
		(0.031)	(0.030)		(0.031)	(0.030)

续表

变量	模型 1	模型 2	模型 3	模型 4	模型 5	模型 6
	RuralIncome	RuralIncome	RuralIncome	RuralIncome	RuralIncome	RuralIncome
AgPower		0.071***	0.039***		0.069***	0.038***
		（0.007）	（0.007）		（0.007）	（0.007）
EduLevel		0.739***	0.573***		0.713***	0.553***
		（0.203）	（0.184）		（0.201）	（0.183）
常数项	8.741***	8.281***	8.488***	8.742***	8.291***	8.491***
	（0.000）	（0.037）	（0.037）	（0.000）	（0.037）	（0.037）
县域固定效应	控制	控制	控制	控制	控制	控制
年份固定效应	控制	控制	控制	控制	控制	控制
年份固定效应×区域固定效应	不控制	不控制	控制	不控制	不控制	控制
观测值	18 737	18 737	18 737	18 737	18 737	18 737
R^2 值	0.959	0.961	0.963	0.959	0.961	0.963

注：Poor 和 Non-poor 分别为表征国家级贫困县和非国家级贫困县的虚拟变量；如果该县为国家级贫困县，则 Poor=1，否则 Poor=0，Non-poor 同理。括号内为聚类至县域的稳健标准误

和*分别表示在 5%和 1%水平下显著

CCER 交易显著地提高了 CCER 项目所在县的农民收入水平，由模型 1 至模型 3 可知，变量 Ccer 的回归系数均在 1%或 5%的统计意义下显著为正。利用模型 3 的估计值进行解释分析，发现 CCER 交易的增收效应约为 0.025，即 CCER 交易使农民人均纯收入平均增加了 2.5%。由于样本期间不包含 CCER 项目的县的农民人均纯收入均值为 7499.86 元，因此 CCER 交易可以使农民人均纯收入平均提升 187.5 元。该结果与 Zhang G L 和 Zhang N（2020）的结果具有可比性，均反映了中国碳市场积极的增收效应。不同的是，Zhang G L 和 Zhang N（2020）利用省级数据分析了中国碳市场中配额交易对农民收入的影响，而本章则利用县域数据反映了中国碳市场中 CCER 交易对农民收入的影响。

此外，CCER 交易显著提升了国家级贫困县的农民人均纯收入。模型 4~模型 6 进一步展示了 CCER 交易对国家级贫困县和非国家级贫困县的增收效应。进一步控制了控制变量和交互固定效应的模型 6 表明，CCER 交易使贫困县的农民人均纯收入平均增加了 6.2%，而对非国家级贫困县则未产生显著影响。一种可能的原因是，一旦某县被设立为国家级贫困县，中央政府将对该县给予大量的政策、资金、技术等定向援助性支持，国家级贫困县的社会关注度也更高，这使得交易方可能更倾向于选择位于国家级贫困县的 CCER 项目，从而对国家级贫困县的增收作用可能更大（Zhou et al.，2018）。另一种可能的原因是，国家级贫困县的农

民人均纯收入本身低于非国家级贫困县，样本中国家级贫困县和非国家级贫困县的农民人均纯收入均值分别为 4872 元和 9040 元，导致 CCER 交易对国家级贫困县的边际增收效应可能会大于非国家级贫困县。

9.4.2 平行趋势假设检验

DID 估计结果满足一致性的前提是，在没有实施 CCER 交易的情况下，处理组与控制组农民人均纯收入的变化趋势应该是一致的。为此，本章参考相关研究（Greenstone and Hanna，2014；Li et al.，2019c；Lin and Zhu，2019），构建基于事件研究法的方程（9.2），实证检验平行趋势假设。

$$\text{RuralIncome}_{it} = \alpha_0 + \sum_{j=-7}^{4} \beta_j \text{Treated}_{it}^{j} + \sum_{k=1}^{5} \gamma_k x_{kit} + \eta_i + \mu_t + \varepsilon_{it} \tag{9.2}$$

其中，Treated_{it}^{j} 表示 CCER 交易前后第 j 年处理组的虚拟变量。因此本章将 CCER 交易的前一年——2013 年作为基期（即 Treated_{it}^{0}），从而估计相对于交易前一年而言，CCER 交易对农民人均纯收入的动态影响。

图 9.2 绘制了 95%置信区间（图 9.2 中黑色虚线）下 β_j 的估计结果。可见，处理组与控制组满足平行趋势假设。具体而言，本章关注刻画的变量 β_j 表示在 CCER 交易开始的第 j 年时，处理组与控制组之间的农民人均纯收入的差异。研究发现，在 $j<0$ 期间，β_j 均不显著，系数趋近于 0（β_j 均值为 0.0004）且趋势平缓，这说明在 CCER 交易实施前，处理组和控制组的农民人均纯收入不存在显著的系统性差异，满足平行趋势假设。而从 $j>0$ 开始，β_j 的数值与 $j<0$ 时期有较大变化。从 CCER 交易第一年，即从 2014 年开始，β_j 开始显著为正，这说明从 CCER 交易当年起，处理组的农民人均纯收入显著高于控制组。此外，β_j 的系

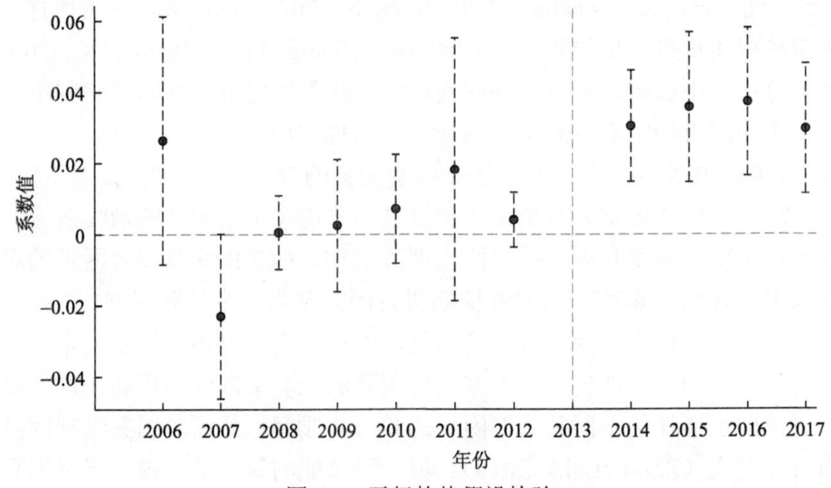

图 9.2　平行趋势假设检验

数从 $j>0$ 开始也表现出递增趋势（除 2017 年略有下降外）。这一方面表明，农民人均纯收入对 CCER 交易的反应十分灵敏，在 2014 年实施 CCER 交易后就表现出显著的增收效应；另一方面，随着时间推移，CCER 交易的增收效应不断增强。

9.4.3　CCER 交易增收效应的稳健性检验

1. 自选择偏差的影响

上文估计可能会遭受两个自选择偏差来源的干扰，导致估计偏误。一是处理组和控制组在 CCER 交易前可能就存在系统性差异。二是 CCER 项目的落地可能不是随机分配的，而是与各个县的自然环境状况或经济发展状况有关。为了缓解自选择问题导致的偏差，本章参照 Du 和 Takeuchi（2019）、Zhu 等（2019）和王康等（2019），采用 PSM 和 MDM 两种匹配方法，通过将处理组与控制组中具有相似观察属性的县配对，最大限度地减少由系统性差异所导致的农民人均纯收入的不同，降低 DID 估计的偏误。现有研究通常使用政策启动时间前一年的数据来匹配处理组和控制组，如 Du 和 Takeuchi（2019），考虑到更长的预处理时间可以提高匹配质量，本章使用 CCER 交易前两年的数据进行匹配。也就是说，本章的匹配基于 2012 年和 2013 年两年的数据，然后以过去两年中成功匹配的县作为基准实施 DID。为了保证匹配质量，且实现 PSM 和 MDM 的匹配样本数目具备可比性，匹配分别使用 0.0001 卡尺内的一对四 PSM 匹配和 0.4 卡尺内的 MDM 匹配。两种匹配均为有放回匹配。本章的匹配变量基于方程（9.1）中的五个控制变量。

基于匹配后的样本，本章再次检验了 CCER 交易的增收效应，结果如表 9.4 所示。模型 1~模型 3 为 PSM-DID 的结果，模型 4~模型 6 为 MDM-DID 的结果。结果表明，在利用 PSM-DID 和 MDM-DID 的方法缓解自选择偏差问题后，CCER 交易依然显著增加了农民人均纯收入。并且，由模型 3 和模型 6 可知，CCER 系数在 5%的水平下显著为正，农民人均纯收入增加了约 2.5%，与表 9.3 中的基准结果（模型 3）并没有显著差异，从而进一步支撑了本章的实证结果。

表 9.4　CCER 交易的增收效应：PSM-DID 和 MDM-DID

变量	PSM-DID			MDM-DID		
	模型 1	模型 2	模型 3	模型 4	模型 5	模型 6
	RuralIncome	RuralIncome	RuralIncome	RuralIncome	RuralIncome	RuralIncome
Ccer	0.035***	0.030**	0.024**	0.036**	0.028**	0.026**
	(0.013)	(0.012)	(0.011)	(0.014)	(0.012)	(0.011)
Finance		−0.002**	−0.002*		−0.005***	−0.006***
		(0.001)	(0.001)		(0.002)	(0.002)

续表

变量	PSM-DID			MDM-DID		
	模型 1	模型 2	模型 3	模型 4	模型 5	模型 6
	RuralIncome	RuralIncome	RuralIncome	RuralIncome	RuralIncome	RuralIncome
OilCrop		0.008* （0.005）	−0.000 （0.005）		0.014** （0.006）	0.002 （0.006）
Industry		0.272*** （0.049）	0.192*** （0.049）		0.334*** （0.049）	0.245*** （0.049）
AgPower		0.091*** （0.011）	0.052*** （0.010）		0.086*** （0.012）	0.040*** （0.011）
EduLevel		1.389*** （0.252）	0.995*** （0.240）		1.846*** （0.272）	1.464*** （0.268）
常数项	8.750*** （0.001）	8.184*** （0.058）	8.451*** （0.056）	8.815*** （0.001）	8.164*** （0.068）	8.494*** （0.067）
县域固定效应	控制	控制	控制	控制	控制	控制
年份固定效应	控制	控制	控制	控制	控制	控制
年份固定效应×区域固定效应			控制			控制
观测值	7759	7759	7759	7119	7119	7119
R^2 值	0.967	0.970	0.972	0.971	0.974	0.976

注：括号内为聚类至县域的稳健标准误

*、**和***分别表示在 10%、5%和 1%水平下显著

2. 安慰剂检验

对于本章结果，还存在一个担忧，即估计值是不是由某些偶然因素驱动所造成的虚假相关结果。对此，本章采用两种方法进行安慰剂检验：随机生成处理组和虚构政策发生时间。由于 CCER 交易的卖方仅限于覆盖了 154 个县的 177 个签发项目，因而增收效应应当仅发生在这 154 个县的范围之内，并不关注其余 1628 个县。可以预期，CCER 交易可能不会对其余 1628 个县产生显著的增收效应。鉴于此，本章随机从样本中选取 154 个县构造虚假处理组，作为分析 CCER 交易增收效应的一个安慰剂检验（Cai et al.，2016；Heyes and Zhu，2019；吕越等，2019）。具体地，本章从样本中随机选取 154 个县生成虚假处理组，从而产生一个虚假估计 β^{random}，再将这个过程重复 1000 次，从而相应产生 1000 个 β^{random}，若大量 β^{random} 显著，则表明本章的回归结果存在偏误。图 9.3 描绘了 β^{random} 的核密度以

及相对应的 P 值分布，可知，β^{random} 的核密度以及 P 值均集中分布在 0 左右（系数均值为 0.000 05，P 值均值为 0.499），且服从正态分布。而本章的真实估计 0.025 则落在了安慰剂测试分布的尾部（图 9.3 中竖线），是明显的异常值。这些结果符合安慰剂检验的预期，表明本章的估计结果不太可能是偶然因素的结果。

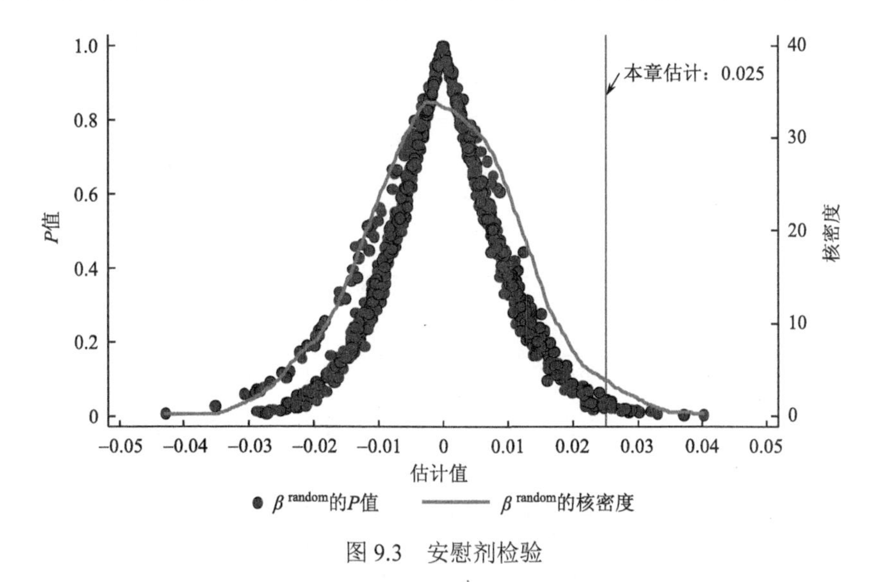

图 9.3　安慰剂检验

此外，虚构政策发生时间也是安慰剂检验的常用方式（Nunn and Qian，2011；Fu and Gu，2017；Zhang and Liu，2019）。在此测试中，我们虚拟设定 CCER 的交易时间，重新估算模型。在虚拟交易时间情况下，如果系数变为不显著，则表明农民人均纯收入的提升的确是由 CCER 交易引起的，而不是一次偶然事件或是由其他因素所导致。反之，如果我们在虚拟 CCER 交易时间的情况下发现了显著结果，则表明我们的结果不稳健（Nunn and Qian，2011）。因此，本章将样本区间提前至 2006~2013 年，并假设 CCER 交易分别发生于 2010~2013 年，结果如表 9.5 所示。可知，变量 $Ccer_{10}$、$Ccer_{11}$、$Ccer_{12}$ 和 $Ccer_{13}$ 的系数在统计上均不显著，这表明本章的核心研究结果是稳健的。

表 9.5　安慰剂检验：虚构政策发生时间

变量	模型 1	模型 2	模型 3	模型 4
	RuralIncome	RuralIncome	RuralIncome	RuralIncome
$Ccer_{10}$	−0.002 （0.010）			
$Ccer_{11}$		−0.002 （0.010）		

续表

变量	模型 1	模型 2	模型 3	模型 4
	RuralIncome	RuralIncome	RuralIncome	RuralIncome
$Ccer_{12}$			−0.008 （0.009）	
$Ccer_{13}$				−0.007 （0.008）
Finance	−0.001** （0.001）	−0.001** （0.001）	−0.001** （0.001）	−0.001** （0.001）
OilCrop	−0.004 （0.005）	−0.004 （0.005）	−0.004 （0.005）	−0.004 （0.005）
Industry	0.159*** （0.039）	0.159*** （0.039）	0.158*** （0.039）	0.159*** （0.039）
AgPower	0.014** （0.007）	0.014** （0.007）	0.014** （0.007）	0.014** （0.007）
EduLevel	−0.100 （0.160）	−0.100 （0.160）	−0.100 （0.160）	−0.100 （0.160）
常数项	8.416*** （0.048）	8.415*** （0.048）	8.415*** （0.048）	8.415*** （0.048）
县域固定效应	控制	控制	控制	控制
年份固定效应	控制	控制	控制	控制
年份固定效应×区域固定效应	控制	控制	控制	控制
观测值	12 607	12 607	12 607	12 607
R^2 值	0.956	0.956	0.956	0.956

注：括号内为聚类至县域的稳健标准误

和*分别表示在 5%和 1%水平下显著

3. 更换被解释变量

尽管已有大量研究采用农民人均纯收入作为衡量减贫程度的标准（Du and Takeuchi，2019；Zhang et al.，2020h），同时本章也采用了县域农民人均纯收入指标作为被解释变量，并得到了显著的结果。但是，农民人均纯收入是否真的能完全表征减贫程度？实际上，我国国家级贫困县确立的依据主要来自《国家扶贫开发工作重点县和连片特困地区县的认定》中规定的三项与农民福祉程度高度相关的指标：县域农民人均纯收入、人均县域国内生产总值和人均县域财政一般预算性收入。那么，除了县域农民人均纯收入以外，CCER 交易对其余两项表征农民福祉相关的指标（人均县域国内生产总值和人均县域财政一般预算性收入）是否也会产生促进作用？

许多研究也采用更换被解释变量的方式进行稳健性检验（孙传旺等，2019；蔡庆丰等，2020；刘畅等，2020），为了进一步保证本章结果的稳健性，我们将人均县域国内生产总值和人均县域财政一般预算性收入分别作为被解释变量再次进行回归，结果如表 9.6 所示。由表 9.6 可知，被解释变量无论是 PerGDP 还是 PerRevenue，CCER 交易对其的影响均在统计上显著为正。换句话说，CCER 交易的确产生了增收效应，不仅提升了农民人均纯收入，也提升了人均县域国内生产总值和人均县域财政一般预算性收入，再次验证了本章结果的稳健性。

表 9.6 稳健性检验：更换被解释变量

变量	模型 1	模型 2	模型 3	模型 4	模型 5	模型 6
	PerGDP	PerGDP	PerGDP	PerRevenue	PerRevenue	PerRevenue
Ccer	0.051**	0.039**	0.031*	0.064*	0.055**	0.055**
	(0.021)	(0.018)	(0.017)	(0.035)	(0.027)	(0.027)
Finance		−0.004***	−0.004***		−0.046***	−0.046***
		(0.001)	(0.001)		(0.005)	(0.005)
OilCrop		0.019***	0.012***		0.016***	0.016***
		(0.004)	(0.004)		(0.006)	(0.005)
Industry		1.437***	1.409***		1.378***	1.405***
		(0.056)	(0.058)		(0.078)	(0.082)
AgPower		0.068***	0.041***		0.018	0.027*
		(0.009)	(0.009)		(0.014)	(0.015)
EduLevel		1.596***	1.451***		1.232**	1.228**
		(0.501)	(0.522)		(0.578)	(0.592)
常数项	9.847***	8.761***	8.933***	6.806***	6.184***	6.144***
	(0.001)	(0.052)	(0.055)	(0.001)	(0.092)	(0.093)
县域固定效应	控制	控制	控制	控制	控制	控制
年份固定效应	控制	控制	控制	控制	控制	控制
年份固定效应×区域固定效应	不控制	不控制	控制	不控制	不控制	控制
观测值	18 737	18 737	18 737	18 737	18 737	18 737
R^2 值	0.969	0.979	0.979	0.946	0.962	0.963

注：括号内为聚类至县域的稳健标准误

*、**和***分别表示在 10%、5%和 1%水平下显著

9.4.4 CCER 交易增收效应的异质性分析

1. 不同类型 CCER 项目的增收效应

本章包含的 177 个 CCER 签发项目，根据项目减排活动类型可分为九大类：风力发电、太阳能发电、沼气、水力发电、生物质发电、废物处理、瓦斯发电、余热与地热利用，以及其他类型。前文分析表明，CCER 交易显著地提升了项目所在县的农民人均纯收入，那么，该增收效应是否随着项目的不同类型而存在异质性呢？根据 CCER 项目的项目类型，本章利用变量 Ccer 与风力发电、太阳能发电、沼气、水力发电、生物质发电这几大类项目类型虚拟变量（Wind、PV、Biogas、Hydropower、Biomass）的交互项，分析 CCER 交易的增收效应是否随项目类型的不同而存在异质性。其中，Wind、PV、Biogas、Hydropower、Biomass 这五种类型约占所有数据的 94%（表 9.1），类别 Others 则综合了其余所有类型，包括废物处理、瓦斯发电、余热与地热利用、其他。

表 9.7 的回归结果表明，水力发电和风力发电的 CCER 交易显著地提高了项目所在县农民的收入水平。具体而言，模型 2 表明，Ccer×Hydropower 和 Ccer×Wind 分别在 1%和 10%的水平下显著为正，表明水力发电的 CCER 交易将项目所在县的农民人均纯收入提升了 10.3%，风力发电的 CCER 交易将项目所在县的农民人均纯收入提升了 3.7%。实际上，考虑到水电项目对生态环境具有一定负面影响（Auestad et al.，2018；贾建辉等，2020），CCER 交易的 9 大交易所中（北京绿色交易所、上海环境能源交易所、广州碳排放权交易所、天津排放权交易所、深圳排放权交易所、湖北碳排放权交易中心、重庆碳排放权交易中心、四川联合环境交易所、海峡股权交易中心），大部分市场限制了水电项目的交易。只有上海、湖北、四川三个市场没有彻底限制水电项目。这可能是因为，水力发电项目所在地主要在四川和云南，其不仅水电装机容量和发电量居全国首位（Li et al.，2018b；徐斌等，2019）[①]，也是我国低收入县镇较多的地区，因此 CCER 交易带来的边际增收效应相对较大。此外，在三个未对水电项目进行限制的市场中，水电项目交易量较大。特别是 CCER 累计交易量排名第五的四川联合环境交易所，不仅未对水电项目做出任何限制，且允许个人交易。这一结果也符合已有研究。例如，Mori-Clement（2019）估计了巴西 CDM 项目的增收效应，并发现在水电、生物质发电、垃圾填埋气和避免甲烷四种类型的项目中，只有水电类型的 CDM 项目实现了农民增收。

① 水电大省：云南电力市场面面观，https://news.bjx.com.cn/html/20170911/849086.shtml[2023-12-29]。

表 9.7 项目类型的异质性影响

变量	模型 1	模型 2	模型 3
	RuralIncome	RuralIncome	RuralIncome
Ccer×Wind	0.045*	0.037*	0.026
	(0.023)	(0.022)	(0.021)
Ccer×PV	–0.003	–0.003	0.030
	(0.029)	(0.028)	(0.030)
Ccer×Biogas	0.017	0.009	–0.003
	(0.017)	(0.014)	(0.012)
Ccer×Hydropower	0.116***	0.103***	0.085**
	(0.035)	(0.033)	(0.035)
Ccer×Biomass	0.027	0.011	0.033
	(0.034)	(0.031)	(0.024)
Ccer×Others	–0.014	0.006	0.007
	(0.036)	(0.029)	(0.026)
县域固定效应	控制	控制	控制
年份固定效应	控制	控制	控制
控制变量	不控制	控制	控制
年份固定效应×区域固定效应	不控制	不控制	控制
观测值	18 737	18 737	18 737
R^2 值	0.955	0.957	0.959

注：括号内为聚类至县域的稳健标准误

*、**和***分别表示在 10%、5%和 1%水平下显著

2. 不同数量 CCER 项目的增收效应

实际上，CCER 项目所在县可能包含不止一个项目。通过样本分析发现，处理组中平均每个县拥有 1.15 个 CCER 项目，个别县最多拥有 6 个 CCER 项目。那么，是否 CCER 项目所在县拥有的项目数越多，CCER 交易对项目所在县的增收效应就越大？本章构建了变量 Ccer 与项目数量虚拟变量（One-project 和 Multi-project）的交互项，分析 CCER 交易的增收效应是否随项目数量的不同而存在异质性。变量 One-project 和 Multi-project 分别表示项目数量为 1 以及项目数量大于 1 的虚拟变量。

表 9.8 的结果表明，无论 CCER 项目所在县拥有几个项目，均能对项目所在县起到增收效应，同时，当一个县拥有更多项目时，该增收效应会进一步增强。

表 9.8　项目数量的异质性影响

变量	模型 1	模型 2	模型 3
	RuralIncome	RuralIncome	RuralIncome
Ccer×One-project	0.031**	0.025**	0.021*
	（0.013）	（0.012）	（0.011）
Ccer×Multi-project	0.064**	0.053*	0.046*
	（0.030）	（0.027）	（0.024）
Finance		−0.001***	−0.001***
		（0.000）	（0.000）
OilCrop		0.008**	0.001
		（0.004）	（0.003）
Industry		0.275***	0.208***
		（0.031）	（0.030）
AgPower		0.071***	0.039***
		（0.007）	（0.007）
EduLevel		0.739***	0.574***
		（0.203）	（0.184）
县域固定效应	控制	控制	控制
年份固定效应	控制	控制	控制
年份固定效应×区域固定效应	不控制	不控制	控制
观测值	18 737	18 737	18 737
R^2 值	0.955	0.957	0.959

注：括号内为聚类至县域的稳健标准误

*、**和***分别表示在 10%、5%和 1%水平下显著

由表 9.8 中的模型 3 可知，当项目所在县拥有的 CCER 项目由 1 个增加到多个时，相对应的系数由 0.021 增加至 0.046，这可能是因为，项目所在县拥有的 CCER 项目越多，参与交易的项目和减排量就越多，通过交易实现的增收效应就越大。

3. 不同规模 CCER 项目的增收效应

实际上，申报企业在申报注册 CCER 项目时需要在其项目设计书中汇报预期年均温室气体减排规模。此外，在 CCER 项目监测报告中，还须汇报监测期内实际的二氧化碳减排量。由于不同 CCER 项目拥有不同的二氧化碳减排规模，特别是，减排规模越大的项目，可能存在越大的交易空间。那么，CCER 交易的增收效应是否会随着项目减排规模的不同而变化呢？即项目减排规模是否对 CCER 交易的增收效应产生调节作用？为此，我们在方程（9.1）的基础上加入变量 Ccer

与二氧化碳减排量（包括预计减排量和实际减排量）的交互项，即 Ccer×$ExpectedCO_2$ 和 Ccer×$RealCO_2$，从预计减排量和实际减排量两个角度分析 CCER 交易的增收效应是否随项目减排规模的不同而存在异质性，结果如表9.9所示。

表9.9　项目减排规模的异质性影响

变量	预计减排量			实际减排量		
	模型1	模型2	模型3	模型4	模型5	模型6
	RuralIncome	RuralIncome	RuralIncome	RuralIncome	RuralIncome	RuralIncome
Ccer	0.036***	0.029***	0.025**	0.036***	0.029***	0.025**
	(0.012)	(0.011)	(0.010)	(0.012)	(0.011)	(0.010)
Ccer×$ExpectedCO_2$	0.011	0.010	0.002			
	(0.011)	(0.010)	(0.010)			
Ccer×$RealCO_2$				−0.006	−0.005	−0.013
				(0.013)	(0.011)	(0.010)
Finance		−0.001***	−0.001***		−0.001***	−0.001***
		(0.000)	(0.000)		(0.000)	(0.000)
OilCrop		0.008**	0.001		0.008**	0.001
		(0.004)	(0.003)		(0.004)	(0.003)
Industry		0.275***	0.208***		0.275***	0.208***
		(0.031)	(0.030)		(0.031)	(0.030)
AgPower		0.071***	0.039***		0.071***	0.038***
		(0.007)	(0.007)		(0.007)	(0.007)
EduLevel		0.741***	0.574***		0.741***	0.577***
		(0.204)	(0.184)		(0.204)	(0.185)
常数项	8.741***	8.282***	8.488***	8.741***	8.281***	8.488***
	(0.000)	(0.037)	(0.037)	(0.000)	(0.037)	(0.037)
县域固定效应	控制	控制	控制	控制	控制	控制
年份固定效应	控制	控制	控制	控制	控制	控制
年份固定效应×区域固定效应	不控制	不控制	控制	不控制	不控制	控制
观测值	18 737	18 737	18 737	18 737	18 737	18 737
R^2值	0.959	0.961	0.963	0.959	0.961	0.963

注：括号内为聚类至县域的稳健标准误

和*分别表示在5%和1%水平下显著

由表 9.9 中可以看出，无论是项目的预计减排量还是实际减排量，均未对 CCER 交易的增收效应产生显著影响。具体来说，模型 1~模型 3 的结果显示，Ccer×ExpectedCO_2的系数在统计上均不显著，表明项目的预计减排量未对 CCER 交易的增收效应产生显著影响。实际上，陈林和万攀兵（2019）的研究也未发现预期减排规模更大的 CDM 项目表现出更强的减排效果，并认为这可能是由于 CDM 项目在申报时为了提高项目的通过率，而夸大了项目的预期减排规模。

为此，本章进一步探索了实际减排量对增收效应的影响，结果如模型 4~模型 6 所示。然而，Ccer×RealCO_2的系数同样不显著，这进一步验证了项目的碳减排规模并未对增收效应产生显著影响，同时也从侧面反映出，预期减排量未对增收效应产生显著影响不大可能是夸大项目预期减排规模所致。我们认为，项目减排规模的不显著结果可能和各个碳市场的 CCER 交易规则有关。一方面，各个碳试点要求 CCER 交易限额仅能占企业碳配额的 5%~10%，这可能导致二氧化碳减排量较大的 CCER 项目实际上并不能让所有减排量都参与交易。换句话说，无论项目规模大小，CCER 的销售量存在上限，这削弱甚至消除了项目规模的影响。另一方面，各个碳试点也均对参与 CCER 交易的项目类型和项目时间做出了规定，这可能导致二氧化碳减排量较大的 CCER 项目受到项目类型和项目实施时间的限制，无法参与 CCER 交易。

4. 不同区域 CCER 项目的增收效应

由于中国幅员辽阔，东部、中部、西部地区经济发展水平和自然地理条件均有较大差异（李丁等，2021），在不同区域，CCER 交易的增收效应也可能存在差异。特别是，受自然条件限制，各区域所擅长发展的 CCER 项目类型也各有不同。为此，本章针对我国东部、中部、西部这三大区域，利用变量 Ccer 和三大区域虚拟变量（East、Central、West）的交互项，分析 CCER 交易的增收效应是否随区域的不同而存在异质性。进一步地，本章将处理组划分为东部、中部、西部区域，并分别利用变量 Ccer 与县域类型虚拟变量（即贫困县与非贫困县）的交互项，分析增收效应在区域-县域类型中的异质性。结果如表 9.10 和表 9.11 所示。

表 9.10　项目分布的异质性影响

变量	模型 1	模型 2
	RuralIncome	RuralIncome
Ccer×East	-0.079^{***}	-0.062^{***}
	(0.018)	(0.017)
Ccer×Central	0.059^{***}	0.051^{***}
	(0.018)	(0.015)

续表

变量	模型 1	模型 2
	RuralIncome	RuralIncome
Ccer×West	0.079*** (0.016)	0.061*** (0.016)
常数项	8.742*** (0.000)	8.294*** (0.037)
县域固定效应	控制	控制
年份固定效应	控制	控制
控制变量	不控制	控制
观测值	18 737	18 737
R^2 值	0.960	0.961

注：括号内为聚类至县域的稳健标准误。由于本表计算基于三大区域，因此不需要控制年份×区域固定效应

***表示在 1%水平下显著

表 9.11　项目分布的区域-县域类型的异质性影响

变量	模型 1	东部地区：模型 2	中部地区：模型 3	西部地区：模型 4
	RuralIncome	RuralIncome	RuralIncome	RuralIncome
Ccer×East	–0.062*** (0.017)			
Ccer×Central	0.051*** (0.015)			
Ccer×West	0.061*** (0.016)			
Ccer×Poor		–0.015 (0.032)	0.082*** (0.025)	0.092*** (0.020)
Ccer×Non-poor		–0.074*** (0.018)	0.030** (0.015)	–0.018 (0.014)
县域固定效应	控制	控制	控制	控制
年份固定效应	控制	控制	控制	控制
控制变量	控制	控制	控制	控制
观测值	18 737	17 510	17 539	17 968
R^2 值	0.957	0.956	0.956	0.956

注：括号内为聚类至县域的稳健标准误。由于本表计算基于三大区域，因此不需要控制年份×区域固定效应

和*分别表示在 5%和 1%水平下显著

由表 9.10 可知，CCER 交易的增收效应主要发生在中部地区和西部地区。基于表 9.10 中模型 2 的结果可知，CCER 交易分别将中部和西部地区的农民人均纯收入提升了 5.1%和 6.1%，而将东部地区的农民人均纯收入降低了 6.2%。表 9.11 的结果表明，贫困县和非贫困县的 CCER 交易在不同地区所产生的增收效应存在异质性。CCER 交易在中部和西部地区产生了显著的增收效应，主要集中在贫困县。CCER 交易显著提高了中部地区贫困县和非贫困县的农民收入；对于西部地区，CCER 交易对贫困县产生了显著的增收效应，正如模型 4 所示，Ccer×Poor 的系数在 1%的显著性水平下为正。

这一异质性结果可能和三大区域的经济发展水平、项目集中度以及政策倾斜力度有关。样本期内，东部、中部、西部地区的农民人均纯收入均值分别为 9698.63 元、7341.67 元和 6131.06 元，分别包含 51 个、208 个和 420 个国家级贫困县，以及 38 个、54 个和 85 个 CCER 项目。与东部地区相比，中部、西部地区相对经济水平较为落后，贫困县较多，农民增收潜力较大。因此 CCER 交易在中部、西部地区较易收获积极显著的增收成效。此外，得益于自然地理优势，中部和西部地区为可再生能源发展提供了良好条件，从而这些地区的 CCER 项目集中度高。相比之下，东部地区经济发达，农民人均纯收入水平高，增收空间小，且由于缺乏发展 CCER 项目的自然条件优势，CCER 项目分布少，因而 CCER 交易的增收效应在东部地区可能处于边际递减甚至边际为负的状态。

9.4.5　CCER 项目实施的增收效应分析

已有研究通常关注碳减排项目的实施所产生的增收效应（Pécastaing et al.，2018；Liao and Fei，2019；Mori-Clement，2019）。类似地，本章进一步分析了作为碳减排项目的 CCER 项目，其实施是否也会产生增收效应。首先，基于方程（9.2），我们检验了处理组与控制组的平行趋势，如图 9.4 所示。由图 9.4 可知，在 CCER 项目实施前，处理组与控制组均不存在显著差异，且在 CCER 项目设立后，系数总体上呈现上升趋势，符合平行趋势假设。

其次，我们构建方程（9.3）检验 CCER 项目实施的增收效应：

$$\text{RuralIncome}_{it} = \alpha_0 + \beta \text{Project}_{it} + \sum_{k=1}^{5} \gamma_k x_{kit} + \eta_i + \mu_t + \varepsilon_{it} \tag{9.3}$$

其中，Project_{it} 表示虚拟变量，若县 i 于 t 年设立了 CCER 项目，那么 $\text{Project}_{it}=1$，否则 $\text{Project}_{it}=0$。

CCER 项目实施的增收效应如表 9.12 所示，可知，CCER 项目实施产生的增收效应较为微弱。由表 9.12 可知，Project 的系数在模型 1 至模型 3 中均为正，但仅在模型 1 中在 10%的水平下有统计意义。尽管这一结果未如已有研究一样反映

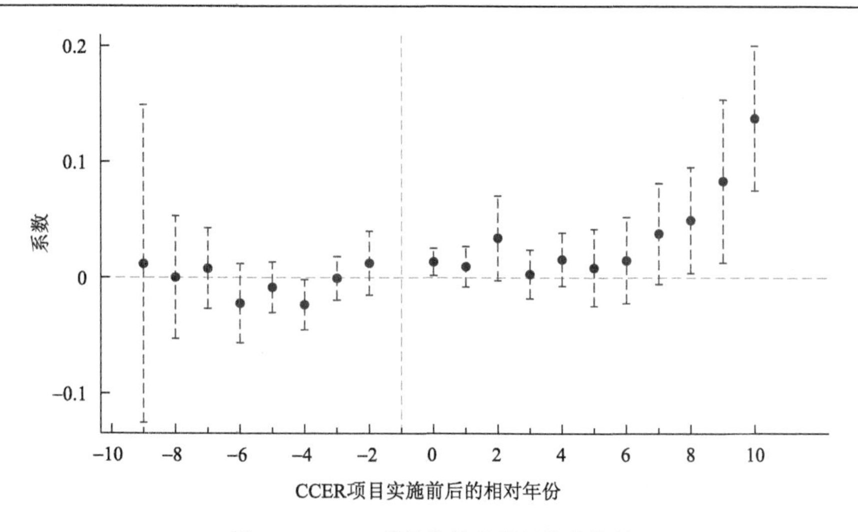

图 9.4　CCER 项目实施的平行趋势检验

与图 9.2 不同，图 9.4 中横坐标代表 CCER 项目实施前后的相对年份；横轴−1 处的竖向长虚线代表基准年（项目实施的前一年）

表 9.12　CCER 项目实施的增收效应

变量	模型 1	模型 2	模型 3
	RuralIncome	RuralIncome	RuralIncome
Project	0.025*	0.019	0.015
	（0.013）	（0.012）	（0.011）
Finance		−0.001***	−0.001***
		（0.000）	（0.000）
OilCrop		0.008**	0.001
		（0.004）	（0.003）
Industry		0.276***	0.209***
		（0.031）	（0.030）
AgPower		0.071***	0.039***
		（0.007）	（0.007）
EduLevel		0.744***	0.579***
		（0.204）	（0.185）
常数项	8.741***	8.279***	8.486***
	（0.001）	（0.037）	（0.037）
县域固定效应	控制	控制	控制

续表

变量	模型 1	模型 2	模型 3
	RuralIncome	RuralIncome	RuralIncome
年份固定效应	控制	控制	控制
年份固定效应×区域固定效应	不控制	不控制	控制
观测值	18 737	18 737	18 737
R^2值	0.959	0.961	0.963

注：括号内为聚类至县域的稳健标准误
*、**和***分别表示在 10%、5%和 1%水平下显著

出碳减排项目具有显著的增收作用，如 Du 和 Takeuchi（2019）、Mori-Clement（2019）以及 Grover 和 Rao（2020），但也在一定程度上证实，CCER 项目的实施会对提高农民收入起到助力作用。同时，该结果也从侧面说明，相较于 CCER 项目的实施，CCER 项目的交易带来了更为显著的增收效应。特别是，已有研究表明，低碳项目的实施与运行主要依靠中央和地方政府的财政补贴及扶持政策，且面临资金缺口大、补贴执行不力等问题，使得当前低碳项目的利润分配机制难以吸引居民自发地参与光伏发电类低碳项目（Li et al.，2018e；Zhang et al.，2021b）。因此，实施低碳项目产生的增收效应多依赖于政府补贴此类行政手段，亟须利用 CCER 交易此类市场手段，提升增收效率、激发居民参与项目的积极性，增强低碳项目增收的主动性和可持续性。

9.5　主要结论与启示

本章以中国碳市场为切入点，利用中国 2006~2017 年 1782 个县的相关历史数据，运用 DID 模型系统分析了碳市场 CCER 交易的农民增收效应，并分别运用 PSM、MDM、两种安慰剂检验、更换被解释变量等方法进一步验证了结果的稳健性。此外，本章还从 CCER 项目的项目类型、项目数量、项目规模、项目分布区域四个方面探究了 CCER 交易的增收效应的异质性，以及 CCER 交易与 CCER 项目实施在增收效应上的差异。主要结论如下。

第一，中国碳市场中的 CCER 交易取得了较为显著的增收成效。样本期内，平均而言 CCER 交易使农民人均纯收入至少增加了 2.5%，即 CCER 交易使农民人均纯收入每年提升了 187.5 元，并且这一结论在进行了一系列稳健性检验后仍然成立。第二，相对于非贫困县，CCER 交易显著提升了国家级贫困县的农民人均纯收入。第三，异质性分析发现，水力发电和风力发电的 CCER 交易显著提升了项目所在县的农民人均纯收入；CCER 项目数量越多的县，CCER 交易的增收

效应则越大；项目的碳减排规模并不会对 CCER 项目的增收效应产生显著的调节作用；CCER 交易对西部地区和中部地区的增收效应最强。第四，尽管 CCER 项目实施和 CCER 交易均基于 CCER 项目，但它们产生了不同增收效应，CCER 项目实施产生的增收效应较为微弱，即 CCER 交易的增收效应强于单纯的 CCER 项目实施。

根据以上结论，本章提出以下三点政策启示：第一，我国应坚定不移地推进中国碳市场的建设，推动 CCER 交易。具体来说，2017 年 3 月国家发展改革委暂停了新 CCER 项目的备案申请，并于 2024 年 1 月 22 日正式重启 CCER 交易，旨在推动形成互联互通的全面碳市场体系，从而助力碳达峰碳中和目标的实现，并巩固拓展脱贫攻坚成果。第二，各地方政府应找准优势补短板，因地制宜开展 CCER 交易，根据其增收效应的异质性影响将 CCER 项目建设和助农目标相结合。例如，根据中部、西部地区受益于 CCER 交易的项目类型，有针对性地扶持和鼓励其 CCER 项目参与交易，同时各县域在建设 CCER 项目时，相较于扩大项目的减排规模，更应该关注增加项目数量等。第三，相较于实施建设低碳项目此类行政手段助农，如光伏助农等，我国未来巩固脱贫攻坚成果、推进乡村振兴的方式应当逐渐转向市场手段，利用 CCER 交易的高效率优势，提高项目助农的有效性和可持续性。值得注意的是，从国内来看，2020 年之后，我国的扶贫开启战略性改革，从解决绝对贫困向缓解相对贫困过渡，仍面临着拓展脱贫攻坚成果、全面推进乡村振兴的任务。全国 CCER 交易市场已于 2024 年 1 月启动，为中国乡村振兴事业注入了新的活力，有望从多个维度推动乡村的可持续发展。从国际上来看，国际民航组织的国际航空碳抵销计划已允许 CCER 参与抵销，这意味着我国可利用 CCER 参与国际抵销，在帮助全球航空企业履行减排义务的同时，引进外资助力中国乡村振兴事业，为其他发展中国家实现全球环境治理与乡村振兴的“共赢”提供重要参考。

本章的研究主题未来仍有许多工作可以继续。例如，在研究数据上，受限于 CCER 交易数据可得性，具体的 CCER 项目交易数据的相关详细信息目前难以获取，在未来研究中应利用更微观的项目交易数据展开研究；同时，在研究主题上，未来可针对不同项目类型 CCER 交易的增收效应进行更为深入的探讨。

第 10 章　中国碳交易对供应链协同减排企业产品定价和减排收益分配的影响研究

10.1　碳交易约束下供应链企业协同减排的问题

在碳交易政策约束下，相比单个企业，供应链成员开展协同减排更有助于提升碳减排的成本有效性（Xu et al.，2017），因为供应链成员间可以共享信息、资源、成本和收益等。例如，联想集团通过与其供应商开展合作，积极建立绿色供应链，共享环保经验，实现了碳减排成本的显著下降①。然而，尽管供应链企业开展协同减排有助于提升环境绩效与收益（Subramanian et al.，2009；Wang et al.，2016），在中国碳交易政策约束下，他们仍面临如下两方面问题。

一方面，现有研究关于中国的最优碳配额分配方法并未达成共识，这将直接影响供应链协同减排企业的成本和收益。具体而言，目前中国采用了多种碳配额分配方法，如采用拍卖与两种免费碳配额分配方法（即基准法和历史强度下降法）相结合的方式，这可能是由于适当的免费碳配额有助于降低碳泄漏。部分研究认为，拍卖有助于推动控排行业以成本有效的方式实现碳减排，适用于电力行业，因为相比其他控排行业，电力行业不太容易受到碳泄漏的影响②。然而，部分学者认为，相比其他分配方法，基准法更适用于高排放企业，特别适用于零售商，因为它更有助于低碳生产和低碳产品销售（Ji et al.，2017）。不难发现，最优的碳配额分配方法仍存在较大争议，这将直接影响控排企业的产品收益和消费者的购买成本（Zetterberg，2014；Zhao et al.，2010）。中国碳市场的碳配额分配方法仍在试行和调整中。在不同碳配额分配方法下，供应链协同减排企业如何制定最优产品价格并实现收益最大化？这个问题将直接影响控排企业的市场份额和市场竞争力。

实际上，供应链协同减排企业的产品价格和收益也受到其他因素的影响，如碳价格、消费者低碳意识和同类非控排企业的产品价格等，但是这些因素对控排

---

① COP24 专栏 |【典型案例】 绿色供应链典型案例：联想集团，http://www.gmpsp.org.cn/portal/article/index/id/2999/cid/76.html[2023-12-29]。

② 碳排放交易实践手册：碳市场的设计与实施，https://openknowledge.worldbank.org/bitstream/handle/10986/23874/ETP-CH.pdf?sequence=13&isAllowed=y[2023-12-29]。

企业产品价格和收益的影响方式仍存在争议。例如，Rezaee 等（2017）发现碳定价机制有助于降低排放成本和生产成本，推动供应链的低碳发展。但是，Cachon（2014）认为碳定价机制并不利于碳减排。类似地，部分学者发现消费者低碳意识的高低和同类非控排企业的产品价格水平将直接改变控排企业的产品需求量（Zhang et al.，2016d；Wang et al.，2016），进而影响产品价格和收益。但是，Liu 等（2012）认为消费者低碳意识的增强并不总是有利于供应商和零售商收益的提高。这些争议的产生可能是由于不同情景的设置，如在不同碳配额分配方法下，这些因素对控排企业产品价格和收益的影响机制也会发生改变。然而，当碳配额分配方法改变时，这些因素（即碳价格、消费者低碳意识和同类非控排企业产品价格）对供应链协同减排企业的产品价格和收益的影响机制将如何改变？这个问题并未解决。这将导致供应链协同减排企业缺乏制定最优产品价格的理论支撑。也就是说，在不同碳配额分配方法下，这些因素对产品价格和收益的影响机制将直接改变其最优收益，因此值得探讨。

另一方面，供应链协同减排企业如何有效分配碳减排收益[①]？这一问题并不清楚。供应链企业开展协同减排旨在通过信息共享降低生产成本并提高收益（Huo et al.，2014；Liang and Hendrikse，2016）。因此，有效分配碳减排收益对于加强供应商和零售商的合作关系尤为重要（Cachon and Kök，2010）。例如，通用汽车通过与其供应商合作建立绿色供应链，在 2018 年实现了 4 万吨的碳减排。[②]但是，对于如何有效分配碳减排收益的问题，他们并未解决。部分学者认为供应商或零售商的减排贡献越高，则获得的碳减排收益也会越高（An et al.，2019；Cachon and Lariviere，2005）。事实上，当供应商和零售商的减排潜力存在显著差异时，他们的减排成本也会存在显著差异，这将直接影响碳减排收益的有效分配（Cachon，2004）。不难发现，减排贡献和减排成本是影响碳减排收益分配的重要因素。然而，如何基于减排贡献和减排成本，有效分配供应商和零售商的减排收益？现有研究尚未解决这一问题，这将直接影响供应链协同减排系统的稳定性及减排效率，因此值得探讨。

归结起来，本章将包含一个供应商与一个制造型零售商[③]的二级供应链作为研究对象，并通过共享信息开展协同减排。

---

① 碳减排收益是指不考虑需求效应时，供应链协同减排企业通过碳减排实现的收益。实际上，当零售商增加单位产品需求时，供应商的产品需求也会增加。因此，本章不考虑需求效应带来的收益。例如，当供应链协同减排企业实现 1000 吨的碳减排量时，如果碳价格是 3 美元/吨，那么此时的碳减排收益是 3000 美元。

② 通用汽车中国：2018 企业社会责任报告，https://www.gmchina.com/content/dam/company/cn/pdf/csr/GM%20China%202018%20CSR%20Report-CN.pdf[2023-12-29]。

③ 随着零售业寒冬的到来，越来越多的零售商转型为制造型零售商，如 711、优衣库等。在此背景下，本章假定零售商具有生产功能。也就是说，供应商和零售商都会产生碳排放，并且都可以为供应链的碳减排做出贡献。

10.2 国内外研究现状

随着资源与环境约束日益严峻，中国转向高质量发展（Zhang et al.，2018a）。特别地，中国的碳交易政策对控排企业具有显著影响。本节将从如下两个方面对国内外的研究现状进行介绍，一是在碳交易政策约束下供应链协同减排企业产品价格和收益的影响因素，二是相关研究方法。

一方面，部分学者探讨了供应链协同减排企业产品价格和收益的影响因素，如碳价格、消费者低碳意识和同类非控排企业的产品价格（Rezaee et al.，2017；Zakeri et al.，2015；Laroche et al.，2001）。首先，碳交易政策导致碳排放权成为稀缺资源，具有生产价值。控排企业需要对其超额排放承担成本（Tseng and Hung，2014；Martin et al.，2014），这将影响其产品价格和收益。其次，碳价格与化石能源价格之间关联密切（Zhang and Sun，2016），这将影响高排放行业的减排成本、产品价格和收益（Du et al.，2015a；Bassi et al.，2009）。同时，供应链的运营与设计受消费者低碳意识的影响（Sundarakani et al.，2010；Xia et al.，2018），因为当消费者低碳意识越高时，他们对环保型产品的支付意愿也越高（Laroche et al.，2001）。消费者往往依据支付效用最大化的原则，基于可替代产品之间的价格差异与偏好，做出购买决策（Singh and Vives，1984）。也就是说，同类非控排企业的产品价格会直接影响控排企业的产品需求、价格和收益（Zhang et al.，2015a；Liu et al.，2012）。

实际上，中国当前的碳配额分配方法仍在试行。在不同碳配额分配方法下，上述因素将如何影响供应链协同减排企业的最优产品价格和收益，现有研究尚未详细探讨。这将导致当这些因素变化时，供应链中的控排企业无法预估其产品价格将受到的冲击程度或获益程度，从而缺乏调整产品价格以实现最优收益的参考依据。

另一方面，现有研究大多采用斯塔克尔伯格（Stackelberg）博弈和纳什（Nash）均衡探讨最优产品价格，采用沙普利（Shapley）值法探讨供应链的收益分配方案。

首先，供应商和零售商的最优产品价格往往受到讨价还价能力的影响。供应商和零售商之间的讨价还价能力受外部因素的影响，如市场份额、市场竞争力、政策环境和市场风险等（Du et al.，2015a）。在此背景下，供应商和零售商的讨价还价形式主要包括两种（Zhang et al.，2018b；Jaggi et al.，2019）：一是供应商领导零售商，二是供应商和零售商的讨价还价能力对等（Gaski，1984；Fulop，1988；Huang and Li，2001）。多数研究认为，供应商往往是领导者，而零售商是跟随者（Somers et al.，1990；Yue et al.，2006）。然而，Yue 等（2013）认为零售商往往具有更多的销售渠道，Kadiyali 等（2000）认为零售商的讨价还价能力并不弱于供应商。当供应商领导零售商时，斯塔克尔伯格博弈可以用来探讨他们的最优产品价格；当两者的讨价还价能力对等时，纳什均衡可以用来探讨他们的最优产品价格（Huang and Li，2001）。

其次，供应商和零售商之间资源与收益的合理分配，有助于提升其减排效率、降低合作风险（Flynn et al.，2010）。除了减排贡献，减排成本也是影响供应链减排收益的重要因素（Elhedhli and Merrick，2012）。实际上，Shapley（1953）提出了基于边际贡献的 Shapley 值法，可以解决多方合作的收益分配问题。但是，这种传统的 Shapley 值法不能考虑减排成本对供应链收益分配的影响，而基于成本修正的 Shapley 值法可以解决这些问题（Hart and Mas-Colell，1989）。

归结起来，首先，本章将考虑多种碳配额分配方法，在供应商领导零售商情景下，采用斯塔克尔伯格博弈探讨供应链协同减排企业的最优产品价格；在供应商和零售商讨价还价能力对等情景下，采用纳什均衡模型探讨他们的最优产品价格。然后，本章将采用基于成本修正的 Shapley 值法，提出供应链协同减排企业碳减排收益的有效分配方案。

10.3　数据与研究方法

10.3.1　基本假设

本章考虑包含一个供应商和一个零售商的协同减排供应链，基本假设如下。

首先，随着经济快速发展以及商品供需关系的改变，越来越多的零售商具有制造功能。参考谢鑫鹏和赵道致（2013），本章的供应商和零售商均具有加工生产属性，均面临碳排放上限的约束。同时，碳价格是外生变量（Zetterberg，2014；Zhang et al.，2015b）。

其次，信息非对称在实际生产活动中经常存在，因为企业的可变成本等属于内部信息，具有保密性（Li et al.，2012）。然而，不少研究发现相比信息非对称的供应链，信息透明的供应链更有助于低碳发展。例如，Inderfurth 等（2013）认为，如果供应链成员间存在一定的信任程度，信息共享有助于降低信息赤字导致的非效率性。Gardner 等（2019）发现信息透明的供应链有助于推动可持续发展。Ahmed 和 Omar（2019）认为信息透明的供应链有助于提升供应链的绩效。Ni 等（2021）认为信息不对称会显著降低具有高创新效率制造商的创新投资。为此，基于现有文献，本章将以信息透明的供应链作为研究对象。也就是说，协同减排供应链的供应商和零售商之间的信息完全对称且透明。同时，参考骆瑞玲等（2014）的研究，供应商和零售商的碳排放信息与市场信息也是透明的，且消费者知悉控排企业和同类非控排企业产品的碳排放信息。

10.3.2　不同碳配额分配方法下供应链协同减排企业的最优产品定价

目前，中国的碳交易政策主要包括三种碳配额分配方法（即基准法、历史强度下降法和拍卖），这些碳配额分配方法将直接决定控排企业的免费碳配额量。这些分配方法的定义分别如下所示。

（1）在基准法下，企业可以与同行业的碳排放量进行比较（Groenenberg and Blok，2002）。根据 Zetterberg（2014），本章选取产品需求量作为数量指标，供应商和零售商的免费碳配额分配量（$\hat{E}_m$ 和 $\hat{E}_r$）分别如方程（10.1）和方程（10.2）所示：

$$\hat{E}_m = q \times E_{\text{sector}}^m \tag{10.1}$$

$$\hat{E}_r = q \times E_{\text{sector}}^r \tag{10.2}$$

其中，q 表示控排企业的产品需求量；E_{sector}^m 和 E_{sector}^r 分别表示供应商和零售商单位产品的碳排放基准。

（2）在历史强度下降法下，供应商和零售商的免费碳配额分配量（$\hat{E}_m$ 和 $\hat{E}_r$）分别如方程（10.3）和方程（10.4）所示：

$$\hat{E}_m = q \times l_m \times E_i^m \tag{10.3}$$

$$\hat{E}_r = q \times l_r \times E_i^r \tag{10.4}$$

其中，q 表示控排企业的产品需求量；l_m 和 l_r 分别表示供应商和零售商的平均碳强度下降系数；E_i^m 和 E_i^r 分别表示供应商和零售商的碳强度。

（3）拍卖具有较强的灵活性，有助于减少碳税扭曲、促进技术创新（Cramton and Kerr，2002）。在此条件下，供应商和零售商均不能获取无偿碳配额，但是他们可以在碳市场中购买碳配额。为此，供应商和零售商的免费碳配额分配量可由方程（10.5）表示，即

$$\hat{E}_m = \hat{E}_r = 0 \tag{10.5}$$

现有研究主要通过产品收益最大化决策产品需求量（Yang and Chen，2018）。不同于现有研究，本章将从消费者效用最大化的视角决策产品需求量。参考 Singh 和 Vives（1984），消费者购买控排企业产品和同类非控排企业产品的效用函数可由方程（10.6）表示：

$$U(q,q_0) = \alpha \times q + \alpha_0 \times q_0 - 0.5\left(\beta \times q^2 + \beta_0 \times q_0^2\right) - \gamma \times q \times q_0 \tag{10.6}$$

其中，q 和 q_0 分别表示控排企业和同类非控排企业的产品需求量；α 和 β 表示控排企业产品对消费者效用的影响系数；α_0 和 β_0 表示同类非控排企业产品对消费

者效用的影响系数；$\frac{\alpha}{\alpha_0}$、$\frac{\beta}{\beta_0}$和γ三者均表征控排企业和同类非控排企业产品之间的替代效用；α、α_0、β、β_0、γ均为正数且$\beta \times \beta_0 - \gamma^2 > 0$。

参考 Wen 等（2018）的研究，消费者对控排企业和同类非控排企业产品的支付效用函数可由方程（10.7）表示：

$$V = U(q, q_0) - p_r \times q - p_0 \times q_0 - k \times e_0 \times q_0 - k \times (\overline{e}_{mr} - \Delta e_{mr}) \times q \tag{10.7}$$

其中，p_r和p_0分别表示控排企业和同类非控排企业的零售价；k表示消费者低碳意识水平；e_0表示同类非控排企业单位产品的碳排放量；$\overline{e}_{mr}$表示供应链不开展协同减排时，控排企业单位产品的碳排放量；Δe_{mr}表示供应链协同减排企业单位产品的碳减排量。

控排企业和同类非控排企业的最优产品需求量（q^*和q_0^*）可由支付效用最大化得到，分别如方程（10.8）和方程（10.9）所示（相关证明见附录 1）：

$$\frac{\partial V}{\partial q} = 0 \tag{10.8}$$

$$\frac{\partial V}{\partial q_0} = 0 \tag{10.9}$$

控排企业的最优产品需求量可以方程（10.10）表示：

$$\begin{aligned} q^* = &\frac{\alpha \times \beta_0 - \alpha_0 \times \gamma}{\beta \times \beta_0 - \gamma^2} - \frac{\beta_0}{\beta \times \beta_0 - \gamma^2} \times p_r + \frac{\gamma}{\beta \times \beta_0 - \gamma^2} \times p_0 \\ &- \frac{\beta_0}{\beta \times \beta_0 - \gamma^2} \times k \times (\overline{e}_{mr} - \Delta e_{mr}) + \frac{\gamma}{\beta \times \beta_0 - \gamma^2} \times k \times e_0 \end{aligned} \tag{10.10}$$

其中，$\alpha \times \beta_0 - \alpha_0 \times \gamma > 0$。

令$\sigma = \beta \times \beta_0 - \gamma^2$，$a = \frac{\alpha \times \beta_0 - \alpha_0 \times \gamma}{\sigma}$，$b = \frac{\beta_0}{\sigma}$，$c = \frac{\gamma}{\sigma}$。为了得到一般化的结果，令$b = 1$。控排企业的最优产品需求量[①]可由方程（10.11）表示：

$$q^* = a - p_r - k \times (\overline{e}_{mr} - \Delta e_{mr}) + c \times p_0 + c \times k \times e_0 \tag{10.11}$$

其中，a表示当控排企业的产品价格为 0 时的产品需求量；c表示控排企业和同类非控排企业之间的产品替代率，且$c \in (0,1)$，$c = \frac{\gamma}{\sigma} = \frac{\gamma}{\beta_0}$。

参考 Yue 等（2013），供应链的批发价和零售价可分别由方程（10.12）和方程（10.13）表示：

$$p_m = \rho_m + v_m \tag{10.12}$$

① 控排企业产品需求量的取值区间为$\Omega = \{p \in R_+, p_0 \in R_+ : a - p_r - k \times (\overline{e}_{mr} - \Delta e_{mr}) + c \times p_0 + c \times k \times e_0 > 0\}$。

$$p_r = \rho_m + \rho_r + v_m + v_r \tag{10.13}$$

其中，ρ_m和ρ_r分别表示当出售控排企业的单位产品时，供应商和零售商获得的边际收益；v_m和v_r分别表示控排供应商和零售商单位产品的可变成本，且$v_{mr} = v_m + v_r$（v_{mr}表示供应链单位产品的可变成本）。

参考 Wen 等（2018），供应链单位产品的碳减排成本（T_e）可由方程（10.14）表示：

$$T_e = h \times \Delta e_{mr}^2 \tag{10.14}$$

一般而言，供应商与零售商承担的减排成本权重与其减排努力有关。实际上，供应链成员的减排努力与其减排收益相关。也就是说，供应链协同减排企业的收益与其承担的减排成本权重相关。由于本章考虑的是信息透明的供应链，所以供应链协同减排企业应当事先确定减排成本的分配权重，然后才能决策减排收益的分配[①]。供应商和零售商的协同减排成本分配权重（t_m和t_r）分别如方程（10.15）和方程（10.16）所示：

$$t_m = t \tag{10.15}$$

$$t_r = 1 - t \tag{10.16}$$

供应商和零售商减排收益的分配权重是由其减排贡献和减排成本共同决定的，即供应商和零售商碳减排收益的分配权重随其减排贡献和减排成本的变化而变化。[②]供应商和零售商碳减排收益的分配权重（λ_m和λ_r），可分别由方程（10.17）和方程（10.18）表示：

$$\lambda_m = \lambda \tag{10.17}$$

$$\lambda_r = 1 - \lambda \tag{10.18}$$

其中，λ的表达式可根据方程（10.23）得到。

供应商和零售商的产品收益（Π_m和Π_r），分别如方程（10.19）和方程（10.20）所示：

$$\Pi_m = \left(\rho_m - t \times h \times \Delta e_{mr}^2\right) \times q^* + p_c \times \left(\hat{E}_m - \overline{e}_m \times q^* + \lambda \times \Delta e_{mr} \times q^*\right) \tag{10.19}$$

$$\Pi_r = \left[\rho_r - (1-t) \times h \times \Delta e_{mr}^2\right] \times q^* + p_c \times \left[\hat{E}_r - \overline{e}_r \times q^* + (1-\lambda) \times \Delta e_{mr} \times q^*\right] \tag{10.20}$$

其中，p_c表示碳价格；$\overline{e}_m$和$\overline{e}_r$分别表示在开展协同减排之前，控排供应商和零

---

① 事实上，在斯塔克尔伯格博弈下，尽管供应商可以通过提高批发价，将减排成本转移至零售商，但是由于供应商需要考虑同类非控排企业的竞争及其市场份额，供应商自身会主动承担部分减排成本。现有研究有不少类似的假定，如 Chen 等（2019）。

② 正如 International Renewable Energy Agency（2019）所述，全社会应该协同推动清洁能源转型，而协同成员间公平分配低碳转型成本和收益尤为重要。

售商单位产品的碳排放量，且 $\overline{e}_{mr}=\overline{e}_m+\overline{e}_r$。

根据 Yue 等（2013），供应商和零售商开展协同减排时的博弈模式包括两种，即供应商领导零售商、供应商和零售商讨价还价能力对等。

具体而言，首先，当市场由寡头垄断供应商主导时，供应商可以领导零售商。例如，铁矿石生产商属于寡头垄断供应商，因此，钢铁供应链中的铁矿石供应商的议价能力显著高于其下游。也就是说，供应商先确定其边际收益，而后零售商才能确定其边际收益，这可以采用斯塔克尔伯格博弈开展建模。由于求解顺序与供应商和零售商的决策顺序是逆向关系，所以本章首先求解零售商的最优边际收益（ρ_r^*），然后求解供应商的最优边际收益（ρ_m^*），详细细节见附录 2。

其次，当零售商拥有更多的销售渠道时，零售商的讨价还价能力并不弱于其供应商（Yue et al.，2013）。例如，中国水泥行业的需求主要由房地产行业和基础设施建设行业驱动。这些行业对水泥的大量稳定需求，使得其讨价还价能力增强，进而与其供应商具有对等的讨价还价能力。也就是说，供应商和零售商可以在不相互影响的情况下，同时制定各自的最优产品价格，这可以通过纳什均衡开展建模，从而得到他们的最优产品价格。基于此，即可得到供应商和零售商的最优边际收益（ρ_m^*和ρ_r^*），证明见附录 3。

事实上，无论协同减排供应链采用斯塔克尔伯格博弈还是纳什均衡，供应商和零售商都需要共同确定他们的最优碳减排量，进而确定各自的最优边际利润。基于求解顺序与决策顺序的逆向关系，本章首先得到供应商和零售商的最优边际收益，然后得到最优协同减排量。

尽管供应链协同减排企业的最优产品价格与最优协同减排量已经确定，如何有效分配供应链协同减排企业的碳减排收益（λ_m和λ_r）的问题并未解决。因此，本章将进一步测算λ_m和λ_r的最优解。

10.3.3　基于成本修正的 Shapley 值法的碳减排收益分配

协同减排供应链具有一个供应商（m）和一个零售商（r）。基于 Shapley 值法的特征，即对称性、有效性、冗员性和可加性（Osborne and Rubinstein，1994），供应商和零售商组成的协同减排子系统可分别表示为：$s_m=\{m,m\cup r\}$ 和 $s_r=\{r,r\cup m\}$。一个协同减排子系统（s）的碳减排量可由$g(s)$表示。Δe_{mr}表示当供应商和零售商开展协同减排时，控排供应链单位产品的碳减排量。$\mu_m\times\Delta e_{mr}$和$\mu_r\times\Delta e_{mr}$分别表示当供应商和零售商独立开展碳减排时，供应商和零售商单位产品的碳减排量，且$\mu_m,\mu_r\in(0,1)$，$\mu_m+\mu_r<1$。

同时，供应商和零售商的减排成本修正因子（Δt_m和Δt_r）分别如方程（10.21）和方程（10.22）所示：

$$\Delta t_m = t - \frac{1}{n}, \quad 0 < t < 1 \tag{10.21}$$

$$\Delta t_r = 1 - t - \frac{1}{n}, \quad 0 < t < 1 \tag{10.22}$$

其中，n 表示协同减排供应链中供应商和零售商的数量，且 $n = 2$ 表示本章只考虑一个供应商和一个零售商；$\frac{1}{n}$ 表示供应商和零售商平均分配减排成本时的权重，它将直接影响供应商和零售商的成本修正因子。

根据 Hendrikse（2011）、Littlechild 和 Owen（1973）、Haeringer（2006）以及 Tsanakas 和 Barnett（2003）的研究，基于成本修正的 Shapley 值法可以考虑减排贡献和减排成本，从而避免平均分配，提升减排收益分配的合理性和有效性。供应商和零售商碳减排收益的分配方案，即基于成本修正的 Shapley 值向量，可由方程（10.23）表示，即

$$\lambda_\varepsilon = \sum_{\substack{s \subseteq n \\ \varepsilon \subseteq s}} \frac{\left\| s \right| - 1 \right|! \left(n - |s| \right)!}{n!} \times \left[\left(1 + \Delta t_{(s \cup \{\varepsilon\})} \right) \times g\left(s \cup \{\varepsilon\} \right) - \left(1 + \Delta t_s \right) \times g(s) \right], \quad \varepsilon \in \{m, r\} \tag{10.23}$$

其中，$|s|$ 表示协同减排子系统企业的个数。

10.4　结果分析与讨论

10.4.1　不同碳配额分配方法下供应链协同减排企业的最优产品价格

根据方程（10.1）~方程（10.5）、方程（10.12）、方程（10.13）以及附录 2、附录 3，本章将分别得到在斯塔克尔伯格博弈和纳什均衡下，协同减排供应链在不同碳配额分配方法下的最优产品价格与协同减排量。结果分别如表 10.1 和表 10.2 所示，本章得到的命题如下。

命题 10.1　在免费碳配额分配方法下（即基准法和历史强度下降法），供应链在斯塔克尔伯格博弈下的最优批发价和零售价显著高于纳什均衡。然而，就拍卖而言，当供应链的协同减排量低于一定水平，即 $(\overline{e}_{mr} - \Delta e_{mr}) < \frac{a - \left(v_{mr} + h \times \Delta e_{mr}^2 \right) + c \times p_0 + k \times \left(\Delta e_{mr} + c \times e_0 - \overline{e}_{mr} \right)}{p_c}$ 时，斯塔克尔伯格博弈下的批发价和零售价高于纳什均衡，当供应链的协同减排量高于一定水平，即

表 10.1　在斯塔克尔伯格博弈下协同减排供应链的最优产品价格与协同减排量

分配方法	最优解
面板 A：最优批发价和零售价	
基准法	$p_m^* = 0.5\left[a + v_m - v_r + c\times p_0 + k\times\left(\Delta e_{mr} + c\times e_0 - \overline{e}_{mr}\right)\right] + (t-0.5)\times h\times\Delta e_{mr}^2 + (0.5-\lambda)\times p_c\times\Delta e_{mr} + 0.5p_c\times\left(\overline{e}_m - \overline{e}_r - E_{\text{sector}}^m + E_{\text{sector}}^r\right)$ $p_r^* = 0.75\left[a + c\times p_0 + k\times\left(\Delta e_{mr} + c\times e_0 - \overline{e}_{mr}\right)\right] + 0.25p_c\times\left(\overline{e}_{mr} - \Delta e_{mr} - E_{\text{sector}}^m - E_{\text{sector}}^r\right) + 0.25\left(v_{mr} + h\times\Delta e_{mr}^2\right)$
历史强度下降法	$p_m^* = 0.5\left[a + v_m - v_r + c\times p_0 + k\times\left(\Delta e_{mr} + c\times e_0 - \overline{e}_{mr}\right)\right] + (t-0.5)\times h\times\Delta e_{mr}^2 + (0.5-\lambda)\times p_c\times\Delta e_{mr} + 0.5p_c\times\left(\overline{e}_m - \overline{e}_r - l_m\times E_i^m + l_r\times E_i^r\right)$ $p_r^* = 0.75\left[a + c\times p_0 + k\times\left(\Delta e_{mr} + c\times e_0 - \overline{e}_{mr}\right)\right] + 0.25p_c\times\left(\overline{e}_{mr} - \Delta e_{mr} - l_m\times E_i^m - l_r\times E_i^r\right) + 0.25\left(v_{mr} + h\times\Delta e_{mr}^2\right)$
拍卖	$p_m^* = 0.5\left[a + v_m - v_r + c\times p_0 + k\times\left(\Delta e_{mr} + c\times e_0 - \overline{e}_{mr}\right)\right] + 0.5p_c\times\left(\overline{e}_m - \overline{e}_r\right) + (t-0.5)\times h\times\Delta e_{mr}^2 + (0.5-\lambda)\times p_c\times\Delta e_{mr}$ $p_r^* = 0.75\left[a + c\times p_0 + k\times\left(\Delta e_{mr} + c\times e_0 - \overline{e}_{mr}\right)\right] + 0.25\left[p_c\times\left(\overline{e}_{mr} - \Delta e_{mr}\right) + v_{mr} + h\times\Delta e_{mr}^2\right]$
面板 B：最优协同减排量	
基准法	$\Delta e_{mr}^* = \dfrac{3k - p_c + \sqrt{(p_c-3k)^2 - 84h\times v_{mr} + 36h\left[a + c\times p_0 + k\times\left(c\times e_0 - \overline{e}_{mr}\right)\right] + 12h\times p_c\times\left(\overline{e}_{mr} - E_{\text{sector}}^m - E_{\text{sector}}^r\right)}}{6h}$
历史强度下降法	$\Delta e_{mr}^* = \dfrac{3k - p_c + \sqrt{(p_c-3k)^2 - 84h\times v_{mr} + 36h\left[a + c\times p_0 + k\times\left(c\times e_0 - \overline{e}_{mr}\right)\right] + 12h\times p_c\times\left(\overline{e}_{mr} - l_m\times E_i^m - l_r\times E_i^r\right)}}{6h}$
拍卖	$\Delta e_{mr}^* = \dfrac{3k - p_c + \sqrt{(p_c-3k)^2 - 84h\times v_{mr} + 36h\left[a + c\times p_0 + k\times\left(c\times e_0 - \overline{e}_{mr}\right)\right] + 12h\times p_c\times\overline{e}_{mr}}}{6h}$

表 10.2　在纳什均衡下协同减排供应链的最优产品价格和协同减排量

分配方法	最优解
面板 A：最优批发价和零售价	
基准法	$p_m^* = \frac{1}{3}\left[a + 2v_m - v_r + c \times p_0 + k\left(\Delta e_{mr} - \bar{e}_{mr} + c \times e_0\right)\right] + \left(t - \frac{1}{3}\right) \times h \times \Delta e_{mr}^2 + \frac{1}{3}\left[p_c \times \left(2\bar{e}_m - \bar{e}_r - 2E_{\text{sector}}^m + E_{\text{sector}}^r\right)\right] + \left(\frac{1}{3} - \lambda\right) \times p_c \times \Delta e_{mr}$ $p_r^* = \frac{2}{3}\left[a + c \times p_0 + k\left(\Delta e_{mr} - \bar{e}_{mr} + c \times e_0\right)\right] + \frac{1}{3}\left[p_c \times \left(\bar{e}_{mr} - \Delta e_{mr} - E_{\text{sector}}^m - E_{\text{sector}}^r\right) + \left(v_{mr} + h \times \Delta e_{mr}^2\right)\right]$
历史强度下降法	$p_m^* = \frac{1}{3}\left[a + 2v_m - v_r + c \times p_0 + k\left(\Delta e_{mr} - \bar{e}_{mr} + c \times e_0\right)\right] + \left(t - \frac{1}{3}\right) \times h \times \Delta e_{mr}^2 + \frac{1}{3} p_c \times \left(2\bar{e}_m - \bar{e}_r - 2l_m \times E_i^m + l_r \times E_i^r\right) + \left(\frac{1}{3} - \lambda\right) \times p_c \times \Delta e_{mr}$ $p_r^* = \frac{2}{3}\left[a + c \times p_0 + k\left(\Delta e_{mr} - \bar{e}_{mr} + c \times e_0\right)\right] + \frac{v_{mr} + h \times \Delta e_{mr}^2}{3} + \frac{1}{3} p_c \times \left(\bar{e}_{mr} - \Delta e_{mr} - l_m \times E_i^m - l_r \times E_i^r\right)$
拍卖	$p_m^* = \frac{1}{3}\left[a + 2v_m - v_r + c \times p_0 + k\left(\Delta e_{mr} - \bar{e}_{mr} + c \times e_0\right)\right] + \frac{p_c \times \left(2\bar{e}_m - \bar{e}_r\right)}{3} + \left(t - \frac{1}{3}\right) \times h \times \Delta e_{mr}^2 + \left(\frac{1}{3} - \lambda\right) \times p_c \times \Delta e_{mr}$ $p_r^* = \frac{2}{3}\left[a + c \times p_0 + k\left(\Delta e_{mr} - \bar{e}_{mr} + c \times e_0\right)\right] + \frac{1}{3}\left[p_c \times \left(\bar{e}_{mr} - \Delta e_{mr}\right) + v_{mr} + h \times \Delta e_{mr}^2\right]$
面板 B：最优协同减排量	
基准法	$\Delta e_{mr}^* = \frac{2k - p_c + \sqrt{\left(p_c - 2k\right)^2 - 40h \times v_{mr} + 16h\left[a + c \times p_0 + k \times \left(c \times e_0 - \bar{e}_{mr}\right)\right] + 8h \times p_c \times \left(\bar{e}_{mr} - E_{\text{sector}}^m - E_{\text{sector}}^r\right)}}{4h}$
历史强度下降法	$\Delta e_{mr}^* = \frac{2k - p_c + \sqrt{\left(p_c - 2k\right)^2 - 40h \times v_{mr} + 16h\left[a + c \times p_0 + k \times \left(c \times e_0 - \bar{e}_{mr}\right)\right] + 8h \times p_c \times \left(\bar{e}_{mr} - l_m \times E_i^m - l_r \times E_i^r\right)}}{4h}$
拍卖	$\Delta e_{mr}^* = \frac{2k - p_c + \sqrt{\left(p_c - 2k\right)^2 - 40h \times v_{mr} + 16h\left[a + c \times p_0 + k \times \left(c \times e_0 - \bar{e}_{mr}\right)\right] + 8h \times p_c \times \bar{e}_{mr}}}{4h}$

$\left(\overline{e}_{mr}-\Delta e_{mr}\right)>\dfrac{a-\left(v_{mr}+h\times\Delta e_{mr}^{2}\right)+c\times p_{0}+k\times\left(\Delta e_{mr}+c\times e_{0}-\overline{e}_{mr}\right)}{p_{c}}$时，斯塔克尔伯格博弈下的批发价和零售价低于纳什均衡。

这些结果可能是由于批发价和零售价显著受到供应商和零售商决策顺序的影响。具体而言，在斯塔克尔伯格博弈下，供应商领导零售商。也就是说，供应商优先基于其收益最大化制定最优产品价格，而后零售商才能制定其最优产品价格。在免费碳配额分配方法下，供应商的优先定价权将驱使其提高批发价，从而获得更高收益。同时，零售商为了保护自身收益，也将提升其零售价。然而，在纳什均衡情景下，供应商和零售商地位对等，可以同时制定各自的最优产品价格。从而导致斯塔克尔伯格博弈下的批发价和零售价高于纳什均衡情景。但是，在拍卖情形下，供应链的协同减排量对批发价和零售价的影响高于其决策顺序。也就是说，在拍卖情形下，供应商和零售商更需要着重关注其协同减排量，而不是决策顺序。

命题 10.2　在三种碳配额分配方法下，协同减排供应链关于斯塔克尔伯格博弈与纳什均衡之间的选择，对供应链批发价的影响是其对零售价影响的两倍。结果表明，相比零售商，供应商需要更加关注斯塔克尔伯格博弈与纳什均衡之间的选择。

命题 10.3　在斯塔克尔伯格博弈和纳什均衡条件下，只有当控排企业单位产品的碳排放量低于消费者对同类非控排企业单位产品碳排放的预期，即$\overline{e}_{mr}-\Delta e_{mr}<c\times e_{0}$时[①]，消费者低碳意识的增强有助于协同减排供应链批发价和零售价的提高，结果见表 10.1 和表 10.2。

出现这些结果的原因可能是只有当供应商和零售商具有良好的环境管理水平时，他们才能从逐渐增强的消费者低碳意识中获得收益（Liu et al.，2012）。类似地，Liu 等（2012）认为在零售商竞争日益激烈的环境下，只有当供应商在改善环境方面具有显著的成本优势且消费者具有足够高的低碳意识时，供应商的收益才会提高。

命题 10.4　不论协同减排供应链选择斯塔克尔伯格博弈还是纳什均衡，在拍卖情形下，碳价格的提高均有助于零售价的上涨。然而，在基准法和历史强度下降法下，当供应链的碳排放量高于政府分配的免费碳配额，即$\overline{e}_{mr}-\Delta e_{mr}>E_{\text{sector}}^{m}+E_{\text{sector}}^{r}$和$\overline{e}_{mr}-\Delta e_{mr}>l_{m}\times E_{i}^{m}+l_{r}\times E_{i}^{r}$时，在斯塔克尔伯格博弈和纳什均衡下，零售价会随着碳价格的上升而上涨。当供应链的碳排放量低于免费碳配额，即$\overline{e}_{mr}-\Delta e_{mr}<E_{\text{sector}}^{m}+E_{\text{sector}}^{r}$和$\overline{e}_{mr}-\Delta e_{mr}<l_{m}\times E_{i}^{m}+l_{r}\times E_{i}^{r}$时，在斯塔克尔伯格博弈和纳什均衡下，零售价随着碳价格的上涨而下跌。

---

① 具体而言，$\overline{e}_{mr}-\Delta e_{mr}$表示供应链协同减排企业单位产品的碳排放量，$c\times e_{0}$表示控排企业产品和同类非控排企业产品之间的替代效用，即消费者对同类非控排企业单位产品碳排放的预期。

结果表明，当协同减排供应链的碳排放量高于免费碳配额分配量时，碳价格的上涨将导致供应链背负更高的排放成本，这将对其碳减排量和低碳技术投资产生消极影响（Zakeri et al.，2015；Bai et al.，2017），从而当碳价格上涨时，协同减排供应链将提高其批发价和零售价来维持收益。然而，当协同减排供应链的碳排放量低于免费碳配额时，碳价格的上涨有助于供应链收益的提升，这将驱使协同减排供应链通过降低批发价和零售价来提高市场份额。

命题 10.5 在斯塔克尔伯格博弈和纳什均衡下，同类非控排企业的产品价格对零售价的影响高于批发价。特别地，相比纳什均衡，在斯塔克尔伯格博弈下同类非控排企业的产品价格对供应链协同减排企业产品批发价和零售价的影响更高，见表 10.1 和表 10.2。

这可能是由于消费者基于合理的价格预期制定其购买决策（Cachon and Swinney，2009）。同类非控排企业产品价格将直接影响控排企业的产品零售价（Wu and Niederhoff，2014；Wu，2016）和产品需求量（Kim and Chhajed，2002），进而影响产品批发价。因此，相比批发价，同类非控排企业的产品价格对零售价的影响更为直接和显著。

命题 10.6 在拍卖情形下的斯塔克尔伯格博弈和纳什均衡中，供应链的最优协同减排量显著高于基准法和历史强度下降法，如表 10.1 和表 10.2 所示。

相比免费碳配额分配方法，拍卖更有助于推动供应链的碳减排。这可能由于拍卖比免费碳配额分配方法更具有灵活性，更有助于推动技术创新（Cramton and Kerr，2002）。因此，对于中国政府而言，逐步提升碳配额拍卖比重尤为重要。

10.4.2 碳减排收益分配分析

基于方程（10.23），可以得到供应商和零售商的碳减排收益分配权重，分别如方程（10.24）和方程（10.25）所示。

$$\lambda_m = 0.5\mu_m \times t_m + 0.5\mu_r \times t_m + 0.25\mu_m - 0.75\mu_r + 0.5 \quad (10.24)$$

$$\lambda_r = 0.5\mu_m \times t_r + 0.5\mu_r \times t_r + 0.25\mu_r - 0.75\mu_m + 0.5 \quad (10.25)$$

其中，t_m 表示供应商承担的协同减排成本的权重；μ_m 和 μ_r 分别表示供应商和零售商对协同减排供应链的减排贡献，且 $\mu_m + \mu_r < 1$。同时，由于 $t_m + t_r = 1$，$t_m \in (0,1)$，$t_r \in (0,1)$，我们进一步得到随着减排贡献和减排成本的变化，供应商和零售商碳减排收益分配权重的变化，如图 10.1 所示[①]。由此，可以得到命题 10.7。

① 由于零售商 Shapley 值的变化趋势与供应商相似，因此，本章仅在图 10.1 中展示供应商 Shapley 值的变化趋势。

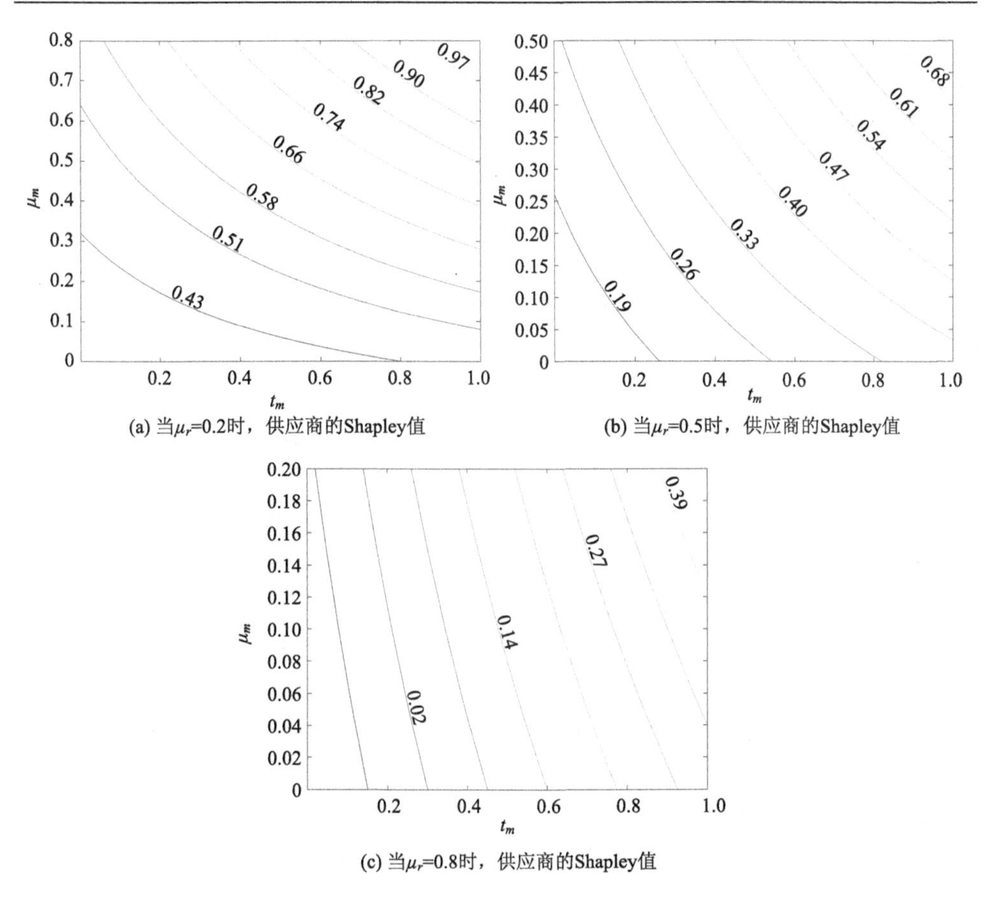

图 10.1　协同减排供应链供应商碳减排收益分配的 Shapley 值

无差异曲线上的数据表示供应商的 Shapley 值

命题 10.7　随着减排贡献和减排成本的上升，供应商和零售商碳减排收益的分配权重也在提高，而减排贡献对碳减排收益分配权重的影响并不总是高于减排成本。

具体而言，如图 10.1（a）所示，当零售商的减排贡献低于供应链总减排贡献的一半时，相比承担更多的减排成本，供应商提高减排贡献更有助于实现碳减排收益分配权重的上升。例如，当供应商获得供应链 43%的总减排收益时［图 10.1（a）中的无差异曲线中供应商的 Shapley 值是 0.43］，如果供应商不承担任何减排成本（即 $t_m=0$），供应商的减排贡献需要占总减排贡献的 31%；然而如果供应商不作任何减排贡献（即 $\mu_m=0$），则供应商需要承担的减排成本占供应链总减排成本的 78%。这主要是由于过量的减排成本并不利于碳减排收益的提高，因为成本有效是提高供应链收益的重要方式（Xia et al.，2008）。实际上，技术贡献可以从根本上影响双赢合作（Ge et al.，2014）。因此，当零售商的碳减排贡献较低时，供应商可以通过提高其减排贡献实现减排收益分配权重的显著提高，当供应商的减排贡献较低时，零售商可以通过提高其减排贡献实现减排收益分配权重的显著提高。

同时，当供应商和零售商的减排贡献相等时，他们可以通过提高减排贡献或减排成本提高减排收益分配权重，如图 10.1（b）所示。例如，随着供应商减排贡献或减排成本的提高，其 Shapley 值可从 0.19 提高至 0.68。

然而，当零售商的减排贡献高于供应链总减排贡献的一半时，相比提高减排贡献，供应商承担更多的减排成本更有助于其减排收益分配权重的提高，如图 10.1（c）所示。例如，供应商可以通过承担更多的减排成本，使其 Shapley 值由 0.02 上升至 0.39。这可能是由于成本共享博弈有助于推动碳减排、减少投资风险、提升低碳技术和收益（Ghosh and Shah，2015；Zhao et al.，2012；Xu et al.，2017）。因此，当零售商的减排贡献较高时，供应商可以通过承担更多的减排成本实现碳减排收益分配权重的显著上升。

10.5 主要结论与启示

基于不同碳配额分配方法，考虑碳价格、同类非控排企业产品价格和消费者低碳意识等因素，本章采用斯塔克尔伯格博弈模型探讨了当供应商领导零售商时协同减排供应链的最优产品价格，采用纳什均衡模型分析了当供应商和零售商的讨价还价能力对等时协同减排供应链的最优产品价格，并采用基于成本修正的 Shapley 值法，探讨了协同减排供应链的碳减排收益的分配。主要结论如下。

（1）在斯塔克尔伯格博弈和纳什均衡下，在拍卖情形下碳价格的上涨有助于提升零售价。在基准法和历史强度下降法下，当协同减排供应链的碳排放量高于免费碳配额时，碳价格的上涨会导致零售价上升，但是当协同减排供应链的碳排放量低于免费碳配额时，碳价格的上涨会导致零售价下降。同时，只有当控排企业单位产品的碳排放低于消费者对同类非控排企业单位产品碳排放的预期时，消费者低碳意识的增强才有助于供应链批发价和零售价的提升。此外，同类非控排企业的产品价格对零售价的影响高于批发价。

（2）在两种免费碳配额分配方法下（即基准法和历史强度下降法），供应链在斯塔克尔伯格博弈下的最优批发价和零售价高于纳什均衡。然而，在拍卖情形下，随着协同减排量的变化，斯塔克尔伯格博弈下的最优批发价和零售价并不总是高于纳什均衡。特别地，在三种碳配额分配方法下，协同减排供应链关于斯塔克尔伯格博弈和纳什均衡之间的选择对批发价的影响是其对零售价影响的两倍。

（3）在斯塔克尔伯格博弈和纳什均衡下，拍卖情形下协同减排供应链的最优协同减排量高于基准法和历史强度下降法。同时，供应商和零售商的碳减排收益分配权重随着减排贡献和减排成本的上升而提高，且减排贡献对碳减排收益分配的影响并不总是高于减排成本。

基于这些结论，本章得到两点重要管理启示。

（1）只有当控排企业单位产品的碳排放显著低于同类非控排企业单位产品的碳排放时，供应商和零售商才可以随着消费者低碳意识的增强提高批发价和零售价。

（2）相比免费碳配额分配方法，拍卖更有助于促进碳减排。因此中国政府可以适当提高拍卖的占比。

至于未来的研究方向，至少还有两方面值得拓展。第一，本章研究了在不同碳配额分配方法下信息透明的供应链的最优产品定价，未来研究可以进一步探讨在信息不对称供应链中，不同碳配额分配方法对供应商和零售商减排投资的影响。第二，本章考虑了减排贡献和减排成本对协同减排供应链碳减排收益分配的影响，未来研究可以进一步考虑减排风险对供应链碳减排收益分配的影响。

第 11 章　中国碳交易对控排企业绿色投资的影响研究

11.1　碳交易对企业绿色投资的影响机制及主要问题

当前，中国经济发展已进入新发展阶段，正在经历经济结构优化与向高质量发展转变的经济“换挡期”。在经济增速换挡和气候治理双重压力下，中国在减少二氧化碳排放和应对气候变化方面面临巨大挑战（Zhou et al.，2020b），迫切需要找到平衡经济发展和碳减排的有效方法。

近年来，中国政府采取一系列节能减排措施，向世界展示了其在应对气候变化方面的努力与担当。为加快节能减排步伐，中国在不断寻找推动绿色低碳发展的新途径，为实现绿色转型提供支持。碳交易制度是利用市场机制控制和减少温室气体排放、推动绿色低碳发展的重大制度创新（Zhu et al.，2019）。碳交易制度为经济有效地实现碳减排提供了可能（IEA，2020），已成为实现节能减排和低碳发展的重要途径与现实选择（Moore et al.，2019；Zhang et al.，2019a）。目前，中国碳交易试点已经运行多年，积累了大量经验，需要对试点运行效果进行科学总结，为全国碳市场的有效运行提供科学参考。

碳交易企业是碳市场的主要参与者。他们不仅有赚取利润的经济责任，还有其他责任，如使自己的行为符合社会规范和伦理要求（Jung et al.，2018）。在碳限制时代，公众越来越关注企业的不道德行为（Bowen et al.，2018；Zhang et al.，2020a），企业对碳减排负有不可推卸的伦理责任，必须采取相应的策略来提高企业的可持续性。企业通常会将社会和环境因素纳入其投资决策（Nath，2021）。一般来说，企业的绿色投资决策涉及伦理责任（Depoers et al.，2016）。绿色投资不仅可以推动企业商业模式转型（Duque-Grisales and Aguilera-Caracuel，2021），还可以帮助整个社会实现“产业升级”和“低碳发展”的双重目标。

作为世界上最大的发展中国家，中国在全球气候治理中发挥着至关重要的作用。因此，全中国的绿色投资对于全球气候治理具有重要意义。在实践中，碳交易可通过“奖优惩劣”的市场机制促进社会资本流向绿色发展领域（ICAP，2020）。然而，我国碳交易对企业绿色投资的影响目前尚不清楚，这不利于利用碳市场的外部性。因此，需要探究以下问题：碳交易是否会影响碳交易覆盖企业的绿色投资？影响程度如何？在不同试点和行业这种影响是否存在异质性？这些问题的答案将为完善中国的碳交易制度和优化中国的环境治理体系提供新的见解与启示，从而有助于进一步有效应对全球气候变化。

本章的研究贡献主要包括四个方面。首先，构建了一个跨期的企业绿色投资行为理论模型，揭示了碳交易促进相关企业履行保护环境责任的内在逻辑。人们对期望理论、绿色投资的决定因素和碳市场进行了大量的研究，然而将期望理论应用于碳交易背景下企业绿色投资行为的研究相对较少，本章的研究有助于从理论上更好地理解碳交易促进相关企业履行保护环境责任的内在逻辑。

其次，建立了 DID 模型，从微观企业层面分析了碳交易对企业绿色投资的影响。现有碳交易研究主要集中在宏观层面（如国家层面、行业层面），而往往忽略了微观企业层面的复杂性。碳交易覆盖企业是碳市场的主要参与者，本章的研究可为中国碳交易对企业绿色投资的影响提供了更加直接和客观的见解。

再次，从区域和产业异质性的角度量化了中国碳交易对企业绿色投资的影响。现有相关研究往往忽略了碳交易对各试点和行业相关企业影响的差异，本章的研究可以填补该短板，为进一步了解碳交易对相关企业的运行机制和影响路径提供新的视角。

最后，从绿色投资的角度揭示了碳交易对企业环境伦理和责任的影响，有助于更好地理解基于市场的环境政策对企业环境伦理和责任的影响。以往的相关研究主要关注碳交易对温室气体排放的影响，但往往忽视了碳交易对企业环境伦理和环境责任的影响。鉴于绿色投资是企业环境伦理和环境责任的重要体现，本章将探讨碳交易对企业绿色投资的影响机制。此外，碳交易是一项新兴的基于市场的环境政策，其启动可视为准自然实验，为研究基于市场的环境政策对企业环境伦理和环境责任的影响机制提供了一个重要机会。

11.2　国内外研究现状

11.2.1　碳交易制度相关研究

目前，全球围绕碳交易制度的研究逐渐增多，大致可以分为两类：碳交易制度的影响研究和碳交易制度的运行机制研究。

关于碳交易制度的影响，现有文献主要集中在减排成本、节能减排效果、经济福利等方面。例如，Zhou 等（2013）建立了中国省际减排配额交易制度的经济绩效模型，估算了中国各省区市的边际减排成本曲线，研究结果表明，实施省际减排配额交易制度可使中国减排总成本降低 40%以上。Springer 等（2019）分析了中国结构转型政策与国家碳排放交易制度之间的相互作用，研究结果表明在中国结构转型背景下，来自国家排放交易体系的企业减排成本将显著降低。Zhang 等（2017e）运用 CGE 模型对中国、美国、澳大利亚、日本和韩国等国建立了多区域综合排放交易方案并进行情景分析，研究发现碳交易制度的整合将优化碳排放配额的分配，并为碳配额进口国带来经济福利收益。Cheng 等（2015）建立 CGE 模型预测了 2007~2020 年广东省及中国其他地区在常规和政策情景下 CO_2 和大气污染物的局部排放轨迹，模拟结果表明，与基准情形方案相比，碳排放交易系统在 2020 年的 SO_2 和 NO_x 排放量分别减少了 12.4%和 11.7%。Huang 和 Du（2020）基于 2007~2017 年中国土地市场的大型土地交易数据集，采用 DID 模型，研究发现碳交易政策的实施使能源密集型产业的土地供应减少了 25%，促进了中国的绿色发展。当前对碳交易制度影响的研究还较为宏观，主要关注碳交易制度在国家层面、区域层面以及行业层面的影响，而碳市场的直接参与者是碳交易覆盖的企业，但当前研究较少从企业层面直接评估碳交易制度对企业的影响。

关于碳交易制度运行机制的研究，目前主要集中在覆盖行业、碳配额分配方法、碳交易风险等方面。例如，Mu 等（2018）利用中国混合能源经济研究模型对中国碳市场的覆盖范围进行了研究，结果表明，应当将更多能源密集型行业纳入排放交易体系，这有利于用更低的减排成本实现更大的减排量。Naegele 和 Zaklan（2019）分析了 2004~2011 年欧洲制造业的贸易隐含碳和贸易流，研究发现 EU ETS 没有引起制造业的碳泄漏。类似地，Moore 等（2019）探讨了 EU ETS 的碳泄漏风险，结果表明，EU ETS 并未引起欧盟相关企业的实质性产业转移，也并未导致碳泄漏。Tang 等（2017）基于多智能体的碳交易系统仿真模型研究了中国碳排放配额拍卖设计，发现在拍卖形式上，统一价格设计相对温和，而差别价格设计在经济损失和减排方面都相当激进。Chesney 和 Taschini（2012）通过蒙特卡罗模拟方法讨论了 EU ETS 碳期权合约的定价问题，研究发现，在碳配额市场上，初始配额分配越少，看涨期权越有价值；相反，初始配额分配越多，看跌期权越有价值。Feng 等（2018）利用 CGE 模型对湖北省和广东省的碳市场连接进行了模拟，结果表明，如果两个市场连接起来，效率和公平之间需要进行权衡。目前对碳交易运行机制的研究主要关注碳交易制度的建设、完善与风险控制，而碳交易覆盖企业作为碳市场的内部运行主体，较少有文献探究碳交易制度对相关企业绿色投资的内部影响途径。

11.2.2　绿色投资相关研究

目前关于绿色投资的研究主要集中在以下两个方面：绿色投资的驱动因素研究和绿色投资的效益研究。

对于绿色投资的驱动因素研究，现有文献研究表明绿色投资的驱动因素较为多样，主要包括政策推动、市场拉动等。Eyraud 等（2013）提供了绿色投资的定义，并分析了 2003~2013 年 35 个发达国家和新兴市场国家绿色投资的趋势与决定因素，发现碳定价方案或“上网电价补贴”对绿色投资具有积极而显著的影响。Liao 和 Shi（2018）以 1998~2014 年中国 30 个地区的面板数据为样本，发现公众的呼吁对中国增加绿色投资产生了积极影响。Schaltenbrand 等（2018）基于 247 名经理人调研数据，发现经理人在面对不同类型和不同程度利益相关者的压力时，经理人的工作经验、雇主的财务表现以及雇主的市场表现都会影响经理人的绿色投资决策。Stoever 和 Weche（2018）以德国在州一级管理的取水条例为例，使用回归调整差异法分析了环境规制对企业绩效和绿色投资行为的影响，研究发现当置于可持续的竞争环境中时，取水条例对促进绿色增长并不是一个有效的政策工具。绿色投资的驱动因素较为多样，现有文献对绿色投资的驱动因素已展开研究，尤其研究了命令–控制型环境监管制度对绿色投资的驱动及影响。而碳交易制度是一种市场激励型环境监管制度，同时也是推动低碳发展的一种重要政策手段，但较少有文献研究碳交易制度对相关企业绿色投资的驱动机制及影响。

关于绿色投资的效益研究，现有文献主要集中在企业生产率、经济效益、竞争力等方面。例如，Dai 等（2016）采用动态 CGE 模型评估了 2050 年中国大规模发展可再生能源的经济影响和环境协同效益，发现大规模发展可再生能源不会产生显著的宏观经济成本，相反，它将产生显著的绿色增长效应，有利于上游产业的增长，并重塑能源结构，能够带来可观的环境协同效益。Shen 等（2021）利用 1995~2017 年中国 30 个省区市的面板数据分析了绿色投资对缓解碳排放、实现清洁生产以及可持续发展目标的作用，结果发现绿色投资显著降低了碳排放。Stucki（2019）使用了一个独特的基于德国、奥地利和瑞士的企业级数据集，分析了能源成本、绿色能源技术投资和生产率之间的关系，发现对 19%拥有最高能源成本的企业而言，绿色能源技术投资对生产率的边际效应是积极的。目前关于企业绿色投资效益的研究，相关文献更多的是考虑经济效益，而环境效益往往被忽视。绿色投资在影响企业经济效益的同时，也可能会影响外部社会的环境效益。碳交易制度作为一种重要的环境政策创新，探究其是否对相关企业绿色投资产生影响，直接关系到外部社会的环境效益。

总结起来，现有相关文献已分别对碳交易制度与绿色投资展开研究，但仍然存在几方面的不足。首先，现有碳交易制度相关研究还较为宏观（如国家、省级、行业层面），对于微观层面（如企业层面）的研究较少，尤其对于碳交易制度的直接参与者的分析依然不足，难以有效评估碳交易制度对相关企业的直接影响。其次，虽然现有文献对环境监管制度、绿色投资已展开研究，但主要研究的是命令–控制型环境监管制度对绿色投资的驱动及影响。碳交易制度作为一种市场激励型环境监管制度，鲜有文献研究碳交易制度对相关企业绿色投资的驱动及影响机制，尤其是中国的碳交易制度。最后，中国碳交易试点分别在不同省市运行，各地区实施的碳交易制度各有不同，且各行业发展特性不尽相同，而现有文献很少从地区异质性和行业异质性的视角分析碳交易制度对碳交易覆盖企业绿色投资的影响差异，这不利于总结中国碳交易制度对控排企业绿色投资的影响机制。

11.3　企业绿色投资行为理论模型

当政府宣布未来某一时期将启动碳交易时，企业会依据其在未来所处的碳市场信息形成当期的理性预期。如果企业未来的行为与政府实施碳交易的目的背道而驰，将受到较高水平的惩罚，并造成成本损失（Aumann and Dreze，2008）。因此，企业会综合过去、现有和未来可预期的信息，提前调整投资决策，使当期投资决策在未来产生的效果与政府的节能减排目标相一致。但是，企业如何做出绿色投资决策，其内在逻辑是什么？为便于理解碳交易推动企业绿色投资的内在逻辑，本章构建了一个跨期的企业绿色投资行为理论模型，揭示碳交易对企业绿色投资的影响机制。

假设企业投资的具有低排放特征的生产项目（L）为绿色投资，投资的具有高排放特征的生产项目（H）为非绿色投资，则企业需要对绿色投资和非绿色投资进行权衡。设 T 为企业投资生产项目的经营周期，政府在 t_0 期宣布将在 t_1 期正式实施碳交易试点政策。$p_H(t)$ 或 $p_L(t)$ 分别为 t 时期非绿色生产项目和绿色生产项目生产产品的市场价格，$q(t)$ 为 t 时期市场对产品的需求量。令 r 为贴现率，则企业 t 期投资的非绿色生产项目或绿色生产项目，在未来 T 时期内的预期总收益分别为 R_H 或 R_L，具体如方程（11.1）和方程（11.2）所示：

$$R_H = \int_{t_0} p_H(t) q(t) \mathrm{e}^{-rt} \mathrm{d}t \tag{11.1}$$

$$R_L = \int_{t_0}^{T} p_L(t) q(t) \mathrm{e}^{-rt} \mathrm{d}t \tag{11.2}$$

企业在 t 时期投资非绿色生产项目或绿色生产项目的固定成本分别为 α_H 和 α_L。由于非绿色生产项目比绿色生产项目的建设要求低，因而，$\alpha_H < \alpha_L$。在 t 时期，企业投资的项目生产产品时，消耗燃料的单位成本为 $\beta(t)$，且非绿色生产项目的燃料单位成本 $\beta_H(t)$ 大于绿色生产项目的燃料单位成本 $\beta_L(t)$。同时，如果企业非绿色或绿色生产项目生产产品的燃料消耗为 $x_H(q(t))$ 或 $x_L(q(t))$，则其可变成本分别为 $\beta_H(t)x_H(q(t))$ 或 $\beta_L(t)x_L(q(t))$。企业运行生产项目产生的污染物会面临政府的环境管制，产生治理成本 $W(\cdot)$。这一治理成本与不同技术特征生产项目的燃料投入量 $x_i(q(t))$ 和技术水平 $A(t)$ 有关。燃料投入量越多，企业的环境治理成本越高；而技术水平越高，其环境治理成本越低。由　此　，

$\frac{\partial W\left(x_i\left(q(t)\right),A(t)\right)}{\partial x_i\left(q(t)\right)}>0$ 和 $\frac{\partial W\left(x_i\left(q(t)\right),A(t)\right)}{\partial x_i\left(A(t)\right)}<0$，$i\in\{H,L\}$。考虑到 t_0 期政府宣布将于 t_1 期正式实施碳交易试点政策，那么从第 t_1 期开始，在试点地区，企业运行生产项目会产生额外碳交易成本 $K(\cdot)$，且这项成本与生产项目的燃料投入量 $x_i\left(q(t)\right)$ 和技术水平 $A(t)$ 有关。为了简化考虑，假设企业投资非绿色生产项目产生的碳交易成本为 $K\left(x_H\left(q(t)\right),A(t)\right)$，且该类型生产项目的燃料投入量越高，其碳排放水平越高，额外支付的碳交易成本也会越高；同时，生产项目的技术水平越高，其生产产品过程中碳排放水平越低，额外支付的碳交易成本也会越低，由此，$\frac{\partial K\left(x_H\left(q(t)\right),A(t)\right)}{\partial K\left(q(t)\right)}>0$ 且 $\frac{\partial K\left(x_H\left(q(t)\right),A(t)\right)}{\partial K\left(A(t)\right)}<0$。

企业进行投资时，会对其投资生产项目的成本和收益进行比较，作为当期投资决策的依据。因企业投资行为不同，成本函数也不同。假设企业投资绿色生产项目的预期成本不会受到碳交易试点政策的影响，因而，企业预期投资绿色生产项目产生的成本见方程（11.3）。然而，当政府在 t_0 期宣布将在 t_1 期实施碳交易试点政策，企业从 t_0 期开始，在政策试点地区非绿色生产项目投资和运行的预期成本不仅包括固定成本、燃料成本和环境治理成本，还包括 t_1 期之后政府实施碳交易试点政策所产生的碳交易成本。因此，企业在 t_0 期投资非绿色生产项目的预期成本见方程（11.4）。

$$C_L=\alpha_L+\int_{t_0}^{T}\mathrm{e}^{-rt}\left\{\beta_L x_L\left(q(t)\right)+W\left[x_L\left(q(t)\right),A(t)\right]\right\}\mathrm{d}t,\quad t_0<t<T \tag{11.3}$$

$$\begin{aligned}C_H=\alpha_H&+\int_{t_0}^{t_1}\mathrm{e}^{-rt}\left\{\beta_H x_H\left(q(t)\right)+W\left[x_H\left(q(t)\right),A(t)\right]\right\}\mathrm{d}t\\&+\int_{t_1}^{T}\mathrm{e}^{-rt}\left\{\beta_H x_H\left(q(t)\right)+W\left[x_H\left(q(t)\right),A(t)\right]+K\left(x_H\left(q(t)\right),A(t)\right)\right\}\mathrm{d}t,\\&t_0<t\leqslant T\text{且}T\geqslant t_1\end{aligned} \tag{11.4}$$

在碳交易试点政策没有正式实施之前，企业运行所投资的非绿色生产项目时，其成本不会受到碳交易试点政策的约束。在此条件下方程（11.5）中的 $K\left(x_H\left(q(t)\right),A(t)\right)=0$。而在碳交易试点政策正式实施之后，非绿色生产项目的运行成本才会受到碳市场试点政策的约束。那么，企业在 t_0 时期预期投资非绿色和绿色生产项目所得的预期净收益（π_H 和 π_L）分别如方程（11.5）和方程（11.6）所示：

$$\pi_H = R_H - C_H = \int_{t_0}^{T} p_H q(t) \mathrm{e}^{-rt} \mathrm{d}t - \left\{ \alpha_H + \int_{t_0}^{t_1} \mathrm{e}^{-rt} \left\{ \beta_H x_H\left(q(t)\right) + W\left[x_H\left(q(t)\right), A(t)\right] \right\} \mathrm{d}t \right.$$
$$\left. + \int_{t_1}^{T} \mathrm{e}^{-rt} \left\{ \beta_H x_H\left(q(t)\right) + W\left[x_H\left(q(t)\right), A(t)\right] + K\left(x_H\left(q(t)\right), A(t)\right) \right\} \mathrm{d}t \right\},$$

$$t_0 < t \leqslant T \text{且} T \geqslant t_1 \tag{11.5}$$

$$\pi_L = R_L - C_L = \int_{t_0}^{T} p_L q(t) \mathrm{e}^{-rt} \mathrm{d}t - \left\{ \alpha_L + \int_{t_0}^{t_1} \mathrm{e}^{-rt} \left\{ \beta_L x_L\left(q(t)\right) + W\left[x_L\left(q(t)\right), A(t)\right] \right\} \mathrm{d}t \right\},$$
$$t_0 < t \leqslant T \tag{11.6}$$

进而，构造 T 期内企业在 t_0 期两类不同排放特征生产项目预期净收益比例函数，即 $V(t)=\dfrac{\pi_H}{\pi_L}$，作为企业在 t_0 期的投资决策依据。将两类不同排放特征生产项目预期净收益比例函数对碳交易成本 $K(\cdot)$ 求导，可得 $\dfrac{\partial V}{\partial K}=\dfrac{\mathrm{e}^{-rT}-\mathrm{e}^{-rt_1}}{r\pi_L^2}<0$。

由此，在 t_0 期政府宣布将在 t_1 期正式实施碳交易试点政策，企业预期 t_1 期在试点地区所投资的非绿色生产项目在投产运行过程中产生额外的碳交易成本，这会降低 t_0 期企业在试点地区投资非绿色与绿色生产项目的预期净收益比，从而促使企业从 t_0 期起，在试点地区相对降低非绿色投资，增加绿色投资。

11.4　数据说明与研究方法

11.4.1　数据说明

中国碳交易制度覆盖的行业包括石化、化工、建材、钢铁、有色金属、造纸、电力和航空等八大控排行业，本章以 2009~2017 年八大控排行业上市企业为基础构建研究样本。在删除了缺失值后，本章的最终样本包括 174 个城市 617 家企业 4139 个面板观察值。由于碳交易试点制度只纳入了试点中控排行业企业，因此本章将试点地区的控排行业上市企业作为处理组，其余地区的控排行业上市企业作为对照组。本章的数据来自以下两个方面：①企业绿色投资数据从相关上市企业历年年度财务报告中收集；②所有其他变量的数据均从 CSMAR 数据库、Wind 数据库、《中国城市统计年鉴》和《中国城市建设统计年鉴》获得。

根据相关研究（Patten，2005；Zhang et al.，2019a）对绿色投资的定义，本

章手动收集上市企业年度财务报告“正在建设中”项目下的企业级绿色投资数据。从该项目下的详细项目中确定与绿色投资相关的投资项目（如脱硫处理、脱硝处理、污水处理、废气处理、粉尘处理、节能或绿化项目等）。然后，将所有相关投资汇总为企业绿色投资。

模型的被解释变量是 Invest 。为消除企业的规模效应，本章以绿色投资与总投资的比值表示企业绿色投资水平。

解释变量是 ETS 和 Time 。它们都是虚拟变量，ETS 为 1 表示企业位于碳交易试点，否则为 0。根据碳交易试点政策，碳交易试点地区包括北京、天津、上海、重庆、湖北、广东和深圳，其余地区则是非碳交易试点地区。Time 为 1 表示已经实施碳交易制度，否则为 0。参照 Zhang 等（2020a），2012 年之前中国未实施碳交易制度，2012 年及以后实施碳交易制度。

为确保结果不受企业异质性和城市异质性的干扰，根据以往相关研究（Howell，2016；Barasa et al.，2017；Zhang et al.，2019a），本章选择上市企业的企业规模、上市年限、托宾 *Q* 值、资产回报率、资产负债率、销售收入作为企业控制变量，选择上市企业所属城市总人口、地区生产总值、产业结构、外商直接投资和城市建设用地面积作为城市控制变量。表 11.1 展示了变量的含义及计算方法，表 11.2 报告了主要变量的描述性统计。

表 11.1　变量含义及计算方法

变量	含义	计算方法
Invest	绿色投资水平	绿色投资与总投资的比值
Size	企业规模	企业总资产取对数
Age	上市年限	自企业上市以来的年数取对数
TQ	托宾 *Q* 值	企业市场价值与资产重置成本的比值
Roa	资产回报率	营业收入与资产总额的比值
Lev	资产负债率	负债总额与资产总额的比值
Sale	销售收入	企业总销售收入取对数
Pop	城市总人口	城市总人口取对数
GDP	地区生产总值	城市的地区生产总值取对数
IS	产业结构	第二产业占比
FDI	外商直接投资	城市外商投资总额取对数
UC	城市建设用地面积	城市建设用地面积占市区总面积的比值

表 11.2　主要变量的描述性统计

变量	全样本（4139）							非试点区域（3004）		试点区域（1135）		t 检验
	均值	标准差	最小值	最大值	第 25 百分位数	中值	第 75 百分位数	均值	标准差	均值	标准差	差异
Invest	0.11	0.23	0	1	0	0	0.09	0.11	0.23	0.11	0.23	0.01
Size	9.68	0.63	6.41	12.20	9.25	9.59	10.06	9.64	0.56	9.80	0.75	−0.16***
Age	0.90	0.37	0	1.41	0.70	1.04	1.20	0.89	0.37	0.93	0.38	−0.03***
TQ	2.02	1.82	0.70	40.10	1.21	1.56	2.20	2.04	1.99	1.96	1.23	0.08
Roa	0.03	0.18	−8.46	2.16	0.01	0.03	0.06	0.03	0.10	0.03	0.29	0
Lev	0.53	1.08	0.01	58.08	0.31	0.50	0.66	0.51	0.41	0.57	1.95	−0.06*
Sale	9.44	0.71	0	12.46	9.01	9.37	9.85	9.40	0.65	9.54	0.85	−0.14***
Pop	2.71	0.33	1.29	3.53	2.55	2.74	2.91	2.63	0.30	2.93	0.32	−0.29***
GDP	3.58	0.51	1.82	4.49	3.22	3.57	3.98	3.41	0.42	4.03	0.46	−0.61***
IS	0.47	0.12	0.18	3.36	0.41	0.48	0.54	0.50	0.10	0.38	0.12	0.12***
FDI	5.01	1.02	0	7.15	4.51	5.21	5.74	4.78	1.03	5.64	0.68	−0.86***
UC	0.15	0.13	0	0.97	0.06	0.10	0.18	0.12	0.10	0.21	0.17	−0.09***

*和***分别代表在 10%和 1%的水平下显著

由表 11.2 可知，全样本企业绿色投资水平分布差异较大，平均值为 0.11，最大值为 1。此外，最后一列报告了非试点区域和试点区域之间所有变量的 t 检验结果。我们发现，平均而言，非试点地区和试点地区的企业绿色投资水平相差不大，这表明碳交易可能并未显著促进试点地区控排企业的绿色投资。

11.4.2　研究方法

碳交易制度的实施主要针对试点地区的控排行业企业，而非试点地区以外的企业。为此，基于 DID 的思想（Bertrand and Mullainathan，2003），本章将参加碳交易的企业作为处理组，将未参加碳交易的企业作为对照组，采用 DID 模型来研究碳交易制度对企业绿色投资水平的影响。DID 回归模型为

$$\text{Invest}_{it} = \alpha_0 + \alpha_1 \times \text{ETS}_i \times \text{Time}_t + \beta \times X_{ikt} + \delta_i + \sigma_t + \varepsilon_{ikt} \tag{11.7}$$

其中，i 表示企业；t 表示年份；k 表示城市；X_{ikt} 表示一组控制变量，这些变量在 11.4.1 节进行了描述；ε_{ikt} 表示误差项；α_0 表示截距项；系数 α_1 表示分离出的中国碳交易制度对企业绿色投资水平的净影响。此外，在回归中，我们控制了一系列的固定效应，δ_i 和 σ_t 分别表示企业固定效应和年份固定效应。

11.5　结果分析与讨论

11.5.1　碳交易制度对控排行业上市企业绿色投资水平的总影响

根据方程（11.7），计算的碳交易制度对控排行业上市企业绿色投资水平的影响如表 11.3 所示，表中模型 1 是不包含任何控制变量的基准模型，模型 2 增加了企业层面的控制变量，模型 3 增加了城市层面的控制变量，模型 4 增加了企业层面与城市层面的控制变量。从表 11.3 可以看出：模型 1 到模型 4 增加控制变量的过程中，核心解释变量 ETS × Time 的系数均不显著，且系数符号均保持一致，这表明 DID 模型的估计结果较为稳健。

表 11.3　碳交易制度对控排行业上市企业绿色投资水平的影响

变量	模型 1	模型 2	模型 3	模型 4
ETS×Time	–0.004 （–0.29）	–0.007 （–0.49）	–0.004 （–0.26）	–0.006 （–0.47）
Size		0.063** （2.81）		0.062** （2.71）
Age		–0.018 （–0.73）		–0.018 （–0.71）
TQ		0.003 （1.28）		0.003 （1.23）
Roa		0.012 （0.74）		0.012 （0.75）
Lev		0.002 （0.64）		0.002 （0.66）
Sale		–0.012 （–0.75）		–0.011 （–0.66）
Pop			0.043 （0.89）	0.034 （0.67）
GDP			0.001 （0.01）	0.001 （0.03）
IS			0.047 （1.05）	0.046 （1.07）
FDI			0.000 （0.01）	–0.000 （–0.01）

续表

变量	模型 1	模型 2	模型 3	模型 4
UC			−0.070 （−1.19）	−0.071 （−1.21）
企业固定效应	控制	控制	控制	控制
年份固定效应	控制	控制	控制	控制
常数项	0.238*** （5.62）	−0.255 （−1.32）	0.138 （1.32）	−0.331 （−1.59）
观测值	4139	4139	4139	4139
R^2 值	0.501	0.499	0.500	0.499

注：括号内为 t 统计量

和*分别表示在 5%和 1%水平下显著

但是，表 11.3 中的模型 1 至模型 4 的 ETS×Time 的系数均为负，这表明碳交易制度并未有效促进控排行业上市企业的绿色投资，甚至抑制了控排行业上市企业的绿色投资。这与建立碳交易制度的目的截然不同，且与企业绿色投资行为理论模型推导结果不同。产生这种现象的原因可能有如下两个方面。

一方面，中国碳配额价格远低于企业边际减排成本与碳配额价格合理水平。碳配额价格是实现减排目标的关键因素，根据价格理论，碳配额价格应等于完全竞争市场中的边际减排成本。当碳配额价格低于企业的边际减排成本时，企业宁愿购买碳配额，也不会通过增加企业绿色投资实现碳减排目标。本章与 Mo 等（2016）的研究结果形成了鲜明对比，他们认为碳交易机制即使在低碳价格水平下也会显著提升企业进行绿色投资的概率。这可能是因为 Mo 等（2016）只选择了风能技术作为绿色低碳技术。目前，中国 CO_2 的边际减排成本为 1658~1722 元/吨（Du et al.，2015b），其边际减排成本较高，且呈上升趋势（Wang et al.，2021）。中国碳交易试点地区的平均碳配额价格约为 20 元/吨（Tang et al.，2020），这远低于中国企业边际减排成本与碳配额价格合理水平（Lin and Jia，2019b），在这种情况下，企业通过购买碳配额实现排放合规的成本远小于企业边际减排成本，这在一定程度上抑制了控排行业上市企业通过绿色投资实现节能减排的意愿。

另一方面，目前中国碳交易试点的碳配额分配方法与违规惩罚较为宽松。首先，七个试点地区碳配额免费分配比例均在 90%以上，尤其是天津、重庆的免费分配比例达 100%（Tang et al.，2017）。由于碳交易制度纳入的企业主要通过免费分配的方法获得碳配额（Xiong et al.，2017），且碳配额分配较为宽松，碳交易传递给企业的节能减排压力不大，相关企业进行绿色投资的积极性不足。因此，碳交易覆盖的企业对绿色投资缺乏热情。其次，与世界上相对成熟的碳交易体系（如 EU ETS）相比，中国的碳市场法律法规相对缺乏（Wen et al.，2020b），对于非法排放的企业，通常采用罚款政策以保证碳交易体系顺利运行。但各试点地区对非法排放的处罚较为宽松，对相关企业的非法排放只是限期改正，并未进行任何处罚。相对宽松的法律法规约束和较为低廉的违规处罚，难以保障碳交易节能减排压力的传导，碳交易制度促使控排企业进行绿色投资的作用没有显现。

11.5.2　碳交易制度对控排行业上市企业绿色投资水平影响的地区异质性

根据方程（11.7），计算的碳交易制度对各试点地区控排行业上市企业绿色投资水平影响的地区异质性结果如表 11.4 所示，可以发现碳交易制度对控排行业上市企业绿色投资水平的影响具有显著的地区异质性。

表 11.4　碳交易制度对控排行业上市企业绿色投资水平影响的地区异质性

变量	模型 1	模型 2	模型 3	模型 4	模型 5	模型 6	模型 7
	北京	天津	上海	重庆	深圳	广东	湖北
ETS×Time	−0.005	−0.492***	0.012	−0.102	−0.003	−0.045*	0.120***
	(−0.25)	(−3.88)	(0.44)	(−1.53)	(−0.08)	(−2.01)	(3.44)
Size	0.055*	0.063*	0.047	0.073**	0.077**	0.061	0.056
	(2.00)	(2.16)	(1.69)	(2.69)	(2.68)	(2.29)	(1.94)
Age	−0.003	0.006	0.008	0.007	0.005	−0.003	0.001
	(−0.10)	(0.21)	(0.27)	(0.22)	(0.18)	(−0.10)	(0.04)
TQ	0.001	0.001	0.001	0.003	0.002	0.002	0.001
	(0.47)	(0.43)	(0.22)	(1.07)	(0.75)	(0.63)	(0.29)
Roa	0.044	0.045	0.042	0.017	0.042	0.040	0.046
	(1.36)	(1.35)	(1.26)	(1.00)	(1.27)	(1.22)	(1.39)
Lev	0.008	0.010	0.013	0.002	0.010	0.008	0.009
	(0.82)	(1.02)	(1.26)	(0.56)	(0.96)	(0.82)	(0.92)
Sale	−0.003	−0.001	0.001	−0.007	−0.004	0.001	−0.006
	(−0.13)	(−0.06)	(0.05)	(−0.37)	(−0.19)	(0.04)	(−0.26)
Pop	0.061	0.035	0.066	0.031	0.027	0.034	0.029
	(1.11)	(0.62)	(1.17)	(0.56)	(0.49)	(0.63)	(0.52)
GDP	−0.007	−0.002	−0.003	0.004	0.002	−0.005	0.000
	(−0.17)	(−0.00)	(−0.06)	(0.10)	(0.05)	(−0.12)	(0.00)
IS	0.062	0.079	0.065	0.074	0.078	0.079	0.079
	(1.23)	(1.17)	(1.14)	(1.15)	(1.17)	(1.19)	(1.15)
FDI	−0.004	−0.002	−0.004	−0.003	−0.002	−0.001	−0.001
	(−0.53)	(−0.29)	(−0.50)	(−0.28)	(−0.29)	(−0.10)	(−0.07)

续表

变量	模型 1	模型 2	模型 3	模型 4	模型 5	模型 6	模型 7
	北京	天津	上海	重庆	深圳	广东	湖北
UC	−0.103 （−1.38）	−0.110 （−1.47）	−0.077 （−1.11）	−0.113 （−1.52）	−0.08 （−1.48）	−0.112 （−1.66）	−0.121 （−1.72）
企业固定效应	控制	控制	控制	控制	控制	控制	控制
年份固定效应	控制	控制	控制	控制	控制	控制	控制
常数项	−0.082 （−0.30）	−0.149 （−0.53）	−0.083 （−0.31）	−0.195 （−0.71）	−0.555* （−2.18）	−0.12 （−0.46）	−0.022 （−0.08）
观测值	3301	3004	3234	3072	3151	3283	3112
R^2 值	0.493	0.473	0.472	0.471	0.481	0.474	0.485

注：括号内为 t 统计量

*、**和***分别表示在 10%、5%和 1%水平下显著

具体的研究发现如下。

第一，碳交易制度显著提升了湖北省相关企业的绿色投资水平，降低了广东省和天津市相关企业的绿色投资水平。由表 11.4 的估计结果可知，在湖北省，核心解释变量 ETS × Time 在 1%的水平下显著为正，这表明，在样本区间内，碳交易制度使湖北碳交易试点相关企业绿色投资占比提高了 12.0%；在天津市和广东省，核心解释变量 ETS × Time 分别在 1%和 10%的水平下显著为负，这表明，在样本区间内，碳交易制度使天津和广东碳交易试点相关企业绿色投资占比分别降低了 49.2%和 4.5%。

中国各试点地区的碳交易制度在碳配额分配、覆盖行业及交易机制设计等方面存在差异，导致碳配额的价格、成交量、成交额等差异较大，这将对各试点地区相关企业的投资决策产生不同影响（Yu et al.，2020b）。一般来说，碳价越高、覆盖行业越多、流动性越好的碳市场，碳交易制度对其控排行业相关企业生产经营成本的影响越大（Zhang and Liu，2019）。湖北省与广东省是全国仅有的两个碳交易试点省份，作为七个碳交易试点碳排放量最大的两个试点，其现有发展规模具有较大相似性，但是在湖北和广东这两个碳交易试点，碳交易制度对相关企业绿色投资的影响却截然不同。从近几年中国各个碳交易试点的碳配额交易量和交易额来看，在样本区间内，湖北碳配额交易量与交易额均处于领先地位，其加总量分别达到了 4891.12 万吨和 9.11 亿元（约占全国总交易量与交易额的 36.19%和 37.20%），这远高于同时期广东碳交易试点的碳配额交易量和交易额。同时，在样本区间内，湖北碳交易试点的碳配额价格也整体高于广东碳交易试点，这都表明湖北碳交易试点整体运行较好，碳配额价格发现更加充分，相关企业受碳交易影响相对较大，节能减排压力传递充分，迫使相关企业提高绿色投资水平以应对

碳交易带来的节能减排压力。相比于其余碳交易试点，截至 2019 年 6 月，湖北碳试点已与 6 家银行签署 1200 亿元碳金融授信，用于支持绿色低碳项目开发和技术应用，并在全国首创了碳基金（5 支）、碳托管（592.28 万吨）、碳质押融资（15.4 亿元）、碳众筹、碳保险等碳金融产品，为企业拓宽了绿色投融资渠道，促进了企业提升绿色投资水平。

天津碳交易试点相较于其余四个市级碳交易试点（北京、上海、重庆和深圳）整体活跃度较低，在样本区间内，天津碳交易试点碳配额交易量为 300.53 万吨，成交总额为 0.41 亿元，成交均价为 13.70 元/吨，这三项指标在五个市级碳市场中均属末位。此外，天津碳市场交易基本都集中在履约期，而在非履约期，市场长期处于无交易状态，这说明在天津碳交易经营中，控排行业企业难以主动参与碳市场交易，绿色投资意识不足。天津碳市场流动性也较低，碳价格出现长期不变的情况，说明该地区相关企业受碳交易制度影响相对较弱，未充分发挥碳交易制度的优越性，使得天津碳市场价格发现不足，碳配额价格远小于企业的边际减排成本，相关企业节能减排压力较小。通过绿色投资实现节能减排的成本大于购买碳配额的成本，这在一定程度上导致了企业绿色投资水平的降低。

第二，碳交易制度对北京、上海、深圳、重庆四个碳交易试点相关企业绿色投资水平的影响不显著。由表 11.4 的估计结果可知，在北京、上海、深圳、重庆碳交易试点，核心解释变量 ETS × Time 在 10%的水平下均不显著，但在上海碳交易试点，其核心解释变量 ETS × Time 的系数为正，在北京、深圳和重庆碳交易试点，其核心解释变量 ETS × Time 的系数均为负。这表明，在样本区间内，虽然碳交易制度对北京、上海、深圳、重庆控排行业相关企业的绿色投资水平没有显著影响，但却存在一定的影响差异，碳交易制度在一定程度上提升了上海市相关企业的绿色投资水平，却降低了北京市、深圳市和重庆市相关企业的绿色投资水平，尽管还不显著。中国的碳市场结构已初步形成，但仍处于起步阶段，尚未形成完善的碳配额价格发现机制（Fan and Todorova，2017），碳配额价格难以反映企业真实的节能减排成本。

实际上，北京、上海、深圳和重庆四个地区碳交易试点制度实施以后，其碳市场配额价格相差很大，并且经常出现异常波动。低碳价、高波动和低成交量，使得碳交易制度倒逼控排行业相关企业节能减排的作用无法充分发挥，对企业的投资决策影响较小，对企业绿色投资水平影响也不显著。较低的碳配额价格，在一定程度上促使相关企业购买碳配额实现履约。通过绿色投资实现节能减排成本较高，企业有动机降低绿色投资水平。

此外，碳金融可以发挥金融的本质，实现风险管理，提高碳市场的流动性，有助于碳配额价格发现，使其围绕实际碳减排成本上下浮动，真实反映控排主体的边际减排成本。上海碳交易试点始终高度重视碳金融产品的创新，2015 年以来，上海碳交易试点不断探索和丰富碳市场的交易品种与服务，陆续开展了碳配额卖出回购、碳配额远期产品、借碳等多项碳金融创新，这有利于上海碳交易试点碳配额价格发现，帮助相关企业获得短期资金融通，有效盘活碳资产，为相关企业绿色投资提供了更多的融资渠道，这在一定程度上导致上海碳交易试点相关企业绿色投资水平的提升。

11.5.3　碳交易制度对控排行业相关企业绿色投资水平影响的行业异质性

根据方程（11.7），计算的碳交易制度对各控排行业相关企业绿色投资水平影响的行业异质性结果如表 11.5[①]所示。

表 11.5　碳交易制度对相关企业绿色投资水平影响的行业异质性

变量	模型 1	模型 2	模型 3	模型 4	模型 5	模型 6	模型 7
	电力	钢铁	化工	建材	有色金属	石化	造纸
ETS×Time	–0.016	–0.048	0.005	–0.016	0.028	–0.040	–0.071
	（–0.38）	（–1.22）	（0.23）	（–0.51）	（0.96）	（–0.73）	（–0.94）
Size	0.225**	–0.019	0.047	0.166*	–0.024	0.380	–0.344**
	（2.73）	（–0.15）	（1.14）	（2.20）	（–0.77）	（1.78）	（–2.81）
Age	–0.108	0.390**	0.022	0.031	–0.073	–0.220	0.108
	（–0.70）	（2.96）	（0.57）	（0.44）	（–1.14）	（–1.27）	（0.65）
TQ	0.010	–0.079*	–0.005	0.007	0.002	0.030	0.029
	（0.31）	（–2.53）	（–0.80）	（1.79）	（1.00）	（0.69）	（0.94）
Roa	0.076	–0.206	0.070	–0.004	–0.003	–0.358	0.021
	（0.48）	（–0.63）	（1.46）	（–0.11）	（–0.13）	（–0.67）	（0.07）
Lev	0.019	–0.003	0.007	0.059	0.001	–0.453*	0.161
	（0.20）	（–0.02）	（0.19）	（0.49）	（0.32）	（–2.37）	（0.99）
Sale	–0.030	–0.056	–0.034	–0.027	0.015	0.143	0.117
	（–0.36）	（–0.69）	（–1.19）	（–0.50）	（0.59）	（1.23）	（1.81）
Pop	0.216	–0.429	0.105	–0.323	0.167	–0.722	0.145
	（1.08）	（–1.11）	（1.30）	（–1.92）	（1.37）	（–2.00）	（0.24）
GDP	0.458**	–0.025	–0.070	0.147	–0.062	–0.009	–0.032
	（2.91）	（–0.25）	（–1.38）	（1.56）	（–0.67）	（–0.21）	（–0.11）
IS	0.004	0.360	0.226	–0.216	–0.263*	0.090	0.851
	（0.10）	（1.52）	（1.81）	（–1.13）	（–2.53）	（–0.23）	（1.39）

① 由于航空行业所有企业绿色投资数据均为 0，所以未考虑航空行业相关企业。

续表

变量	模型 1	模型 2	模型 3	模型 4	模型 5	模型 6	模型 7
	电力	钢铁	化工	建材	有色金属	石化	造纸
FDI	–0.002	0.004	–0.024	0.003	–0.002	0.010	0.115***
	(–0.10)	(0.24)	(–1.63)	(0.12)	(–0.16)	(0.17)	(5.11)
UC	–0.331*	–0.167	0.003	–0.167	0.113	0.944*	1.444***
	(–2.37)	(–1.11)	(0.04)	(–0.73)	(0.68)	(2.08)	(3.74)
企业固定效应	控制	控制	控制	控制	控制	控制	控制
年份固定效应	控制	控制	控制	控制	控制	控制	控制
常数项	–3.705***	1.414	–0.071	–0.873	0.090	–3.318	0.774
	(–4.12)	(1.32)	(–0.20)	(–1.56)	(0.23)	(–1.63)	(0.38)
观测值	593	268	1699	469	782	118	159
R^2 值	0.562	0.339	0.448	0.555	0.547	0.471	0.529

注：括号内为 t 统计量

*、**和***分别表示在 10%、5%和 1%水平下显著

具体研究发现如下。

第一，碳交易制度对各控排行业相关企业绿色投资水平的影响均不显著，不存在显著的行业异质性。由表 11.5 的估计结果可知，在七个控排行业，核心解释变量 ETS×Time 在 10%的水平下均不显著，这表明，在样本区间内，碳交易制度实施并未对各控排行业相关企业绿色投资产生明显影响，且在各行业之间不存在显著差异。碳交易制度在中国是一项新的政策尝试，需要大量的准备和摸索。碳交易试点制度实施后，相关企业对碳交易运行的概念和操作还不够熟悉（Xiong et al.，2017；Zhao et al.，2017），且所覆盖行业企业存在一个逐渐纳入的过程。在碳市场方面，价格形成的低透明度和交易的低流动性使相关企业对碳市场的效率与有效性产生了怀疑（Munnings et al.，2016；Xian et al.，2019）。这都表明碳交易制度的作用和影响并未完全发挥，对多数相关企业投资决策产生的直接影响较小（Zhang et al.，2020a），所以目前碳交易制度对控排行业相关企业绿色投资水平的影响可能也还未完全显现。参照 EU ETS 的运行状况（Naegele and Zaklan，2019），可以推测，随着中国碳市场运行效率的提升、所涵盖的行业的增多、碳配额有偿分配比例的提高、碳配额指标的收紧、碳配额价格发现机制的成熟，中国碳交易制度对控排行业相关企业绿色投资水平的影响将会更加明显。

第二，碳交易制度对各控排行业相关企业绿色投资水平的影响虽然不存在显著行业异质性，但依然存在一定差异。由表 11.5 的估计结果可知，在化工和有色金属行业，其核心解释变量 ETS×Time 的系数为正，在电力、钢铁、建材、石化和造纸五个行业，其核心解释变量 ETS×Time 的系数均为负。在样本区间内，碳

交易制度在一定程度上提升了化工和有色金属行业相关企业的绿色投资水平，降低了电力、钢铁、建材、石化和造纸五个行业相关企业的绿色投资水平。在中国碳排放重点行业中，有色金属行业和化工行业的碳排放量在中国分别位列第二、第三位，2009 年有色金属行业和化工行业的碳排放量之和占总量的 25%，在节能减排的发展背景下，其减排压力较大。另外，相较于其他行业，有色金属行业和化工行业生产技术较为老旧，能源利用效率较低，碳强度较高（Zhang et al.，2016e；Lin et al.，2017）。加入碳市场后，碳减排压力进一步加大，迫使企业调整设备水平，引进清洁生产流程，利用碳捕集与封存技术等多种方式减少二氧化碳排放（Hao et al.，2015；Wang et al.，2017c；Gong et al.，2017），这在一定程度上增加了企业绿色投资的比例。

近年来，中国部分产业供过于求的矛盾日益凸显，传统制造业，特别是钢铁、建材等高消耗、高排放行业产能过剩尤为突出。中国政府出台了一系列供给侧结构性改革政策，期望化解产能过剩问题。在这个过程中，落后产能、过剩产能被去除掉，一些企业的生产量急剧下降，导致碳排放量相对减少。而政府每年分配给控排企业的初始碳配额较为宽松，因此钢铁、建材等行业碳配额充足，企业具有减少绿色投资的动机。此外，由于中国政府出台了一系列电力体制改革政策（如电力市场改革、煤电装机上限、环境和节能标准、可再生能源配额制等），电力行业向现代化能源系统转型升级的过程相对较快，技术效率相对较高（She et al.，2020），这在一定程度上促使电力企业实现碳减排。但电力体制改革与碳市场的总体目标存在重叠（IEA，2020），未产生政策合力，导致碳交易制度对电力企业绿色投资水平的影响较弱。

11.5.4 稳健性检验

1. 平行趋势检验

DID 模型的主要识别假设是，非试点地区的企业为试点地区受管制企业的绿色投资活动提供了有效的反事实变化（Luong et al.，2017）。这种假设的潜在挑战是，试点地区企业和非试点地区企业之间的差异可能是由预先存在的时间趋势驱动的。为了打消这种担忧，参照 Wang 等（2018b）的方法，我们利用碳交易试点制度实施之前的数据，执行平行趋势检验，以验证是否违反了该假设。我们在回归方程中加入时间虚拟变量与碳交易政策变量的交互项，若政策发生前的交互项系数不显著，则表明满足平行趋势假设。

DID 模型的平行趋势假设检验结果如表 11.6 所示，我们发现在实施碳交易试点政策之前的三年中，处理组和对照组之间没有明显差异。同时，交互项

$ETS \times Time_{2009}$、$ETS \times Time_{2010}$ 和 $ETS \times Time_{2011}$ 的系数均不显著①，这表明试点地区企业和非试点地区企业之间绿色投资活动的发展趋势没有系统差异，满足 DID 方法的平行趋势假设。

表 11.6　DID 模型的平行趋势假设检验结果

变量	系数	变量	系数	变量	系数
Size	0.061** （2.70）	GDP	0.001 （0.02）	$ETS \times Time_{2011}$	0.004 （0.21）
Age	−0.019 （−0.73）	IS	0.046 （1.07）	企业固定效应	控制
TQ	0.003 （1.26）	FDI	0.000 （0.00）	年份固定效应	控制
Roa	0.011 （0.68）	UC	−0.069* （−1.17）	观测值	4139
Lev	0.002 （0.67）	常数项	−0.155 （−1.87）	R^2 值	0.020
Sale	−0.010 （−0.67）	$ETS \times Time_{2009}$	0.070 （0.31）		
Pop	0.033 （0.64）	$ETS \times Time_{2010}$	0.001 （0.06）		

注：括号内为 t 统计量

*、**分别表示在 10%、5%水平下显著

2. 反事实检验结果

为了确保碳交易制度对控排行业上市企业绿色投资水平的唯一影响，我们假设碳交易制度提前实施。也就是说，假设碳交易制度发生在 2011 年，我们研究虚拟碳交易制度对控排行业上市企业绿色投资的影响。如果在 2011 年实施的虚拟碳交易制度对控排行业上市企业绿色投资影响与前述结果相同，那么我们可以认为，先前获得的结果是不可靠的。否则，前述回归结果是稳健的。因此，根据前人的研究（Moser and Voena，2012；Li et al.，2018f），我们将 2011 年的年度虚拟变量 $Time_{2011}$ 与 ETS 相乘，建立新的交互项代替先前的交互项 $ETS \times Time$，然后使用方程（11.7）进行回归。回归结果如表 11.7 所示。

由表 11.7 可知，在全样本中，核心解释变量 $ETS \times Time_{2011}$ 的系数为正，这

① $Time_{2009}$ 为 1 表示为 2009 年，否则为 0；$Time_{2010}$ 为 1 表示为 2010 年，否则为 0；$Time_{2011}$ 为 1 表示为 2011 年，否则为 0。

与表 11.3 回归结果相反。从地区来看，在湖北省、广东省和天津市，核心解释变量 ETS×$Time_{2011}$ 均不显著，与表 11.4 的回归结果相反，在其余四个试点，核心解释变量 ETS×$Time_{2011}$ 依旧不显著。从行业来看，除造纸业外，其余行业的核心解释变量 ETS×$Time_{2011}$ 也不显著。这均表明，本章的结果具有一定的稳健性。

3. PSM-DID 估计结果

在应用 DID 模型时，可能存在自选择偏差问题（Rosenbaum and Rubin，1983；Lechner，2002）。为了降低纳入碳交易企业与未被纳入碳交易的企业在绿色投资趋势上的系统差异，并减少 DID 估计的自选择偏差问题，本节利用 PSM-DID 方法进行稳健性检验。首先，通过企业规模、上市年限、托宾 *Q* 值、资产回报率、资产负债率、销售收入六个协变量，对原始数据实施 1-3 近邻匹配（Heckman et al.，1997；Heckman et al.，1998），为纳入碳交易的控排企业筛选出可观察的个体特征相似的非控排企业，然后在此基础上利用 DID 模型估计碳交易制度对企业绿色投资的影响。估计结果如表 11.8 所示，可以看出碳交易制度对控排行业上市企业的绿色投资水平总体影响依然不显著，且大多数系数依然为负，这与表 11.3 回归结果基本一致。

从地区来看，核心解释变量 ETS×Time 的系数在天津和广东分别在 1%和 10%水平下显著为负，湖北省 ETS×Time 的系数在 1%水平下显著为正，这与表 11.4 估算结果一致。同时我们发现，对于北京、上海、重庆、深圳四个城市，其核心解释变量 ETS×Time 的系数方向和显著性与表 11.4 中的回归结果基本一致，因此可以确认碳交易制度显著提升了湖北控排企业的绿色投资水平，抑制了天津和广东控排企业的绿色投资，而对于北京、上海、重庆、深圳四个试点地区控排企业的绿色投资水平没有显著影响。从行业来看，核心解释变量 ETS×Time 在所有行业均不显著，且系数方向与表 11.5 一致，可以确认碳交易制度对相关企业绿色投资的影响没有显著的行业异质性。所以本章的实证结果具有可靠性。

4. 时变固定效应模型估计结果

尽管试点地区与非试点地区之间存在相似的趋势，但无法检验碳交易制度实施后的趋势是否仍然相似。为了消除未观察到的随时间变化的混杂因素，参照 Zhang 等（2019b）和 Hu 等（2020）的方法，本节在方程（11.7）右边添加行业-年份和城市-年份的时变固定效应来消除行业和城市层面的时变冲击。此外，我们使用面板固定效应模型消除未观察到的时变混杂因素的影响。回归结果如表 11.9 所示，可见，从全样本来看，核心解释变量 ETS×Time 的系数方向及显著性与表 11.3 中的回归结果一致。从各个试点地区来看，碳交易制度显著提升了湖北相关

表 11.7　反事实检验结果

变量	模型 1	模型 2	模型 3	模型 4	模型 5	模型 6	模型 7	模型 8	模型 9	模型 10	模型 11	模型 12	模型 13	模型 14	模型 15
	全样本	北京	天津	上海	重庆	深圳	湖北	广东	电力	钢铁	化工	建材	有色金属	石化	造纸
$ETS \times Time_{2011}$	0.002	0.008	0.006	0.012	−0.029	0.044	−0.037	−0.010	−0.004	0.057	0.015	−0.008	−0.034	−0.003	0.153*
	(0.11)	(0.28)	(0.41)	(0.44)	(−0.59)	(0.64)	(−1.05)	(−0.43)	(−0.06)	(1.09)	(0.63)	(−0.15)	(−0.75)	(−0.04)	(2.36)
控制变量	控制	控制	控制	控制	控制	控制	控制	控制	控制	控制	控制	控制	控制	控制	控制
企业固定效应	控制	控制	控制	控制	控制	控制	控制	控制	控制	控制	控制	控制	控制	控制	控制
年份固定效应	控制	控制	控制	控制	控制	控制	控制	控制	控制	控制	控制	控制	控制	控制	控制
常数项	−0.328	−0.080	−0.149	−0.081	−0.154	−0.555*	−0.033	−0.571	−3.710***	1.320	−0.086	−0.868	0.093	−3.400	0.905
	(−1.57)	(−0.30)	(−0.53)	(−0.30)	(−0.56)	(−2.18)	(−0.12)	(−2.25)	(−4.13)	(1.22)	(−0.23)	(−1.54)	(0.24)	(−1.67)	(0.49)
观测值	4139	3301	3004	3234	3072	3151	3112	3283	593	268	1699	469	782	118	159
R^2 值	0.501	0.493	0.473	0.493	0.470	0.481	0.483	0.473	0.561	0.339	0.449	0.554	0.547	0.470	0.532

注：括号内为 t 统计量

*和***分别表示在 10%和 1%的水平下显著

表 11.8　PSM-DID 估计结果

变量	模型 1	模型 2	模型 3	模型 4	模型 5	模型 6	模型 7	模型 8	模型 9	模型 10	模型 11	模型 12	模型 13	模型 14	模型 15
	全样本	北京	天津	上海	重庆	深圳	广东	湖北	电力	钢铁	化工	建材	有色金属	石化	造纸
ETS×Time	−0.006 （−0.49）	−0.001 （−0.06）	-0.482^{***} （−3.93）	0.022 （0.86）	−0.109 （−1.53）	−0.005 （−0.15）	-0.038^{*} （−1.70）	0.119^{***} （3.46）	−0.006 （−0.12）	−0.002 （−0.02）	0.010 （0.47）	−0.001 （−0.04）	0.042 （1.63）	−0.040 （−0.73）	−0.115 （−0.88）
控制变量	控制	控制	控制	控制	控制	控制	控制	控制	控制	控制	控制	控制	控制	控制	控制
企业固定效应	控制	控制	控制	控制	控制	控制	控制	控制	控制	控制	控制	控制	控制	控制	控制
年份固定效应	控制	控制	控制	控制	控制	控制	控制	控制	控制	控制	控制	控制	控制	控制	控制
常数项	−0.346 （−1.64）	0.016 （0.05）	−0.149 （−0.653）	−0.002 （−0.00）	−0.256 （−0.83）	-0.574^{*} （−1.73）	−0.022 （−0.07）	−0.027 （−0.08）	-3.910^{***} （−4.38）	6.281 （1.61）	0.134 （0.33）	−1.290 （−1.61）	0.046 （0.11）	−3.318 （−1.63）	0.026 （0.01）
观测值	4135	3210	2787	2197	2997	2821	3149	3041	490	112	1589	439	643	118	100
R^2值	0.501	0.505	0.4728	0.487	0.474	0.506	0.470	0.494	0.575	0.481	0.456	0.560	0.581	0.471	0.505

注：括号内为 t 统计量

*和***分别表示在 10%和 1%的水平下显著

表 11.9　时变固定效应模型估计结果

变量	模型 1	模型 2	模型 3	模型 4	模型 5	模型 6	模型 7	模型 8	模型 9	模型 10	模型 11	模型 12	模型 13	模型 14	模型 15
	全样本	北京	天津	上海	重庆	深圳	广东	湖北	电力	钢铁	化工	建材	有色金属	石化	造纸
ETS×Time	−0.136	−0.009	−0.468***	0.021	−0.132	−0.020	−0.059*	0.101**	8.502	−0.478	0.118	0.436	0.081	−1.672	−4.034
	(−0.59)	(−0.44)	(−3.60)	(0.80)	(−1.94)	(−0.57)	(−2.56)	(3.08)	(0.30)	(−0.35)	(1.02)	(0.40)	(0.20)	(−1.02)	(−0.44)
控制变量	控制	控制	控制	控制	控制	控制	控制	控制	控制	控制	控制	控制	控制	控制	控制
双向固定效应	控制	控制	控制	控制	控制	控制	控制	控制	控制	控制	控制	控制	控制	控制	控制
行业-年份固定效应	控制	控制	控制	控制	控制	控制	控制	控制	不控制	不控制	不控制	不控制	不控制	不控制	不控制
城市-年份固定效应	控制	不控制	不控制	不控制	不控制	不控制	不控制	不控制	控制	控制	控制	控制	控制	控制	控制
常数项	0.008	−0.125	−0.183	−0.125	−0.240	−0.584*	−0.174	−0.054	−35.576	674.110	−1.220	−4.775	4.220	1185.797	−559.420
	(0.02)	(−0.47)	(−0.65)	(−0.46)	(−0.89)	(−2.31)	(−0.64)	(−0.19)	(−0.20)	(0.19)	(−0.61)	(−1.02)	(1.70)	(0.72)	(−0.41)
观测值	4139	3301	3004	3234	3072	3151	3283	3112	593	268	1699	469	782	118	159
R^2 值	0.703	0.509	0.489	0.487	0.486	0.497	0.487	0.502	0.655	1.000	0.533	0.804	0.638	0.995	0.891

注：括号为 t 统计量

*、**和***分别表示在 10%、5%和 1%的水平下显著

上市企业的绿色投资水平，抑制了天津市和广东省相关上市企业的绿色投资，并且其大小与前述实证结果基本相同。对于其余四个试点地区，碳交易制度并没有显著影响其相关上市企业的绿色投资水平，这与前述回归结果基本一致。从各个行业来看，碳交易制度对相关企业绿色投资水平的影响没有表现出显著的行业异质性，但依然存在一定差异，这与表 11.5 的结果一致。由此可见，本章的实证结果较为稳健。

11.6 主要结论与启示

本章构建了一个跨期的企业绿色投资行为理论模型，揭示了碳交易机制推动企业绿色投资的内在逻辑，并在 2009~2017 年中国控排行业上市企业面板数据的基础上，利用 DID 方法探究了碳交易制度对控排行业企业绿色投资水平的影响，评估了碳交易制度对控排行业企业绿色投资水平影响的地区异质性与行业异质性。归结起来，主要结论如下。

第一，理论上碳交易机制可以影响企业绿色投资决策，激发企业绿色投资动力。政府宣布在未来某一时期启动碳交易时，相关企业会综合过去、现有和未来可预期的信息，提前调整投资决策，提高绿色投资水平，使当期投资决策在未来产生的效果与政府减排目标相一致，降低碳交易所导致的额外碳排放成本。

第二，中国碳交易制度整体上并未显著促进控排行业上市企业的绿色投资水平，甚至产生了一定的抑制作用，这与建立碳交易制度的目的截然不同，且与企业绿色投资行为理论模型推导结果不同。碳交易“倒逼”企业绿色投资作用失灵的原因主要有两个，一是中国碳配额价格远低于企业边际减排成本与碳配额价格的合理水平，二是目前中国碳交易试点的碳配额分配方法与违规惩罚较为宽松。

第三，中国碳交易制度对控排行业上市企业绿色投资水平的影响具有显著的地区异质性。中国碳交易制度的实施有助于提升湖北控排行业上市企业的绿色投资水平，但抑制了天津市和广东省控排行业上市企业的绿色投资，对其余地区控排行业上市企业绿色投资水平无显著影响。具体而言，在样本区间内，碳交易制度使湖北碳交易试点相关企业绿色投资占比提高了 12.0%，使天津和广东碳交易试点相关企业绿色投资占比分别降低了 49.2%和 4.5%；对北京市、上海市、重庆市和深圳市四个碳交易试点相关上市企业的绿色投资水平影响不显著，但却依然存在一定影响差异，碳交易制度在一定程度上提升了上海市相关企业的绿色投资水平，降低了北京市、深圳市和重庆市相关企业的绿色投资水平。

第四，中国碳交易制度对控排行业上市企业绿色投资水平的影响不存在显著的行业异质性，但也存在一定的行业差异。碳交易制度在一定程度上提升了化工、有色金属行业相关企业的绿色投资水平，降低了电力、钢铁、建材、石化、造纸行业相关企业的绿色投资水平，尽管影响还不够显著。具体而言，由表 11.5 可知，在样本区间内，碳交易制度使化工行业和有色金属行业相关企业绿色投资占比提高了 0.5%和 2.8%，使电力、钢铁、建材、石化、造纸行业相关企业绿色投资占比分别降低了 1.6%、4.8%、1.6%、4.0%和 7.1%。

根据以上结论，本章对完善中国碳交易制度提出几点政策启示。第一，中国政府应在“因地制宜”基础上，适度收紧碳排放配额总量，充分发挥拍卖机制的价格发现功能，逐步扩大碳配额拍卖的份额，发挥碳交易制度对企业的规制作用，促使企业加大绿色投资。第二，中国政府应加快碳交易的立法进程，明确碳市场的法律性质，明确监督者的权限，严格执法力度，保障国家碳排放交易机制的有效运作，发挥碳交易机制的减排优势。第三，控排行业企业应转变投资观念，提高绿色环保意识，在投资决策时统筹考虑经济效益与环境效益，积极参与碳交易，加大绿色投资，促使企业实现绿色转型，长远考虑碳交易与绿色投资为企业带来的绿色收益。第四，应鼓励相关金融机构和碳资产管理公司参与碳市场交易、创新产品工具，盘活企业碳资产，为企业绿色投融资提供更多选择。

展望未来，仍有许多相关工作要做。首先，可以从具体行业入手，深入分析碳交易对具体行业的影响，以获得更丰富、更详细的研究成果。其次，可以进一步研究碳市场的价格形成机制，分析碳市场的价格发现机制。最后，应科学评价各种碳配额分配机制，为政府和相关企业优化碳配额分配方式提供参考。

第 12 章　中国碳交易对控排企业低碳技术创新的影响研究

12.1　碳交易对控排企业低碳技术创新的影响机制及主要问题

碳交易制度被认为是减少二氧化碳排放、缓解气候变暖的重要工具之一（Chameides and Oppenheimer，2007；Fan et al.，2016；Zhang and Hao，2017）。自联合国出台《京都议定书》以来，碳交易制度陆续在许多国家开始实施（Bataille et al.，2018）。为加快建立国内碳排放交易市场，推动运用市场机制以较低成本控制温室气体排放、加快经济发展方式转变和产业结构升级，中国也开启了碳交易制度试点。

2022 年，中国共产党第二十次全国代表大会提出加快实施创新驱动发展战略，强化企业科技创新主体地位[①]。企业技术创新作为引领经济发展的第一动力，受到广泛关注。波特等曾提出，合理的环境政策能够刺激企业开展更多的创新活动，产生“创新补偿”效应，弥补甚至超过环境规制成本，从而达到企业生产率和竞争力同时改进的“双赢”状态（Porter and van der Linde，1995b）。然而，实现企业生产率和竞争力“双赢”的关键在于“创新补偿”效应的大小，准确地说，在很大程度上取决于环境政策能否促进企业的生产技术创新。

目前环境政策对企业创新的影响主要有以下几种观点。第一，传统的观点认为环境政策抑制了企业的创新，因为环境政策的引进增加了企业的成本，从而削弱了被规制企业的创新能力。例如，Carrión-Flores 等（2013）研究发现，从长期来看，污染物自愿减排政策对企业环境技术创新产生了重大而持久的负面影响。第二，许多文献认为环境政策促进了企业的创新，因为设计合理的环境政策，能够促使企业进行创新活动，弥补环境规制成本。例如，Chang 和 Sam（2015）对美国 352 个制造业公司的实证研究发现，污染预防活动导致企业环境专利数量在统计上和经济上显著增加，企业环境保护主义可以促进企业对清洁技术投资。He 和 Shen（2019）以中国上市公司的 ISO 14001 环境认证作为研究对象，发现 ISO 14001 环境认证有利于企业技术创新。第三，部分文献认为环境政策对企业创新

---

① 习近平：高举中国特色社会主义伟大旗帜 为全面建设社会主义现代化国家而团结奋斗——在中国共产党第二十次全国代表大会上的报告，http://www.qstheory.cn/yaowen/2022-10/25/c_1129079926.htm[2023-12-20]。

的影响具有不确定性（Brunnermeier and Cohen，2003；Wagner，2008；Albrizio et al.，2017；Ramanathan et al.，2018）。例如，Brunnermeier 和 Cohen（2003）对美国制造业的研究发现，污染治理成本与环境专利数量呈正相关关系，但政府监测对专利申请没有显著影响。Wagner（2008）研究发现，环境管理系统的实施与过程创新正相关，而与产品创新无关。尽管碳交易制度是一种重要的环境政策，但是现有文献还很少研究碳交易制度对企业创新的影响。

随着中国经济进入新发展阶段，在经济增速放缓并面临资源环境约束的情况下（Song et al.，2018），碳交易制度在控制碳排放量的同时，还迫使企业淘汰落后产能，实现转型升级。这个过程可能会影响企业的创新能力（Hu et al.，2017；Liao，2018），进而影响企业的新旧动能转换与企业的可持续发展。更重要的是，企业的创新能力对国家经济转型和绿色低碳循环发展起着重要作用，因此，研究碳交易制度对企业创新水平的影响对于中国经济发展动力的转型和碳市场的良性发展至关重要。本章的研究结果有助于政策制定者依据中国企业的特点和所属行业的性质完善碳交易制度，促进控排企业低碳技术创新，从而更好地助力实现碳减排。

本章的研究贡献主要包括三个方面。第一，以往对于碳交易制度的研究多集中于宏观层面（如国家层面、地区层面等），而企业是碳交易制度的主要参与者，因此本章采用 PSM-DID 等方法从微观企业层面研究碳交易制度对企业创新水平的影响，更能直接评估碳交易制度对经济社会创新影响的净效应。第二，前人有不少关于碳交易制度的研究聚焦于某个行业（如电力行业、钢铁行业等），但是不同行业企业的特点与性质具有较大差异，因此本章从控排企业所属行业的视角，研究碳交易制度对企业创新影响的行业异质性及其原因，更能系统了解碳交易制度对企业创新的规制效应。第三，为了测试研究结果的可靠性，本章利用多种计量经济模型进行稳健性检验。具体而言，本章利用系统广义矩估计的方法考虑其他随时间变化的不可观测混杂因素的影响；同时，本章在常用匹配方法的基础上进一步提出基于广义模糊匹配的 DID 方法，确认碳交易制度对企业创新的政策效果。

12.2　国内外研究现状

12.2.1　碳交易制度的外部影响和运行机制相关研究

为了推动运用市场机制以较低成本实现低碳减排，加快经济发展方式转变和产业结构升级，倒逼企业进行低碳技术创新，达到控制二氧化碳排放的目的，2011年，中国启动“两省五市”碳交易试点。随后，关于中国碳交易制度的研究不断兴起。目前，全球围绕碳交易制度的研究与日俱增，主要包括两个方面：碳交易制度对碳排放的影响和碳交易制度的运行机制。

首先，关于碳交易制度对碳排放的影响，现有文献对此有两种主流的观点。一种观点认为碳交易制度促进了碳减排。例如，Tang 等（2015）研究表明中国统一的碳市场机制能够有效减少全国 15%~20%的碳排放。Jong 等（2014）研究发现 EU ETS 对环境污染具有抑制作用。Zhang 等（2017f）研究发现，中国碳交易制度对试点地区的碳排放具有消减作用。另一种观点则认为碳交易制度并没有促进碳减排。例如，Chappin 和 Dijkema（2009）研究发现对于寡头垄断市场中的电力企业，由于 EU ETS 的经济效应不足以超过选择煤炭的经济动力，所以导致 EU ETS 的碳减排效果并不显著。Kettner 等（2008）研究发现 EU ETS 对欧盟国家的碳减排效果并不显著，这主要是欧盟碳配额分配严重过剩、价格调节机制失灵导致的。

其次，关于碳交易制度的运行机制，现有研究主要集中在碳价设定、碳配额分配方法以及覆盖行业等方面。例如，Li 和 Lu（2015）研究认为设定统一的碳价有利于经济增长、环境质量改善以及能源需求消减，而碳价水平需要政府根据需求进行灵活设定。Zhu 等（2017）研究发现碳交易中免费分配碳配额的方式可能导致中国正常产能和落后产能之间的竞争性扭曲；鉴于政府打算淘汰落后产能并提升生产水平，他们建议中国钢铁行业采用基于产出的分配方法。Liu 等（2016）以电力市场为例，研究了不同拍卖比例下中国电力系统的边际减排成本，结果表明随着拍卖比例的增加，二氧化碳的影子价格也相应增加，在 5%的拍卖比例下，碳市场会导致边际减排成本增加 0.244 元/千瓦时。Tang 等（2015）通过构建基于多主体的碳交易仿真模型，设立了 7 种政策情景，研究了碳交易制度对中国经济和碳排放的影响，研究发现任何一种拍卖方式都在使总的碳排放量下降，但又对中国的 GDP 产生了负面影响。Lin 和 Jia（2017）认为不同覆盖行业情景下的二氧化碳价格增长范围为 0.12%~1.64%，并且如果政府对碳市场的碳配额供应者和需求者进行合理选择，可以将碳价保持在合理范围之内，此外，他们还认为，更多的行业应该参与到碳交易制度之中，因为覆盖行业越多，碳市场越稳定。

12.2.2　企业创新相关研究

目前关于环境政策对企业创新影响的研究主要集中在以下两个方面：企业创新的驱动因素研究和企业创新的效益研究。

首先，对于企业创新的驱动因素研究，现有文献研究表明企业创新的驱动因素主要集中在以下三个方面：技术推动企业创新、需求拉动企业创新、监管推动企业创新。例如，Zhao 等（2015b）以电力和钢铁行业为例，研究中国环境政策对这两个行业的绿色行为和竞争力的影响，结果表明命令–控制型环境政策对企业技术创新有明显促进作用，对企业竞争力提升有直接作用。Johnstone 等（2017）研究发现，环境政策的严格程度的确有利于提高电力行业的效率、提高能源利用效率并促进减排技术创新，但当政策的严格程度超过一定阈值时，此种正向作用将变成负向作用。但也有部分学者认为环境政策并没有促进企业创新。例如，Albrizio 等（2017）研究发现从企业层面看，对于平均水平的企业，环境政策并没有促进企业创新，不能找到支持波特假说的证据。

其次，对于企业创新效益的研究，现有文献主要集中在企业生产率、经济效益、竞争力方面。例如，Rubashkina 等（2015）利用欧洲 17 个国家 1997~2009 年的部门数据，研究了技术创新对企业生产力的影响，结果表明技术创新带来的收益并没有进一步促进企业生产力的提高。Ramanathan 等（2018）基于对英国制造业企业的问卷调查数据，利用 DEA 方法研究了环境规制灵活性对企业经济绩效与创新能力之间的关系，发现当企业面对更灵活的环境规章制度时，创新对企业绩效的提高具有显著的积极作用，而面对较为僵化的环境规制时，创新对企业绩效的提高作用是微不足道的。Cai 和 Zhou（2014）基于 2012 年 1266 家中国制造企业的调查数据，研究发现技术能力、组织能力、企业社会责任、环境规制、客户的绿色需求和竞争压力等内外部驱动因素均能通过企业绿色创新提升企业的绩效。

总结起来，现有相关文献已经对碳交易制度展开研究，并关注环境政策对创新的影响，但是仍然存在两个方面的不足。一方面，高耗能、高碳排企业是碳交易制度的主要参与者，现有碳交易制度相关研究大多停留在地区层面或者少数几个行业层面，很少有文献从微观层面分析碳交易制度对控排企业创新水平的影响，难以对碳交易制度的规制效应进行直接评估；另一方面，尽管有文献讨论了环境政策对企业创新水平的影响，但是鲜有文献研究中国碳交易制度对控排企业创新水平的影响，特别是很少考虑控排企业所属行业之间的异质性，难以系统评估中国正在实施的碳交易制度对控排企业创新的影响。

12.3　数据说明与研究方法

12.3.1　数据说明

鉴于碳交易制度只涉及钢铁、电力、航空、化工、建材、石化、有色金属和造纸八大行业中的企业，因此本章选取 2009~2017 年在上海证券交易所和深圳证券交易所上市的 456 家这八大行业企业的数据，其中对应的上市企业新行业分类名称如表 12.1 所示[①]。由于碳交易制度只纳入了试点中的这八大行业的企业，因此本章将试点地区的这八大行业的上市企业作为处理组，其余地区的这八大行业的上市企业作为对照组。本章企业的财务报表和资本市场的信息数据来自 Wind 数据库和 CSMAR 数据库，上市企业的专利数据来自国家知识产权局的专利数据库（https://pss-system.cponline.cnipa.gov.cn/conventionalSearch）。

表 12.1　中国证券监督管理委员会公布的行业分类对照表

行业	中国证券监督管理委员会行业分类标准三级代码	中国证券监督管理委员会行业分类标准三级行业名称	中国证券监督管理委员会行业分类标准一级行业名称
石化	C25	石油加工、炼焦和核燃料加工业	制造业
化工	C26	化学原料和化学制品制造业	
建材	C30	非金属矿物制品业	
钢铁	C31	黑色金属冶炼和压延加工业	
有色金属	C32	有色金属冶炼和压延加工业	
造纸	C22	造纸和纸制品业	
电力	D44，D45	电力、热力、燃气生产和供应业	电力、热力、燃气及水生产和供应业
航空	G56	航空运输业	交通运输、仓储和邮政业

12.3.2　变量定义

根据 Amore 和 Bennedsen（2016）的研究，本章使用企业每年发明专利授予量来度量企业的创新水平。中国授予专利制度具有三种标准：发明专利、实用新型专利和外观设计专利。其中，发明专利具有最高的新颖性和技术创造性。要获得批准，发明专利申请必须符合“新颖性、创造性和实用性”的要求，因此，本章专注于发明专利授予量。

解释变量是 Pilot 和 T，它们都是虚拟变量。Pilot 为 1 表示企业位于碳交易试点地区，否则为 0；T 为 1 表示已经实施碳交易制度，否则为 0。根据以往的研究（Howell，2016；Bronzini and Piselli，2016；Guo et al.，2016；Rong et al.，2017；Barasa et al.，2017），本章选择上市企业的上市年限、人均固定资产、企业所有权作为基准模型的控制变量。表 12.2 展示了变量的定义与相关说明，表 12.3 报告了主要变量的描述性统计结果。由表 12.3 可知，发明专利数量分布差异较大，平均值为 10.39 个，最大值为 983.00 个。所调查的企业资本密集度较高，员工人均固

① 参见 http://www.csrc.gov.cn/csrc/c101864/c1024632/content.shtml。

定资产为 126.39 万元/人，上市年限平均为 10.90 年。而对于金融变量，资产回报率较低，平均为 2.75%；且资产负债率较高，平均为 52.43%；托宾 Q 值也较高，平均为 1.71%。同时，在调查的企业中，国有企业较多，达到了 58%。

表 12.2　变量定义与相关说明

变量	定义	计算方法	单位
Patent	发明专利数量	每年发明专利授予数量	个
Roa	资产回报率	营业收入与资产总额的比值	%
Lev	资产负债率	负债总额与资产总额的比值	%
Age	上市年限	自企业上市以来的年数	年
Tq	托宾 Q 值	企业市场价值与资产重置成本的比值	%
Cpl	人均固定资产	固定资产总额与员工人数的比值	万元/人
Poe	企业所有权	若企业为国有企业为 1，否则为 0	—

表 12.3　主要变量的描述性统计

变量	均值	标准差	最小值	第 25 百分位数	中值	第 75 百分位数	最大值
Patent	10.39	48.60	0.00	0.00	0.00	5.00	983.00
Roa	2.75	7.31	−91.83	0.64	2.73	5.76	74.11
Lev	52.43	81.76	0.71	33.53	51.49	67.76	4615.94
Age	10.90	6.04	1.00	6.00	11.00	16.00	25.00
Tq	1.71	1.94	0.06	0.66	1.25	2.09	54.28
Cpl	126.39	340.62	0.01	31.10	58.40	110.03	9.30
Poe	0.58	0.49	0.00	0.00	1.00	1.00	1.00

注：样本量为 3414

12.3.3　研究方法

1. *DID 方法*

由于碳交易制度的实施对象主要为试点地区的高耗能、高碳排企业，而非针对试点外的企业，因此，碳交易制度实施过程可以看成一个准自然实验过程。我们设定 Patent 是企业创新水平的随机变量，而 Pilot=1 和 Pilot=0 分别表示纳入碳交易制度的企业（处理组）和没有被纳入碳交易制度的企业（对照组），那么在碳交易制度实施过程中，只有处理组的企业受到影响，因此碳交易制度对于处理组企业创新水平的影响应该为 $E\left(\text{Patent}\middle|\text{Pilot}=1\right)$，而碳交易制度对于对照组企业创

新水平的影响为$E\left(\text{Patent}\middle|\text{Pilot}=0\right)$，那么我们可以得到碳交易制度对不同高耗能、高碳排企业影响的因果关系，即碳交易制度对处理组企业创新水平影响的净效应Y为

$$Y=E\left(\text{Patent}\middle|\text{Pilot}=1\right)-E\left(\text{Patent}\middle|\text{Pilot}=0\right) \tag{12.1}$$

本章以碳交易试点建设启动的第一年，即 2011 年为节点，将样本区间分为实施前（2009~2011 年）和实施后（2012~2017 年）两个时段，比较处理组与对照组在政策实施前后，碳交易制度对高耗能、高碳排企业创新水平的影响，即对以下 DID 方程进行拟合：

$$\text{LnPatent}_{it}=\alpha_0+\alpha_1 T\times\text{Pilot}_{it}+\alpha_2\text{LnAge}_{it}+\alpha_3\text{LnCpl}_{it}+\alpha_4\text{Poe}_{it}+f_i+f_t+\varepsilon_{it} \tag{12.2}$$

其中，i表示企业；t表示年份；LnPatent 表示发明专利授予数量取对数；$T\times\text{Pilot}$是交互项，$T=0$和$T=1$分别表示碳交易制度实施之前和实施之后，Pilot=1 和 Pilot=0 分别表示碳交易制度试点地区和非试点地区；LnAge 表示企业上市年限取对数；LnCpl 表示人均固定资产取对数；Poe 表示国有企业虚拟变量，Poe=1 表示国企，否则不是国企；系数α_1表示分离出的中国碳交易制度对企业创新水平的净影响。

2. PSM-DID 方法

中国碳交易制度是在准自然实验的框架下实施的一项环境政策，因此，研究的过程中可能存在潜在处理效应和反向因果关系（Zhang and Liu，2019）。本章利用 PSM 方法筛选出没有系统差异的上市企业，来解决潜在处理效应和反向因果关系问题，从而达到控制自选择偏差的目的（Rosenbaum and Rubin，1983；Lechner，2002）。在本章中，自选择偏差指的是由于各种可观察性的个体特征，碳交易企业的选择是非随机的，也就是说，导致上市企业创新水平变化的原因可能并非只来自实施碳交易，可能也与各个企业的经济绩效、企业规模等差异显著的个体特征密切相关。因此，为了保证碳交易制度对上市企业创新水平的影响效果不受样本自选择偏差的干扰，本章采用 PSM 方法，筛选出与被纳入碳交易的控排企业可观察个体特征相似的非控排企业，而不是将所有原始样本进行比较。PSM 控制了自选择偏差，但是没有解决组间差异（被纳入碳交易制度的企业与未被纳入碳交易制度的企业之间的异质性）和时间因素的影响，为了准确定量地评估实施碳交易制度对企业创新水平的影响，本章在 PSM 之后再采用 DID 模型进行估计，具体的操作过程如下。

（1）计算被碳交易制度覆盖的倾向得分。由于企业的个体特征能够影响企业是否被纳入碳交易制度，PSM 方法实际上是通过可观测的企业个体特征为每个企

业计算一个“倾向得分”，据此表示企业被纳入碳交易制度的可能性。本章通过 Logit 回归得到各个企业被纳入碳交易制度的倾向得分，如方程（12.3）所示：

$$P(X_i)=\Pr\left(\text{Pilot}_i=1\middle|X_i\right)=\frac{\exp(X_i'\beta)}{1+\exp(X_i'\beta)} \tag{12.3}$$

其中，X_i 表示影响企业是否被纳入碳交易制度的个体特征；倾向得分 $P(X_i)$ 表示在给定个体特征 X_i 的情况下企业被纳入碳交易制度的条件概率。本章选取的个体特征包括上市年限、人均固定资产和企业所有权；β 表示回归参数。

（2）为被碳交易制度覆盖企业匹配对象。本章利用近邻匹配方法，筛选出与被纳入碳交易制度的高耗能、高碳排企业可观察个体特征相似的未被纳入碳交易制度的高耗能、高碳排上市企业，以控制样本自选择偏差。近邻匹配方法是为每个被纳入碳交易制度的企业在未被纳入的企业中寻找 N 个距离最近的企业与其匹配（考虑到样本的大小，本章选取 $N=3$），具体如方程（12.4）所示：

$$D(m,n)=\min\left\|P_m-P_n\right\| \tag{12.4}$$

其中，P_m 和 P_n 分别表示被纳入碳交易制度的高耗能、高碳排企业 m 与未被纳入碳交易制度的高耗能、高碳排企业 n 的倾向匹配得分；$D(m,n)$ 表示倾向匹配得分的最小距离。当 PSM 消除了自选择偏差之后，再利用 DID 方法估计中国碳交易制度对企业创新水平的净影响，模型定义同方程（12.2）。

12.4　结果分析与讨论

12.4.1　碳交易制度对八大行业上市企业创新水平的影响

根据方程（12.2），计算碳交易制度对八大行业上市企业创新水平的影响，结果如表 12.4 所示。其中，模型 1 是不包含任何控制变量的基准模型，模型 2 到模型 4 依次增加了上市年限、企业所有权、人均固定资产等控制变量。从表 12.4 可以看出：模型 1 到模型 4 依次加入控制变量的过程中，核心解释变量 $T\times$Pilot 的显著性和系数符号并没有发生变化。这表明采用 DID 方法估计的结果比较稳健。

表 12.4　碳交易制度对八大行业上市企业创新水平的影响

变量	模型 1	模型 2	模型 3	模型 4
$T\times$Pilot	0.0238	0.0213	0.0183	0.0116
LnAge		-0.0975^{***}	-0.1457^{***}	-0.1418^{***}
Poe			0.1543^{***}	0.1611^{***}
LnCpl				−0.0145
常数项	0.6350^{***}	0.8313^{***}	0.8216^{***}	0.8644^{***}

续表

变量	模型 1	模型 2	模型 3	模型 4
行业固定效应	控制	控制	控制	控制
时间固定效应	控制	控制	控制	控制
观测值	3414	3414	3414	3414
R^2 值	0.0260	0.0294	0.0318	0.0317

***表示在 1%水平下显著

从表 12.4 中的估计结果，我们可以得到以下几点重要发现。

首先，中国碳交易制度实施之后，总体而言促进了高耗能、高碳排控排企业的创新，但促进程度尚不显著。因为从表 12.4 的模型 1 到模型 4，我们可以看到，核心解释变量 T×Pilot 的系数均为正，但回归系数并不显著，这表明碳交易制度正在促使高耗能、高碳排上市企业进行更多的创新活动，尽管这种影响还很弱。这与建立碳交易制度的初衷截然不同，碳交易制度纳入的各企业虽然每年通过基准法、祖父法、拍卖等方式分配到一定的碳配额，但是各企业在选择合适的技术或进行研发调整等方面具有较少的时间灵活性（Albrizio et al.，2017）。各企业为了在短期内减少碳排放，可能会通过调整投入产出水平和能耗结构来减少二氧化碳排放量（Mi et al.，2018），在实施碳交易制度之后，这些企业可能会降低自身的能源消耗，或者直接通过购买先进的低碳生产设备，引进先进的低碳生产技术来实现二氧化碳排放量的减少，这些行为虽调整了企业的能耗结构，提高了企业的设备水平，但最终并没有显著提升企业的创新水平。此外，环境政策的实施，在短期内影响有限，但随着时间的增加，其影响会逐渐增加（Ramanathan et al.，2018）。在中国，碳交易制度的实施时间还较短，同时创新过程是一个漫长的过程，因此碳交易制度对高耗能、高碳排行业上市企业创新水平的影响，随着时间的增加可能会变得更加显著。

其次，从控制变量来看，上市年限、企业所有权两个控制变量对高耗能、高碳排上市企业的创新水平具有显著的影响。从表 12.4 中的模型 1 和模型 4 中可以看到，在增加控制变量之前和之后，核心解释变量 T×Pilot 的系数分别是 0.0238 和 0.0116，这意味着在增加了控制变量之后，碳交易制度大约提高了中国上市企业 1.16%的创新水平，如果其他影响上市企业创新水平的变量没有被控制，那么碳交易制度对企业创新水平的影响将会被高估。由表 12.4 的模型 4 可知，上市年限对高耗能行业上市企业创新水平具有显著负向影响，这与 Johnstone 等（2017）的研究结果相同，可能企业上市越早，其就会相对较为保守。同时，企业所有权对高耗能上市企业创新水平具有显著正向影响，相比其他所有制的企业，国有企业更能有效地促进其创新水平的提升，这可能是由于国有企业采用与其他所有制企业不同的管理方式，其更易利用行政化的手段集中调配资源，用于其创新水平的提升。

12.4.2　碳交易制度对八大行业各行业上市企业创新水平的影响

根据方程（12.2），计算碳交易制度对八大行业各行业上市企业创新水平的影响，结果如表 12.5 所示，可以发现，碳交易对企业创新水平的影响存在显著的行业异质性。具体而言，在电力和航空行业，核心解释变量在 5%的水平下显著为正，但在钢铁、化工、建材、石化、有色金属和造纸行业，核心解释变量总体上不显著。

根据表 12.5 得到的一些详细的发现总结如下。

首先，碳交易制度显著提升了电力企业的创新水平。由表 12.5 的估计结果可知，无论使用 DID 方法还是 PSM-DID 方法，在电力行业中，核心解释变量 $T\times \text{Pilot}$ 均在 5%的水平下显著为正。这表明，碳交易制度有助于提升电力行业企业的创新水平这一结果是稳健的。无论是中国碳交易试点的建立还是全国碳市场的建立，电力行业都被纳入了碳交易体系，相比于其他行业，电力行业面临的减排压力巨大，并且在电力改革政策的约束下，电力行业向现代化能源系统转型升级也相对较快（Zhang et al.，2016e）。值得一提的是，第一阶段全国碳市场仅覆盖电力行业，涉及电力企业 1700 家。同时，中国政府近年来也对该行业出台了一系列改革措施。因此，电力企业面临碳减排、大规模节能改造和环保转型的严峻形势，经营业务面临较大压力。为应对压力，电力企业倾向于通过碳排放交易和技术升级来降低减排成本。因此，这激发了电力企业技术创新的内在动力，使其积极响应碳市场，致力于技术创新，向现代能源系统快速转型升级。

其次，碳交易制度显著提升了航空企业创新水平。由表 12.5 的估计结果可知，在航空行业中，核心解释变量 $T\times \text{Pilot}$ 显著为正，在利用 PSM-DID 方法控制样本自选择偏差后，碳交易制度的效应系数虽有所减小，但仍在 5%的水平下显著为正。这表明，实施碳交易制度之后，航空企业进行了更多的创新活动。根据《中国碳排放权交易报告（2017）》，虽然我国航空业 CO_2 排放量占比不高，但其增速在碳交易涵盖的八大行业中排名第一。此外，与传统的能源密集型制造业相比，航空业的能源效率相对较高。除非出现颠覆性的技术突破（即新型航空生物燃料），否则很难通过传统的碳减排手段（即提高飞机发动机效率和优化机场运营）进一步减少碳排放（Zhou et al.，2016）。同时，在碳市场中，航空业往往扮演着净需求者的角色（Nava et al.，2018），所以如果碳价上涨，航空企业的减排成本就会增加，这可能会给航空业的整体运行带来很大的挑战。因此 2016 年 10 月，国际民用航空组织（International Civil Aviation Organization，ICAO）发布了《国际民航组织关于环境保护的持续政策和做法的综合声明——气候变化》和《国际民航组织关于环境保护的持续政策和做法的综合声明——全球市场措施机制》两个重要文件，建立了《国际航空碳抵销和减排计划》（Carbon Offsetting and Reduction Scheme for International Aviation，CORSIA）的实施框架，形成了第一个全球行业

表 12.5　碳交易制度对八大行业各行业上市企业创新的影响

变量	模型 1	模型 2	模型 3	模型 4	模型 5	模型 6	模型 7	模型 8	模型 9	模型 10	模型 11	模型 12	模型 13	模型 14	模型 15	模型 16
	钢铁		电力		航空		化工		建材		石化		有色金属		造纸	
	DID	PSM- DID	DID	PSM- DID	DID	PSM- DID	DID	PSM- DID	DID	PSM- DID	DID	PSM- DID	DID	PSM- DID	DID	PSM- DID
T×Pilot	−0.2109	−0.2173	0.3501**	0.3723**	0.4830***	0.4410**	−0.0948	−0.0552	0.1307	0.1557	−0.5735	1.1625**	−0.1911	−0.1549	−0.1014	0.1463
LnAge	0.7804***	1.1116***	−0.3462***	−0.3197***	−0.5202**	−0.5131	−0.2399***	−0.2585***	0.2489***	0.2595***	−0.5516***	2.0924	−0.4658***	−0.5160***	0.0872	0.1651**
LnCpl	0.8907***	0.9025***	0.1106***	0.1339***	0.0718	0.0916	−0.0679	−0.1443***	−0.0184	−0.0293	0.3107***	0.1347	0.4233***	0.4840***	−0.0676	−0.0733
Poe	0.4197	0.4667	−0.2462*	−0.3879**	1.6220**	1.5451	0.2438***	0.2771***	−0.3394***	−0.3329***	1.6774***	1.7871***	1.0274***	1.1333***	0.0053	0.0903
常数项	−4.4755***	−5.3175***	0.5315**	0.4922**	−0.6995*	−0.7368*	1.2706***	1.6334***	−0.0639	−0.0237	−0.9396*	−5.7894	−0.0921	−0.3065	0.5294*	0.5347
行业固定效应	控制	控制	控制	控制	控制	控制	控制	控制	控制	控制	控制	控制	控制	控制	控制	控制
时间固定效应	控制	控制	控制	控制	控制	控制	控制	控制	控制	控制	控制	控制	控制	控制	控制	控制
观测值	253	195	559	537	93	58	1239	1213	512	492	106	25	447	387	203	135
R^2值	0.2681	0.2792	0.1595	0.1776	0.2468	0.3202	0.0852	0.0824	0.1098	0.1172	0.5193	0.7047	0.1651	0.1615	0.0566	0.0897

*、**、***分别表示在 10%、5%、1%水平下显著

减排市场机制。因此，世界各国都更加重视航空业的环境保护。为应对这些压力，中国航空企业积极参与碳市场，抑制减排成本，努力实现多渠道创新。因此，碳交易制度极大地推动了中国航空企业的技术创新，助力其实现清洁技术突破和运营成本降低。

12.4.3　稳健性检验

1. 其他控制变量的影响

一些重要的遗漏变量可能对高耗能、高碳排企业的创新水平产生影响，如市场价值。市场价值越高的企业可能会更愿意加大其研发投入，如果忽视企业的市场价值，可能会导致估算结果存在偏差，因此本章选择托宾 Q 值用于控制企业的市场价值（Aghion et al.，2013）。此外，企业的财务结构可能对企业创新水平有一定影响，若企业资产负债率较高，那么其面临的资金约束可能较大，因此不会加大研发投入，本章利用企业资产负债率来控制企业的财务结构（Atanassov，2013；Bronzini and Piselli，2016）。最后，企业的盈利能力在一定程度上可能会影响企业的创新投入，本章利用资产回报率来控制企业的盈利能力（Choi et al.，2011；Amore et al.，2013；Acharya and Xu，2017）。增加其他控制变量的估计结果如表 12.6 所示。

表 12.6　增加其他控制变量的估计结果

变量	模型 1	模型 2	模型 3	模型 4	模型 5	模型 6	模型 7	模型 8	模型 9
	全行业	钢铁	电力	航空	化工	建材	石化	有色金属	造纸
$T\times$ Pilot	0.0091	−0.4160	0.3277**	0.3905**	−0.0760	0.1194	−0.5308	−0.3288	−0.2039
Roa	0.0088***	−0.0425**	−0.0026	0.0497**	0.0186***	0.0165**	−0.0010	0.0073	0.0297***
Lev	0.0004***	−0.0334***	0.0034**	0.0043	−0.0004	0.0003*	−0.0142**	0.0055*	−0.0051
LnAge	−0.1362***	0.9531***	−0.3419***	−0.3736	−0.1990***	0.2567***	−0.4551***	−0.5164***	0.1779**
Tq	−0.0419***	0.0486	0.0679	−0.1873	−0.0364**	−0.0231	−0.1696***	−0.1208***	−0.0418
LnCpl	−0.0379**	0.9267***	0.1181***	0.1174	−0.1062**	−0.0409	0.2060**	0.3220***	−0.0641
Poe	0.1386***	0.2941	−0.2425**	1.3092	0.2410***	−0.3566***	1.8202***	0.9798***	0.0670
常数项	0.9843***	−2.6439**	0.1926	−1.4791**	1.3959***	−0.0335	0.3111	0.2825	0.5756
行业固定效应	控制	控制	控制	控制	控制	控制	控制	控制	控制
时间固定效应	控制	控制	控制	控制	控制	控制	控制	控制	控制
观测值	3413	253	559	93	1239	512	106	447	203
R^2 值	0.0360	0.3151	0.1646	0.2822	0.1015	0.1342	0.5628	0.2013	0.1019

*、**、***分别表示在 10%、5%、1%水平下显著

可见，加入托宾 Q 值、资产负债率、资产回报率三个控制变量之后，碳交易制度对高耗能、高碳排上市企业的创新水平总体影响依然不显著，且系数依然为正，这与表 12.4 中的回归结果基本一致。

此外，核心解释变量 T×Pilot 的系数在电力行业和航空行业中都在 5%水平下显著为正，这与表 12.5 中的估算结果基本一致。同时我们发现，对于钢铁、化工、建材、石化、有色金属和造纸六大行业，其核心解释变量 T×Pilot 的系数方向与显著性与表 12.5 中的回归结果基本一致。因此可以确认碳交易制度显著提升了电力行业和航空行业的创新水平，而对于钢铁、化工、建材、石化、有色金属、造纸各行业以及全行业总体创新水平没有显著影响，所以本章的实证结果具有可靠性。

2. 混杂因素的影响

高耗能、高碳排行业上市企业的创新水平仍可能会受到其他随时间变化的不可观测混杂因素的影响。为了确保得到碳交易制度对上市企业创新水平影响的净效应，剔除其他随时间变化的不可观测混杂因素的影响，本章利用系统广义矩估计的方法来解决混杂因素的问题。参照 Arellano 和 Bover（1995）以及 Blundell 和 Bond（1998）的方法，本章在方程（12.2）的右边加入发明专利授予数量的滞后项作为工具变量，构建一个动态的面板数据模型。同时，为了检验工具变量的有效性、避免过度识别问题，本章实施 Arellano-Bond（AB）检验和 Hansen 检验。系统广义矩估计结果如表 12.7 所示。

表 12.7　系统广义矩估计结果

变量	模型 1	模型 2	模型 3	模型 4	模型 5	模型 6	模型 7	模型 8	模型 9
	全行业	钢铁	电力	航空	化工	建材	石化	有色金属	造纸
LnPatent$_{t-1}$	−0.2405***	0.2477	0.4534***	−0.1677	−0.1614	0.8251***	−0.2071	−0.2498**	−0.0616
T×Pilot	0.5804	1.9956	2.1300***	0.7474**	3.9452**	0.1541	0.5298	−1.6103	−3.6645
控制变量	控制	控制	控制	控制	控制	控制	控制	控制	控制
常数项	−123.11	−4.6068	−0.8860	−105.78	0.7307	−0.0101	−4.0615	8.6684**	3.9950
行业固定效应	控制	控制	控制	控制	控制	控制	控制	控制	控制
时间固定效应	控制	控制	控制	控制	控制	控制	控制	控制	控制
AR(1)检验	−1.40	−1.50	−2.52**	−0.52	1.86*	−2.52**	−0.61	−1.00	−1.44
AR(2)检验	0.50	0.23	0.25	−1.15	−1.57	0.96	−0.26	0.13	0.95
Hansen 检验	0.52	20.73	44.19	2.98	43.32	67.03	1.32	32.90	18.18
观测值	3413	253	559	93	1239	512	106	447	203

注：AR(1)表示一阶自回归（autoregressive）；AR(2)表示二阶自回归

*、**、***分别表示在 10%、5%、1%水平下显著

由表 12.7 可知，首先，所有模型残差的二阶自相关检验均无法拒绝原假设，即模型残差不存在二阶序列相关。同时，Hansen 统计量的 P 值在 10%的显著性水平下均不显著，无法拒绝原假设，因此系统广义矩估计模型的选择是合适的。

其次，从八大行业总体来看，T×Pilot 的系数方向及显著性与表 12.4 回归结果基本一致。从各个分行业来看，碳交易制度依旧显著提升了电力行业与航空行业上市企业的创新水平。除了化工行业，对于其余五个行业，碳交易制度并没有显著地影响其上市企业的创新水平，这与前述回归结果也基本相同。由此可见，本章的实证结果具有一定的稳健性。

3. 匹配方法的影响

本章利用 PSM 方法来解决潜在处理效应和反向因果关系，从而达到控制样本自选择偏差的目的，但不同的匹配方法可能导致不同的估计结果，为了进一步验证研究结果的鲁棒性，本节利用广义模糊匹配方法来控制样本自选择偏差。

首先，对数据实施广义模糊匹配，然后再利用 DID 方法估计碳交易制度对企业创新水平的影响［模型定义同方程（12.2）］，计算结果如表 12.8 所示。可见，CEM（coarsened exact matching，广义精确匹配）-DID 估计结果与 PSM-DID 估计结果基本一致，对于电力行业和航空行业，核心解释变量 T×Pilot 分别在 5%和 10%水平下显著为正，这表明碳交易制度显著提升了电力行业和航空行业上市企业的创新水平。然而对高耗能、高碳排企业的整体创新水平影响仍不显著，同时对钢铁、化工、建材、石化、有色金属和造纸六个行业创新水平影响也不显著。这与表 12.4 的研究结果基本一致，因此，本章的估计结果没有受到匹配方法的显著影响，这在很大程度上说明了本章估计结果的鲁棒性。

表 12.8　CEM-DID 估计结果

变量	模型 1	模型 2	模型 3	模型 4	模型 5	模型 6	模型 7	模型 8	模型 9
	全行业	钢铁	电力	航空	化工	建材	石化	有色金属	造纸
T×Pilot	0.0050	−0.1962	0.3440**	0.5012*	−0.1090	0.1318	−0.5678	−0.1343	−0.0898
控制变量	控制	控制	控制	控制	控制	控制	控制	控制	控制
常数项	1.3077***	−3.7759***	0.9075***	−0.6197	1.9209***	−0.0879	−0.5412	0.4465	0.7882**
行业固定效应	控制	控制	控制	控制	控制	控制	控制	控制	控制
时间固定效应	控制	控制	控制	控制	控制	控制	控制	控制	控制
观测值	3292	219	417	27	1116	472	92	399	159
R^2 值	0.0024	0.2423	0.1214	0.2087	0.0257	0.1098	0.4903	0.1296	0.0315

*、**、***分别表示在 10%、5%、1%水平下显著

12.5 主要结论与启示

本章在2009~2017年中国高耗能、高碳排上市企业面板数据的基础上，利用DID方法和PSM-DID方法，分析了碳交易制度对高耗能、高碳排企业创新水平的影响，并探究了碳交易制度对高耗能、高碳排企业创新水平的影响是否具有行业异质性，主要结论如下。

一方面，尽管中国碳交易制度整体上对高耗能、高碳排上市企业的创新水平有正向影响，但影响目前尚不显著。具体而言，样本区间内碳交易制度大约提高了中国高耗能、高碳排上市企业1.16%的创新水平。

另一方面，中国碳交易制度对高耗能、高碳排上市企业创新水平的影响具有行业异质性。中国碳交易制度的实施有助于提升电力行业和航空行业上市企业的创新水平，具体而言，样本区间内分别提升了35.01%和48.30%；但是对钢铁、化工、建材、石化、有色金属和造纸六个行业上市企业的创新水平影响不显著。

基于以上结论，我们对进一步完善中国碳交易制度提供几点政策建议。首先，中国政府可以通过补贴和建立专项资金来引导企业实施创新活动，促使企业产生"创新补偿"效应，倒逼企业通过技术创新实现碳减排。其次，可以适当考虑将航空业纳入全国碳市场体系，进一步挖掘航空企业的创新潜力，充分发挥碳交易制度的优越性。最后，中国高耗能、高碳排企业应积极参与碳交易，根据所在行业的特性积极调整企业的研发状况，提高企业创新水平，以创新驱动企业转型，在行业中不断提升自身的竞争力。

展望未来，还有大量相关工作可以继续开展。第一，随着企业数据逐步健全，可以从更大的时间或空间维度开展研究。第二，可以围绕中国碳交易制度对企业减排成本的影响开展研究。第三，可以围绕碳交易制度对企业竞争力的影响开展研究。

参考文献

蔡庆丰, 陈熠辉, 林焜. 2020. 信贷资源可得性与企业创新: 激励还是抑制?——基于银行网点数据和金融地理结构的微观证据. 经济研究, 55(10): 124-140.

曹翔, 傅京燕. 2017. 不同碳减排政策对内外资企业竞争力的影响比较. 中国人口·资源与环境, 27(6): 10-15.

陈浩, 罗力菲. 2021. 环境规制对经济高质量发展的影响及空间效应: 基于产业结构转型中介视角. 北京理工大学学报(社会科学版), 23(6): 27-40.

陈林, 万攀兵. 2019. 《京都议定书》及其清洁发展机制的减排效应: 基于中国参与全球环境治理微观项目数据的分析. 经济研究, 54(3): 55-71.

陈晓红, 曾祥宇, 王傅强. 2016. 碳限额交易机制下碳交易价格对供应链碳排放的影响. 系统工程理论与实践, 36(10): 2562-2571.

董梅, 李存芳. 2020. 低碳省区试点政策的净碳减排效应. 中国人口·资源与环境, 30(11): 63-74.

董直庆, 王辉. 2021. 市场型环境规制政策有效性检验: 来自碳排放权交易政策视角的经验证据. 统计研究, 38(10): 48-61.

范丹, 付嘉为, 王维国. 2022. 碳排放权交易如何影响企业全要素生产率?. 系统工程理论与实践, 42(3): 591-603.

傅京燕, 代玉婷. 2015. 碳交易市场链接的成本与福利分析: 基于 MAC 曲线的实证研究. 中国工业经济, (9): 84-98.

耿文欣, 范英. 2021. 碳交易政策是否促进了能源强度的下降?——基于湖北试点碳市场的实证. 中国人口·资源与环境, 31(9): 104-113.

郭峰, 王靖一, 王芳, 等. 2020. 测度中国数字普惠金融发展: 指数编制与空间特征. 经济学(季刊), 19(4): 1401-1418.

胡珺, 黄楠, 沈洪涛. 2020. 市场激励型环境规制可以推动企业技术创新吗?——基于中国碳排放权交易机制的自然实验. 金融研究, (1): 171-189.

姬新龙, 杨钊. 2021. 基于 PSM-DID 和 SCM 的碳交易减排效应及地区差异分析. 统计与决策, 37(17): 154-158.

贾建辉, 陈建耀, 龙晓君, 等. 2020. 水电开发对河流生态系统服务的效应评估与时空变化特征分析: 以武江干流为例. 自然资源学报, 35(9): 2163-2176.

李丁, 张艳, 马双, 等. 2021. 大气污染的劳动力区域再配置效应和存量效应. 经济研究, 56(5): 127-143.

李芳华, 张阳阳, 郑新业. 2020. 精准扶贫政策效果评估: 基于贫困人口微观追踪数据. 经济研究, 55(8): 171-187.

李永友, 王超. 2020. 集权式财政改革能够缩小城乡差距吗?——基于“乡财县管”准自然实验的证据. 管理世界, 36(4): 113-130.
林美顺. 2017. 清洁能源消费、环境治理与中国经济可持续增长. 数量经济技术经济研究, 34(12): 3-21.
刘畅, 曹光宇, 马光荣. 2020. 地方政府融资平台挤出了中小企业贷款吗?. 经济研究, 55(3): 50-64.
刘焱, 石莹. 2012. 湖北电力能源发展战略思考. 湖北电力, 36(6): 73-75.
骆瑞玲, 范体军, 夏海洋. 2014. 碳排放交易政策下供应链碳减排技术投资的博弈分析. 中国管理科学, 2014, 22(11): 44-53.
吕越, 陆毅, 吴嵩博, 等. 2019. “一带一路”倡议的对外投资促进效应: 基于2005—2016年中国企业绿地投资的双重差分检验. 经济研究, 54(9): 187-202.
钱雪松, 杜立, 马文涛. 2015. 中国货币政策利率传导有效性研究: 中介效应和体制内外差异. 管理世界, (11): 11-28, 187.
钱雪松, 方胜. 2017. 担保物权制度改革影响了民营企业负债融资吗?——来自中国《物权法》自然实验的经验证据. 经济研究, 52(5): 146-160.
任亚运, 傅京燕. 2019. 碳交易的减排及绿色发展效应研究. 中国人口・资源与环境, 29(5): 11-20.
时佳瑞, 蔡海琳, 汤铃, 等. 2015. 基于CGE模型的碳交易机制对我国经济环境影响研究. 中国管理科学, 23(S1): 801-806.
宋德勇, 朱文博, 王班班. 2021. 中国碳交易试点覆盖企业的微观实证:碳排放权交易、配额分配方法与企业绿色创新. 中国人口・资源与环境, 31(1): 37-47.
宋弘, 孙雅洁, 陈登科. 2019. 政府空气污染治理效应评估: 来自中国“低碳城市”建设的经验研究. 管理世界, 35(6): 95-108, 195.
孙传旺, 罗源, 姚昕. 2019. 交通基础设施与城市空气污染: 来自中国的经验证据. 经济研究, 54(8): 136-151.
孙久文, 张静, 李承璋, 等. 2019. 我国集中连片特困地区的战略判断与发展建议. 管理世界, 35(10): 156-165, 191.
孙伟增, 张晓楠, 郑思齐. 2019. 空气污染与劳动力的空间流动: 基于流动人口就业选址行为的研究. 经济研究, 54(11): 102-117.
汪明月, 刘宇, 史文强, 等. 2019. 碳交易政策下低碳技术异地协同共享策略及减排收益研究. 系统工程理论与实践, 39(6): 1419-1434.
王康, 李逸飞, 李静, 等. 2019. 孵化器何以促进企业创新?——来自中关村海淀科技园的微观证据. 管理世界, 35(11): 102-118.
王善勇, 李军, 范进, 等. 2017. 个人碳交易视角下消费者能源消费与福利变化研究. 系统工程理论与实践, 37(6): 1512-1524.
王为东, 王冬, 卢娜. 2020. 中国碳排放权交易促进低碳技术创新机制的研究. 中国人口・资源与环境, 30(2): 41-48.
吴洁, 夏炎, 范英, 等. 2015. 全国碳市场与区域经济协调发展. 中国人口・资源与环境, 25(10): 11-17.

谢鑫鹏, 赵道致. 2013. 低碳供应链企业减排合作策略研究. 管理科学, 26(3): 108-119.
徐斌, 陈宇芳, 沈小波. 2019. 清洁能源发展、二氧化碳减排与区域经济增长. 经济研究, 54(7): 188-202.
闫冰倩, 乔晗, 汪寿阳. 2017. 碳交易机制对中国国民经济各部门产品价格及收益的影响研究. 中国管理科学, 25(7): 1-10.
杨光勇, 计国君. 2021. 碳排放规制与顾客环境意识对绿色创新的影响. 系统工程理论与实践, 41(3): 702-712.
杨秀汪, 李江龙, 郭小叶. 2021. 中国碳交易试点政策的碳减排效应如何?——基于合成控制法的实证研究. 西安交通大学学报(社会科学版), 41(3): 93-104, 122.
曾诗鸿, 李璠, 翁智雄, 等. 2022. 我国碳交易试点政策的减排效应及地区差异. 中国环境科学, 42(4): 1922-1933.
张国兴, 樊萌萌, 马睿琨, 等. 2022. 碳交易政策的协同减排效应. 中国人口•资源与环境, 32(3): 1-10.
张继宏, 郅若平, 齐绍洲. 2019. 中国碳排放交易市场的覆盖范围与行业选择: 基于多目标优化的方法. 中国地质大学学报(社会科学版), 19(1): 34-45.
张立贤, 任浙豪, 陈斌, 等. 2021. 中国长时间序列逐年人造夜间灯光数据集（1984-2020）. 国家青藏高原数据中心. http://dx.doi.org/10.11888/Socioeco.tpdc.271202[2024-04-17].
中国气象局国家气候中心. 2023. 中国气候公报（2022）. 北京: 中国气象局.
中国气象局气候变化中心. 2023. 中国气候变化蓝皮书（2023）. 北京: 科学出版社.
朱东波, 任力, 刘玉. 2018. 中国金融包容性发展、经济增长与碳排放. 中国人口 • 资源与环境, 28(2): 66-76.
Abadie A, Diamond A, Hainmueller J. 2010. Synthetic control methods for comparative case studies: estimating the effect of california's tobacco control program. Journal of the American Statistical Association, 105(490): 493-505.
Abadie A, Diamond A, Hainmueller J. 2015. Comparative politics and the synthetic control method. American Journal of Political Science, 59(2): 495-510.
Abadie A, Gardeazabal J. 2003. The economic costs of conflict: a case study of the Basque country. American Economic Review, 93(1): 113-132.
Acharya V, Xu Z X. 2017. Financial dependence and innovation: the case of public versus private firms. Journal of Financial Economics, 124(2): 223-243.
Adams R H, Jr. 2004. Economic growth, inequality and poverty: estimating the growth elasticity of poverty. World Development, 32(12): 1989-2014.
Afridi F, Debnath S, Somanathan E. 2021. A breath of fresh air: raising awareness for clean fuel adoption. Journal of Development Economics, 151: 102674.
Aggarwal A, Brockington D. 2020. Reducing or creating poverty? Analyzing livelihood impacts of forest carbon projects with evidence from India. Land Use Policy, 95: 104608.
Aghion P, van Reenen J, Zingales L. 2013. Innovation and institutional ownership. American Economic Review, 103(1): 277-304.

Ahmed W, Omar M. 2019. Drivers of supply chain transparency and its effects on performance measures in the automotive industry: case of a developing country. International Journal of Services and Operations Management, 33(2): 159-186.

Alagappan L, Orans R, Woo C K. 2011. What drives renewable energy development?. Energy Policy, 39(9): 5099-5104.

Albrizio S, Kozluk T, Zipperer V. 2017. Environmental policies and productivity growth: evidence across industries and firms. Journal of Environmental Economics and Management, 81: 209-226.

Alcántara V, Padilla E. 2009. Input-output subsystems and pollution: an application to the service sector and CO_2 emissions in Spain. Ecological Economics, 68(3): 905-914.

Almer C, Winkler R. 2017. Analyzing the effectiveness of international environmental policies: the case of the Kyoto Protocol. Journal of Environmental Economics and Management, 82: 125-151.

Amore M D, Bennedsen M. 2016. Corporate governance and green innovation. Journal of Environmental Economics and Management, 75: 54-72.

Amore M D, Schneider C, Žaldokas A. 2013. Credit supply and corporate innovation. Journal of Financial Economics, 109(3): 835-855.

An K X, Zhang S H, Huang H, et al. 2021. Socioeconomic impacts of household participation in emission trading scheme: a Computable General Equilibrium-based case study. Applied Energy, 288: 116647.

An Q X, Wen Y, Ding T, et al. 2019. Resource sharing and payoff allocation in a three-stage system: integrating network DEA with the Shapley value method. Omega, 85: 16-25.

Anderson B, Convery F, di Maria C. 2010. Technological change and the EU ETS: the case of Ireland. Belfast: Queen's University Belfast.

Antle J M, Stoorvogel J J. 2008. Agricultural carbon sequestration, poverty, and sustainability. Environment and Development Economics, 13(3): 327-352.

Apte J S, Marshall J D, Cohen A J, et al. 2015. Addressing global mortality from ambient $PM_{2.5}$. Environmental Science & Technology, 49(13): 8057-8066.

Arellano M, Bover O. 1995. Another look at the instrumental variable estimation of error-components models. Journal of Econometrics, 68(1): 29-51.

Arimura T H, Hibiki A, Katayama H. 2008. Is a voluntary approach an effective environmental policy instrument?: A case for environmental management systems. Journal of Environmental Economics and Management, 55(3): 281-295.

Arioli M, Fulton L, Lah O. 2020. Transportation strategies for a 1.5℃ world: a comparison of four countries. Transportation Research Part D: Transport and Environment, 87: 102526.

Arkhangelsky D, Athey S, Hirshberg D A, et al. 2021. Synthetic difference-in-differences. American Economic Review, 111(12): 4088-4118.

Arocena P, Orcos R, Zouaghi F. 2021. The impact of ISO 14001 on firm environmental and economic performance: the moderating role of size and environmental awareness. Business Strategy and the Environment, 30(2): 955-967.

Atanassov J. 2013. Do hostile takeovers stifle innovation? Evidence from antitakeover legislation and corporate patenting. The Journal of Finance, 68(3): 1097-1131.

Auestad I, Nilsen Y, Rydgren K. 2018. Environmental restoration in hydropower development—lessons from Norway. Sustainability, 10(9): 3358.

Aumann R J, Dreze J H. 2008. Rational expectations in games. American Economic Review, 98(1): 72-86.

Bai C Q, Zhou L, Xia M L, et al. 2020. Analysis of the spatial association network structure of China's transportation carbon emissions and its driving factors. Journal of Environmental Management, 253: 109765.

Bai Q G, Chen M Y, Xu L. 2017. Revenue and promotional cost-sharing contract versus two-part tariff contract in coordinating sustainable supply chain systems with deteriorating items. International Journal of Production Economics, 187: 85-101.

Baldursson F M, von der Fehr N H M. 2004. Price volatility and risk exposure: on market-based environmental policy instruments. Journal of Environmental Economics and Management, 48(1): 682-704.

Barasa L, Knoben J, Vermeulen P, et al. 2017. Institutions, resources and innovation in East Africa: a firm level approach. Research Policy, 46(1): 280-291.

Barwick P J, Li S J, Rao D, et al. 2018. The morbidity cost of air pollution: evidence from consumer spending in China. https://www.nber.org/system/files/working_papers/w24688/w24688.pdf [2024-04-11].

Bassi A M, Yudken J S, Ruth M. 2009. Climate policy impacts on the competitiveness of energy-intensive manufacturing sectors. Energy Policy, 37(8): 3052-3060.

Bataille C, Guivarch C, Hallegatte S, et al. 2018. Carbon prices across countries. Nature Climate Change, 8: 648-650.

Bayer P, Aklin M. 2020. The European Union Emissions Trading System reduced CO_2 emissions despite low prices. Proceedings of the National Academy of Sciences of the United States of America, 117(16): 8804-8812.

Beck T, Levine R, Levkov A. 2010. Big bad banks? The winners and losers from bank deregulation in the United States. The Journal of Finance, 65(5): 1637-1667.

Beelen R, Raaschou-Nielsen O, Stafoggia M, et al. 2014. Effects of long-term exposure to air pollution on natural-cause mortality: an analysis of 22 European cohorts within the multicentre ESCAPE project. The Lancet, 383(9919): 785-795.

Berman R, Israeli A. 2022. The value of descriptive analytics: evidence from online retailers. Marketing Science, 41(6): 1074-1096.

Bertrand M, Mullainathan S. 2003. Enjoying the quiet life? Corporate governance and managerial preferences. Journal of Political Economy, 111(5): 1043-1075.

Bigerna S, D'Errico M C, Polinori P. 2019. Environmental and energy efficiency of EU electricity industry: an almost spatial two stages DEA approach. The Energy Journal, 40(1): 30-56.

Blundell R, Bond S. 1998. Initial conditions and moment restrictions in dynamic panel data models. Journal of Econometrics, 87(1): 115-143.

Bošković B, Nøstbakken L. 2017. The cost of endangered species protection: evidence from auctions for natural resources. Journal of Environmental Economics and Management, 81: 174-192.

Bowen F E, Bansal P, Slawinski N. 2018. Scale matters: the scale of environmental issues in corporate collective actions. Strategic Management Journal, 39(5): 1411-1436.

Brennan A J. 2008. Theoretical foundations of sustainable economic welfare indicators—ISEW and political economy of the disembedded system. Ecological Economics, 67(1): 1-19.

Bronzini R, Piselli P. 2016. The impact of R&D subsidies on firm innovation. Research Policy, 45(2): 442-457.

Brunnermeier S B, Cohen M A. 2003. Determinants of environmental innovation in US manufacturing industries. Journal of Environmental Economics and Management, 45(2): 278-293.

Bueno M, Valente M. 2019. The effects of pricing waste generation: a synthetic control approach. Journal of Environmental Economics and Management, 96: 274-285.

Burkhardt J, Bayham J, Wilson A, et al. 2019. The effect of pollution on crime: evidence from data on particulate matter and ozone. Journal of Environmental Economics and Management, 98: 102267.

Cachon G P. 2004. The allocation of inventory risk in a supply chain: push, pull, and advance-purchase discount contracts. Management Science, 50(2): 222-238.

Cachon G P. 2014. Retail store density and the cost of greenhouse gas emissions. Management Science, 60(8): 1907-1925.

Cachon G P, Kök A G. 2010. Competing manufacturers in a retail supply chain: on contractual form and coordination. Management Science, 56(3): 571-589.

Cachon G P, Lariviere M A. 2005. Supply chain coordination with revenue-sharing contracts: strengths and limitations. Management Science, 51(1): 30-44.

Cachon G P, Swinney R. 2009. Purchasing, pricing, and quick response in the presence of strategic consumers. Management Science, 55(3): 497-511.

Cai B F, Liu H L, Zhang X L, et al. 2022. High-resolution accounting of urban emissions in China. Applied Energy, 325: 119896.

Cai S Y, Ma Q, Wang S X, et al. 2018. Impact of air pollution control policies on future $PM_{2.5}$ concentrations and their source contributions in China. Journal of Environmental Management, 227: 124-133.

Cai W G, Zhou X L. 2014. On the drivers of eco-innovation: empirical evidence from China. Journal of Cleaner Production, 79: 239-248.

Cai X Q, Lu Y, Wu M Q, et al. 2016. Does environmental regulation drive away inbound foreign direct investment? Evidence from a quasi-natural experiment in China. Journal of Development Economics, 123: 73-85.

Campagnolo L, Davide M. 2019. Can the Paris deal boost SDGs achievement? An assessment of climate mitigation co-benefits or side-effects on poverty and inequality. World Development, 122: 96-109.

Cao J, Ho M S, Ma R, et al. 2021. When carbon emission trading meets a regulated industry: evidence from the electricity sector of China. Journal of Public Economics, 200: 104470.

Carrión-Flores C E, Innes R, Sam A G. 2013. Do voluntary pollution reduction programs (VPRs) spur or deter environmental innovation? Evidence from 33/50. Journal of Environmental Economics and Management, 66(3): 444-459.

Chameides W, Oppenheimer M. 2007. Carbon trading over Taxes. Science, 315(5819): 1670.

Chan N W, Morrow J W. 2019. Unintended consequences of cap-and-trade? Evidence from the Regional Greenhouse Gas Initiative. Energy Economics, 80: 411-422.

Chang C H, Sam A G. 2015. Corporate environmentalism and environmental innovation. Journal of Environmental Management, 153: 84-92.

Chang S Y, Yang X, Zheng H T, et al. 2020. Air quality and health co-benefits of China's national emission trading system. Applied Energy, 261: 114226.

Chang W Y, Wang S P, Song X Y, et al. 2022. Economic effects of command-and-control abatement policies under China's 2030 carbon emission goal. Journal of Environmental Management, 312: 114925.

Chao H, Agusdinata D B, DeLaurentis D A. 2019. The potential impacts of Emissions Trading Scheme and biofuel options to carbon emissions of U.S. airlines. Energy Policy, 134: 110993.

Chappin E J L, Dijkema G P J. 2009. On the impact of CO_2 emission-trading on power generation emissions. Technological Forecasting and Social Change, 76(3): 358-370.

Chen J D, Gao M, Cheng S L, et al. 2020a. County-level CO_2 emissions and sequestration in China during 1997-2017. Scientific Data, 7(1): 391.

Chen J Y, Dimitrov S, Pun H. 2019. The impact of government subsidy on supply Chains' sustainability innovation. Omega, 86: 42-58.

Chen S, Shi A N, Wang X. 2020b. Carbon emission curbing effects and influencing mechanisms of China's Emission Trading Scheme: the mediating roles of technique effect, composition effect and allocation effect. Journal of Cleaner Production, 264: 121700.

Chen W H, Lei Y L. 2017. Path analysis of factors in energy-related CO_2 emissions from Beijing's transportation sector. Transportation Research Part D: Transport and Environment, 50: 473-487.

Chen Z F, Zhang X, Chen F L. 2021. Do carbon emission trading schemes stimulate green innovation in enterprises? Evidence from China. Technological Forecasting and Social Change, 168: 120744.

Cheng B B, Dai H C, Wang P, et al. 2015. Impacts of carbon trading scheme on air pollutant emissions in Guangdong Province of China. Energy for Sustainable Development, 27: 174-185.

Cheng D, Shi X P, Yu J. 2021. The impact of green energy infrastructure on firm productivity: evidence from the Three Gorges Project in China. International Review of Economics & Finance, 71: 385-406.

Chesney M, Taschini L. 2012. The endogenous price dynamics of emission allowances and an application to CO_2 option pricing. Applied Mathematical Finance, 19(5): 447-475.

Chetty R, Looney A, Kroft K. 2009. Salience and taxation: theory and evidence. American Economic Review, 99(4): 1145-1177.

Choi S B, Lee S H, Williams C. 2011. Ownership and firm innovation in a transition economy: evidence from China. Research Policy, 40(3): 441-452.

Christmann P, Taylor G. 2006. Firm self-regulation through international certifiable standards: determinants of symbolic versus substantive implementation. Journal of International Business Studies, 37(6): 863-878.

Clarke D. 2017. Estimating difference-in-differences in the presence of spillovers. Munich: University of Munich.

Clarke M, Islam S M N. 2005. Diminishing and negative welfare returns of economic growth: an index of sustainable economic welfare (ISEW) for Thailand. Ecological Economics, 54(1): 81-93.

Cobb C W, Cobb J B, Jr. 1994. The Green National Product: A Proposed Index of Sustainable Economic Welfare. Lanham: University Press of America, 49-84.

Coria J, Hennlock M, Sterner T. 2021. Interjurisdictional externalities, overlapping policies and NOx pollution control in Sweden. Journal of Environmental Economics and Management, 107: 102444.

Cramton P, Kerr S. 2002. Tradeable carbon permit auctions: how and why to auction not grandfather. Energy Policy, 30(4): 333-345.

Cui J B, Zhang J J, Zheng Y. 2018. Carbon pricing induces innovation: evidence from China's regional carbon market pilots. AEA Papers and Proceedings, 108: 453-457.

Cui Q, Li Y. 2018. Airline dynamic efficiency measures with a Dynamic RAM with unified natural & managerial disposability. Energy Economics, 75: 534-546.

Cui Q, Wei Y M, Li Y. 2016. Exploring the impacts of the EU ETS emission limits on airline performance via the Dynamic Environmental DEA approach. Applied Energy, 183: 984-994.

Cui R Y, Hultman N, Cui D Y, et al. 2021. A plant-by-plant strategy for high-ambition coal power phaseout in China. Nature Communications, 12(1): 1468.

Cui Y Z, Zhang W S, Wang C, et al. 2019. Spatiotemporal dynamics of CO_2 emissions from central heating supply in the North China Plain over 2012-2016 due to natural gas usage. Applied Energy, 241: 245-256.

Curtis E M, Lee J M. 2019. When do environmental regulations backfire? Onsite industrial electricity generation, energy efficiency and policy instruments. Journal of Environmental Economics and Management, 96: 174-194.

Dai H C, Xie X X, Xie Y, et al. 2016. Green growth: the economic impacts of large-scale renewable energy development in China. Applied Energy, 162: 435-449.

Daly H E, Cobb J B, Jr. 1990. For the Common Good: Redirecting the Economy Toward Community, the Environment, and a Sustainable Future. Boston: Beacon Press.

Davidson D J. 2019. Exnovating for a renewable energy transition. Nature Energy, 4(4): 254-256.

de Jong P, Barreto T B, Tanajura C A S, et al. 2019. Estimating the impact of climate change on wind and solar energy in Brazil using a South American regional climate model. Renewable Energy, 141: 390-401.

Dechezleprêtre A, Gennaioli C, Martin R, et al. 2022. Searching for carbon leaks in multinational companies. Journal of Environmental Economics and Management, 112: 102601.

Depoers F, Jeanjean T, Jérôme T. 2016. Voluntary disclosure of greenhouse gas emissions: contrasting the carbon disclosure project and corporate reports. Journal of Business Ethics, 134(3): 445-461.

Dirix J, Peeters W, Sterckx S. 2016. Is the Clean Development Mechanism delivering benefits to the poorest communities in the developing world? A critical evaluation and proposals for reform. Environment, Development and Sustainability, 18(3): 839-855.

Dong C G, Zhou R M, Li J Y. 2021. Rushing for subsidies: the impact of feed-in tariffs on solar photovoltaic capacity development in China. Applied Energy, 281: 116007.

Dong F, Dai Y J, Zhang S N, et al. 2019. Can a carbon emission trading scheme generate the Porter effect? Evidence from pilot areas in China. Science of the Total Environment, 653: 565-577.

Driscoll C T, Buonocore J J, Levy J I, et al. 2015. US power plant carbon standards and clean air and health co-benefits. Nature Climate Change, 5(6): 535-540.

Drysdale K M, Hendricks N P. 2018. Adaptation to an irrigation water restriction imposed through local governance. Journal of Environmental Economics and Management, 91: 150-165.

Du G, Yu M, Sun C W, et al. 2021. Green innovation effect of emission trading policy on pilot areas and neighboring areas: an analysis based on the spatial econometric model. Energy Policy, 156: 112431.

Du L M, Hanley A, Wei C. 2015b. Estimating the marginal abatement cost curve of CO_2 emissions in China: provincial panel data analysis. Energy Economics, 48: 217-229.

Du M B, Zhang X L, Xia L, et al. 2022. The China Carbon Watch (CCW) system: a rapid accounting of household carbon emissions in China at the provincial level. Renewable and Sustainable Energy Reviews, 155: 111825.

Du S, Ma F, Fu Z, et al. 2015a. Game-theoretic analysis for an emission-dependent supply chain in a 'cap-and-trade' system. Annals of Operations Research, 228: 135-149.

Du Y M, Takeuchi K. 2019. Can climate mitigation help the poor? Measuring impacts of the CDM in rural China. Journal of Environmental Economics and Management, 95: 178-197.

Duque-Grisales E, Aguilera-Caracuel J. 2021. Environmental, social and governance (ESG) scores and financial performance of multilatinas: moderating effects of geographic international diversification and financial slack. Journal of Business Ethics, 168: 315-334.

Elhedhli S, Merrick R. 2012. Green supply chain network design to reduce carbon emissions. Transportation Research Part D: Transport and Environment, 17(5): 370-379.

Evans G, Phelan L. 2016. Transition to a post-carbon society: linking environmental justice and just transition discourses. Energy Policy, 99: 329-339.

Eyraud L, Clements B, Wane A. 2013. Green investment: trends and determinants. Energy Policy, 60: 852-865.

Fan F Y, Lei Y L. 2016. Decomposition analysis of energy-related carbon emissions from the transportation sector in Beijing. Transportation Research Part D: Transport and Environment, 42: 135-145.

Fan J, Li J, Wu Y R, et al. 2016. The effects of allowance price on energy demand under a personal carbon trading scheme. Applied Energy, 170: 242-249.

Fan J H, Todorova N. 2017. Dynamics of China's carbon prices in the pilot trading phase. Applied Energy, 208: 1452-1467.

Fan J S, Zhou L, Zhang Y, et al. 2021. How does population aging affect household carbon emissions? Evidence from Chinese urban and rural areas. Energy Economics, 100: 105356.

Fan S Y, Zha S, Zhao C X, et al. 2022. Using energy vulnerability to measure distributive injustice in rural heating energy reform: a case study of natural gas replacing bulk coal for heating in Gaocheng District, Hebei Province, China. Ecological Economics, 197: 107456.

Fang G C, Lu L X, Tian L X, et al. 2020. Research on the influence mechanism of carbon trading on new energy: a case study of ESER system for China. Physica A: Statistical Mechanics and Its Applications, 545: 123572.

Fang G C, Tian L X, Liu M H, et al. 2018. How to optimize the development of carbon trading in China: enlightenment from evolution rules of the EU carbon price. Applied Energy, 211: 1039-1049.

Fang M, Njangang H, Padhan H, et al. 2023. Social media and energy justice: a global evidence. Energy Economics, 125: 106886.

Fang V W, Tian X, Tice S R. 2014. Does stock liquidity enhance or impede firm innovation?. The Journal of Finance, 69(5): 2085-2125.

Feng S H, Howes S, Liu Y, et al. 2018. Towards a national ETS in China: cap-setting and model mechanisms. Energy Economics, 73: 43-52.

Fikru M G. 2014. International certification in developing countries: the role of internal and external institutional pressure. Journal of Environmental Management, 144: 286-296.

Fleming D. 1997. Tradable quotas: using information technology to cap national carbon emissions. European Environment, 7(5): 139-148.

Flynn B B, Huo B F, Zhao X D. 2010. The impact of supply chain integration on performance: a contingency and configuration approach. Journal of Operations Management, 28(1): 58-71.

Fortier M O P, Teron L, Reames T G, et al. 2019. Introduction to evaluating energy justice across the life cycle: a social life cycle assessment approach. Applied Energy, 236: 211-219.

Freeman R, Liang W Q, Song R, et al. 2019. Willingness to pay for clean air in China. Journal of Environmental Economics and Management, 94: 188-216.

Fu S H, Gu Y Z. 2017. Highway toll and air pollution: evidence from Chinese cities. Journal of Environmental Economics and Management, 83: 32-49.

Fulop C. 1988. The role of advertising in the retail marketing mix. International Journal of Advertising, 7(2): 99-117.

Fuso-Nerini F, Fawcett T, Parag Y, et al. 2021. Personal carbon allowances revisited. Nature Sustainability, 4: 1025-1031.

Gao K, Yuan Y J. 2022. Spatiotemporal pattern assessment of China's industrial green productivity and its spatial drivers: evidence from city-level data over 2000–2017. Applied Energy, 307: 118248.

Gao X, Rai V. 2019. Local demand-pull policy and energy innovation: evidence from the solar photovoltaic market in China. Energy Policy, 128: 364-376.

Gao Y N, Li M, Xue J J, et al. 2020. Evaluation of effectiveness of China's carbon emissions trading scheme in carbon mitigation. Energy Economics, 90: 104872.

Gardner T A, Benzie M, Börner J, et al. 2019. Transparency and sustainability in global commodity supply chains. World Development, 121: 163-177.

Gaski J F. 1984. The theory of power and conflict in channels of distribution. Journal of Marketing, 48(3): 9-29.

Ge J, Lei Y. 2014. Carbon emissions from the service sector: an input-output application to Beijing, China. Climate Research, 60(1): 13-24.

Ge Z H, Hu Q Y, Xia Y S. 2014. Firms' R&D cooperation behavior in a supply chain. Production and Operations Management, 23(4): 599-609.

Gehrsitz M. 2017. The effect of low emission zones on air pollution and infant health. Journal of Environmental Economics and Management, 83: 121-144.

Ghosh D, Shah J. 2015. Supply chain analysis under green sensitive consumer demand and cost sharing contract. International Journal of Production Economics, 164: 319-329.

Glomsrød S, Wei T Y, Aamaas B, et al. 2016. A warmer policy for a colder climate: can China both reduce poverty and cap carbon emissions?. Science of the Total Environment, 568: 236-244.

Gobillon L, Magnac T. 2016. Regional policy evaluation: interactive fixed effects and synthetic controls. Review of Economics and Statistics, 98(3): 535-551.

Gong M H, Yi Q, Huang Y, et al. 2017. Coke oven gas to methanol process integrated with CO_2 recycle for high energy efficiency, economic benefits and low emissions. Energy Conversion and Management, 133: 318-331.

Greenstone M, Hanna R M. 2014. Environmental regulations, air and water pollution, and infant mortality in India. American Economic Review, 104(10): 3038-3072.

Groenenberg H, Blok K. 2002. Benchmark-based emission allocation in a cap-and-trade system. Climate Policy, 2(1): 105-109.

Grossman G M, Krueger A B. 1991. Environmental impacts of a North American free trade agreement. Cambridge: National Bureau of Economic Research.

Grover D, Rao S. 2020. Inequality, unemployment, and poverty impacts of mitigation investment: evidence from the CDM in Brazil and implications for a post-2020 mechanism. Climate Policy, 20(5): 609-625.

Guan D B, Klasen S, Hubacek K, et al. 2014. Determinants of stagnating carbon intensity in China. Nature Climate Change, 4: 1017-1023.

Guan D B, Meng J, Reiner D M, et al. 2018. Structural decline in China's CO_2 emissions through transitions in industry and energy systems. Nature Geoscience, 11(8): 551-555.

Guo D, Guo Y, Jiang K. 2016. Government-subsidized R&D and firm innovation: evidence from China. Research Policy, 45(6): 1129-1144.

Guo J F, Gu F, Liu Y P, et al. 2020. Assessing the impact of ETS trading profit on emission abatements based on firm-level transactions. Nature Communications, 11(1): 2078.

Haeringer G. 2006. A new weight scheme for the Shapley value. Mathematical Social Sciences, 52(1): 88-98.

Hammoudeh S, Nguyen D K, Sousa R M. 2014. What explain the short-term dynamics of the prices of CO_2 emissions?. Energy Economics, 46: 122-135.

Han L Y, Xu X K, Han L. 2015. Applying quantile regression and Shapley decomposition to analyzing the determinants of household embedded carbon emissions: evidence from urban China. Journal of Cleaner Production, 103: 219-230.

Hanna R, Olken B A. 2018. Universal basic incomes versus targeted transfers: anti-poverty programs in developing countries. Journal of Economic Perspectives, 32(4): 201-226.

Hao Y H, Huang Y, Gong M H, et al. 2015. A polygeneration from a dual-gas partial catalytic oxidation coupling with an oxygen-permeable membrane reactor. Energy Conversion and Management, 106: 466-478.

Hao Y, Peng H, Temulun T, et al. 2018. How harmful is air pollution to economic development? New evidence from $PM_{2.5}$ concentrations of Chinese cities. Journal of Cleaner Production, 172: 743-757.

Hart S, Mas-Colell A. 1989. Potential, value, and consistency. Econometrica, 57(3): 589-614.

He G, Lin J, Sifuentes F, et al. 2020. Rapid cost decrease of renewables and storage accelerates the decarbonization of China's power system. Nature Communications, 11(1): 2486.

He W L, Shen R. 2019. ISO 14001 certification and corporate technological innovation: evidence from Chinese firms. Journal of Business Ethics, 158(1): 97-117.

He W J, Zhang B, Li Y X, et al. 2021. A performance analysis framework for carbon emission quota allocation schemes in China: perspectives from economics and energy conservation. Journal of Environmental Management, 296: 113165.

Heckman J J, Ichimura H, Todd P E. 1997. Matching as an econometric evaluation estimator: evidence from evaluating a job training programme. The Review of Economic Studies, 64(4):

605-654.

Heckman J J, Ichimura H, Todd P E. 1998. Matching as an econometric evaluation estimator. The Review of Economic Studies, 65(2): 261-294.

Heffron R J, McCauley D. 2014. Achieving sustainable supply chains through energy justice. Applied Energy, 123: 435-437.

Heffron R J, McCauley D. 2017. The concept of energy justice across the disciplines. Energy Policy, 105: 658-667.

Heft-Neal S, Burney J, Bendavid E, et al. 2018. Robust relationship between air quality and infant mortality in Africa. Nature, 559(7713): 254-258.

Heimvik A, Amundsen E S. 2021. Prices vs. percentages: use of tradable green certificates as an instrument of greenhouse gas mitigation. Energy Economics, 99: 105316.

Hendrikse G. 2011. Pooling, access, and countervailing power in channel governance. Management Science, 57(9): 1692-1702.

Heyes A, Zhu M Y. 2019. Air pollution as a cause of sleeplessness: social media evidence from a panel of Chinese cities. Journal of Environmental Economics and Management, 98: 102247.

Holian M J, Kahn M E. 2015. Household carbon emissions from driving and center city quality of life. Ecological Economics, 116: 362-368.

Howell A. 2016. Firm R&D, innovation and easing financial constraints in China: does corporate tax reform matter?. Research Policy, 45(10): 1996-2007.

Hu D, Wang Y D, Li Y. 2017. How does open innovation modify the relationship between environmental regulations and productivity?. Business Strategy and the Environment, 26(8): 1132-1143.

Hu H, Xie N, Fang D B, et al. 2018. The role of renewable energy consumption and commercial services trade in carbon dioxide reduction: evidence from 25 developing countries. Applied Energy, 211: 1229-1244.

Hu Y C, Ren S G, Wang Y J, et al. 2020. Can carbon emission trading scheme achieve energy conservation and emission reduction? Evidence from the industrial sector in China. Energy Economics, 85: 104590.

Huang R B, Chen D P. 2015. Does environmental information disclosure benefit waste discharge reduction? Evidence from China. Journal of Business Ethics, 129(3): 535-552.

Huang Y, Zhu H M, Zhang Z. 2020. The heterogeneous effect of driving factors on carbon emission intensity in the Chinese transport sector: evidence from dynamic panel quantile regression. Science of the Total Environment, 727: 138578.

Huang Z H, Du X J. 2020. Toward green development? Impact of the carbon emissions trading system on local governments' land supply in energy-intensive industries in China. Science of the Total Environment, 738: 139769.

Huang Z M, Li S X. 2001. Co-op advertising models in manufacturer–retailer supply chains: a game theory approach. European Journal of Operational Research, 135(3): 527-544.

Huo B F, Zhao X D, Zhou H G. 2014. The effects of competitive environment on supply chain information sharing and performance: an empirical study in China. Production and Operations Management, 23(4): 552-569.

Hussein Z, Hertel T, Golub A. 2013. Climate change mitigation policies and poverty in developing countries. Environmental Research Letters, 8(3): 035009.

Inderfurth K, Sadrieh A, Voigt G. 2013. The impact of information sharing on supply chain performance under asymmetric information. Production and Operations Management, 22(2): 410-425.

ICAP. 2020. Emissions trading worldwide: status reports 2020. Berlin: ICAP.

IEA. 2020. China's emissions trading scheme: designing efficient allowance allocation?. Paris: IEA.

IEA. 2020. CO_2 emissions in 2023. Paris: IEA.

International Renewable Energy Agency (IRENA). 2019. Global energy transformation: a roadmap to 2050. Abu Dhabi: IRENA.

IPCC. 2006. 2006 IPCC guidelines for national greenhouse gas inventories. Geneva: IPCC.

Isaksen E T. 2020. Have international pollution protocols made a difference?. Journal of Environmental Economics and Management, 103: 102358.

Islar M, Brogaard S, Lemberg-Pedersen M. 2017. Feasibility of energy justice: exploring national and local efforts for energy development in Nepal. Energy Policy, 105: 668-676.

Jaggi C K, Gupta M, Kausar A, et al. 2019. Inventory and credit decisions for deteriorating items with displayed stock dependent demand in two-echelon supply chain using Stackelberg and Nash equilibrium solution. Annals of Operations Research, 274: 309-329.

Jaraitė J, di Maria C. 2012. Efficiency, productivity and environmental policy: a case study of power generation in the EU. Energy Economics, 34(5): 1557-1568.

Jenkins K, Heffron R J, McCauley D. 2016. The political economy of energy justice: a nuclear energy perspective//van de Graaf T, Sovacool B K, Ghosh A, et al.The Palgrave Handbook of the International Political Economy of Energy. London: Palgrave Macmillan: 661-682.

Ji J N, Zhang Z Y, Yang L. 2017. Comparisons of initial carbon allowance allocation rules in an O2O retail supply chain with the cap-and-trade regulation. International Journal of Production Economics, 187: 68-84.

Jia R N, Shao S, Yang L L. 2021. High-speed rail and CO_2 emissions in urban China: a spatial difference-in-differences approach. Energy Economics, 99: 105271.

Jiang Y D, Long Y, Liu Q L, et al. 2020. Carbon emission quantification and decarbonization policy exploration for the household sector: evidence from 51 Japanese cities. Energy Policy, 140: 111438.

Jiao J L, Han X F, Li F Y, et al. 2017. Contribution of demand shifts to industrial SO_2 emissions in a transition economy: evidence from China. Journal of Cleaner Production, 164: 1455-1466.

Jindal R, Kerr J M, Carter S. 2012. Reducing poverty through carbon forestry? Impacts of the N'hambita community carbon project in Mozambique. World Development, 40(10): 2123-2135.

Johnstone N, Managi S, Rodríguez M C, et al. 2017. Environmental policy design, innovation and efficiency gains in electricity generation. Energy Economics, 63: 106-115.

Jong T, Couwenberg O, Woerdman E. 2014. Does EU emissions trading bite? An event study. Energy Policy, 69: 510-519.

Jotzo F, Karplus V, Grubb M, et al. 2018. China's emissions trading takes steps towards big ambitions. Nature Climate Change, 8: 265-267.

Jung J, Herbohn K, Clarkson P. 2018. Carbon risk, carbon risk awareness and the cost of debt financing. Journal of Business Ethics, 150(4): 1151-1171.

Kadiyali V, Chintagunta P, Vilcassim N. 2000. Manufacturer-retailer channel interactions and implications for channel power: an empirical investigation of pricing in a local market. Marketing Science, 19(2): 127-148.

Kemfert C, Kohlhaas M, Truong T, et al. 2006. The environmental and economic effects of European emissions trading. Climate Policy, 6(4): 441-455.

Kettner C, Köppl A, Schleicher S P, et al. 2008. Stringency and distribution in the EU Emissions Trading Scheme: first evidence. Climate Policy, 8(1): 41-61.

Kim K, Chhajed D. 2002. Product design with multiple quality-type attributes. Management Science, 48(11): 1502-1511.

Kim M K, Kim T. 2016. Estimating impact of regional greenhouse gas initiative on coal to gas switching using synthetic control methods. Energy Economics, 59: 328-335.

Kube R, von Graevenitz K, Löschel A, et al. 2019. Do voluntary environmental programs reduce emissions? EMAS in the German manufacturing sector. Energy Economics, 84: 104558.

Kuokkanen A, Sihvonen M, Uusitalo V, et al. 2020. A proposal for a novel urban mobility policy: personal carbon trade experiment in Lahti city. Utilities Policy, 62: 100997.

La Ferrara E, Chong A, Duryea S. 2012. Soap operas and fertility: evidence from Brazil. American Economic Journal: Applied Economics, 4(4): 1-31.

Lange I, Maniloff P. 2021. Updating allowance allocations in cap-and-trade: evidence from the NOx Budget Program. Journal of Environmental Economics and Management, 105: 102380.

Laroche M, Bergeron J, Barbaro-Forleo G. 2001. Targeting consumers who are willing to pay more for environmentally friendly products. Journal of Consumer Marketing, 18(6): 503-520.

Lawler E E, Porter L W. 1967. Antecedent attitudes of effective managerial performance. Organizational Behavior and Human Performance, 2(2): 122-142.

Lechner M. 2002. Program heterogeneity and propensity score matching: an application to the evaluation of active labor market policies. The Review of Economics and Statistics, 84(2): 205-220.

Lee C C, Yuan Z H, Wang Q R. 2022. How does information and communication technology affect energy security? International evidence. Energy Economics, 109: 105969.

Lee K, Melstrom R T. 2018. Evidence of increased electricity influx following the regional greenhouse gas initiative. Energy Economics, 76: 127-135.

Lévay P Z, Vanhille J, Goedemé T, et al. 2021. The association between the carbon footprint and the socio-economic characteristics of Belgian households. Ecological Economics, 186: 107065.

Lewis J I. 2010. The evolving role of carbon finance in promoting renewable energy development in China. Energy Policy, 38(6): 2875-2886.

Li C S, Qi Y P, Liu S H, et al. 2022. Do carbon ETS pilots improve cities' green total factor productivity? Evidence from a quasi-natural experiment in China. Energy Economics, 108: 105931.

Li D Y, Huang M, Ren S G, et al. 2018a. Environmental legitimacy, green innovation, and corporate carbon disclosure: evidence from CDP China 100. Journal of Business Ethics, 150(4): 1089-1104.

Li G Q, He Q, Shao S, et al. 2018f. Environmental non-governmental organizations and urban environmental governance: evidence from China. Journal of Environmental Management, 206: 1296-1307.

Li J, Wu Y, Xiao J J. 2020b. The impact of digital finance on household consumption: evidence from China. Economic Modelling, 86: 317-326.

Li J S, Song X H, Guo Y Q, et al. 2019a. The determinants of China's national and regional energy-related mercury emission changes. Journal of Environmental Management, 246: 505-513.

Li J X, Wang Z H, Cheng X, et al. 2020a. Has solar PV achieved the national poverty alleviation goals? Empirical evidence from the performances of 52 villages in rural China. Energy, 201: 117631.

Li J Y, Li S S. 2020. Energy investment, economic growth and carbon emissions in China: empirical analysis based on spatial Durbin model. Energy Policy, 140: 111425.

Li J Y, Tang D Y J. 2022. Product market competition with CDS. Journal of Corporate Finance, 73: 102185.

Li L X, Ye F, Li Y N, et al. 2019b. How will the Chinese Certified Emission Reduction scheme save cost for the national carbon trading system?. Journal of Environmental Management, 244: 99-109.

Li P, Lu Y, Wang J. 2016. Does flattening government improve economic performance? Evidence from China. Journal of Development Economics, 123: 18-37.

Li P N, Lin Z G, Du H B, et al. 2021a. Do environmental taxes reduce air pollution? Evidence from fossil-fuel power plants in China. Journal of Environmental Management, 295: 113112.

Li S, Liu J J, Shi D Q. 2021b. The impact of emissions trading system on corporate energy efficiency: evidence from a quasi-natural experiment in China. Energy, 233: 121129.

Li S J, Liu Y Y, Purevjav A O, et al. 2019c. Does subway expansion improve air quality?. Journal of Environmental Economics and Management, 96: 213-235.

Li T T, Zhang Y, Wang J N, et al. 2018d. All-cause mortality risk associated with long-term exposure to ambient $PM_{2.5}$ in China: a cohort study. The Lancet Public Health, 3(10): e470-e477.

Li W, Lu C. 2015. The research on setting a unified interval of carbon price benchmark in the national carbon trading market of China. Applied Energy, 155: 728-739.

Li W B, Long R Y, Chen H, et al. 2018c. Effects of personal carbon trading on the decision to adopt battery electric vehicles: analysis based on a choice experiment in Jiangsu, China. Applied Energy, 209: 478-488.

Li X Z, Chen Z J, Fan X C, et al. 2018b. Hydropower development situation and prospects in China. Renewable and Sustainable Energy Reviews, 82: 232-239.

Li Y, Zhang Q, Wang G, et al. 2018e. A review of photovoltaic poverty alleviation projects in China: current status, challenge and policy recommendations. Renewable and Sustainable Energy Reviews, 94: 214-223.

Li Y N, Xu X J, Zhao X D, et al. 2012. Supply chain coordination with controllable lead time and asymmetric information. European Journal of Operational Research, 217(1): 108-119.

Liang Q, Hendrikse G. 2016. Pooling and the yardstick effect of cooperatives. Agricultural Systems, 143: 97-105.

Liao C, Fei D. 2019. Poverty reduction through photovoltaic-based development intervention in China: potentials and constraints. World Development, 122: 1-10.

Liao X C, Shi X P. 2018. Public appeal, environmental regulation and green investment: evidence from China. Energy Policy, 119: 554-562.

Liao Z J. 2018. Content analysis of China's environmental policy instruments on promoting firms' environmental innovation. Environmental Science & Policy, 88: 46-51.

Lin B Q, Chen Y F, Zhang G L. 2017. Technological progress and rebound effect in China's nonferrous metals industry: an empirical study. Energy Policy, 109: 520-529.

Lin B Q, Jia Z J. 2017. The impact of Emission Trading Scheme (ETS) and the choice of coverage industry in ETS: a case study in China. Applied Energy, 205: 1512-1527.

Lin B Q, Jia Z J. 2019a. Energy, economic and environmental impact of government fines in China's carbon trading scheme. Science of the Total Environment, 667: 658-670.

Lin B Q, Jia Z J. 2019b. Impacts of carbon price level in carbon emission trading market. Applied Energy, 239: 157-170.

Lin B Q, Jia Z J. 2020. Is emission trading scheme an opportunity for renewable energy in China? A perspective of ETS revenue redistributions. Applied Energy, 263: 114605.

Lin B Q, Wang M. 2019. Dynamic analysis of carbon dioxide emissions in China's petroleum refining and coking industry. Science of the Total Environment, 671: 937-947.

Lin B Q, Zhu J P. 2019. Impact of energy saving and emission reduction policy on urban sustainable development: empirical evidence from China. Applied Energy, 239: 12-22.

Lin B Q, Zhu J P. 2020. Policy effect of the Clean Air Action on green development in Chinese cities. Journal of Environmental Management, 258: 110036.

Lin S, Wang B B, Wu W, et al. 2018. The potential influence of the carbon market on clean technology innovation in China. Climate Policy, 18(sup1): 71-89.

Littlechild S C, Owen G. 1973. A simple expression for the shapley value in a special case. Management Science, 20(3): 370-372.

Liu B Q, Shi J X, Wang H, et al. 2019. Driving factors of carbon emissions in China: a joint decomposition approach based on meta-frontier. Applied Energy, 256: 113986.

Liu C, Zhu B, Ni J L, et al. 2021b. Residential coal-switch policy in China: development, achievement, and challenge. Energy Policy, 151: 112165.

Liu H Y, Song Y R. 2020. Financial development and carbon emissions in China since the recent world financial crisis: evidence from a spatial-temporal analysis and a spatial Durbin model. Science of the Total Environment, 715: 136771.

Liu J Y, Woodward R T, Zhang Y J. 2021a. Has carbon emissions trading reduced $PM_{2.5}$ in China?. Environmental Science & Technology, 55(10): 6631-6643.

Liu J Y, Zhang Y J. 2021. Has carbon emissions trading system promoted non-fossil energy development in China?. Applied Energy, 302: 117613.

Liu L W, Sun X R, Chen C X, et al. 2016. How will auctioning impact on the carbon emission abatement cost of electric power generation sector in China?. Applied Energy, 168: 594-609.

Liu Q, Qiu L D. 2016. Intermediate input imports and innovations: evidence from Chinese firms' patent filings. Journal of International Economics, 103: 166-183.

Liu X N, Wang B, Du M Z, et al. 2018b. Potential economic gains and emissions reduction on carbon emissions trading for China's large-scale thermal power plants. Journal of Cleaner Production, 204: 247-257.

Liu Y, Tan X J, Yu Y, et al. 2017. Assessment of impacts of Hubei Pilot emission trading schemes in China: a CGE-analysis using $TermCO_2$ model. Applied Energy, 189: 762-769.

Liu Y S, Zhou Y, Wu W X. 2015. Assessing the impact of population, income and technology on energy consumption and industrial pollutant emissions in China. Applied Energy, 155: 904-917.

Liu Z L, Anderson T D, Cruz J M. 2012. Consumer environmental awareness and competition in two-stage supply chains. European Journal of Operational Research, 218 (3): 602-613.

Liu Z Q, Geng Y, Dai H C, et al. 2018a. Regional impacts of launching national carbon emissions trading market: a case study of Shanghai. Applied Energy, 230: 232-240.

Long X L, Ji X. 2019. Economic growth quality, environmental sustainability, and social welfare in China-provincial assessment based on genuine progress indicator (GPI). Ecological Economics, 159: 157-176.

Löschel A, Lutz B J, Managi S. 2019. The impacts of the EU ETS on efficiency and economic performance: an empirical analyses for German manufacturing firms. Resource and Energy Economics, 56: 71-95.

Lu D B, Xu J H, Yang D Y, et al. 2017. Spatio-temporal variation and influence factors of $PM_{2.5}$ concentrations in China from 1998 to 2014. Atmospheric Pollution Research, 8(6): 1151-1159.

Lu Q Y, Chai J, Wang S Y, et al. 2020. Potential energy conservation and CO_2 emissions reduction related to China's road transportation. Journal of Cleaner Production, 245: 118892.

Luong H, Moshirian F, Nguyen L, et al. 2017. How do foreign institutional investors enhance firm innovation?. Journal of Financial and Quantitative Analysis, 52(4): 1449-1490.

Lv Q, Liu H B, Wang J T, et al. 2020. Multiscale analysis on spatiotemporal dynamics of energy consumption CO_2 emissions in China: utilizing the integrated of DMSP-OLS and NPP-VIIRS nighttime light datasets. Science of the Total Environment, 703: 134394.

Maamoun N. 2019. The Kyoto protocol: empirical evidence of a hidden success. Journal of Environmental Economics and Management, 95: 227-256.

Makridou G, Doumpos M, Galariotis E. 2019. The financial performance of firms participating in the EU emissions trading scheme. Energy Policy, 129: 250-259.

Martin R, Muûls M, de Preux L B, et al. 2014. Industry compensation under relocation risk: a firm-level analysis of the EU emissions trading scheme. American Economic Review, 104(8): 2482-2508.

McCauley D, Heffron R. 2018. Just transition: integrating climate, energy and environmental justice. Energy Policy, 119: 1-7.

McCauley D, Ramasar V, Heffron R J, et al. 2019. Energy justice in the transition to low carbon energy systems: exploring key themes in interdisciplinary research. Applied Energy, 233/234: 916-921.

Meng L N, Graus W, Worrell E, et al. 2014. Estimating CO_2 (carbon dioxide) emissions at urban scales by DMSP/OLS (Defense Meteorological Satellite Program's Operational Linescan System) nighttime light imagery: methodological challenges and a case study for China. Energy, 71: 468-478.

Meng W J, Zhong Q R, Chen Y L, et al. 2019. Energy and air pollution benefits of household fuel policies in Northern China. Proceedings of the National Academy of Sciences, 116(34): 16773-16780.

Mi Z F, Meng J, Green F, et al. 2018. China's "exported carbon" peak: patterns, drivers, and implications. Geophysical Research Letters, 45(9): 4309-4318.

Mi Z F, Zheng J L, Meng J, et al. 2020. Economic development and converging household carbon footprints in China. Nature Sustainability, 3(7): 529-537.

Mirza M U, Xu C, Bavel B V, et al. 2021. Global inequality remotely sensed. Proceedings of the National Academy of Sciences, 118(18): e1919913118.

Mittal S, Hanaoka T, Shukla P R, et al. 2015. Air pollution co-benefits of low carbon policies in road transport: a sub-national assessment for India. Environmental Research Letters, 10(8): 085006.

Mitze T, Kosfeld R, Rode J, et al. 2020. Face masks considerably reduce COVID-19 cases in Germany. Proceedings of the National Academy of Sciences, 117(51): 32293-32301.

Mo J L, Agnolucci P, Jiang M R, et al. 2016. The impact of Chinese carbon emission trading scheme (ETS) on low carbon energy (LCE) investment. Energy Policy, 89: 271-283.

Moore N A D, Großkurth P, Themann M. 2019. Multinational corporations and the EU Emissions Trading System: the specter of asset erosion and creeping deindustrialization. Journal of

Environmental Economics and Management, 94: 1-26.

Moran E F, Lopez M C, Moore N, et al. 2018. Sustainable hydropower in the 21st century. Proceedings of the National Academy of Sciences, 115(47): 11891-11898.

Mori-Clement Y. 2019. Impacts of CDM projects on sustainable development: improving living standards across Brazilian municipalities?. World Development, 113: 222-236.

Moser P, Voena A. 2012. Compulsory licensing: evidence from the trading with the enemy act. American Economic Review, 102(1): 396-427.

Mu Y Q, Evans S, Wang C, et al. 2018. How will sectoral coverage affect the efficiency of an emissions trading system? A CGE-based case study of China. Applied Energy, 227: 403-414.

Munnings C, Morgenstern R D, Wang Z M, et al. 2016. Assessing the design of three carbon trading pilot programs in China. Energy Policy, 96: 688-699.

Murray B C, Maniloff P T. 2015. Why have greenhouse emissions in RGGI states declined? An econometric attribution to economic, energy market, and policy factors. Energy Economics, 51: 581-589.

Naegele H, Zaklan A. 2019. Does the EU ETS cause carbon leakage in European manufacturing?. Journal of Environmental Economics and Management, 93: 125-147.

Narayan P K, Sharma S S. 2015. Is carbon emissions trading profitable?. Economic Modelling, 47: 84-92.

Nath S. 2021. The business of virtue: evidence from socially responsible investing in financial markets. Journal of Business Ethics, 169: 181-199.

Nava C R, Meleo L, Cassetta E, et al. 2018. The impact of the EU-ETS on the aviation sector: competitive effects of abatement efforts by airlines. Transportation Research Part A: Policy and Practice, 113: 20-34.

Ni J, Zhao J, Chu L K. 2021. Supply contracting and process innovation in a dynamic supply chain with information asymmetry. European Journal of Operational Research, 288(2): 552-562.

Nicolini M, Tavoni M. 2017. Are renewable energy subsidies effective? Evidence from Europe. Renewable and Sustainable Energy Reviews, 74: 412-423.

Nie P Y, Chen Y H, Yang Y C, et al. 2016. Subsidies in carbon finance for promoting renewable energy development. Journal of Cleaner Production, 139: 677-684.

Niemeier D, Gould G, Karner A, et al. 2008. Rethinking downstream regulation: California's opportunity to engage households in reducing greenhouse gases. Energy Policy, 36(9): 3436-3447.

Nordhaus W D. 2017. Revisiting the social cost of carbon. Proceedings of the National Academy of Sciences, 114(7): 1518-1523.

Nunn N, Qian N. 2011. The potato's contribution to population and urbanization: evidence from a historical experiment. The Quarterly Journal of Economics, 126(2): 593-650.

Olale E, Yiridoe E K, Ochuodho T O, et al. 2019. The effect of carbon tax on farm income: evidence from a Canadian Province. Environmental and Resource Economics, 74(2): 605-623.

Osborne M J, Rubinstein A. 1994. A Course in Game Theory. Cambridge: The MIT Press.

Pan X Y, Pan X F, Wu X H, et al. 2021. Research on the heterogeneous impact of carbon emission reduction policy on R&D investment intensity: from the perspective of enterprise's ownership structure. Journal of Cleaner Production, 328: 129532.

Pardo Martínez C I. 2013. An analysis of eco-efficiency in energy use and CO_2 emissions in the Swedish service industries. Socio-Economic Planning Sciences, 47(2): 120-130.

Pardo Martínez C I, Silveira S. 2012. Analysis of energy use and CO_2 emission in service industries: evidence from Sweden. Renewable and Sustainable Energy Reviews, 16(7): 5285-5294.

Park S, Kim H, Kim B, et al. 2018. Comprehensive analysis of GHG emission mitigation potentials from technology policy options in South Korea's transportation sector using a bottom-up energy system model. Transportation Research Part D: Transport and Environment, 62: 268-282.

Patten D M. 2005. The accuracy of financial report projections of future environmental capital expenditures: a research note. Accounting, Organizations and Society, 30(5): 457-468.

Pécastaing N, Dávalos J, Inga A. 2018. The effect of Peru's CDM investments on households' welfare: an econometric approach. Energy Policy, 123: 198-207.

Peñasco C, Anadón L D, Verdolini E. 2021. Systematic review of the outcomes and trade-offs of ten types of decarbonization policy instruments. Nature Climate Change, 11: 257-265.

Peng W, Wagner F, Ramana M V, et al. 2018. Managing China's coal power plants to address multiple environmental objectives. Nature Sustainability, 1(11): 693-701.

Pfaff A, Kerr S, Lipper L, et al. 2007. Will buying tropical forest carbon benefit the poor? Evidence from Costa Rica. Land Use Policy, 24(3): 600-610.

Piaggio M, Alcántara V, Padilla E. 2015. The materiality of the immaterial: service sectors and CO_2 emissions in Uruguay. Ecological Economics, 110: 1-10.

Pitkänen A, von Wright T, Kaseva J, et al. 2022. Distributional fairness of personal carbon trading. Ecological Economics, 201: 107587.

Porter M E, van der Linde C. 1995a. Toward a new conception of the environment-competitiveness relationship. Journal of Economic Perspectives, 9(4): 97-118.

Porter M E, van der Linde C. 1995b. Green and competitive: ending the stalemate. Harvard Business Review, 73: 120-134.

Ramanathan R, Ramanathan U, Bentley Y. 2018. The debate on flexibility of environmental regulations, innovation capabilities and financial performance: a novel use of DEA. Omega-International Journal of Management Science, 75: 131-138.

Ramaswami A, Tong K K, Fang A, et al. 2017. Urban cross-sector actions for carbon mitigation with local health co-benefits in China. Nature Climate Change, 7: 736-742.

Raux C, Marlot G. 2005. A system of tradable CO_2 permits applied to fuel consumption by motorists. Transport Policy, 12(3): 255-265.

Reimer M N, Haynie A C. 2018. Mechanisms matter for evaluating the economic impacts of marine reserves. Journal of Environmental Economics and Management, 88: 427-446.

Renner S. 2018. Poverty and distributional effects of a carbon tax in Mexico. Energy Policy, 112: 98-110.

Rezaee A, Dehghanian F, Fahimnia B, et al. 2017. Green supply chain network design with stochastic demand and carbon price. Annals of Operations Research, 250: 463-485.

Rong Z, Wu X K, Boeing P. 2017. The effect of institutional ownership on firm innovation: evidence from Chinese listed firms. Research Policy, 46(9): 1533-1551.

Roopsind A, Sohngen B, Brandt J. 2019. Evidence that a national REDD + program reduces tree cover loss and carbon emissions in a high forest cover, low deforestation country. Proceedings of the National Academy of Sciences, 116(49): 24492-24499.

Rosenbaum P R, Rubin D B. 1983. The central role of the propensity score in observational studies for causal effects. Biometrika, 70(1): 41-55.

Rubashkina Y, Galeotti M, Verdolini E. 2015. Environmental regulation and competitiveness: empirical evidence on the Porter Hypothesis from European manufacturing sectors. Energy Policy, 83: 288-300.

Sachs J, Moya D, Giarola S, et al. 2019. Clustered spatially and temporally resolved global heat and cooling energy demand in the residential sector. Applied Energy, 250: 48-62.

Sadayuki T, Arimura T H. 2021. Do regional emission trading schemes lead to carbon leakage within firms? Evidence from Japan. Energy Economics, 104: 105664.

Saelim S. 2019. Carbon tax incidence on household demand: effects on welfare, income inequality and poverty incidence in Thailand. Journal of Cleaner Production, 234: 521-533.

Safi A, Chen Y Y, Wahab S, et al. 2021. Does environmental taxes achieve the carbon neutrality target of G7 economies? Evaluating the importance of environmental R&D. Journal of Environmental Management, 293: 112908.

Schäfer A W, Yeh S. 2020. A holistic analysis of passenger travel energy and greenhouse gas intensities. Nature Sustainability, 3: 459-462.

Schaltenbrand B, Foerstl K, Azadegan A, et al. 2018. See what we want to see? The effects of managerial experience on corporate green investments. Journal of Business Ethics, 150(4): 1129-1150.

Segerson K. 2020. Local environmental policy in a federal system: an overview. Agricultural and Resource Economics Review, 49(2): 196-208.

Segura S, Ferruz L, Gargallo P, et al. 2018. Environmental versus economic performance in the EU ETS from the point of view of policy makers: a statistical analysis based on copulas. Journal of Cleaner Production, 176: 1111-1132.

Sen S, von Schickfus M T. 2020. Climate policy, stranded assets, and investors' expectations. Journal of Environmental Economics and Management, 100: 102277.

Shan Y L, Guan D B, Zheng H R, et al. 2018. China CO_2 emission accounts 1997–2015. Scientific Data, 5: 170201.

Shan Y L, Guan Y R, Hang Y, et al. 2022. City-level emission peak and drivers in China. Science

Bulletin, 67(18): 1910-1920.

Shan Y L, Huang Q, Guan D B, et al. 2020. China CO_2 emission accounts 2016–2017. Scientific Data, 7: 54.

Shan Y L, Liu J H, Liu Z, et al. 2016. New provincial CO_2 emission inventories in China based on apparent energy consumption data and updated emission factors. Applied Energy, 184: 742-750.

Shapley L S. 1953. 17. A value for n-person games//Kuhn H W, Tucker A W. Contributions to the Theory of Games (AM-28), Volume II. Princeton: Princeton University Press: 307-318.

She Z Y, Meng G, Xie B C, et al. 2020. The effectiveness of the unbundling reform in China's power system from a dynamic efficiency perspective. Applied Energy, 264: 114717.

Shen J, Tang P C, Zeng H. 2020. Does China's carbon emission trading reduce carbon emissions? Evidence from listed firms. Energy for Sustainable Development, 59: 120-129.

Shen Y J, Su Z W, Malik M Y, et al. 2021. Does green investment, financial development and natural resources rent limit carbon emissions? A provincial panel analysis of China. Science of the Total Environment, 755(Pt 2): 142538.

Shi K F, Chen Y, Li L Y, et al. 2018b. Spatiotemporal variations of urban CO_2 emissions in China: a multiscale perspective. Applied Energy, 211: 218-229.

Shi X P, Rioux B, Galkin P. 2018a. Unintended consequences of China's coal capacity cut policy. Energy Policy, 113: 478-486.

Shi X P, Wang K Y, Cheong T S, et al. 2020b. Prioritizing driving factors of household carbon emissions: an application of the LASSO model with survey data. Energy Economics, 92: 104942.

Shi X P, Wang K, Shen Y F, et al. 2020a. A permit trading scheme for facilitating energy transition: a case study of coal capacity control in China. Journal of Cleaner Production, 256: 120472.

Shuai J, Cheng X, Ding L P, et al. 2019. How should government and users share the investment costs and benefits of a solar PV power generation project in China?. Renewable and Sustainable Energy Reviews, 104: 86-94.

Sims K R E, Alix-Garcia J M. 2017. Parks versus PES: evaluating direct and incentive-based land conservation in Mexico. Journal of Environmental Economics and Management, 86: 8-28.

Singh N, Vives X. 1984. Price and quantity competition in a differentiated duopoly. RAND Journal of Economics, 15: 546-554.

Smith S, Swierzbinski J. 2007. Assessing the performance of the UK Emissions Trading Scheme. Environmental and Resource Economics, 37(1): 131-158.

Solaun K, Cerdá E. 2019. Climate change impacts on renewable energy generation. A review of quantitative projections. Renewable and Sustainable Energy Reviews, 116: 109415.

Somers T M, Gupta Y P, Herriott S R. 1990. Analysis of cooperative advertising expenditures: a transfer-function modeling approach. Journal of Advertising Research, 30(5): 35-49.

Song J, Wang R, Cavusgil S T. 2015. State ownership and market orientation in China's public firms: an agency theory perspective. International Business Review, 24(4): 690-699.

Song M L, Wang S H, Sun J. 2018. Environmental regulations, staff quality, green technology, R&D efficiency, and profit in manufacturing. Technological Forecasting and Social Change, 133: 1-14.

Sovacool B K, Burke M, Baker L, et al. 2017. New frontiers and conceptual frameworks for energy justice. Energy Policy, 105: 677-691.

Sovacool B K, Heffron R J, McCauley D, et al. 2016. Energy decisions reframed as justice and ethical concerns. Nature Energy, 1(5): 1-6.

Springer C, Evans S, Lin J, et al. 2019. Low carbon growth in China: the role of emissions trading in a transitioning economy. Applied Energy, 235: 1118-1125.

Starkey R. 2012a. Personal carbon trading: a critical survey: part 1: equity. Ecological Economics, 73: 7-18.

Starkey R. 2012b. Personal carbon trading: a critical survey part 2: efficiency and effectiveness. Ecological Economics, 73: 19-28.

Stoever J, Weche J P. 2018. Environmental regulation and sustainable competitiveness: evaluating the role of firm-level green investments in the context of the porter hypothesis. Environmental and Resource Economics, 70(2): 429-455.

Stucki T. 2019. Which firms benefit from investments in green energy technologies?–The effect of energy costs. Research Policy, 48(3): 546-555.

Subramanian R, Gupta S, Talbot B. 2009. Product design and supply chain coordination under extended producer responsibility. Production and Operations Management, 18(3): 259-277.

Sueyoshi T, Goto M. 2012. Weak and strong disposability vs. natural and managerial disposability in DEA environmental assessment: comparison between Japanese electric power industry and manufacturing industries. Energy Economics, 34(3): 686-699.

Sueyoshi T, Goto M, Sugiyama M. 2013. DEA window analysis for environmental assessment in a dynamic time shift: performance assessment of U.S. coal-fired power plants. Energy Economics, 40: 845-857.

Sueyoshi T, Yuan Y. 2017. Social sustainability measured by intermediate approach for DEA environmental assessment: Chinese regional planning for economic development and pollution prevention. Energy Economics, 66: 154-166.

Sun C W, Liu X H, Li A J. 2018. Measuring unified efficiency of Chinese fossil fuel power plants: intermediate approach combined with group heterogeneity and window analysis. Energy Policy, 123: 8-18.

Sundarakani B, de Souza R, Goh M, et al. 2010. Modeling carbon footprints across the supply chain. International Journal of Production Economics, 128(1): 43-50.

Tan Q L, Ding Y H, Ye Q, et al. 2019a. Optimization and evaluation of a dispatch model for an integrated wind-photovoltaic-thermal power system based on dynamic carbon emissions trading. Applied Energy, 253: 113598.

Tan X J, Choi Y, Wang B B, et al. 2020. Does China's carbon regulatory policy improve total factor carbon efficiency? A fixed-effect panel stochastic frontier analysis. Technological Forecasting and Social Change, 160: 120222.

Tan X P, Wang X Y, Ali Zaidi S H. 2019b. What drives public willingness to participate in the voluntary personal carbon-trading scheme? A case study of Guangzhou Pilot, China. Ecological Economics, 165: 106389.

Tang K, Liu Y C, Zhou D, et al. 2021. Urban carbon emission intensity under emission trading system in a developing economy: evidence from 273 Chinese cities. Environmental Science and Pollution Research International, 28(5): 5168-5179.

Tang K, Qiu Y, Zhou D. 2020. Does command-and-control regulation promote green innovation performance? Evidence from China's industrial enterprises. Science of the Total Environment, 712: 136362.

Tang L, Wu J Q, Yu L A, et al. 2015. Carbon emissions trading scheme exploration in China: a multi-agent-based model. Energy Policy, 81: 152-169.

Tang L, Wu J Q, Yu L A, et al. 2017. Carbon allowance auction design of China's emissions trading scheme: a multi-agent-based approach. Energy Policy, 102: 30-40.

Tang N N, Zhang Y N, Niu Y G, et al. 2018. Solar energy curtailment in China: status quo, reasons and solutions. Renewable and Sustainable Energy Reviews, 97: 509-528.

Tao J, Zhang L M, Engling G, et al. 2013. Chemical composition of $PM_{2.5}$ in an urban environment in Chengdu, China: importance of springtime dust storms and biomass burning. Atmospheric Research, 122: 270-283.

Teixidó J, Verde S F, Nicolli F. 2019. The impact of the EU Emissions Trading System on low-carbon technological change: the empirical evidence. Ecological Economics, 164: 106347.

Thompson T M, Rausch S, Saari R K, et al. 2014. A systems approach to evaluating the air quality co-benefits of US carbon policies. Nature Climate Change, 4: 917-923.

Thompson T M, Rausch S, Saari R K, et al. 2016. Air quality co-benefits of subnational carbon policies. Journal of the Air & Waste Management Association, 66(10): 988-1002.

Tian X, Chang M, Shi F, et al. 2014. How does industrial structure change impact carbon dioxide emissions? A comparative analysis focusing on nine provincial regions in China. Environmental Science & Policy, 37: 243-254.

Topalova P. 2010. Factor immobility and regional impacts of trade liberalization: evidence on poverty from India. American Economic Journal: Applied Economics, 2(4): 1-41.

Tsanakas A, Barnett C. 2003. Risk capital allocation and cooperative pricing of insurance liabilities. Insurance: Mathematics and Economics, 33(2): 239-254.

Tseng S C, Hung S W. 2014. A strategic decision-making model considering the social costs of carbon dioxide emissions for sustainable supply chain management. Journal of Environmental Management, 133: 315-322.

Tu Z G, Hu T Y, Shen R J. 2019. Evaluating public participation impact on environmental protection and ecological efficiency in China: evidence from PITI disclosure. China Economic Review, 55:

111-123.

van Donkelaar A, Martin R V, Brauer M, et al. 2016. Global estimates of fine particulate matter using a combined Geophysical-Statistical method with information from satellites, models, and monitors. Environmental Science & Technology, 50(7): 3762-3772.

van Donkelaar A, Martin R V, Brauer M, et al. 2018. Documentation for the global annual PM2.5 Grids from MODIS, MISR and SeaWiFS Aerosol Optical Depth (AOD) with GWR, 1998–2016. Palisades NY: NASA Socioeconomic Data and Applications Center.

von Wright T, Kaseva J, Kahiluoto H. 2022. Needs must? Fair allocation of personal carbon allowances in mobility. Ecological Economics, 200: 107491.

Wadud Z, Chintakayala P K. 2019. Personal carbon trading: trade-off and complementarity between In-home and transport related emissions reduction. Ecological Economics, 156: 397-408.

Wagner M. 2008. Empirical influence of environmental management on innovation: evidence from Europe. Ecological Economics, 66(2/3): 392-402.

Wang A L, Hu S, Lin B Q. 2021. Emission abatement cost in China with consideration of technological heterogeneity. Applied Energy, 290: 116748.

Wang C H, Wu J J, Zhang B. 2018a. Environmental regulation, emissions and productivity: evidence from Chinese COD-emitting manufacturers. Journal of Environmental Economics and Management, 92: 54-73.

Wang F J, Sun J Q, Liu Y S. 2019a. Institutional pressure, ultimate ownership, and corporate carbon reduction engagement: evidence from China. Journal of Business Research, 104: 14-26.

Wang H, Chen Z P, Wu X Y, et al. 2019b. Can a carbon trading system promote the transformation of a low-carbon economy under the framework of the porter hypothesis?–Empirical analysis based on the PSM-DID method. Energy Policy, 129: 930-938.

Wang J, Lv K J, Bian Y W, et al. 2017a. Energy efficiency and marginal carbon dioxide emission abatement cost in urban China. Energy Policy, 105: 246-255.

Wang J D, Wang K, Dong K Y, et al. 2022. How does the digital economy accelerate global energy justice? Mechanism discussion and empirical test. Energy Economics, 114: 106315.

Wang M, Feng C. 2017. Decomposition of energy-related CO_2 emissions in China: an empirical analysis based on provincial panel data of three sectors. Applied Energy, 190: 772-787.

Wang M, Feng C. 2018. Using an extended logarithmic mean Divisia index approach to assess the roles of economic factors on industrial CO_2 emissions of China. Energy Economics, 76: 101-114.

Wang Q P, Zhao D Z, He L F. 2016. Contracting emission reduction for supply chains considering market low-carbon preference. Journal of Cleaner Production, 120: 72-84.

Wang S J, Liu X P. 2017. China's city-level energy-related CO_2 emissions: spatiotemporal patterns and driving forces. Applied Energy, 200: 204-214.

Wang S J, Shi C Y, Fang C L, et al. 2019d. Examining the spatial variations of determinants of energy-related CO_2 emissions in China at the city level using Geographically Weighted

Regression Model. Applied Energy, 235: 95-105.

Wang S J, Zhou C S, Wang Z B, et al. 2017b. The characteristics and drivers of fine particulate matter ($PM_{2.5}$) distribution in China. Journal of Cleaner Production, 142: 1800-1809.

Wang W, Zhang Y J. 2022. Does China's carbon emissions trading scheme affect the market power of high-carbon enterprises?. Energy Economics, 108: 105906.

Wang X, Cao F, Ye K T. 2018b. Mandatory corporate social responsibility (CSR) reporting and financial reporting quality: evidence from a quasi-natural experiment. Journal of Business Ethics, 152(1): 253-274.

Wang X X, He A Z, Zhao J. 2020b. Regional disparity and dynamic evolution of carbon emission reduction maturity in China's service industry. Journal of Cleaner Production, 244: 118926.

Wang X X, Lo K. 2021. Just transition: a conceptual review. Energy Research & Social Science, 82: 102291.

Wang X Z, Zeng F H, Gao R M, et al. 2017c. Cleaner coal and greener oil production: an integrated CCUS approach in Yanchang Petroleum Group. International Journal of Greenhouse Gas Control, 62: 13-22.

Wang Y, Zhang D Y, Ji Q, et al. 2020a. Regional renewable energy development in China: a multidimensional assessment. Renewable and Sustainable Energy Reviews, 124: 109797.

Wang Y P, Zhang Q, Li C H. 2019c. The contribution of non-fossil power generation to reduction of electricity-related CO_2 emissions: a panel quintile regression analysis. Journal of Cleaner Production, 207: 531-541.

Wang Z H, He W J. 2017. CO_2 emissions efficiency and marginal abatement costs of the regional transportation sectors in China. Transportation Research Part D: Transport and Environment, 50: 83-97.

Wanke P, Chen Z F, Zheng X, et al. 2020. Sustainability efficiency and carbon inequality of the Chinese transportation system: a Robust Bayesian Stochastic Frontier Analysis. Journal of Environmental Management, 260: 110163.

Webb G, Hendry A, Armstrong B, et al. 2014. Exploring the effects of personal carbon trading (PCT) system on carbon emission and health issues: a preliminary study on the Norfolk Island. The International Technology Management Review, 4(1): 1-11.

Wei X, Chang Y T, Kwon O K, et al. 2021. Potential gains of trading CO_2 emissions in the Chinese transportation sector. Transportation Research Part D: Transport and Environment, 90: 102639.

Wen F H, Wu N, Gong X. 2020b. China's carbon emissions trading and stock returns. Energy Economics, 86: 104627.

Wen W, Zhou P, Zhang F Q. 2018. Carbon emissions abatement: emissions trading vs consumer awareness. Energy Economics, 76: 34-47.

Wen Y, Hu P Q, Li J F, et al. 2020a. Does China's carbon emissions trading scheme really work? A case study of the Hubei pilot. Journal of Cleaner Production, 277: 124151.

Weng Q Q, Xu H. 2018. A review of China's carbon trading market. Renewable and Sustainable

Energy Reviews, 91: 613-619.

West J J, Smith S J, Silva R A, et al. 2013. Co-benefits of global greenhouse gas mitigation for future air quality and human health. Nature Climate Change, 3(10): 885-889.

West T A P, Börner J, Sills E O, et al. 2020. Overstated carbon emission reductions from voluntary REDD+ projects in the Brazilian Amazon. Proceedings of the National Academy of Sciences, 117(39): 24188-24194.

Wiedenhofer D, Guan D B, Liu Z, et al. 2017. Unequal household carbon footprints in China. Nature Climate Change, 7: 75-80.

Williams R C III. 2012. Growing state-federal conflicts in environmental policy: the role of market-based regulation. Journal of Public Economics, 96(11/12): 1092-1099.

Wu C H. 2016. Collaboration and sharing mechanisms in improving corporate social responsibility. Central European Journal of Operations Research, 24: 681-707.

Wu L, Jin L S. 2020. How eco-compensation contribute to poverty reduction: a perspective from different income group of rural households in Guizhou, China. Journal of Cleaner Production, 275: 122962.

Wu L P, Gong Z W. 2021. Can national carbon emission trading policy effectively recover GDP losses? A new linear programming-based three-step estimation approach. Journal of Cleaner Production, 287: 125052.

Wu M Q, Cao X. 2021. Greening the career incentive structure for local officials in China: does less pollution increase the chances of promotion for Chinese local leaders?. Journal of Environmental Economics and Management, 107: 102440.

Wu Q Y, Wang Y Y. 2022. How does carbon emission price stimulate enterprises' total factor productivity? Insights from China's emission trading scheme pilots. Energy Economics, 109: 105990.

Wu X L, Niederhoff J A. 2014. Fairness in selling to the newsvendor. Production and Operations Management, 23(11): 2002-2022.

Xia L J, Guo T T, Qin J J, et al. 2018. Carbon emission reduction and pricing policies of a supply chain considering reciprocal preferences in cap-and-trade system. Annals of Operations Research, 268: 149-175.

Xia Y, Chen B T, Kouvelis P. 2008. Market-based supply chain coordination by matching suppliers' cost structures with buyers' order profiles. Management Science, 54(11): 1861-1875.

Xian Y J, Wang K, Wei Y M, et al. 2019. Would China's power industry benefit from nationwide carbon emission permit trading? An optimization model-based ex post analysis on abatement cost savings. Applied Energy, 235: 978-986.

Xian Y J, Wang K, Wei Y M, et al. 2020. Opportunity and marginal abatement cost savings from China's pilot carbon emissions permit trading system: simulating evidence from the industrial sectors. Journal of Environmental Management, 271: 110975.

Xin Z Q, Xin S F. 2017. Marketization process predicts trust decline in China. Journal of Economic

Psychology, 62: 120-129.

Xiong L, Shen B, Qi S Z, et al. 2017. The allowance mechanism of China's carbon trading pilots: a comparative analysis with schemes in EU and California. Applied Energy, 185: 1849-1859.

Xu L, Zhang Q, Wang K Y, et al. 2020. Subsidies, loans, and companies' performance: evidence from China's photovoltaic industry. Applied Energy, 260: 114280.

Xu M, Qin Z F, Zhang S H. 2021. Carbon dioxide mitigation co-effect analysis of clean air policies: lessons and perspectives in China's Beijing-Tianjin-Hebei Region. Environmental Research Letters, 16(1): 015006.

Xu X P, He P, Xu H, et al. 2017. Supply chain coordination with green technology under cap-and-trade regulation. International Journal of Production Economics, 183: 433-442.

Xuan D X, Ma X W, Shang Y P. 2020. Can China's policy of carbon emission trading promote carbon emission reduction?. Journal of Cleaner Production, 270: 122383.

Yan Y X, Zhang X L, Zhang J H, et al. 2020. Emissions trading system (ETS) implementation and its collaborative governance effects on air pollution: the China story. Energy Policy, 138: 111282.

Yang D, Luan W X, Qiao L, et al. 2020a. Modeling and spatio-temporal analysis of city-level carbon emissions based on nighttime light satellite imagery. Applied Energy, 268: 114696.

Yang H X, Chen W B. 2018. Retailer-driven carbon emission abatement with consumer environmental awareness and carbon tax: revenue-sharing versus cost-sharing. Omega, 78: 179-191.

Yang L, Li F Y, Zhang X. 2016a. Chinese companies' awareness and perceptions of the Emissions Trading Scheme (ETS): evidence from a national survey in China. Energy Policy, 98: 254-265.

Yang L S, Li Y, Liu H X. 2021. Did carbon trade improve green production performance? Evidence from China. Energy Economics, 96: 105185.

Yang W Y, Wang W L, Ouyang S S. 2019. The influencing factors and spatial spillover effects of CO_2 emissions from transportation in China. Science of the Total Environment, 696: 133900.

Yang X, Wang S J, Zhang W Z, et al. 2016b. Impacts of energy consumption, energy structure, and treatment technology on SO_2 emissions: a multi-scale LMDI decomposition analysis in China. Applied Energy, 184: 714-726.

Yang X Y, Jiang P, Pan Y. 2020b. Does China's carbon emission trading policy have an employment double dividend and a Porter effect?. Energy Policy, 142: 111492.

Yang Z B, Fan M T, Shao S, et al. 2017. Does carbon intensity constraint policy improve industrial green production performance in China? A quasi-DID analysis. Energy Economics, 68: 271-282.

Yu F, Xiao D, Chang M S. 2021. The impact of carbon emission trading schemes on urban-rural income inequality in China: a multi-period difference-in-differences method. Energy Policy, 159: 112652.

Yu J L, Shao C F, Xue C Y, et al. 2020a. China's aircraft-related CO_2 emissions: decomposition analysis, decoupling status, and future trends. Energy Policy, 138: 111215.

Yu M, He M S, Liu F T. 2017. Impact of emissions trading system on renewable energy output.

Procedia Computer Science, 122: 221-228.

Yu S W, Zhang Q, Hao J L, et al. 2023. Development of an extended STIRPAT model to assess the driving factors of household carbon dioxide emissions in China. Journal of Environmental Management, 325(Pt A): 116502.

Yu X Y, Wu Z M, Wang Q W, et al. 2020b. Exploring the investment strategy of power enterprises under the nationwide carbon emissions trading mechanism: a scenario-based system dynamics approach. Energy Policy, 140: 111409.

Yue H B, He C Y, Huang Q X, et al. 2020. Stronger policy required to substantially reduce deaths from $PM_{2.5}$ pollution in China. Nature Communications, 11(1): 1462.

Yue J F, Austin J, Huang Z M, et al. 2013. Pricing and advertisement in a manufacturer-retailer supply chain. European Journal of Operational Research, 231(2): 492-502.

Yue J F, Austin J, Wang M C, et al. 2006. Coordination of cooperative advertising in a two-level supply chain when manufacturer offers discount. European Journal of Operational Research, 168(1): 65-85.

Zakeri A, Dehghanian F, Fahimnia B, et al. 2015. Carbon pricing versus emissions trading: a supply chain planning perspective. International Journal of Production Economics, 164: 197-205.

Zetterberg L. 2014. Benchmarking in the European Union Emissions Trading System: abatement incentives. Energy Economics, 43: 218-224.

Zhang C, Tao R, Yue Z H, et al. 2023b. Regional competition, rural pollution haven and environmental injustice in China. Ecological Economics, 204: 107669.

Zhang C, Wang Q W, Shi D, et al. 2016a. Scenario-based potential effects of carbon trading in China: an integrated approach. Applied Energy, 182: 177-190.

Zhang D H, Wang J Q, Lin Y G, et al. 2017b. Present situation and future prospect of renewable energy in China. Renewable and Sustainable Energy Reviews, 76: 865-871.

Zhang G L, Lin B Q. 2018. Impact of structure on unified efficiency for Chinese service sector: a two-stage analysis. Applied Energy, 231: 876-886.

Zhang G L, Zhang N. 2020. The effect of China's pilot carbon emissions trading schemes on poverty alleviation: a quasi-natural experiment approach. Journal of Environmental Management, 271: 110973.

Zhang H J, Duan M S, Deng Z. 2019d. Have China's pilot emissions trading schemes promoted carbon emission reductions?–The evidence from industrial sub-sectors at the provincial level. Journal of Cleaner Production, 234: 912-924.

Zhang H J, Duan M S. 2020. China's pilot emissions trading schemes and competitiveness: an empirical analysis of the provincial industrial sub-sectors. Journal of Environmental Management, 258: 109997.

Zhang H M, Wu K, Qiu Y M, et al. 2020h. Solar photovoltaic interventions have reduced rural poverty in China. Nature Communications, 11(1): 1969.

Zhang H M, Xu Z D, Zhou Y, et al. 2021b. Optimal subsidy reduction strategies for photovoltaic poverty alleviation in China: a cost-benefit analysis. Resources, Conservation and Recycling, 166: 105352.

Zhang H W, Shi X P, Wang K Y, et al. 2020f. Intertemporal lifestyle changes and carbon emissions: evidence from a China household survey. Energy Economics, 86: 104655.

Zhang L B, Liu Y Q, Hao L. 2016c. Contributions of open crop straw burning emissions to $PM_{2.5}$ concentrations in China. Environmental Research Letters, 11(1): 014014.

Zhang L H, Wang J G, You J X. 2015a. Consumer environmental awareness and channel coordination with two substitutable products. European Journal of Operational Research, 241(1): 63-73.

Zhang M M, Zhou D Q, Zhou P, et al. 2017a. Optimal design of subsidy to stimulate renewable energy investments: the case of China. Renewable and Sustainable Energy Reviews, 71: 873-883.

Zhang N, Wang B, Liu Z. 2016e. Carbon emissions dynamics, efficiency gains, and technological innovation in China's industrial sectors. Energy, 99: 10-19.

Zhang Q, Yu Z, Kong D M. 2019a. The real effect of legal institutions: environmental courts and firm environmental protection expenditure. Journal of Environmental Economics and Management, 98: 102254.

Zhang R, Wu K R, Cao Y H, et al. 2023a. Digital inclusive finance and consumption-based embodied carbon emissions: a dual perspective of consumption and industry upgrading. Journal of Environmental Management, 325(Pt A): 116632.

Zhang R X, Ben Naceur S. 2019. Financial development, inequality, and poverty: some international evidence. International Review of Economics & Finance, 61: 1-16.

Zhang S H, Guo Q X, Smyth R, et al. 2022. Extreme temperatures and residential electricity consumption: evidence from Chinese households. Energy Economics, 107: 105890.

Zhang S L, Wang Y, Hao Y, et al. 2021a. Shooting two Hawks with one arrow: could China's emission trading scheme promote green development efficiency and regional carbon equality?. Energy Economics, 101: 105412.

Zhang S S, Lundgren T, Zhou W C. 2016b. Energy efficiency in Swedish industry: a firm-level data envelopment analysis. Energy Economics, 55: 42-51.

Zhang T, Choi T-M, Zhu X W. 2018b. Optimal green product's pricing and level of sustainability in supply chains: effects of information and coordination. https://link.springer.com/article/10.1007/s10479-018-3084-8[2023-02-08].

Zhang W, Hua Z S, Xia Y, et al. 2016d. Dynamic multi-technology production-inventory problem with emissions trading. IIE Transactions, 48(2): 110-119.

Zhang W, Li J, Li G X, et al. 2020c. Emission reduction effect and carbon market efficiency of carbon emissions trading policy in China. Energy, 196: 117117.

Zhang W J, Zhang N, Yu Y N. 2019b. Carbon mitigation effects and potential cost savings from carbon emissions trading in China's regional industry. Technological Forecasting and Social Change, 141: 1-11.

Zhang X, Geng Y, Shao S, et al. 2020e. China's non-fossil energy development and its 2030 CO_2 reduction targets: the role of urbanization. Applied Energy, 261: 114353.

Zhang X, Qi T Y, Ou X M, et al. 2017e. The role of multi-region integrated emissions trading scheme: a computable general equilibrium analysis. Applied Energy, 185(Pt 2): 1860-1868.

Zhang Y, Chen N C, Wang S Q, et al. 2023c. Will carbon trading reduce spatial inequality? A spatial analysis of 200 cities in China. Journal of Environmental Management, 325(Pt A): 116402.

Zhang Y, Yuan Z W, Margni M, et al. 2019c. Intensive carbon dioxide emission of coal chemical industry in China. Applied Energy, 236: 540-550.

Zhang Y, Zhang J K. 2019. Estimating the impacts of emissions trading scheme on low-carbon development. Journal of Cleaner Production, 238: 117913.

Zhang Y F, Li S, Luo T Y, et al. 2020d. The effect of emission trading policy on carbon emission reduction: evidence from an integrated study of pilot regions in China. Journal of Cleaner Production, 265: 121843.

Zhang Y J, Cheng H S. 2021. The impact mechanism of the ETS on CO_2 emissions from the service sector: evidence from Beijing and Shanghai. Technological Forecasting and Social Change, 173: 121114.

Zhang Y J, Hao J F. 2017. Carbon emission quota allocation among China's industrial sectors based on the equity and efficiency principles. Annals of Operations Research, 255: 117-140.

Zhang Y J, Liang T, Jin Y L, et al. 2020g. The impact of carbon trading on economic output and carbon emissions reduction in China's industrial sectors. Applied Energy, 260: 114290.

Zhang Y J, Liu J Y. 2019. Does carbon emissions trading affect the financial performance of high energy-consuming firms in China?. Natural Hazards, 95(1): 91-111.

Zhang Y J, Liu J Y, Su B. 2020b. Carbon congestion effects in China's industry: evidence from provincial and sectoral levels. Energy Economics, 86: 104635.

Zhang Y J, Peng H R, Su B. 2017f. Energy rebound effect in China's industry: an aggregate and disaggregate analysis. Energy Economics, 61: 199-208.

Zhang Y J, Peng Y L, Ma C Q, et al. 2017c. Can environmental innovation facilitate carbon emissions reduction? Evidence from China. Energy Policy, 100: 18-28.

Zhang Y J, Shi W. 2023. Has China's carbon emissions trading (CET) policy improved green investment in carbon-intensive enterprises?. Computers & Industrial Engineering, 180: 109240.

Zhang Y J, Shi W, Jiang L. 2020a. Does China's carbon emissions trading policy improve the technology innovation of relevant enterprises?. Business Strategy and the Environment, 29(3): 872-885.

Zhang Y J, Sun Y F. 2016. The dynamic volatility spillover between European carbon trading market and fossil energy market. Journal of Cleaner Production, 112(Pt 4): 2654-2663.

Zhang Y J, Sun Y F, Huang J L. 2018a. Energy efficiency, carbon emission performance, and technology gaps: evidence from CDM project investment. Energy Policy, 115: 119-130.

Zhang Y J, Wang A D, Tan W P. 2015b. The impact of China's carbon allowance allocation rules on the product prices and emission reduction behaviors of ETS-covered enterprises. Energy Policy, 86: 176-185.

Zhang Y J, Wang W. 2021. How does China's carbon emissions trading (CET) policy affect the investment of CET-covered enterprises?. Energy Economics, 98: 105224.

Zhang Z X. 2015. Carbon emissions trading in China: the evolution from pilots to a nationwide scheme. Climate Policy, 15(sup 1): S104-S126.

Zhang Z Z, Wang W X, Cheng M M, et al. 2017d. The contribution of residential coal combustion to $PM_{2.5}$ pollution over China's Beijing-Tianjin-Hebei Region in winter. Atmospheric Environment, 159: 147-161.

Zhao J, Shahbaz M, Dong X C, et al. 2021. How does financial risk affect global CO_2 emissions? The role of technological innovation. Technological Forecasting and Social Change, 168: 120751.

Zhao J C, Ji G X, Yue Y L, et al. 2019. Spatio-temporal dynamics of urban residential CO_2 emissions and their driving forces in China using the integrated two nighttime light datasets. Applied Energy, 235: 612-624.

Zhao J Y, Hobbs B F, Pang J S. 2010. Long-Run equilibrium modeling of emissions allowance allocation systems in electric power markets. Operations Research, 58(3): 529-548.

Zhao R, Neighbour G, Han J J, et al. 2012. Using game theory to describe strategy selection for environmental risk and carbon emissions reduction in the green supply chain. Journal of Loss Prevention in the Process Industries, 25(6): 927-936.

Zhao X G, Wu L, Li A. 2017. Research on the efficiency of carbon trading market in China. Renewable and Sustainable Energy Reviews, 79: 1-8.

Zhao X L, Yin H T, Zhao Y. 2015a. Impact of environmental regulations on the efficiency and CO_2 emissions of power plants in China. Applied Energy, 149: 238-247.

Zhao X L, Zhao Y, Zeng S X, et al. 2015b. Corporate behavior and competitiveness: impact of environmental regulation on Chinese firms. Journal of Cleaner Production, 86: 311-322.

Zheng J L, Mi Z F, Coffman D, et al. 2019. Regional development and carbon emissions in China. Energy Economics, 81: 25-36.

Zhou B, Zhang C, Song H Y, et al. 2019. How does emission trading reduce China's carbon intensity? An exploration using a decomposition and difference-in-differences approach. Science of the Total Environment, 676: 514-523.

Zhou B, Zhang C, Wang Q W, et al. 2020a. Does emission trading lead to carbon leakage in China? Direction and channel identifications. Renewable and Sustainable Energy Reviews, 132: 110090.

Zhou P, Zhang L, Zhou D Q, et al. 2013. Modeling economic performance of interprovincial CO_2 emission reduction quota trading in China. Applied Energy, 112: 1518-1528.

Zhou S, Tong Q, Yu S, et al. 2012. Role of non-fossil energy in meeting China's energy and climate target for 2020. Energy Policy, 51: 14-19.

Zhou W J, Wang T, Yu Y D, et al. 2016. Scenario analysis of CO_2 emissions from China's civil aviation industry through 2030. Applied Energy, 175: 100-108.

Zhou X Y, Zhou D Q, Wang Q W, et al. 2020b. Who shapes China's carbon intensity and how? A demand-side decomposition analysis. Energy Economics, 85: 104600.

Zhou Y, Guo Y Z, Liu Y S, et al. 2018. Targeted poverty alleviation and land policy innovation: some practice and policy implications from China. Land Use Policy, 74: 53-65.

Zhou Y S, Huang L. 2021. How regional policies reduce carbon emissions in electricity markets: fuel switching or emission leakage. Energy Economics, 97: 105209.

Zhu B Z, Zhang M F, Huang L Q, et al. 2020. Exploring the effect of carbon trading mechanism on China's green development efficiency: a novel integrated approach. Energy Economics, 85: 104601.

Zhu J M, Fan Y C, Deng X H, et al. 2019. Low-carbon innovation induced by emissions trading in China. Nature Communications, 10(1): 4088.

Zhu J M, Wang J L. 2021. The effects of fuel content regulation at ports on regional pollution and shipping industry. Journal of Environmental Economics and Management, 106: 102424.

Zhu L, Zhang X B, Li Y, et al. 2017. Can an emission trading scheme promote the withdrawal of outdated capacity in energy-intensive sectors? A case study on China's iron and steel industry. Energy Economics, 63: 332-347.

Zhu X C, Liu Y L, Fang X. 2021. Revisiting the sustainable economic welfare growth in China: provincial assessment based on the ISEW. Social Indicators Research, 162: 279-306.

附　录

附录 1

根据方程（10.7），消费者支付效用函数（V）关于控排企业和同类非控排企业的产品需求量（q 和 q_0）的一阶偏导，分别如方程（A1-1）和（A1-2）所示：

$$
\begin{aligned}
q^* = & \frac{\alpha \times \beta_0 - \alpha_0 \times \gamma}{\beta \times \beta_0 - \gamma^2} - \frac{\beta_0}{\beta \times \beta_0 - \gamma^2} \times p_r + \frac{\gamma}{\beta \times \beta_0 - \gamma^2} \times p_0 \\
& - \frac{\beta_0}{\beta \times \beta_0 - \gamma^2} \times k \times \left(\overline{e}_{mr} - \Delta e_{mr}\right) + \frac{\gamma}{\beta \times \beta_0 - \gamma^2} \times k \times e_0
\end{aligned}
\tag{A1-1}
$$

$$
q_0^* = \frac{\alpha_0 \times \beta - \alpha \times \gamma - \beta \times p_0 + \gamma \times p_r - k \times \beta \times e_0 + k \times \gamma \times \left(\overline{e}_{mr} - \Delta e_{mr}\right)}{\beta \times \beta_0 - \gamma^2} \tag{A1-2}
$$

我们根据 $\frac{\partial^2 V}{\partial q^2} = -\beta$、$\frac{\partial^2 V}{\partial q_0^2} = -\beta_0$、$\frac{\partial^2 V}{\partial q \times q_0} = -\gamma$ 和 $\frac{\partial^2 V}{\partial q_0 \times q} = -\gamma$，可以得到 $\nabla V_{(q,q_0)} = \begin{vmatrix} -\beta & -\gamma \\ -\gamma & -\beta_0 \end{vmatrix}$，由于 $-\beta < 0$ 和 $\beta \times \beta_0 - \gamma^2 > 0$，则表示奇数阶顺序主子式小于零，偶数阶顺序主子式大于零，那么 $\nabla V_{(q,q_0)}$ 则为负定矩阵。因此，$\left(q^*, q_0^*\right)$ 是极大值点，也是最优解。

附录 2

在斯塔克尔伯格博弈下，我们可以根据方程（A2-1），得到零售商的最优边际收益（ρ_r^*）。

$$
\frac{\partial \Pi_r}{\partial \rho_r} = 0 \tag{A2-1}
$$

基于方程（A2-1）中零售商的最优边际收益（ρ_r^*），根据方程（A2-2），进一步得到供应商的最优边际收益（ρ_r^*）。

$$
\frac{\partial \Pi_m}{\partial \rho_m} = 0 \tag{A2-2}
$$

基于方程（A2-1）和方程（A2-2），可以得到在不同碳配额分配方法下，供应商和零售商的最优边际收益，结果如表 A2.1 所示。

表 A2.1 在斯塔克尔伯格博弈下供应商和零售商的最优边际收益

分配方法	供应商和零售商的最优边际收益
基准法	$\rho_m^* = 0.5\left[a - v_{mr} + c\times p_0 + k\times\left(\Delta e_{mr} + c\times e_0 - \overline{e}_{mr}\right)\right] + \left(t-0.5\right)\times h\times\Delta e_{mr}^2 + \left(0.5-\lambda\right)\times p_c\times\Delta e_{mr} + 0.5p_c\times\left(\overline{e}_m - \overline{e}_r - E_{\text{sector}}^m + E_{\text{sector}}^r\right)$ $\rho_r^* = 0.25\left[a - v_{mr} + c\times p_0 + k\times\left(\Delta e_{mr} + c\times e_0 - \overline{e}_{mr}\right)\right] + \left(0.75-t\right)\times h\times\Delta e_{mr}^2 + \left(\lambda-0.75\right)\times p_c\times\Delta e_{mr} + 0.25p_c\times\left(-\overline{e}_m + 3\overline{e}_r + E_{\text{sector}}^m - 3E_{\text{sector}}^r\right)$
历史强度下降法	$\rho_m^* = 0.5\left[a - v_{mr} + c\times p_0 + k\times\left(\Delta e_{mr} + c\times e_0 - \overline{e}_{mr}\right)\right] + \left(t-0.5\right)\times h\times\Delta e_{mr}^2 + \left(0.5-\lambda\right)\times p_c\times\Delta e_{mr} + 0.5p_c\times\left(\overline{e}_m - \overline{e}_r - l_m\times E_i^m + l_r\times E_i^r\right)$ $\rho_r^* = 0.25\left[a - v_{mr} + c\times p_0 + k\times\left(\Delta e_{mr} + c\times e_0 - \overline{e}_{mr}\right)\right] + \left(0.75-t\right)\times h\times\Delta e_{mr}^2 + \left(\lambda-0.75\right)\times p_c\times\Delta e_{mr} + 0.25p_c\times\left(-\overline{e}_m + 3\overline{e}_r + l_m\times E_i^m - 3l_r\times E_i^r\right)$
拍卖法	$\rho_m^* = 0.5\left[a - v_{mr} + c\times p_0 + k\times\left(\Delta e_{mr} + c\times e_0 - \overline{e}_{mr}\right)\right] + 0.5p_c\times\left(\overline{e}_m - \overline{e}_r\right) + \left(t-0.5\right)\times h\times\Delta e_{mr}^2 + \left(0.5-\lambda\right)\times p_c\times\Delta e_{mr}$ $\rho_r^* = 0.25\left[a - v_{mr} + c\times p_0 + k\times\left(\Delta e_{mr} + c\times e_0 - \overline{e}_{mr}\right)\right] + 0.25p_c\times\left(-\overline{e}_m + 3\overline{e}_r\right) + \left(0.75-t\right)\times h\times\Delta e_{mr}^2 + \left(\lambda-0.75\right)\times p_c\times\Delta e_{mr}$

在斯塔克尔伯格博弈下，三种碳配额分配方法下零售商的收益（Π_r）关于其边际收益（ρ_r）的二阶偏导数都小于零，分别如方程（A2-3）~方程（A2-8）所示。

在基准法下：

$$\frac{\partial \Pi_r}{\partial \rho_r} = a - \rho_m - 2\rho_r - v_{mr} + c\times p_0 - k\times\overline{e}_{mr} + k\times\Delta e_{mr} + k\times c\times e_0 + \left(1-t\right)\times h\times\Delta e_{mr}^2 + p_c\times\left[\overline{e}_r - E_{\text{sector}}^r + \left(\lambda-1\right)\times\Delta e_{mr}\right] \tag{A2-3}$$

$$\frac{\partial^2 \Pi_r}{\partial \rho_r^2} = -2 < 0 \tag{A2-4}$$

在历史强度下降法下：

$$\frac{\partial \Pi_r}{\partial \rho_r} = a - \rho_m - 2\rho_r - v_{mr} + c\times p_0 - k\times\overline{e}_{mr} + k\times\Delta e_{mr} + k\times c\times e_0 + \left(1-t\right)\times h\times\Delta e_{mr}^2 + p_c\times\left[\overline{e}_r - l_r\times E_i^r + \left(\lambda-1\right)\times\Delta e_{mr}\right] \tag{A2-5}$$

$$\frac{\partial^2 \Pi_r}{\partial \rho_r^2} = -2 < 0 \tag{A2-6}$$

在拍卖法下：

$$\frac{\partial \Pi_r}{\partial \rho_r} = a - \rho_m - 2\rho_r - v_{mr} + c \times p_0 - k \times \overline{e}_{mr} + k \times \Delta e_{mr} + k \times c \times e_0 + (1-t) \times h \times \Delta e_{mr}^2 + p_c \times \left[\overline{e}_r + (\lambda - 1) \times \Delta e_{mr}\right] \tag{A2-7}$$

$$\frac{\partial^2 \Pi_r}{\partial \rho_r^2} = -2 < 0 \tag{A2-8}$$

因此，ρ_r^* 是极大值点，也是最优解。

在斯塔克尔伯格博弈下，三种碳配额分配方法下供应商的收益（Π_m）关于其边际收益（ρ_m）的二阶偏导数也小于零，分别如方程（A2-9）~方程（A2-14）所示。

在基准法下：

$$\frac{\partial \Pi_m}{\partial \rho_m} = a - 1.5\rho_m - \rho_r - v_{mr} + c \times p_0 - k \times \overline{e}_{mr} + k \times \Delta e_{mr} + k \times c \times e_0 + 0.5t \times h \times \Delta e_{mr}^2 + 0.5 p_c \times \left[\overline{e}_m - E_{\text{sector}}^m - \lambda \times \Delta e_{mr}\right] \tag{A2-9}$$

$$\frac{\partial^2 \Pi_m}{\partial \rho_m^2} = -1 < 0 \tag{A2-10}$$

在历史强度下降法下：

$$\frac{\partial \Pi_m}{\partial \rho_m} = a - 1.5\rho_m - \rho_r - v_{mr} + c \times p_0 - k \times \overline{e}_{mr} + k \times \Delta e_{mr} + k \times c \times e_0 + 0.5t \times h \times \Delta e_{mr}^2 + 0.5 p_c \times \left[\overline{e}_m - l_m \times E_i^m - \lambda \times \Delta e_{mr}\right] \tag{A2-11}$$

$$\frac{\partial^2 \Pi_m}{\partial \rho_m^2} = -1 < 0 \tag{A2-12}$$

在拍卖法下：

$$\frac{\partial \Pi_m}{\partial \rho_m} = a - 1.5\rho_m - \rho_r - v_{mr} + c \times p_0 - k \times \overline{e}_{mr} + k \times \Delta e_{mr} + k \times c \times e_0 + 0.5t \times h \times \Delta e_{mr}^2 + 0.5 p_c \times \left[\overline{e}_m - \lambda \times \Delta e_{mr}\right] \tag{A2-13}$$

$$\frac{\partial^2 \Pi_m}{\partial \rho_m^2} = -1 < 0 \tag{A2-14}$$

因此，ρ_m^* 是极大值点，也是最优解。

附录 3

在纳什均衡下，供应商和零售商的最优边际收益可由方程（A3-1）和方程（A3-2）共同决定，结果如表 A3.1 所示。

$$\frac{\partial \Pi_m}{\partial \rho_m} = 0 \tag{A3-1}$$

$$\frac{\partial \Pi_r}{\partial \rho_r} = 0 \tag{A3-2}$$

表 A3.1　在 Nash 均衡下供应商和零售商的最优边际收益

分配方法	供应商和零售商的最优边际收益
基准法	$\rho_m^* = \frac{1}{3}\left[a - v_{mr} + c\times p_0 + k\left(\Delta e_{mr} - \overline{e}_{mr} + c\times e_0\right)\right] + \left(t - \frac{1}{3}\right)\times h\times \Delta e_{mr}^2 + \frac{p_c\times\left(2\overline{e}_m - \overline{e}_r - 2E_{\text{sector}}^m + E_{\text{sector}}^r\right)}{3} + \left(\frac{1}{3} - \lambda\right)\times p_c\times \Delta e_{mr}$ $\rho_r^* = \frac{1}{3}\left[a - v_{mr} + c\times p_0 + k\left(\Delta e_{mr} - \overline{e}_{mr} + c\times e_0\right)\right] + \left(\frac{2}{3} - t\right)\times h\times \Delta e_{mr}^2 + \frac{p_c\times\left(-\overline{e}_m + 2\overline{e}_r + E_{\text{sector}}^m - 2E_{\text{sector}}^r\right)}{3} + \left(\lambda - \frac{2}{3}\right)\times p_c\times \Delta e_{mr}$
历史强度下降法	$\rho_m^* = \frac{1}{3}\left[a - v_{mr} + c\times p_0 + k\left(\Delta e_{mr} - \overline{e}_{mr} + c\times e_0\right)\right] + \left(t - \frac{1}{3}\right)\times h\times \Delta e_{mr}^2 + \frac{p_c\times\left(2\overline{e}_m - \overline{e}_r - 2l_m\times E_i^m + l_r\times E_i^r\right)}{3} + \left(\frac{1}{3} - \lambda\right)\times p_c\times \Delta e_{mr}$ $\rho_r^* = \frac{1}{3}\left[a - v_{mr} + c\times p_0 + k\left(\Delta e_{mr} - \overline{e}_{mr} + c\times e_0\right)\right] + \left(\frac{2}{3} - t\right)\times h\times \Delta e_{mr}^2 + \frac{p_c\times\left(-\overline{e}_m + 2\overline{e}_r + l_m\times E_i^m - 2l_r\times E_i^r\right)}{3} + \left(\lambda - \frac{2}{3}\right)\times p_c\times \Delta e_{mr}$
拍卖法	$\rho_m^* = \frac{1}{3}\left[a - v_{mr} + c\times p_0 + k\left(\Delta e_{mr} - \overline{e}_{mr} + c\times e_0\right) + p_c\times\left(2\overline{e}_m - \overline{e}_r\right)\right] + \left(t - \frac{1}{3}\right)\times h\times \Delta e_{mr}^2 + \left(\frac{1}{3} - \lambda\right)\times p_c\times \Delta e_{mr}$ $\rho_r^* = \frac{1}{3}\times\left[a - v_{mr} + c\times p_0 + k\left(\Delta e_{mr} - \overline{e}_{mr} + c\times e_0\right)\right] + \frac{p_c\times\left(-\overline{e}_m + 2\overline{e}_r\right)}{3} + \left(\frac{2}{3} - t\right)\times h\times \Delta e_{mr}^2 + \left(\lambda - \frac{2}{3}\right)\times p_c\times \Delta e_{mr}$

在纳什均衡下，三种碳配额分配方法下供应商和零售商的收益（Π_m 和 Π_r）关于其边际收益（ρ_m 和 ρ_r）的二阶偏导数都小于零，分别如方程（A3-3）~方程

(A3-14) 所示。

在基准法下：

$$\frac{\partial \Pi_m}{\partial \rho_m}=q^*+\left[\rho_m-t\times h\times \Delta e_{mr}^2\right]\times\frac{\partial q^*}{\partial \rho_m}+p_c\times\left[E_{\text{sector}}^m\times\frac{\partial q^*}{\partial \rho_m}-\overline{e}_m\times\frac{\partial q^*}{\partial \rho_m}+\lambda\times\Delta e_{mr}\times\frac{\partial q^*}{\partial \rho_m}\right] \tag{A3-3}$$

$$\begin{aligned}\frac{\partial \Pi_r}{\partial \rho_r}=&q^*+\left[\rho_r-(1-t)\times h\times \Delta e_{mr}^2\right]\times\frac{\partial q^*}{\partial \rho_r}\\&+p_c\times\left[E_{\text{sector}}^r\times\frac{\partial q^*}{\partial \rho_r}-\overline{e}_r\times\frac{\partial q^*}{\partial \rho_r}+(1-\lambda)\times\Delta e_{mr}\times\frac{\partial q^*}{\partial \rho_m}\right]\end{aligned} \tag{A3-4}$$

$$\frac{\partial^2 \Pi_m}{\partial \rho_m^2}=-2<0 \tag{A3-5}$$

$$\frac{\partial^2 \Pi_m}{\partial \rho_m^2}=-2<0 \tag{A3-6}$$

在历史强度下降法下：

$$\frac{\partial \Pi_m}{\partial \rho_m}=q^*+\left[\rho_m-t\times h\times \Delta e_{mr}^2\right]\times\frac{\partial q^*}{\partial \rho_m}+p_c\times\left[l_m\times E_i^m\times\frac{\partial q^*}{\partial \rho_m}-\overline{e}_m\times\frac{\partial q^*}{\partial \rho_m}+\lambda\times\Delta e_{mr}\times\frac{\partial q^*}{\partial \rho_m}\right] \tag{A3-7}$$

$$\begin{aligned}\frac{\partial \Pi_r}{\partial \rho_r}=&q^*+\left[\rho_r-(1-t)\times h\times \Delta e_{mr}^2\right]\times\frac{\partial q^*}{\partial \rho_r}\\&+p_c\times\left[l_r\times E_i^r\times\frac{\partial q^*}{\partial \rho_r}-\overline{e}_r\times\frac{\partial q^*}{\partial \rho_r}+(1-\lambda)\times\Delta e_{mr}\times\frac{\partial q^*}{\partial \rho_m}\right]\end{aligned} \tag{A3-8}$$

$$\frac{\partial^2 \Pi_m}{\partial \rho_m^2}=-2<0 \tag{A3-9}$$

$$\frac{\partial^2 \Pi_r}{\partial \rho_r^2}=-2<0 \tag{A3-10}$$

在拍卖法下：

$$\frac{\partial \Pi_m}{\partial \rho_m}=q^*+\left[\rho_m-t\times h\times \Delta e_{mr}^2\right]\times\frac{\partial q^*}{\partial \rho_m}+p_c\times\left[\lambda\times\Delta e_{mr}-\overline{e}_m\right]\times\frac{\partial q^*}{\partial \rho_m} \tag{A3-11}$$

$$\frac{\partial \Pi_r}{\partial \rho_r} = q^* + \left[\rho_r - (1-t) \times h \times \Delta e_{mr}^2\right] \times \frac{\partial q^*}{\partial \rho_r} + p_c \times \left[l_r \times E_i^r \times \frac{\partial q^*}{\partial \rho_r} - \overline{e}_r \times \frac{\partial q^*}{\partial \rho_r} + (1-\lambda) \times \Delta e_{mr} \times \frac{\partial q^*}{\partial \rho_m}\right] \tag{A3-12}$$

$$\frac{\partial^2 \Pi_m}{\partial \rho_m^2} = -2 < 0 \tag{A3-13}$$

$$\frac{\partial^2 \Pi_r}{\partial \rho_r^2} = -2 < 0 \tag{A3-14}$$

因此，ρ_m^*和ρ_r^*是极大值点，也是最优解。